JN216678

大人のための再入門&再発見

ふたたびの高校数学

永野裕之
Nagano Hiroyuki

すばる舎

はじめに

数学の学習は

　(1)　**新しい概念を学ぶ**
　(2)　**定理や公式の意味を理解する**
　(3)　**問題を解く**

という 3 つのステップを踏むのが常道です。

　ただし高校では、定期試験や大学入試を意識するあまり、(3)に偏_{かたよ}った勉
強をしてしまうことが少なくありません。学生は本来の目的を見失ったま
ま、「解き方を覚えて問題を解く」ということに終始してしまいがちです。
そうなると問題が解けない学生にとっては、数学は苦行のようになってし
まいますし、問題が解ける学生にとっても、クリアできるかどうかが最大
の関心事となるゲームの類_{たぐい}と数学は大差がなくなってしまうでしょう。い
ずれにしても**高校生が数学を学ぶ意味や目的を感じ取る場面はとても少な
い**ように思います。

　一方、大学の数学では上記の(1)と(2)にこそ重きが置かれます。なぜなら、
大学では数学を学問として捉えているからです。学問である以上、それを
学ぶ意味や目的をつかむために、「何が新しい概念なのか」、「新しい概念
を通じてどのようなことがわかるのか」といったことが最も重要なのは言
うまでもありません。

➤ 高校数学の「全体」を俯瞰し、大学数学の「入口」を体感する

　『ふたたびの高校数学』と題された本書の一番のテーマは、「**高校数学と
は何だったのか？**」という問いに答えを出すことです。

　言い換えれば、高校数学を学問として捉え直すことです。だからこそこ
の本は、学ぶべき概念を紹介することと定理や公式を導くことに多くの紙

面が割かれています。前提となる知識はほとんどありません。**各単元の内容は最も基本的なところから説明してあります**ので、どうぞご安心ください。ブロックをひとつずつ積み上げていくように本書を読み進めていただければ、「あのとき学んだあの数学はこういう意味だったのか！」と膝を打ってもらえるだろうと自負しています。

　また、各節に用意されている問題は、実際に解く必要はありません（もちろん、腕に自信のある方は是非、挑戦してみてください！）。それぞれの問題に付けた解説・解答を通して、「解法のテクニック」がなくても、**概念や定理・公式の本質的な理解があれば問題はちゃんと解ける**ということをわかっていただければ十分です。

　そういう意味では、「数学の勉強の仕方がわからない」、「いくら解法を暗記しても問題が解けない」と悩む現役の高校生の皆さんにとっても、本書はお役に立てることがあるでしょう。

　さらに、ほぼ単元ごとに設けたコラムには、高校で学ぶ数学が歴史の中でどのようにして生まれ、社会の中でどのように役立っているかを、また高校数学と大学数学のつながりについても書きました。教科書的な記述とは別の側面から高校数学を捉えることで、「立体的な理解」が進むことを期待しています。

　そもそも本書は『ふたたびの微分・積分』（すばる舎）の 〝弟分〟 として企画・執筆されたものです。前著は、高校数学の頂である「微分・積分」を、徹底的に行間を埋めて、できるだけ丁寧に説明しました。そのコンセプトは本書も変わりません。

　ただし、微分・積分の内容は前著と重複するため「〝超〟 概論」として、その概念のみを紹介するに留めてあります。微分・積分について定理や公式の詳しい導出にご興味のある方は是非、前著をご覧ください。

➤ 本書の構成と「数学マップ」について

　高校生が〝数学に迷う〟もう一つの理由は、各単元の内容が互いにどのように関係するかが見えづらいことにあるのではないでしょうか？　カリキュラムに沿って、次々に新しい単元を学ぶ必要があるので、今学んでいる単元が何の分野なのか、そして過去に学んだ単元とどのように関係するのかを理解をする余裕が高校生にはなかなかありません。

　そこで本書では、高校数学の内容を

- ・第 1 章：幾何学
- ・第 2 章：代数学
- ・第 3 章：解析幾何学
- ・第 4 章：数論と数列
- ・第 5 章：解析学
- ・第 6 章：確率と統計
- ・第 7 章：大学への数学

の 7 つの章に分けて再構成しました。

　全体を分野別に俯瞰するために次々頁の「数学マップ」もどうぞご覧ください。これは中学・高校・大学（1・2 年程度）の数学の内容を、高校数学にクローズアップしてそのつながりをまとめたものです。

　高校数学でも大きなウェイトを占める幾何学（第 1 章）、代数学（第 2 章）、解析学（第 5 章）の 3 つは「**数学の 3 大分野**」と呼ばれています。また社会的なニーズの高まりを反映して、確率と統計（第 6 章）に関する単元の比率が以前より増えました。中学数学における「図形」、「数と式」、「関数」、「資料の活用」の 4 分野はこれらの基礎です。

　幾何学と代数学は、デカルトが変数と座標を導入することによって解析

幾何学（第3章）に結実しました。また、「1，2，3，…」とつづく自然数を扱う数論と数列（第4章）の内容は、他の分野とのつながりがやや薄く、**独特の発想を必要とする孤高の単元**だと言えますが、数列の理解は極限を理解したり、$n \times n$ 行列の成分を理解したりする際にも登場するので、欠くことはできません。

　大学に進むと初年度にはふつう、「微分・積分」と「**線形代数**」を学びます。1次方程式を扱う線形代数では**ベクトルと行列を使う**ので、これらは「大学への数学」（第7章）としてまとめました。なお、現行の指導要領では範囲外の「行列」も、つい最近まで高校数学の単元だったので、本書ではあえて取り扱っています。また現行の指導要領で〝復活〟した「複素数平面」も第7章に入れました。

　今、ふたたび高校数学という大海に漕ぎ出そうとするあなたにとって、これからの航路は決して短くはないでしょう。でも、私が水先案内人となって、その全貌が明らかになるよう責任をもって先導します。すべての頁をめくり終えたとき、あなたにとって高校数学は得体の知れないものではなくなっているはずです。と同時に、本書が「学問」としての数学に出会う契機になれば、筆者としてこれ以上の喜びはありません。

永野裕之

中学

図形　　数と式　　関数　　資料の活用

高校

数学の3大分野

幾何学（第1章）
・命題の証明
・図形の性質
・三角比

代数学（第2章）
・2次方程式
・複素数
・高次方程式

解析学（第5章）
・2次関数
・三角関数
・指数関数
・対数関数
・微分・積分 "超" 概論

解析幾何学（第3章）
・図形と方程式
・不等式の表す領域

数論と数列（第4章）
・整数の性質
・数列
・数学的帰納法

確率と統計（第6章）
・場合の数
・確率
・データの分析

大学への数学（第7章）
・ベクトル
・行列
・複素数平面

全体を分野別に俯瞰するための

数学マップ

大学

線形代数　　微分・積分　　統計学

複素解析　　ベクトル解析　　微分方程式

はじめに ………………………………………………………………………………… i
➤ 高校数学の「全体」を俯瞰し、大学数学の「入口」を体感する　i
➤ 本書の構成と「数学マップ」について　iii

第1章　幾 何 学　〜説得術として発展した数学〜

コラム**1**「数学」の語源について ……………………………………………………… 2
　　数学は昔も今も「学ぶべきこと」の代表格　3

01 命題と証明（数I）………………………………………………………… 4
　　論理的思考の基礎〜必要条件と十分条件〜　5
　　問題**1**［名古屋学芸大学］6
　　問題**2**［同志社大学］9
　　「対偶」は真偽を暴く　11
　　問題**3**［東北福祉大学］12
　　"不"や"無"を証明する「背理法」　14
　　問題**4**　16
　　「対偶」と「背理法」を混同しないために　17

コラム**2** 幾何学を学ぶ本当の理由〜パスカルの説得術〜 ……………………… 20
　　人を説得する2つの方法　21

02 図形の性質（数A）………………………………………………………… 22
　　中学数学のおさらい①〜平行四辺形〜　22
　　中学数学のおさらい②〜中点連結定理〜　23
　　三角形の「五心」その(1)〜重心〜　26
　　三角形の「五心」その(2)〜外心〜　28
　　三角形の「五心」その(3)〜垂心〜　32
　　中学数学のおさらい③〜円周角の定理〜　35
　　知っておくと便利な「トレミーの定理」　39

03 **三角比（数Ⅰ）** 42

三角比の定義と相互関係　42
問題 **5** ［甲南大学］45
「正弦定理」とその証明　48
「余弦定理」とその証明　51
正弦定理は角度の定理、余弦定理は辺の定理　52
問題 **6** 53
「ヘロンの公式」を導く　55

第**2**章　**代 数 学**　〜方程式を解くための数学〜

コラム **3** 古代の「方程式」〜代数学の本質は 一般化〜 60
日常の中から真理をさぐった古代エジプト人　62

01 **2次方程式（数Ⅰ）** 63

ああ、なつかしの「2 次方程式の解の公式」　64
まずは簡単な 2 次方程式から　65
問題 **7** 66
名付けて「平方完成の素」　67
平方完成から解の公式を導く　68
乗法公式と因数分解の公式　71
因数分解による 2 次方程式の解き方　74
問題 **8** 75

02 **複素数（数Ⅱ）** 78

人類が初めて虚数を手にした瞬間　78
虚数単位 i 〜 "愛" も "事情" で置き換わる〜　80
i がもたらした「世界で最も美しい数式」　82
"虚実" あい和す「複素数」〜その定義と相等〜　83
問題 **9** ［昭和女子大学］84

03 高次方程式 （数II） ································ 86

解法その(1)〜因数分解の公式利用〜　86

問題 10　88

解法その(2)〜置き換えの利用〜　91

解法その(3)〜因数定理の利用〜　95

問題 11　101

コラム 4　解の公式をめぐるドラマ〜3次方程式の解の公式の紹介〜 ······ 105

お人好しのフォンタナ、ちゃっかり者のカルダノ　105

第 3 章　解析幾何学　〜数と図形の統一〜

コラム 5　デカルトの革命〜幾何学と代数学の融合〜 ·············· 110

変数と座標の導入　112

01 図形と方程式 （数II） ································ 114

三平方の定理で求める「2 点間の距離」　114

直線の方程式(1)〜通る 1 点と傾きがわかっている場合〜　116

直線の方程式(2)〜通る 2 点がわかっている場合〜　118

傾きから考える「2 直線の関係」　120

問題 12　122

「円の方程式」は 2 点間の距離を半径と見立てて求める　125

問題 13 ［立命館大学］　126

02 不等式の表す領域 （数II） ························ 130

1 次不等式の表す領域〜その境界は直線〜　130

円を境界とする領域〜内外を分ける不等号の向き〜　133

「線形計画法」〜ビジネス数学の実例〜　136

問題 14 ［九州大学］　136

領域を使って必要と十分を見極める　141

問題 15 ［神戸薬科大学］　141

「または」と「かつ」について　143

コラム 6　オイラーが考案した絶対に正しい推論〜論理と領域〜 ·············· 144

問題 16 ［国家 I 種採用試験］　146

第**4**章 数論と数列 ～ 1, 2, 3…が一番難しい!? ～

コラム **7** 美しくも気高い「数学の女王」 150

01 整数の性質 （数 A） 152

　　「素数」～千年の謎をまとう"大切な数"～　152
　　素因数分解～素数に「1」が含まれない理由～　153
　　問題 **17** ［慶應義塾大学］　155
　　約数と公約数　157
　　倍数と公倍数　158
　　問題 **18** ［近畿大学］　160
　　「ユークリッドの互除法」～人類最古のアルゴリズム～　162
　　ユークリッドの互除法を用いて1次不定方程式を解く　168
　　問題 **19** ［大阪市立大学］　168
　　補足 《割り算と最大公約数の定理》の証明　171

コラム **8** 友愛数と完全数とメルセンヌ数　174

02 数列 （数 B） 178

　　数列～四角数および偶数を例に～　178
　　等差数列と等比数列～それぞれの一般項を導く～　179
　　問題 **20** ［立命館大学］　181
　　等差数列の和～"図形"的に公式を導く～　184
　　等比数列の和～"筆算"的に公式を導く～　186
　　使いこなしたい Σ（シグマ）記号　188
　　Σ の計算公式とその証明　190
　　まるで分配法則～とても便利な Σ の性質～　193
　　問題 **21** ［中央大学］　194
　　階差数列も Σ を使えばスッキリ　196

03 数学的帰納法 （数 B） 200

　　ドミノ倒しで考える"無限"　201
　　問題 **22** ［東京大学］　205

コラム **9** 「数学的帰納法」というネーミングについて　210

帰納と演繹〜たとえば理科と数学〜　210

そのネーミングの違和感をあえて解釈すれば　211

第5章 解析学 〜関数と微積分〜

コラム10 函数と自動販売機　214

01 2次関数（数Ⅰ）　217

中学数学で習う「3種類」の関数　217

関数と方程式〜グラフの形はいっしょでも、とらえ方が異なる〜　222

簡単な2次関数「$y = ax^2$」の平行移動を考える　224

一般の2次関数「$y = ax^2 + bx + c$」のグラフを考える　227

問題23 ［愛媛大学］　229

02 三角関数（数Ⅱ）　234

三角比の利便性を格段に向上させる3つの新概念　235

弧度法（ラジアン）〜長さの比で角度を表す〜　236

三角関数の定義と相互関係　240

「一般角」の導入〜実数全体に適用範囲を拡張〜　242

有名な直角三角形と"特別な"角度　244

三角関数の"特別な"値　246

原理から考えて導く「負角・余角の公式」　251

ここが急所！ 最難関の「加法定理」　252

加法定理から導く「2倍角の公式」と「半角の公式」　258

三角関数の合成　261

問題24 ［京都大学］　263

コラム11 三角関数なんて役に立つの？〜フーリエ展開の恩恵〜　267

ナポレオンが愛した才能、ジョゼフ・フーリエ　269

$y = A \sin k\theta$ のグラフ　270

フーリエ展開とは　272

フーリエ変換の応用例　275

03 指数関数（数Ⅱ） ···································· 276

指数の範囲の拡張①〜0 や負の整数の指数〜　278

累乗根の定義と性質　281

指数の範囲の拡張②〜有理数の指数〜　286

問題 25 ［鳥取大学］　288

指数の範囲の拡張③〜無理数の指数〜　289

指数関数の定義と"お約束"　291

指数関数のグラフとその特徴　292

問題 26 ［東京薬科大学］　297

04 対数関数（数Ⅱ） ···································· 300

対数の定義と性質　301

対数法則とその証明　303

底の変換公式　305

問題 27 ［神奈川大学］［昭和薬科大学］　306

対数関数とそのグラフの特徴　308

逆関数について（数Ⅲ）　313

問題 28 ［名古屋市立大学］　314

コラム 12 **対数は感覚を司る!? 〜ウェーバー・フェヒナーの法則〜** ········· 318

"ちょっとの変化"はどこまで識別可能？　318

ウェーバーの法則を発展させたフェヒナーの法則　319

対数が尺度に使われている例　321

05 微分・積分 "超" 概論 ····························· 326

微分とは何か　326

平均変化率の極限：微分係数　329

導関数と増減表〜微分の本質とは？〜　332

積分〜微分よりずっと"兄貴分"〜　334

なぜニュートンとライプニッツは「微積分の父」なのか　339

逆演算とは　340

微積分の基本定理　341

公式のまとめ　348

コラム 13 **ネイピア数（自然対数の底）e** ···························· 349

第6章 確率と統計 ～偶然を処理するための数学～

01 場合の数 (数A) —————————— 356

ものの数え方、4つのケース　356
[ケース1] 順序を考えて、重複を許さない：順列　358
[ケース2] 順序を考えず、重複を許さない：組合せ　359
[ケース3] 順序を考えて、重複を許す：重複順列　363
[ケース4] 順序を考えず、重複を許す：重複組合せ　364
問題 29 [東京医科歯科大学]　368

02 確率 (数A) —————————— 370

集合とその表し方　370
確率～確かさを表す数学的指標～　371
問題 30　375
和事象と積事象～〝カップ〟と〝キャップ〟～　377
余事象～全体を「1」としてその余りを考える～　380
独立な試行～たとえばサイコロとコイン～　382
反復試行～たとえばサイコロを n 回～　384
条件付き確率～たとえば太郎も次郎も～　387
原因の確率（ベイズの定理）　389
問題 31 [岐阜薬科大学]　391

コラム 14 直感を裏切る確率 ————————— 394

(1) 宝くじは初日に買っても最終日に買ってもいっしょ　394
(2) 誕生日のパラドックス　395
(3) 実力拮抗でも決着は早いかも？　398

03 データの分析 (数I) —————————— 402

代表値～〝メジアン〟と〝モード〟～　403
データの分布と代表値　406
ばらつき具合を示す尺度その1～分散～　408
ばらつき具合を示す尺度その2～標準偏差～　411
問題 32 [筑波大学]　414
2変数の関係が目に見えてわかる「散布図」　416

相関関係の強弱を数値化する「相関係数」の求め方　419
「－1～＋1」の数直線で相関係数を解釈する　423
相関係数の理論的背景について（範囲外）　423

コラム15 相関関係についての注意点 ……………………………………… 431
安易な結びつけは危険　432

第**7**章　大学への数学　～線形代数と複素数平面～

コラム16 ベクトルの使いみち～その2つの顔～ ………………………… 436
「矢印」を数学的に扱えるメリットとは　436
物理学におけるベクトル　438
多次元量としてのベクトル　442

01　ベクトル（数B） ……………………………………………… 444

ベクトルの相等～向きも長さもぴったり重なる～　444
逆ベクトルと零ベクトル　445
ベクトルの加法～「和」の定義、2つの捉え方～　446
ベクトルの減法～「差」の定義、2つの捉え方～　448
ベクトルの実数倍と平行条件　451
最重要ポイントは、ベクトルの分解　453
問題33 ［早稲田大学］　455
ベクトルの成分～始点を原点に重ねたときの座標～　458
成分によるベクトルの演算　459
ベクトルの成分からその大きさ（長さ）を表す　462
ベクトルの内積と、その図形的な意味　464
ベクトルの垂直条件～内積0（影なし）をイメージで～　468
n 次元ベクトルの大きさ、内積、なす角の定義（範囲外）　469
内積の性質とその証明　471
問題34 ［東京理科大学］　473
ベクトルの外積（範囲外ながら、ざっくり紹介）　476

コラム17 ベクトルの「成分」と基底の取り換え …………………………… 482
基底の取り換えと斜交座標系　486

02 行列 （旧課程・数C） ·· 488

行列の導入〜その表記法から〜　488
行列とベクトルの積　491
行列の演算①〜和と実数倍〜　493
行列の演算②〜積とその非変換性について〜　495
行列の積の定義が複雑な理由　498
特殊な行列〜零行列 O と単位行列 E 〜　500
逆行列の定義とその性質　502
鍵を握る「行列式」 $ad - bc$　506
問題 35 ［大分大学］　510
補足 固有ベクトルと固有値　514
1次変換（線形変換）　516
線形性について　520
変換の和と行列の和　522
合成変換と行列の積　524

コラム 18 行列の使いみち〜マルコフ連鎖とシェア分析〜 ·················· 526

03 複素数平面 （数Ⅲ） ··· 532

複素数平面〜虚実が交わる座標平面〜　533
共役な複素数　534
複素数の絶対値　539
複素数の極形式　540
極形式における乗法　544
極形式における除法　545
回転を表す複素数　547
問題 36 ［大阪大学］　548
ド・モアブルの定理　552
1の n 乗根　555

コラム 19 オイラーの公式を導く ·· 557

おわりに ··· 566

さくいん ··· 569

第 **1** 章

幾 何 学

～説得術として発展した数学～

Geometry

「数学」の語源について

　数学（mathematics）の語源は、ギリシャ語の「**マテーマタ（mathemata）**」だと言われています。マテーマタとは「学ぶべきこと（複数形）」という意味です。つまり、最初「数学」と「学科」は同義でした。

　古代ギリシャにおけるマテーマタ（数学＝学科）は以下の4つを指します。

　　1）算術
　　2）音楽＝応用数論
　　3）幾何学
　　4）天文学＝球面学（動きの中の幾何学）

古代ギリシャのマテーマタ（数学＝学科）

算術

音楽＝応用数論

幾何学
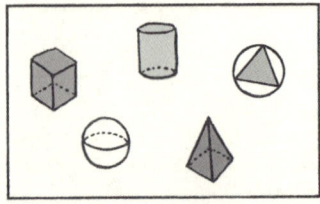

天文学＝球面学

音楽が「応用数論」として捉えられていたのは、弦を「部分：全体＝1：2」となる点で押さえると1オクターブ上の音、「部分：全体＝2：3」となる点で押さえると5度（「ド」と「ソ」の音程）の和音になって綺麗に調和することなどが知られていたからです。

　そもそもオクターブや「ド」と「ソ」などの音程の関係について最初に法則を発見したのは、古代ギリシャの数学者**ピタゴラス**（BC580頃〜BC500頃）とその学派でした。人間が自然に美しいと感じる音程の中に簡単な整数の比が隠れていることは大きな驚きだったことでしょう。「神」の存在を実感したかもしれません。

　実際、音階に関する研究は、ピタゴラス学派が「万物は数である」というやや極端な考え（教義）に到達するきっかけになりました。

数学は昔も今も「学ぶべきこと」の代表格

　古代ギリシャで数学が「学ぶべきこと」の代名詞であったことは、古代ギリシャでは民主制が敷かれていたことと無関係ではないと言われています。議論によって大切なことが決まる社会の仕組みの中では、**自分とは違う考えを持った相手に対して、自分の考えを納得させたり、あるいは相手の考えを理解したりする能力、すなわち論理力が必要不可欠**でした。そして論理力を磨くために、数学を学ぶことが必要だと考えられていたのです。

　もちろん、現代においてもこの事情はいささかも違いません。

　社会に出たら、2次方程式を解いたり、ベクトルの内積を計算したりする機会はまずないでしょう。にもかかわらず、数学が日本だけでなく世界中の先進国で文系・理系を問わず必須科目なっているのは、**数学こそが論理力を磨くのに最良の教科**だからです。

01 命題と証明（数Ⅰ）

　高校数学の中で最も大切な単元は何かと言われたら、私は迷うことなく、ここで取り上げる「命題と証明」だと答えます。

　中でも**「必要条件」**と**「十分条件」**を理解することは、すべての論理の基礎となる**最重要事項**だと言っても過言ではありません。

　この点について、私が学生時代から敬愛する数学者の**長岡亮介先生**は著書の中で次のようにおっしゃっています。

> 　「『必要』と『十分』を数学の単元の1つだと思い込んでいる高校生や高校の先生がいると聞いて心底ビックリしたことがあります。数学が論理と不可分であることは誰でも知っているでしょうが、『必要』と『十分』は、数学の論理の中で最も重要な役割を演ずる基本的な考え方で、『これなしでは、いかなる数学も展開できない』とさえいえるものであるからです」
>
> （旺文社『数学Ⅰ＋Ａ＋Ⅱ＋Ｂ 極選50 実践編』より）

　また「逆の視点」を使った証明方法として、**対偶**（たいぐう）の利用と**背理法**（はいりほう）を理解することも大変重要です。対偶は一見複雑に見える命題を単純化してくれますし、背理法は正攻法では証明できない（しづらい）命題の証明で大きな力を発揮します。

　詳しい解説に入る前に**「命題」**とは何かを確認しておきましょう。

命題：客観的に真偽が判定できることがら

　たとえば「富士山は日本一高い山である」は命題ですが、「富士山は格好いい」は命題ではありません。富士山の標高が日本一高いかどうかは客

観的に判定できますが、富士山を格好いいと感じるかどうかは個人差があり、（たとえ大多数の人が「格好いい」と思ったとしても）真偽を客観的に判断することができないからです。

➤ **論理的思考の基礎〜必要条件と十分条件〜**

まずは教科書的な定義から。

【必要条件と十分条件の定義】

命題「P ならば Q である」が真のとき

P を（Q であるための）**十分条件**

Q を（P であるための）**必要条件**

と言う

今、P を「ジャズ」、Q を「音楽」とすると、「P ならば Q である」すなわち「ジャズならば音楽である」はもちろん真（正しい）ですから、定義より

ジャズ：十分条件

音　楽：必要条件

ということになります。

確かにジャズであるためには、（少なくとも）音楽であることが必要です。また、音楽であるためにはジャズであれば（お釣りがくるくらい）十分だと言うこともできるでしょう。

ジャズは音楽の一分野ですので、両者の関係を図にすると次のようになります。

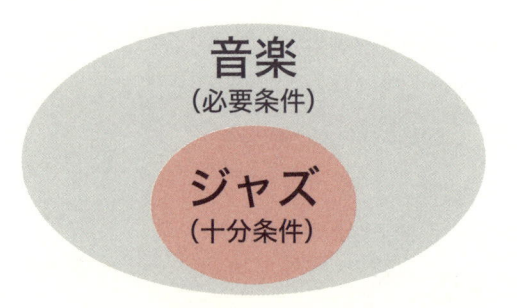

　このように集合として**一方が他方に完全に含まれる場合**、次のように理解することも大変重要です（集合については第6章で詳しく触れます）。

> 領域的に小さいほう（ジャズ）：**十分条件**
> 領域的に大きいほう（音　楽）：**必要条件**

　特に2つの命題「PならばQ」と「QならばP」がともに真であるとき、「PとQは互いに**必要十分条件**である」と言い、「PとQは互いに**同値**である」とも言います。

　問題をやってみましょう。

問題 1

> xを実数とする。$-1 < x \leq 2$であることが、$a < x < a+4$であるための十分条件となるようなaの値の範囲を求めよ。
>
> ［名古屋学芸大学］

解説 解答

$$P : -1 < x \leqq 2$$
$$Q : a < x < a + 4$$

とすると、「P が Q であるための十分条件となるような a の範囲を求めよ」という問題です。つまり、**P が Q に含まれる（P のほうが Q よりも小さくなる）ような a の範囲**を求めればよいということになります。

数直線を使って考えましょう。題意（出題のねらい）を満たすのは、P と Q の関係が次のようになっているときです。

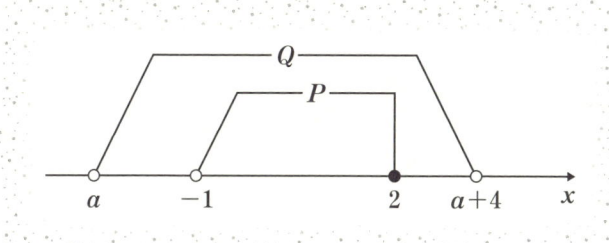

ここで、左端に注目すると $a = -1$ のときでも P は Q からはみ出ませんが、右端では $2 = a + 4$ のとき P は Q からはみ出てしまうことに気をつけてください。

以上より、求めるべき条件は

$$a \leqq -1 \quad かつ \quad 2 < a + 4$$

であることがわかります。これを解いて

$$\begin{array}{l} 2 - 4 < a \\ \Rightarrow \quad -2 < a \end{array}$$

$$-2 < a \leqq -1$$

が答えです。

（注）　数学では数直線で不等式の範囲を表すとき、

　　　　等号なしの不等号（＜）は○と斜めの線

　　　　等号つきの不等号（≦）は●と（数直線に）垂直な線

で表すのがふつうです。

　　　たとえば「$1 \leqq x < 4$」は次のように表します。

　　　このようにしておけば、「$a = -1$ のときでも P は Q からはみ出ない」とか「$2 = a + 4$ のとき P は Q からはみ出てしまう」といったことを図から直観することができます。

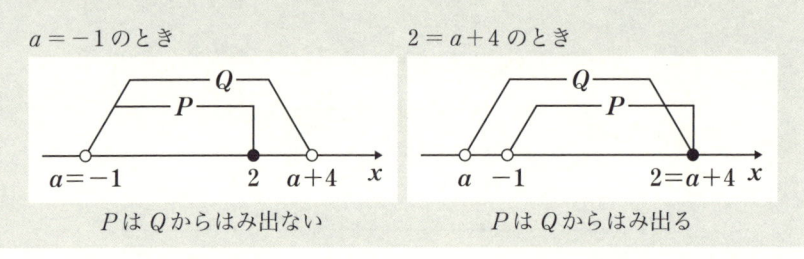

　私たちは、ふだん何かを選び取ろうとするとき、自然と

> ### 必要条件によって絞り込んでから、十分かどうかを吟味

しています。

　たとえば昼休みにランチを調達しようと外に出た場合、「800 円以内」などの予算が必要条件になる人は多いでしょう。さらに「30 分で食べ終わるもの」とか「さっぱりしたもの」とかの必要条件を加えて、すべての必要条件を満たすものとして候補を絞りますよね？　その後、残った候補のそれぞれについて、今日のランチとして自分を満足させてくれるかどうか（十分かどうか）を吟味して、たとえば「じゃあ、今日は盛りそばにし

よう」と決めるのはごくごく当たり前のことだと思います。

　この、必要条件と十分条件の使い分けは、問題を解決しようとするとき大変な威力を発揮します。

　次の例題で使ってみましょう。

問題 2

> $0 < x \leqq y \leqq z$ である整数 x、y、z について
> $xyz = x + y + z$ を満たす整数 x、y、z をすべて求めよ。
>
> ［同志社大学］

解説／解答

解説

　往々にして整数問題は難しいことが多く（詳しくは第4章の『数論と数列』でお話しします）、特別なアプローチが必要になりますが、ここでは**極端な例を考えることで「必要条件によって絞り込んでから、十分かどうかを吟味」**するのが有効です。

　問題文に「$0 < x \leqq y \leqq z$」とあるので、x も y も z 以下の数です。そこで、「極端な例」として、$x = z$ かつ $y = z$ のケースを考えてみるのです。

解答

$0 < x \leqq y \leqq z$ より

$$xyz = x + y + z \leqq z + z + z = 3z$$

$$\Rightarrow \quad xyz \leqq 3z \qquad \text{←必要条件}$$

$z \neq 0$ なので

$$xy \leqq 3 \quad \cdots ①$$

x、y は正の整数だから、①式を満たすためには $(x,\ y)$ は

$$(x,\ y) = (1,\ 1)、(1,\ 2)、(1,\ 3)$$

←必要条件

のいずれかであることが必要。

　候補が3つに絞られたので、それぞれが「$0 < x \leqq y \leqq z$」と「$xyz = x+y+z$」を満たすかを吟味します。

(1)　$(x,\ y) = (1,\ 1)$ のとき、

←以下、十分かどうかの吟味

　　$xyz = x+y+z$ より

$$z = 2+z$$

　　これを満たす z は存在しないので不適。

(2)　$(x,\ y) = (1,\ 2)$ のとき、

　　$xyz = x+y+z$ より

$$2z = 3+z$$
$$\Rightarrow\quad z = 3$$

　　これは $0 < x \leqq y \leqq z$ を満たすので適する。

(3)　$(x,\ y) = (1,\ 3)$ のとき、

　　$xyz = x+y+z$ より

$$3z = 4+z$$
$$\Rightarrow\quad z = 2$$

　　これは $0 < x \leqq y \leqq z$ を満たさないので不適。

　以上より、

$$(x,\ y,\ z) = (1,\ 2,\ 3)$$

が求める解。

（注）「$\Rightarrow$」は「ならば」を表す論理記号です。

➤「対偶」は真偽を暴く

数学では「$P\Rightarrow$（ならば）Q」という命題に対して、「逆・裏・対偶」と呼ばれる命題が次のように定義されています。

《命題の逆・裏・対偶》

逆　：「⇒」の前後を反対にする

裏　：「⇒」の前後は変えずにそれぞれの否定をつくる

対偶：「⇒」の前後を反対にして、かつそれぞれの否定をつくる

以上の定義を図にしてみます。なお図中の「$\overline{P}$」、「$\overline{Q}$」はそれぞれ「Pの否定」、「Qの否定」を表します。

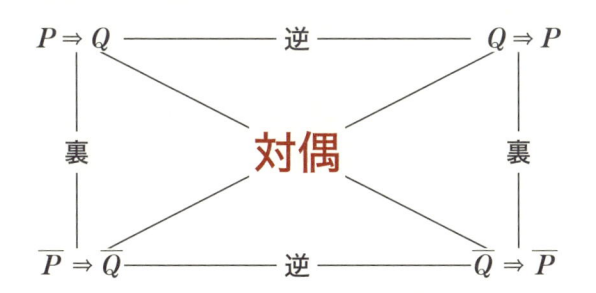

この中で特に重要なのは対偶です。

なぜなら、

もとの命題の真偽と対偶の真偽は一致する

からです。

確かに、正しい命題「富士山ならば日本一高い山である」の対偶「日本一高い山でなければ富士山ではない」も正しいですね。また、「関東在住であれば東京在住である」は誤った命題（神奈川県在住などの反例がある）ですが、その対偶「東京在住でなければ関東在住ではない」もやはり誤り

です。

　もとの命題の真偽と対偶の真偽が一致することは、次の図を使って説明することができます。

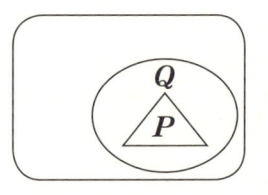 のとき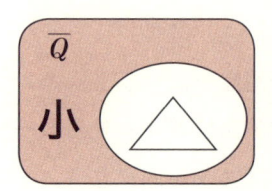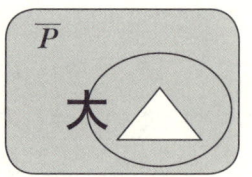

　命題「$P \Rightarrow Q$」が真であるとき、P は Q に含まれる（P のほうが小さく、Q のほうが大きい）のでしたね。このとき、「$\overline{Q}$」と「$\overline{P}$」はどうなっていますか？　そうですね。「$\overline{Q}$」は「$\overline{P}$」に含まれます（$\overline{Q}$ のほうが小さく、$\overline{P}$ のほうが大きい）。だから「$P \Rightarrow Q$」が真であるとき「$\overline{Q} \Rightarrow \overline{P}$」もまた真なのです。

　同様に考えれば「$P \Rightarrow Q$」が偽であるときは「$\overline{Q}$」が「$\overline{P}$」に含まれないこと（$\overline{Q} \Rightarrow \overline{P}$ が偽）が確かめられます。

　対偶が力を発揮する問題をやってみましょう。

問題 3

> 　命題「自然数 a、b について、$a^2 + b^2$ が奇数ならば ab は偶数である」が成り立つことを証明せよ。
>
> [東北福祉大学]

解説/解答

解説

この証明をふつうに行おうとすると、仮定である「a^2+b^2 が奇数」を数式で

$$a^2+b^2=2k+1 \quad (k \text{ は整数})$$

のように表してから、ab が「2×整数」の形になることを示さなくてはいけませんが、上の式から「$ab=$」の形をつくるのは容易なことではありません。そこで**対偶を考え、対偶が真であることを用いて、もとの命題も正しいことを示すという筋道を考えます。**

解答

もとの命題の対偶「ab が奇数ならば a^2+b^2 は偶数」が真であることを示す。

ab が奇数のとき、a も b も奇数なので

$$a=2k+1 \quad (k \text{ は整数})$$
$$b=2l+1 \quad (l \text{ は整数})$$

とする。

このとき

$$
\begin{aligned}
a^2+b^2 &= (2k+1)^2+(2l+1)^2 \\
&= 4k^2+4k+1+4l^2+4l+1 \\
&= 2(2k^2+2k+2l^2+2l+1)
\end{aligned}
$$

乗法公式
$(p+q)^2=p^2+2pq+q^2$

$(2k^2+2k+2l^2+2l+1)$ は整数なので、a^2+b^2 は偶数。

よって対偶が真であるから、もとの命題も真。

証明終

13

わかりづらい命題（文章）の真偽の判定に困ったとき、対偶を考えるとぐっと考えやすくなることがあります。

　たとえば、「販路拡大をねらわなければ、利益増は望めない」という命題があるとしましょう。一見正しいような気がしますが「ない」という否定語が多いので、わかりづらい物言いです。そこで対偶を考えてみます。対偶は「利益増を望むなら販路拡大をねらう」です。さて、これは正しいでしょうか？　「利益増を望む」という仮定に対する結論は「販路拡大をねらう」だけではないですよね。「顧客のリピート率を上げる」とか「コストを下げる」とかでもいいはずです。したがって「販路拡大をねらわなければ、利益増は望めない」という命題は正しくありません。

　特に否定語が多く使われた命題（文章）がわかりづらく感じたときは対偶を考えてみることをおすすめします。

➤ 〝不〟や〝無〟を証明する「背理法」

　証明がしづらい命題についてはまず対偶を考えてみるのが定石ですが、それでもうまくいかないときは、背理法という手段があります。

　背理法とは、証明したい結論の否定を仮定して、矛盾を導く証明方法のことです。手順は次の通り。

> **【背理法の手順】**
>
> ①　証明したい結論を否定する
>
> ②　矛盾を導く

20世紀前半に活躍した日本を代表する数学者の一人である岡潔（おかきよし）先生は、

> 「解けることを証明するには解いてみせればいいのだが、解けないことを証明するには、どうするのだろうと思って日がたつほどそれが不思議でたまらなかった」

とおっしゃいました。

確かに、「今までできなかった（解けなかった）」からといって「どうやってもできない（解けない）」ことにはなりません。同様に「今まで見つからなかった」ことをもって「未来永劫見つからない」ことを示したことにはなりません。背理法が活躍するのは、このように直接証明することが難しいケースです。一般に、

（ⅰ）**不可能であること**
（ⅱ）**存在しないこと**
（ⅲ）**無限であること**

などを証明する場合には背理法がよく使われます。

ちなみに高校数学では背理法の問題のほとんどは無理数に関する問題です。なぜなら無理数というのは「分数で表すことが不可能な数」であり、不可能であることを示すことと背理法の相性がよいからです。

ここでは「存在しないこと」を示すために背理法を使ってみましょう。

> x、y がともに奇数で n が整数であるとき、x、y についての方程式 $x^2+y^2=n^2$ を満たす (x, y) は存在しないことを証明せよ。

解説/解答

解説

ともに奇数の解が存在しないことを示すので、ともに奇数の解が存在すると仮定して矛盾を導きます。また矛盾を導く際には n が偶数のときと奇数のときで場合分けするのもポイントです。

解答

$x^2+y^2=n^2$ を満たす奇数 x、y が存在すると仮定してそれぞれを

$$x=2k+1 \ (k \text{ は整数})$$
$$y=2l+1 \ (l \text{ は整数})$$

とする。これを与えられた方程式に代入すると

$$(2k+1)^2+(2l+1)^2=n^2$$
$$\Rightarrow \quad 4k^2+4k+1+4l^2+4l+1=n^2$$
$$\Rightarrow \quad n^2=4(k^2+k+l^2+l)+2$$

k^2+k+l^2+l は整数なので、上の式は n^2 を 4 で割った余りは 2 であることを示している。…①

一方、n が偶数のとき

$$n=2m \quad \Rightarrow \quad n^2=(2m)^2=4m^2 \ (m \text{ は整数})$$

だから、n^2 を 4 で割った余りは 0。

また、n が奇数のときは

$$n = 2m + 1 \quad \Rightarrow \quad n^2 = (2m+1)^2$$
$$= 4m^2 + 4m + 1$$
$$= 4(m^2 + m) + 1 \quad (m \text{ は整数})$$

より、n^2 を 4 で割った余りは 1。

すなわち、n^2 を 4 で割った余りは必ず 0 か 1 になる。①の「n^2 を 4 で割った余りは 2」はこれと矛盾。

よって、$x^2 + y^2 = n^2$ を満たす奇数 x、y は存在しない。

$\boxed{\text{証明終}}$

➤ 「対偶」と「背理法」を混同しないために

対偶と背理法を混同してしまう人は少なくありませんが、**この 2 つは似て非なるもの**です。

例として「音楽でなければジャズではない」という命題について考えてみましょう。この命題を「⇒」を使って、書き換えると

> **もとの命題：「音楽ではない⇒ジャズではない」**

となりますから

> **仮定：「音楽ではない」**
> **結論：「ジャズではない」**

ですね。まず対偶を用いて証明します。

　対偶は仮定と結論を否定し、さらに「⇒」の前後を入れ換えたものなので

対偶：ジャズである⇒音楽である

となります。

　6頁の図（ジャズは音楽に含まれる）よりこれは

「十分条件（小）⇒必要条件（大）」

になっているので真。**対偶が真であることが示されたので、もとの命題「音楽でない⇒ジャズでない」も真です。**

　次に同じ命題を、背理法を使って証明します。

《背理法を用いた証明》

そもそもの仮定に加えて、「結論の否定」も仮定します。

音楽ではないものが、ジャズであるとする

↓

ジャズは音楽の一ジャンルであることと矛盾

↓

よって、音楽でないものはジャズではない

　このようにして比べれば、対偶と背理法の違いがわかってもらえるかと思います。

対偶と背理法の違い

P である（仮定） $\Rightarrow$ Q である（結論）
の示し方

【対偶を用いた証明】

「Q でない」$\Rightarrow$「P でない」
を示す

【背理法を用いた証明】

「P である」と「Q でない」を仮定

⬇

矛盾を導く

幾何学を学ぶ本当の理由
～パスカルの説得術～

幾何学を学ぶ本当の目的は何だと思いますか？

　生活に必要な算数に比べると、数学は実用的ではないかもしれません。中でも図形について学ぶ幾何学が社会に出てから役に立つことはほとんどないでしょう。関数や方程式、確率・統計に関する知識や技術ならまだしも、幾何で学ぶ図形の合同や三平方の定理や円周角の定理などが仕事や生活の場で活用できるシーンは（ごく限られたケースを除いて）まずないと思います。

　それでも私たちは幾何学を捨てません。実用的ではなくても、学ぶ意味があるからです。私はすべての数学の分野の中で（将来数学を使わないのであれば特に）幾何学だけは必ず学ぶべきだとさえ思っています。

　西洋で2000年以上も現役の数学の教科書として使われ続けた『原論』という書物をご存じでしょうか？　『原論』はアレクサンドリアの**ユークリッド**（紀元前330頃−275頃）が、古代ギリシャで紀元前6世紀以降に発展した論証数学をまとめた書物です。

　『原論』は全13巻の大著ですが、そのほとんどが図形についての記述で占められています。なぜなら当時はまだ関数や方程式はもちろん今日の私たちが使っているような数式も存在しなかったからです。

　逆に言えば『原論』は、より実用的な数学が誕生したあともずっと数学教育の中心にあり続けました。なぜでしょうか？

　それは、**論理的思考力を鍛えるには、幾何学を用いるのが最も原始的（プリミティブ）でかつ明解だ**からです。

　実際、我が国の数学教育においても、「証明」を最初に学ぶのは中学2

年生の「図形の合同」という幾何の単元の中です。

人を説得する2つの方法

「人間は考える葦である」で有名な**パスカル**（1623－1662）は「説得術について」という一文の中で、人を説得するには次の2つの方法があると書きました。

　　(1)　人の気に入るようなものの言い方をする方法
　　(2)　厳密な論理を積み重ねて相手を論破する方法

　パスカルは大変な名文家で、(1)の才能にも長けていましたが、本人は(1)の方法は苦手であると謙遜して、(2)についてのみ掘り下げて述べています（詳しくは、吉田洋一先生と赤攝也先生の名著『数学序説』〔ちくま学芸文庫〕をご覧ください）。簡単にまとめておきます。

　・自明な事柄を除くすべての言葉を明白に定義する
　・議論の出発点として認めるべき公理（前提）を確認する
　・自明でないすべての命題は定義、公理、すでに証明された命題（定理）
　　のいずれかのみを用いて証明する

　これは『原論』が伝える論理的思考の基礎そのものであり、この姿勢を身につけることこそ、幾何学を学ぶ本当の理由です。
　次節は、数Ａの「図形の性質」というまさに幾何学そのものの単元について学びますが、紙幅の関係もあり内容はかなり厳選してあります。大切なのは、登場する定理を知識として覚えることではなく、**その定理がどのように証明されているかを味わうこと**です。

図形の性質（数 A）

　最初に、中学数学で登場する平行四辺形の定義と定理、それに四角形が平行四辺形になる条件を確認（証明は割愛）しておきましょう。

➤ **中学数学のおさらい①〜平行四辺形〜**

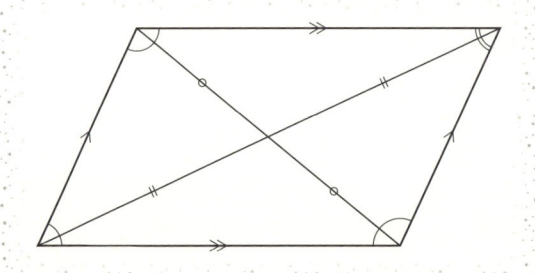

> **【平行四辺形の定義】**
>
> **2 組の向かい合う辺が、それぞれ平行である四角形を、**
>
> **平行四辺形**
>
> **と言う。**

> **【平行四辺形の定理】**
>
> (1)　**2 組の対辺はそれぞれ等しい。**
>
> (2)　**2 組の対角はそれぞれ等しい。**
>
> (3)　**対角線はそれぞれの中点で交わる。**

（注）　四角形の向かい合う辺を**対辺**、向かい合う角を**対角**と言います。

【平行四辺形になる条件】

(1) **2組の対辺が平行**

(2) **2組の対辺の長さが等しい**

(3) **2組の対角が等しい**

(4) **1組の対辺が平行かつ長さが等しい**

(5) **対角線がそれぞれの中点で交わる**

➤ 中学数学のおさらい②～中点連結定理～

中点連結定理も中学数学の内容ですが、重要なので確認しておきます。

【中点連結定理】

△**ABC** の **AB**、**AC** の中点を
それぞれ **M**、**N** とすると

$$MN /\!/ BC$$

$$MN = \frac{1}{2} BC$$

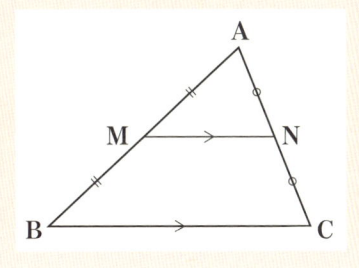

（注） // は平行という意味です。

△ABC の AB の中点を M、AC の中点を N とする。

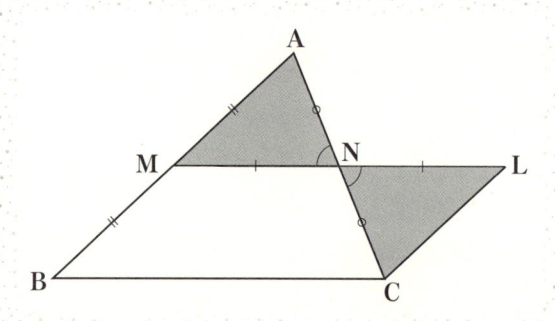

上の図のように、MN の N のほうの延長線上に

$$MN = LN$$

となるように点 L をとる。

ここで、△AMN と △CLN について

$$\begin{cases} MN = LN \quad \cdots① \\ AN = CN \quad (N は AC の中点) \quad \cdots② \\ \angle ANM = \angle CNL \quad (対頂角) \quad \cdots③ \end{cases}$$

①〜③より、

2 辺とその間の角が等しいから

$$△AMN \equiv △CLN$$

（≡は合同を表す記号）

合同な図形の対応する角や辺は等しいので

$$\angle AMN = \angle CLN \qquad \cdots④$$

$$AM = CL \qquad \cdots⑤$$

[三角形の合同条件]
・3 辺が等しい
・2 辺とその間の角が等しい
・1 辺とその両端の角が等しい

④より、錯角が等しいので

$$MB \parallel CL \qquad \cdots⑥$$

仮定より M は AB の中点なので、

$$AM = MB \qquad \cdots⑦$$

⑤、⑦より

$$MB = CL \qquad \cdots⑧$$

⑥、⑧より □MBCL は一組の対辺が平行かつ長さが等しいから平行四辺形。よって、

$$\begin{cases} ML = BC \\ ML \parallel BC \end{cases}$$

$$ML = 2MN \text{ より}$$

$$\begin{cases} MN \parallel BC \\ MN = \dfrac{1}{2}BC \end{cases}$$

証明終

> [平行四辺形であるための条件]
> ・2 組の対辺が平行
> ・2 組の対辺の長さが等しい
> ・2 組の対角が等しい
> ・1 組の対辺が平行かつ長さが等しい
> ・対角線がそれぞれの中点で交わる

（注）　中点連結定理の証明は、M と N が AB と AC の中点であることから、平行線の比の性質を使って △ABC と △AMN が相似になることから導く方法で習った人もいるでしょう。しかし、平行線の比の性質の証明には相似を使うので、これでは論理の循環が起きてしまいます。よって中点連結定理は相似を使わずに示すのが本筋です。

➤ 三角形の「五心」その(1)〜重心〜

三角形においてはの 5 つの「心」をまとめて「**五心**」と言います。

> ・ **重心**（ 3 つの中線の交点）
> ・ **外心**（外接円の中心）
> ・ **内心**（内接円の中心）
> ・ **垂心**（各頂点から対辺に下ろした 3 つの垂線の交点）
> ・ **傍心**（ 1 つの内角の二等分線と他の 2 つの外角の二等分線の交
> 点）

本書では重心と外心と垂心に触れたいと思います。

> ## 【重心】
>
> 　△ABC の AB、BC、CA
> の中点をそれぞれ M、L、N
> とすると AL、BN、CM は
> 1 点 G で交わる。
> 　また G は AL、BN、CM
> を 2 : 1 に内分する。G を
> △ABC の **重心**と言う。
>
>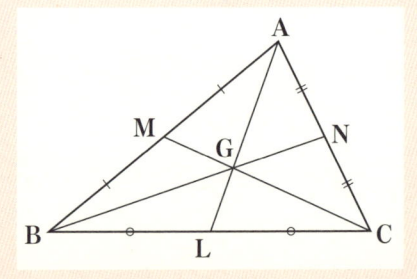

> (注)　AL や BN や CM のように、1 つの頂点と対辺の中点を結ぶ線分を「**中線**」
> と言います。重心は「**三角形の 3 中線の交点**」と言うこともできます。

解説 / 証明

解説

　まず BN と CM の交点 G が BN や CM を 2：1 に内分することを示します。そうすれば対称性から BN と AL の交点 G′ も BN や AL を 2：1 に内分することがわかり、G と G′ が一致することが示せます。また平行四辺形の 2 本の対角線はそれぞれの中点で交わることを使います。

証明

　△ABC において AB、AC の中点をそれぞれ M、N とし、BN と CM の交点を G とする。

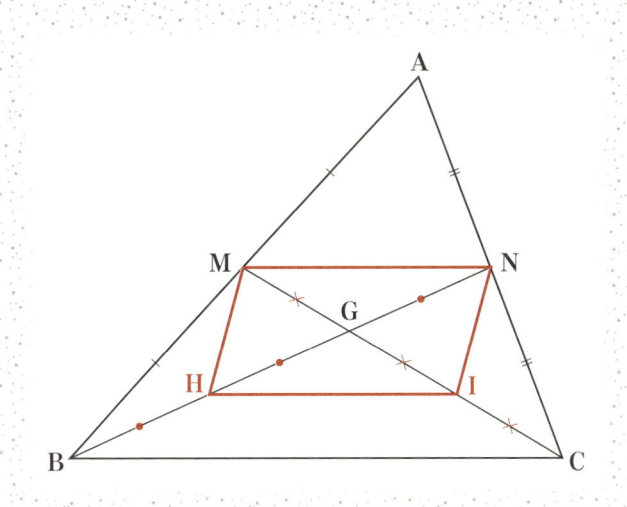

　さらに、上の図のように GB、GC の中点をそれぞれ H、I とすると、△GBC において中点連結定理より

$$\begin{cases} \text{HI} \mathbin{/\!/} \text{BC} & \cdots\text{①} \\ \text{HI} = \dfrac{1}{2}\text{BC} & \cdots\text{②} \end{cases}$$

また、△ABC についても中点連結定理より

$$\begin{cases} \text{MN} \mathbin{/\!/} \text{BC} & \cdots\text{③} \\ \text{MN} = \dfrac{1}{2}\text{BC} & \cdots\text{④} \end{cases}$$

①～④より

$$\begin{cases} \text{HI} \mathbin{/\!/} \text{MN} \\ \text{HI} = \text{MN} \end{cases}$$

□MHIN は一組の対辺が平行かつ長さが等しいから平行四辺形。

平行四辺形の 2 本の対角線は互いの中点で交わるので、

$$\begin{cases} \text{HG} = \text{GN} \\ \text{IG} = \text{GM} \end{cases}$$

よって、**G は BN や CM を 2：1 に内分する点**である。

　次に BC の中点を L として、AL と BN の交点を G′ とすれば、まったく同様にして、**G′ は AL や BN を 2：1 に内分する点**であることがわかる。G も G′ も BN を 2：1 に内分するから G と G′ は一致。よって 3 本の中線 BN、CM、AL は 1 点 G で交わり、G はそれぞれの中線を 2：1 に内分する。

証明終

➤ 三角形の「五心」その(2)〜外心〜

　外心の話を始める前に準備として、線分の垂直二等分線の定理をみておきます。

【線分の垂直二等分線の定理】

l を線分 AB の垂直二等分線とする。

(1)　$AP = BP \Rightarrow P$ は l 上にある

(2)　P が l 上にある $\Rightarrow AP = BP$

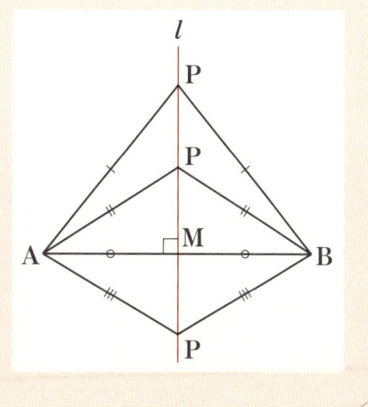

　つまり、「P が A、B から等距離にあること」と「P が線分 AB の垂直二等分線上にあること」は同値（互いに必要十分条件；6頁）だということです。証明は(1)と(2)に分けます。

証明

　線分 AB の中点を M とする。
(1)　「$AP = BP \Rightarrow P$ は l 上にある」の証明
　(i)　$P = M$ のとき、明らかに P は l 上にある
　(ii)　$P \neq M$ のとき、$\triangle PAM$ と $\triangle PBM$ について

$$\begin{cases} AP = BP \text{（仮定）} \\ AM = BM \text{（M は AB の中点）} \\ PM \text{ 共通} \end{cases}$$

　3辺が等しいので

$$\triangle PAM \equiv \triangle PBM$$

合同な図形の対応する角は等しいので

$$\angle PMA = \angle PMB \qquad \cdots ①$$

また、

$$\angle PMA + \angle PMB = 180° \ (AB \text{ は線分}) \quad \cdots②$$

①、②より

$$\angle PMA + \angle PMA = 180° \Rightarrow \angle PMA = 90°$$

よって、

$$AB \perp PM$$

M は AB の中点なので直線 PM は AB の垂直二等分線 l と一致する。

(i)(ii) より AP = BP ならば、P は l 上にある。

> (注) $\perp$ は垂直を表す記号で、AB $\perp$ PM は「AB と PM は垂直」という意味です。

(2) 「P が l 上にある $\Rightarrow$ AP = BP」の証明

(i) P が l 上の点 M にあるとき、明らかに AP = BP

(ii) P $\neq$ M のとき、$\triangle$PAM と $\triangle$PBM について

$$\begin{cases} \angle PMA = \angle PMB = 90° \ (P \text{ は } l \text{ 上にある}) \\ AM = BM \ (M \text{ は AB の中点}) \\ PM \text{ 共通} \end{cases}$$

2 辺とその間の角が等しいので

$$\triangle PAM \equiv \triangle PBM$$

合同な図形の対応する辺は等しいので

$$AP = BP$$

(i)、(ii) より P が l 上にあるならば AP＝BP

(1)、(2) より線分 AB の垂直二等分線が l のとき

$$AP = BP \Leftrightarrow P \text{ は } l \text{ 上にある}$$

$$\boxed{\text{証明終}}$$

【外心】

三角形の各辺の垂直二等分線は1点で交わり、その交点 O は三角形の外心（外接円の中心）である。

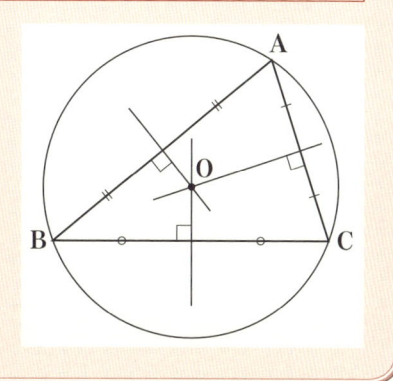

解説 証明

解説

最初に AB の垂直二等分線と BC の垂直二等分線が交わる点を O とし、垂直二等分線の性質を使って、O が AC の垂直二等分線上にもあることを示します。

証明

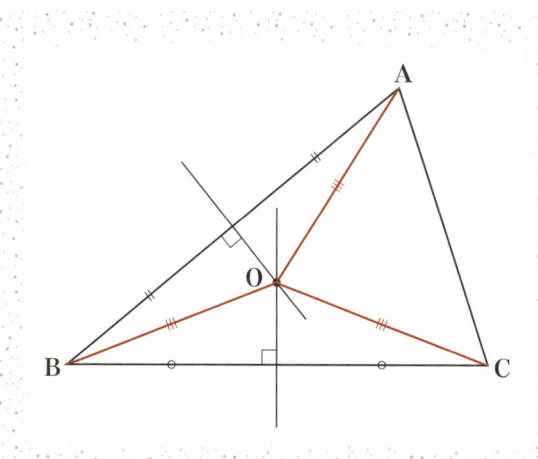

AB の垂直二等分線と BC の垂直二等分線の交点を O とする。

O は AB の垂直二等分線上にあるから

$$OA = OB \quad \cdots ①$$

また、O は BC の垂直二等分線上にもあるから

$$OB = OC \quad \cdots ②$$

①、②より

$$OA = OC \quad \cdots ③$$

よって、O は AC の垂直二等分線上にある。以上より AB、BC、CA
の垂直二等分線は 1 点で交わる。

また、①〜③より、

$$OA = OB = OC$$

なので、O は △ABC の外接円の中心すなわち外心である。

証明終

➤ 三角形の「五心」その(3)〜垂心〜

【垂心】

　三角形の各頂点から対辺に下
ろした垂線は 1 点で交わる。
　その交点 H を三角形の垂心
と言う。

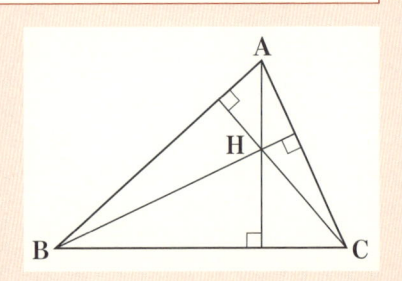

解説 証明

解説

　三角形の各頂点から対辺に下ろした垂線が1点で交わることを示す方法はいくつかありますが、どれも簡単ではありません。ここでは、画期的な補助線を引いて大きな三角形をつくり、外心の性質を使って示す方法を紹介します。なお、この証明はいわば観賞用ですから「自分では思いつけそうもない……」と嘆く必要はなく、「賢いことを考えるなあ」と楽しんでもらえれば十分です。

証明

　下の図のように、△ABC の各頂点を通り、△ABC の各辺と平行な3本の直線によってできる △PQR をつくる。

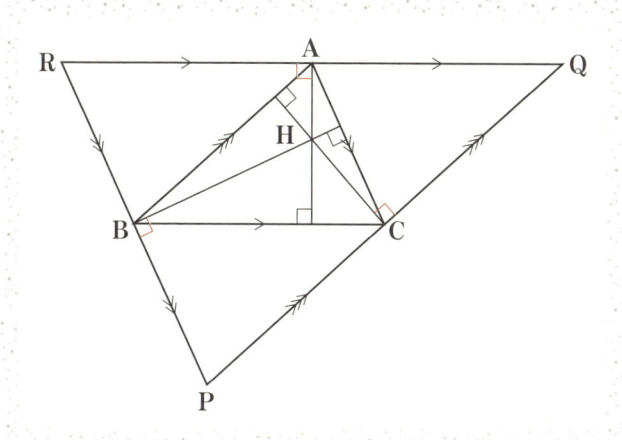

　□ABCQ は2組の対辺がそれぞれ平行なので平行四辺形。

　よって

$$AQ = BC \quad \cdots ①$$

$$AB = QC \quad \cdots ②$$

同様に、□ARBC も平行四辺形だから

$$RA = BC \quad \cdots ③$$

$$RB = AC \quad \cdots ④$$

さらに、□ABPC も平行四辺形なので

$$AB = CP \quad \cdots ⑤$$

$$BP = AC \quad \cdots ⑥$$

①と③より、A は QR の中点

④と⑥より、B は RP の中点

②と⑤より、C は PQ の中点

　よって、A を通り QR に垂直な直線は線分 QR の垂直二等分線になる。同じく、B を通り RP に垂直な直線と C を通り PQ に垂直な直線もそれぞれ線分 RP と PQ の垂直二等分線。これらの 3 本の垂直二等分線は、△PQR の外心（H とする）で交わる。

> 三角形の各辺の垂直二等分線は三角形の外心で交わる。

　また

$$QR /\!/ BC \quad かつ \quad QR \perp AH \quad より、AH \perp BC$$

$$RP /\!/ CA \quad かつ \quad RP \perp BH \quad より、BH \perp CA$$

$$PQ /\!/ AB \quad かつ \quad PQ \perp CH \quad より、CH \perp AB$$

　すなわち AH、BH、CH はそれぞれ △ABC の各頂点から対辺に下ろした垂線であり、これらは 1 点 H で交わる。

$$\boxed{証明終}$$

　続いて、円周角の定理と円周角を使って導かれるトレミーの定理を紹介します。

　円周角の定理は中学数学の範囲ですが、ここでは証明も含めて確認しておきましょう。

➤ 中学数学のおさらい③〜円周角の定理〜

【円周角の定理】

(1) 円周角の大きさはその弧に対する中心角の半分

(2) 1 つの弧に対する円周角の大きさは一定

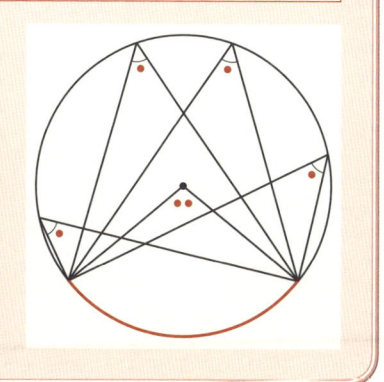

解説 ｜ 証明

解説

　(1)が証明できれば、(2)は自明です。

　(1)の証明は、1つの円弧に対して円周角の頂点の位置が3通り考えられるので、それぞれの場合を証明する必要があります。

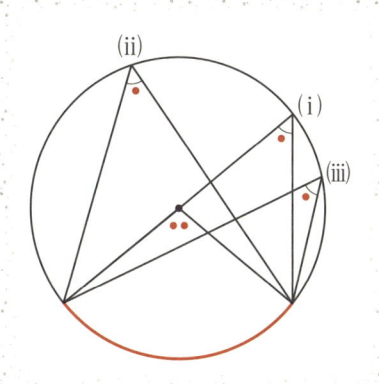

(i)

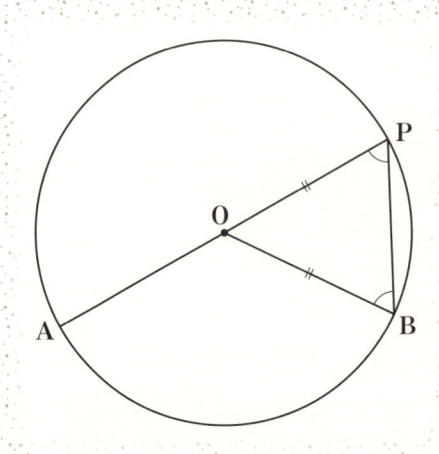

△OPB は二等辺三角形（OP と OB は円の半径で等しい）なので

$$\angle OPB = \angle OBP$$

また、$\angle AOB$ は △OPB の外角なので

$$\angle AOB = \angle OPB + \angle OBP$$

よって、

$$\angle AOB = 2\angle OPB = 2\angle APB$$

$$\Rightarrow \quad \angle APB = \frac{1}{2}\angle AOB$$

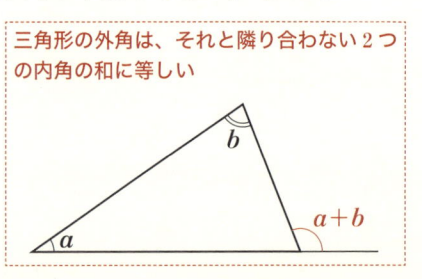

三角形の外角は、それと隣り合わない 2 つの内角の和に等しい

(ii)

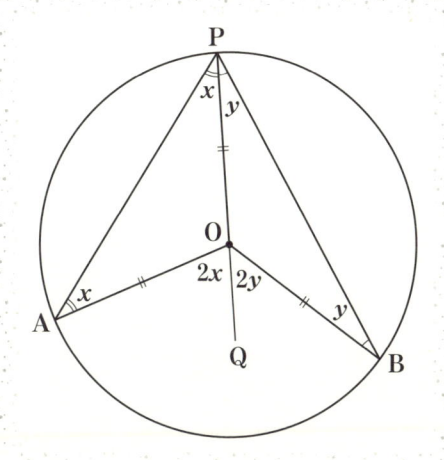

∠OPA の大きさを x、∠OPB の大きさ y とする。

OA = OB = OP（すべて円の半径で等しい）なので △OPA も △OPB も二等辺三角形。よって

$$\angle OPA = \angle OAP = x$$

$$\angle OPB = \angle OBP = y$$

また ∠AOQ は △OAP の外角なので

$$\angle AOQ = \angle OPA + \angle OAP = x + x = 2x$$

同様に

$$\angle BOQ = \angle OPB + \angle OBP = y + y = 2y$$

以上より

$$\angle AOB = \angle AOQ + \angle BOQ$$

$$= 2x + 2y$$

$$= 2(x + y)$$

$$= 2(\angle OPA + \angle OPB)$$

$$= 2\angle APB$$

> ∠OPA = x
> ∠OPB = y
> ∠OPA + ∠OPB = ∠APB

$$\Rightarrow \quad \angle APB = \frac{1}{2}\angle AOB$$

(iii)

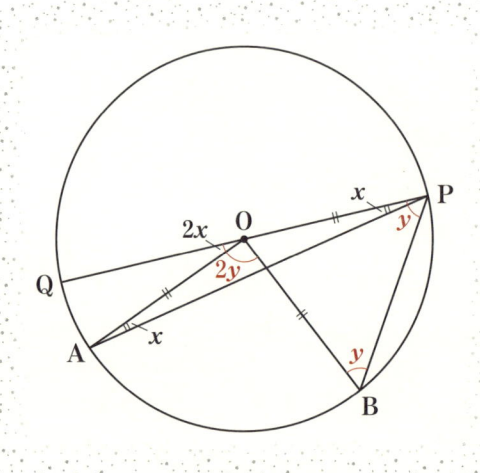

∠OPA の大きさを x、∠OPB の大きさ y とする。

OA = OB = OP（すべて円の半径で等しい）なので △OPA も △OPB も二等辺三角形。よって

$$\angle OPA = \angle OAP = x$$
$$\angle OPB = \angle OBP = y$$

また ∠AOQ は △OAP の外角なので

$$\angle AOQ = \angle OPA + \angle OAP = x + x = 2x$$

同様に

$$\angle BOQ = \angle OPB + \angle OBP = y + y = 2y$$

以上より

$$\angle AOB = \angle BOQ - \angle AOQ$$
$$= 2y - 2x$$
$$= 2(y - x)$$
$$= 2(\angle OPB - \angle OPA)$$

∠OPA = x
∠OPB = y
∠OPB − ∠OPA = ∠APB

$$= 2\angle\mathrm{APB}$$

$$\Rightarrow\quad \angle\mathrm{APB} = \frac{1}{2}\angle\mathrm{AOB}$$

(i)、(ii)、(iii) より円周角の大きさはその弧に対する中心角の半分。

1つの弧に対する中心角の大きさは一定なので、1つの弧に対する円周角の大きも一定。

証明終

➤ 知っておくと便利な「トレミーの定理」

トレミーというのは古代ギリシャの天文学者**プトレマイオス**（Ptolemy）のことです。「トレミーの定理」は高校の必須内容ではありませんが、これは後で学ぶ三角関数の加法定理（253頁）に相当する大切な定理なので紹介します。実際プトレマイオスはこの定理をもとにして、今で言う三角比の計算を行い、惑星の運行データを数学的に説明することに成功しました。

【トレミー（プトレマイオス）の定理】

四角形 **ABCD** が円に内接するとき、対辺の長さの積の和は対角線の長さの積に等しい。

すなわち次式が成立する。

$$\mathrm{AB}\cdot\mathrm{CD} + \mathrm{AD}\cdot\mathrm{BC} = \mathrm{AC}\cdot\mathrm{BD}$$

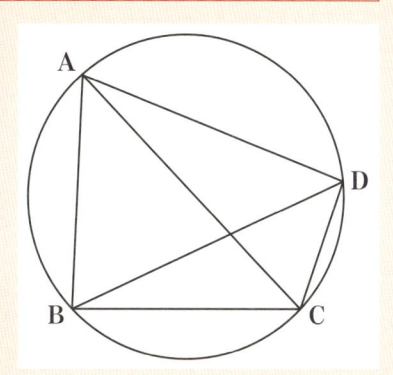

解説

　証明には前述の「円周角の定理」を使います。最大のポイントは BD 上に点 E を、∠BAE ＝ ∠CAD となるようにとることです。そうすると三角形の相似がたくさん使えて証明できます。

証明

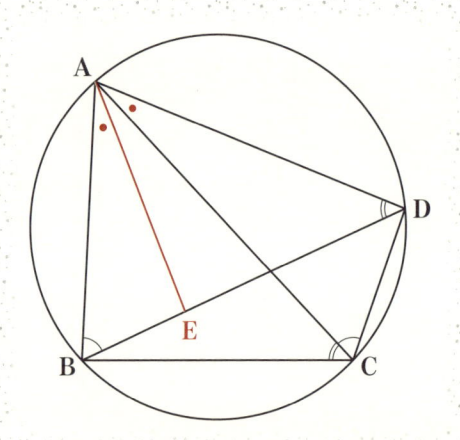

　BD 上に点 E を、

　　　∠BAE ＝ ∠CAD　…①

となるようにとる。

　△ABE と △ACD において

　　　∠ABE ＝ ∠ACD（弧 AD に対する円周角）　…②

①、②より 2 つの角が等しいので

　　　△ABE と △ACD は相似

相似な図形の

> [三角形の相似条件]
> ・3 辺の比が等しい
> ・2 辺の比とその間の角が等しい
> ・2 つの角が等しい

対応する辺の比は等しいので

$$AB : BE = AC : CD$$

$$\Rightarrow \quad AB \cdot CD = AC \cdot BE \quad \cdots ③$$

また、$\triangle AED$ と $\triangle ABC$ において

$$\angle EAD = \angle EAC + \angle CAD$$

$$= \angle EAC + \angle BAE$$

①より

$$= \angle BAC$$

ゆえに

$$\angle EAD = \angle BAC \qquad \cdots ④$$

$$\angle ADE = \angle ACB$$

$$（弧 AB に対する円周角） \quad \cdots ⑤$$

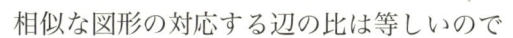

④、⑤より 2 つの角が等しいので

$$\triangle AED と \triangle ABC は相似$$

相似な図形の対応する辺の比は等しいので

$$AD : ED = AC : BC$$

$$\Rightarrow \quad AD \cdot BC = AC \cdot ED \quad \cdots ⑥$$

③＋⑥より

$$AB \cdot CD + AD \cdot BC = AC \cdot BE + AC \cdot ED$$

$$= AC \cdot (BE + ED)$$

$$= AC \cdot BD$$

ゆえに

$$AB \cdot CD + AD \cdot BC = AC \cdot BD$$

証明終

お疲れ様でした！　どのような場合も結果だけでは正しいかどうかを判断することはできません。**正しさを保証するのはいつもそのプロセスだということ**を、幾何の証明から学んでもらえたら嬉しいです。

この節では第5章の三角関数への足がかりとなる「**三角比**」についてまとめておきます。

➤ 三角比の定義と相互関係

直角以外の1つの角の角度が等しい直角三角形はすべて相似（大きさは違っても形は同じ）になります。

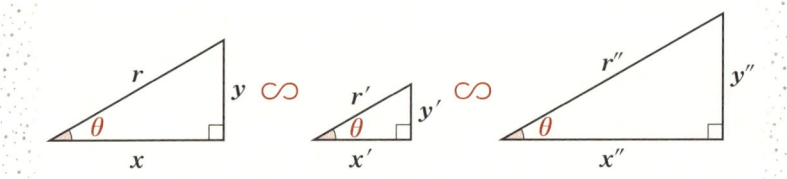

（注）「∽」は「相似」を表すマークです。simillis（相似）のsに由来します。

相似な図形は対応する辺の比が等しくなるので、たとえば

$$\frac{x}{r} = \frac{x'}{r'} = \frac{x''}{r''}、\quad \frac{y}{r} = \frac{y'}{r'} = \frac{y''}{r''}、\quad \frac{y}{x} = \frac{y'}{x'} = \frac{y''}{x''}$$

であることがわかります。これらの比（分数の値）は直角以外の1つの角度 θ（シータ）だけで決まりますので、それぞれに $\cos\theta$（コサイン）、$\sin\theta$（サイン）、$\tan\theta$（タンジェント）と名前をつけました。

$$\frac{x}{r} = \frac{x'}{r'} = \frac{x''}{r''} = \cos\theta、\quad \frac{y}{r} = \frac{y'}{r'} = \frac{y''}{r''} = \sin\theta、\quad \frac{y}{x} = \frac{y'}{x'} = \frac{y''}{x''} = \tan\theta$$

ちなみに和名では $\cos\theta$ は**余弦**（よげん）、$\sin\theta$ は**正弦**（せいげん）、$\tan\theta$ は**正接**（せいせつ）と言います。

$$\frac{x}{r} = \cos\theta、\quad \frac{y}{r} = \sin\theta$$

より、分母を払うと（両辺を r 倍すると）

$$x = r\cos\theta、\quad y = r\sin\theta$$

になります。これを図にすると

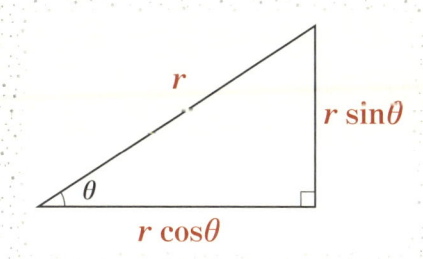

です（この図はこのあと頻出します！）。

　この図を使えば

$$\frac{y}{x} = \tan\theta$$

より

$$\frac{y}{x} = \frac{r\sin\theta}{r\cos\theta} = \frac{\sin\theta}{\cos\theta} = \tan\theta$$

であることがわかります。

　また、上の直角三角形に三平方の定理（115頁の注）を使えば

$$(r\cos\theta)^2 + (r\sin\theta)^2 = r^2$$

$$\Rightarrow \quad r^2(\cos\theta)^2 + r^2(\sin\theta)^2 = r^2$$

$$\Rightarrow \quad (\cos\theta)^2 + (\sin\theta)^2 = 1 \qquad \div r^2$$

$$\Rightarrow \quad \cos^2\theta + \sin^2\theta = 1$$

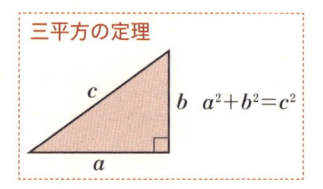

三平方の定理
$a^2 + b^2 = c^2$

(注) $\qquad (\cos\theta)^2 = \cos^2\theta、(\sin\theta)^2 = \sin^2\theta$

と書くのは慣例です。$\cos\theta^2$ のように書くと「θ^2」に対する三角比に見えてしまうからでしょう。

　以上より、$\cos\theta$、$\sin\theta$、$\tan\theta$ の間には θ の値によらず常に次の関係が成り立つことがわかります。

　これらは**三角比（三角関数）の相互関係**と呼ばれるもので三角比どうしの変換を行うときには欠かせません。

【三角比（三角関数）の相互関係】

(ⅰ)　$\tan\theta = \dfrac{\sin\theta}{\cos\theta}$

(ⅱ)　$\cos^2\theta + \sin^2\theta = 1$

(ⅰ)、(ⅱ)を使うと

$$1 + \tan^2\theta = 1 + \left(\frac{\sin\theta}{\cos\theta}\right)^2 \quad \text{(ⅰ)}$$

$$= 1 + \frac{\sin^2\theta}{\cos^2\theta} = \frac{\cos^2\theta}{\cos^2\theta} + \frac{\sin^2\theta}{\cos^2\theta} = \frac{\cos^2\theta + \sin^2\theta}{\cos^2\theta} = \frac{1}{\cos^2\theta} \quad \text{(ⅱ)}$$

より

$$\text{(iii)} \quad 1 + \tan^2\theta = \frac{1}{\cos^2\theta}$$

という関係式も得られます。(iii)も三角比の相互関係として有名です。

> （注）　ただし、(iii)は(i)、(ii)から導かれるので、(i)〜(iii)のうち独立な式（他の式に
> 　　依存しない式）は2つであることに注意しましょう。
> 　　$\cos\theta$、$\sin\theta$、$\tan\theta$ の3つの値の間には常に2つの独立な式が成立するので、
> 　　三角比か θ についての別の等式がなにか1つ得られれば $\cos\theta$、$\sin\theta$、$\tan\theta$
> 　　のすべての値を求められます。

問題 5

> $\cos^2\theta = \sin\theta$ のとき、
>
> $$\frac{1}{1+\cos\theta} + \frac{1}{1-\cos\theta}$$
>
> の値を求めよ。
>
> ［甲南大学］

解説 解答

解説

　三角比の相互関係の(ii)から

$$\cos^2\theta + \sin^2\theta = 1 \quad \Rightarrow \quad \cos^2\theta = 1 - \sin^2\theta$$

　これを与えられた式に代入すると $\sin\theta$ についての2次方程式が得られるので、解の公式（64頁）を使えば $\sin\theta$ の値が求まります。

　ただし、$\sin\theta$ は $\cos^2\theta$（ある数の2乗）と等しいので $\sin\theta \geqq 0$ であることに注意。

$\cos^2\theta + \sin^2\theta = 1$ から

$$\cos^2\theta = 1 - \sin^2\theta$$

これを問題文で与えられた式に代入すると

$$\cos^2\theta = \sin\theta \quad \cdots①$$

$$\Rightarrow \quad 1 - \sin^2\theta = \sin\theta$$

$$\Rightarrow \quad \sin^2\theta + \sin\theta - 1 = 0$$

> $\sin\theta = x$ とすれば
> $x^2 + x - 1 = 0$

と変形できます。解の公式より

$$\sin\theta = \frac{-1 \pm \sqrt{1^2 - 4 \cdot 1 \cdot (-1)}}{2 \cdot 1}$$

> $ax^2 + bx + c = 0$ のとき
> $x = \dfrac{-b \pm \sqrt{b^2 - 4ac}}{2a}$

$$= \frac{-1 \pm \sqrt{1+4}}{2}$$

$$= \frac{-1 \pm \sqrt{5}}{2}$$

$\cos^2\theta = \sin\theta$ より $\sin\theta \geqq 0$ なので

$$\sin\theta = \frac{-1 + \sqrt{5}}{2} \quad \cdots②$$

一方、

$$\frac{1}{1+\cos\theta} + \frac{1}{1-\cos\theta}$$

$$= \frac{(1-\cos\theta) + (1+\cos\theta)}{(1+\cos\theta)(1-\cos\theta)}$$

> $(a+b)(a-b) = a^2 - b^2$

$$= \frac{2}{1 - \cos^2\theta}$$

> ①より

$$= \frac{2}{1 - \sin\theta}$$

> ②より

$$= \frac{2}{1 - \dfrac{-1 + \sqrt{5}}{2}}$$

$$= 2 \div \left(1 - \frac{-1+\sqrt{5}}{2}\right) = 2 \div \frac{2+1-\sqrt{5}}{2}$$

$$= 2 \div \frac{3-\sqrt{5}}{2} = 2 \times \frac{2}{3-\sqrt{5}} = \frac{4}{3-\sqrt{5}}$$

（注）　最後の答えは分母を有理化する（分母を $\sqrt{}$ のない形にする）と次のように簡単になります。

$$\frac{4}{3-\sqrt{5}} = \frac{4(3+\sqrt{5})}{(3-\sqrt{5})(3+\sqrt{5})} = \frac{4(3+\sqrt{5})}{3^2-\sqrt{5}^2} = \frac{4(3+\sqrt{5})}{9-5} = \frac{4(3+\sqrt{5})}{4}$$
$$= 3+\sqrt{5}$$

　ここからは、直角三角形に限らず広く三角形全般に三角比を応用していくことを考えます。その際に重要になるのが、次に紹介する正弦定理と余弦定理です。

（注）　正弦は $\sin\theta$、余弦は $\cos\theta$ のことでしたね（42頁）。
　　　なお、正接定理（$\tan\theta$ の定理）と呼ばれる定理も存在しますが、高校数学の範囲外です。

　なお、この先は次頁の図のように、△ABC において頂点 A、B、C に向かい合う辺 BC、CA、AB の長さをそれぞれ a、b、c で表し、∠A、∠B、∠C のことはそれぞれ単に A、B、C で表すことにします（世界共通の慣わしです）。

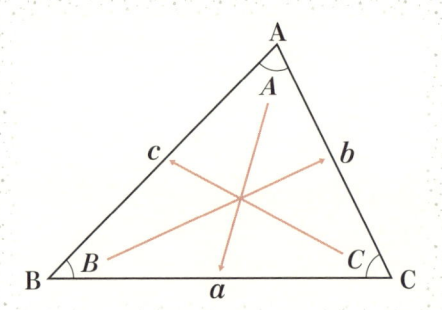

➤ 「正弦定理」とその証明

　先に定理を示します。

【正弦定理】

△**ABC** の外接円の半径を R とすると

$$\frac{a}{\sin A} = \frac{b}{\sin B} = \frac{c}{\sin C} = 2R$$

が成立する。

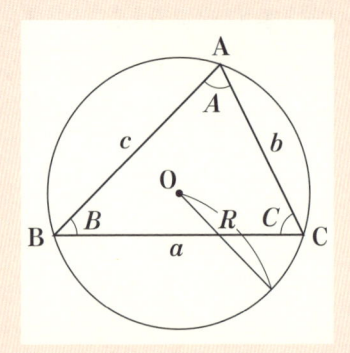

証明

正弦定理の証明には円周角の定理（35頁）を使います。

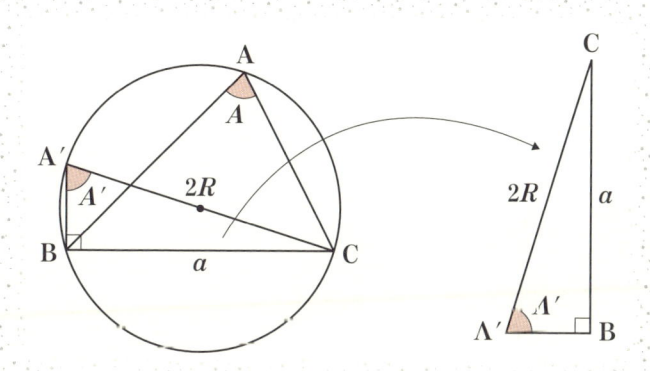

上の図のように △ABC の外接円上に A′C が直径となるような点 A′ をとると、**円周角の定理**より ∠A = ∠A′ だから

$$A = A' \quad \cdots ①$$

直径に対する円周角は 90°（注）なので ∠A′BC = 90°。また A′C は直径なので A′C = 2R。すなわち △A′BC は斜辺が 2R の直角三角形（上の図参照）。よって

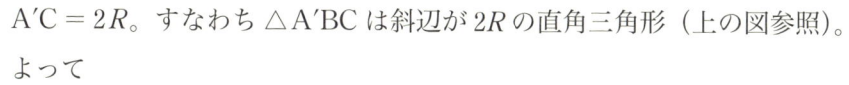

$$a = 2R \cdot \sin A'$$

$$\Rightarrow \quad \frac{a}{\sin A'} = 2R$$

①より

$$\Rightarrow \quad \frac{a}{\sin A} = 2R$$

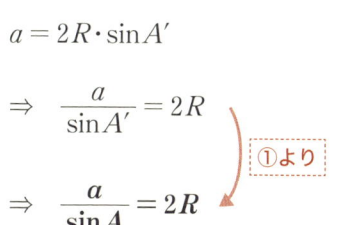

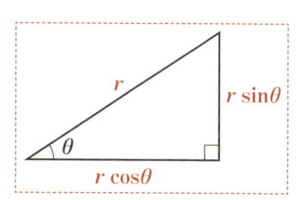

まったく同じようにして、

$$\frac{b}{\sin B} = 2R \quad と \quad \frac{c}{\sin C} = 2R$$

も示せます。よって

$$\frac{a}{\sin A} = \frac{b}{\sin B} = \frac{c}{\sin C} = 2R$$

です。

証明終

(注)　直径に対する円周角は 90°の証明

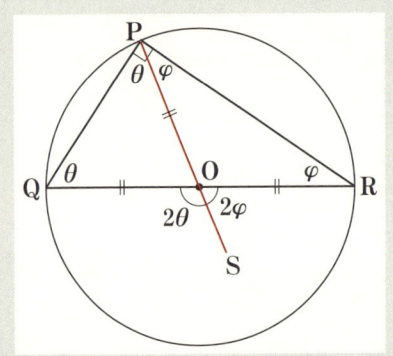

φ（ファイ）は角度を表す際、θ に次いでよく使われるギリシャ文字です

　　上の図のように、△PQR の QR が外接円の直径に一致するとき、OP と OQ と OR は円の半径なので △OPQ と △ORP は二等辺三角形。

　　よって、∠OPQ $= \theta$、∠OPR $= \overset{\text{ファイ}}{\varphi}$ とすると

$$\angle OPQ = \angle OQP = \theta, \quad \angle OPR = \angle ORP = \varphi$$

　∠SOQ と ∠SOR はそれぞれ △OPQ と △ORP の外角（36 頁）なので

$$\angle SOQ = \angle OPQ + \angle OQP = 2\theta, \quad \angle SOR = \angle OPR + \angle ORP = 2\varphi$$

　∠SOQ ＋ ∠SOR $= 180°$ より

$$2\theta + 2\varphi = 180° \quad \Rightarrow \quad \theta + \varphi = 90°$$

以上より、∠QPR $= \angle OPQ + \angle OPR = \theta + \varphi = 90°$

➤「余弦定理」とその証明

これも先に結果を示します。

【余弦定理】

△ABC において次の等式が成立する。

$$a^2 = b^2 + c^2 - 2bc \cos A$$
$$b^2 = c^2 + a^2 - 2ca \cos B$$
$$c^2 = a^2 + b^2 - 2ab \cos C$$

証明

余弦定理の証明には三平方の定理を使います。

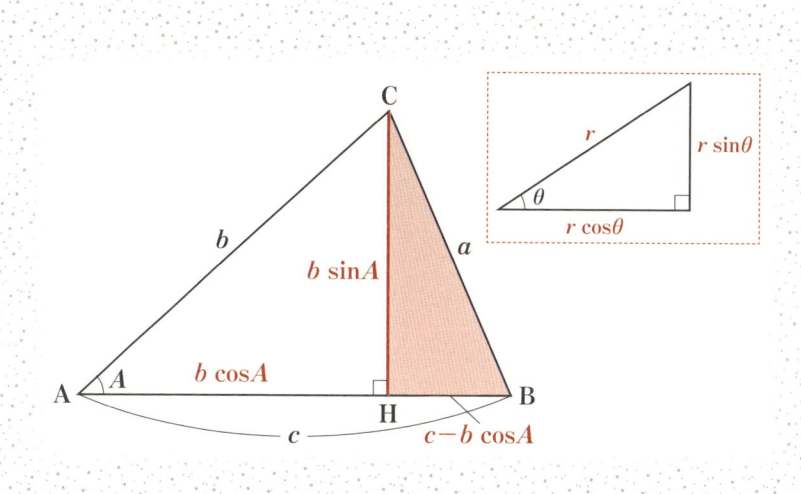

上の図のように C から AB に垂線 CH を下ろします。△AHC は斜辺が b の直角三角形だから

$$\mathrm{CH} = b\sin A$$

$$\mathrm{AH} = b\cos A$$

よって、

$$\mathrm{BH} = \mathrm{AB} - \mathrm{AH} = c - b\cos A$$

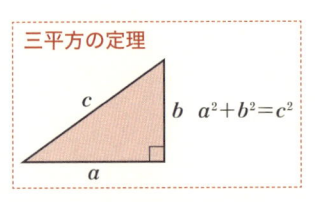

三平方の定理

$a^2 + b^2 = c^2$

$\triangle\mathrm{CHB}$ について**三平方の定理**より

$$a^2 = (c - b\cos A)^2 + (b\sin A)^2$$
$$= c^2 - 2 \cdot c \cdot b\cos A + b^2\cos^2 A + b^2\sin^2 A$$
$$= c^2 - 2bc\cos A + b^2(\cos^2 A + \sin^2 A)$$
$$= c^2 - 2bc\cos A + b^2 \cdot 1$$

$(p - q)^2 = p^2 - 2pq + q^2$

$\cos^2\theta + \sin^2\theta = 1$

ゆえに

$$a^2 = b^2 + c^2 - 2bc\cos A$$

まったく同じようにして

$$b^2 = c^2 + a^2 - 2ca\cos B$$
$$c^2 = a^2 + b^2 - 2ab\cos C$$

も示せます。

証明終

➤ 正弦定理は角度の定理、余弦定理は辺の定理

　ご覧のように、正弦定理と余弦定理はそれぞれ円周角の定理、三平方の定理に由来しています。円周角の定理は角度の大きさに関する定理、三平方の定理は辺の長さに関する定理なので、正弦定理は角度の定理、余弦定理は辺の定理だと言ってよいでしょう。実際、問題を解く際には三角形について与えられる情報のうち、**角度の情報のほうが多いときは正弦定理、辺の情報のほうが多いときは余弦定理を使うと解決することが多いです。**

　ここで、私がはじめて余弦定理を習った当時、最も感動した問題を紹介したいと思います。

問題 6

　△ABC において、$a = 5$、$b = 6$、$c = 7$ のとき、この三角形の面積 S を求めよ。

解説／解答

解説

　なんの変哲もない問題のようですが、私にとってこれは、小学生以来感じていたもどかしさ（恨み？）をやっと晴らすことができた問題でした。

　ご承知の通り、三角形というのは3辺の長さを与えると一通りに決まります。それなのに、高さがわからない限り面積を求めることができない、というのがとても歯痒かったのです。

　しかし、以下の解答で示すように、頂点から下ろした垂線の長さを $\sin A$ で表せば、面積 S は

$$S = \frac{1}{2} \cdot 7 \cdot 6 \sin A$$

と非常にシンプルに表すことができます。

　ただし、3辺の長さから $\sin A$ を直接求めることはできないので、（辺の定理である）余弦定理を使って、$\cos A$ を求めてから三角比の相互関係を使って、$\sin A$ の値を計算します。

> （注）　余弦定理は三平方の定理から導かれるので、垂線を下ろして三平方の定理を何度か駆使することでも、本問は解決します。

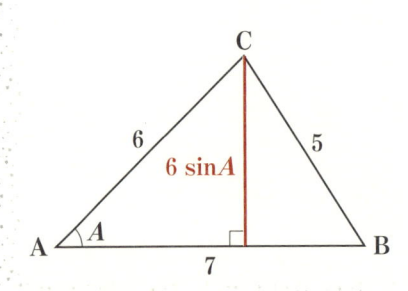
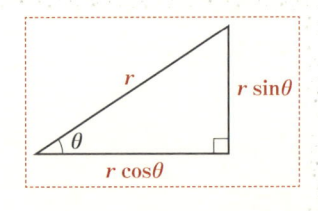

上の図のように、C から AB に垂線を下ろすと △ABC の高さは $6\sin A$ であることがわかるので

$$S = \frac{1}{2} \cdot 7 \cdot 6\sin A \quad \cdots ①$$

△ABC について余弦定理より

$$a^2 = b^2 + c^2 - 2bc\cos A$$

$$\Rightarrow \quad 5^2 = 6^2 + 7^2 - 2 \cdot 6 \cdot 7 \cdot \cos A$$

$$\Rightarrow \quad 25 = 36 + 49 - 84\cos A$$

$$\Rightarrow \quad 84\cos A = 36 + 49 - 25 = 60$$

$$\Rightarrow \quad \cos A = \frac{60}{84} = \frac{5}{7}$$

三角比の相互関係より

$$\cos^2 A + \sin^2 A = 1$$

$$\Rightarrow \quad \left(\frac{5}{7}\right)^2 + \sin^2 A = 1$$

$$\Rightarrow \quad \sin^2 A = 1 - \frac{25}{49} = \frac{49 - 25}{49} = \frac{24}{49}$$

$\sin A > 0$ より

$$\sin A = \sqrt{\frac{24}{49}} = \frac{2\sqrt{6}}{7}$$

①に代入して

$$S = \frac{1}{2} \cdot 7 \cdot 6 \cdot \frac{2\sqrt{6}}{7} = 6\sqrt{6}$$

以上の議論を一般化すると、**ヘロンの公式**と呼ばれる面積公式が得られます。証明は文字式のオンパレードで煩雑ですが、この節の最後に紹介しておきましょう。

（注）　ヘロンは古代ローマのアレキサンドリア（現在はエジプト）で活躍したギリシャ人です。

➤ 「ヘロンの公式」を導く

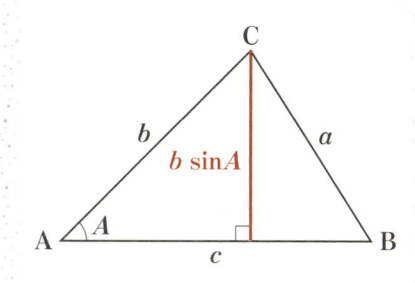

△ABC の面積を S とすると、

$$S = \frac{1}{2} \cdot c \cdot b \sin A = \frac{1}{2} bc \sin A \quad \cdots ①$$

余弦定理より

$$a^2 = b^2 + c^2 - 2bc \cos A$$

$$\Rightarrow \quad 2bc\cos A = b^2 + c^2 - a^2$$

$$\Rightarrow \quad \cos A = \frac{b^2 + c^2 - a^2}{2bc} \quad \cdots ②$$

また、三角比の相互関係より

$$\cos^2 A + \sin^2 A = 1$$

$$\Rightarrow \quad \sin^2 A = 1 - \cos^2 A$$

$$= (1 + \cos A)(1 - \cos A) \quad \boxed{p^2 - q^2 = (p+q)(p-q)}$$

$$= \left(1 + \frac{b^2 + c^2 - a^2}{2bc}\right)\left(1 - \frac{b^2 + c^2 - a^2}{2bc}\right) \quad ②$$

$$= \frac{2bc + b^2 + c^2 - a^2}{2bc} \times \frac{2bc - b^2 - c^2 + a^2}{2bc}$$

$\boxed{\begin{array}{c} p^2 + 2pq + q^2 \\ = (p+q)^2 \\ p^2 - 2pq + q^2 \\ = (p-q)^2 \end{array}}$
$$= \frac{(b^2 + 2bc + c^2) - a^2}{2bc} \times \frac{a^2 - (b^2 - 2bc + c^2)}{2bc}$$

$$= \frac{(b+c)^2 - a^2}{2bc} \times \frac{a^2 - (b-c)^2}{2bc} \quad \boxed{p^2 - q^2 = (p+q)(p-q)}$$

$$= \frac{\{(b+c)+a\}\{(b+c)-a\}}{2bc} \times \frac{\{a+(b-c)\}\{a-(b-c)\}}{2bc}$$

$$= \frac{(a+b+c)(-a+b+c)}{2bc} \times \frac{(a+b-c)(a-b+c)}{2bc} \quad \cdots ③$$

ここで

$$a + b + c = 2s$$

とおくと、

$$-a + b + c = a + b + c - 2a = 2s - 2a = 2(s-a)$$

$$a + b - c = a + b + c - 2c = 2s - 2c = 2(s-c)$$

$$a - b + c = a + b + c - 2b = 2s - 2b = 2(s-b)$$

と書けるので、これらを③に代入すると

$$\sin^2 A = \frac{2s \cdot 2(s-a)}{2bc} \times \frac{2(s-c) \cdot 2(s-b)}{2bc}$$

$$= \frac{2s(s-a)}{bc} \times \frac{2(s-c)(s-b)}{bc}$$

$$= \frac{4s(s-a)(s-b)(s-c)}{b^2 c^2}$$

$\sin A > 0$ より

$$\sin A = \sqrt{\frac{4s(s-a)(s-b)(s-c)}{b^2 c^2}}$$

$$= \frac{2\sqrt{s(s-a)(s-b)(s-c)}}{bc}$$

①に代入して

$$S = \frac{1}{2} bc \sin A = \frac{1}{2} bc \cdot \frac{2\sqrt{s(s-a)(s-b)(s-c)}}{bc}$$

$$= \sqrt{s(s-a)(s-b)(s-c)}$$

以上より、次の公式を得ます。

【ヘロンの公式】

△ABC の面積を S とすると

$$S = \sqrt{s(s-a)(s-b)(s-c)}$$

ただし、$s = \dfrac{a+b+c}{2}$

例 問題 6 では、$a=5$、$b=6$、$c=7$ なので、

$$s = \frac{a+b+c}{2} = \frac{5+6+7}{2} = \frac{18}{2} = 9$$

ヘロンの公式にあてはめると

$$
\begin{aligned}
S &= \sqrt{s(s-a)(s-b)(s-c)} \\
&= \sqrt{9 \cdot (9-5) \cdot (9-6) \cdot (9-7)} \\
&= \sqrt{9 \cdot 4 \cdot 3 \cdot 2} \\
&= \sqrt{3^2 \cdot 2^2 \cdot 3 \cdot 2} \\
&= 6\sqrt{6}
\end{aligned}
$$

　この本の読者なら、もうわかってもらえていると思いますが、ヘロンの公式も、具体的な数字をあてはめて答えを出すこと自体には、ほとんど意味はありません（誰でもできる計算です）。やはり大切なのは公式を導くプロセスです。

　特に、たびたび「$p^2 - q^2 = (p+q)(p-q)$」を使うことで計算の工夫を行っているところには注目してください。これは高度な式変形においてはよく使うテクニックです。

第 2 章

代数学

～方程式を解くための数学～

Algebra

古代の「方程式」
～代数学の本質は一般化～

　第2章は代数学です。代数学というのは、文字通り、数の代わりに文字を使って「**方程式**」を解くための方法、およびそこから発展した数学全般を指します。

　そもそも「方程式」とは何でしょうか？　ひとことで言えばそれは「**特定の値についてのみ成立する式**」のことを言います。たとえば

$$2x + 1 = 3$$

という式は「$x = 1$」のときにだけ成立する式なので方程式です。

　一方、

$$x + x + 1 = 2x + 1$$

は、「$x = 1$」でも「$x = 100$」でも「$x = 0.1$」でも成立します。このようにどのような値についても成立する式のことは「**恒等式**」と言います。

　人類が最初に「方程式」を手にしたのは、ギリシャで幾何学（≒論証数学）が発展した時代からさらに 1000 年以上も前のことでした。

　現在イギリスの大英博物館に所蔵されている紀元前 1800 年頃の数学書『リンド・パピルス』には約 90 題の「文章題」が収められていて、その中には次のような問題があります。

> **ある量にその 7 分の 1 を加えると 19 になる。**
>
> **ある量とはいくつか？**

これはある量（未知数＝特定の値）を x とすれば

$$x + \frac{1}{7}x = 19$$

と表せる基本的な1次方程式の問題です。

ただし、この問題を上のような数式で表せるようになるのはずっと後（16世紀末）のことなので、当時は次のように解いていました。

最初に「仮の解」を考えます。たとえば（7分の1が計算しやすいように）仮の解を「7」とすると、

$$7 + \frac{1}{7} \times 7 = 8$$

ですね。次に計算の結果（右辺）を「19」にするために、最初においた「7」を $\frac{19}{8}$ 倍します。

$$7 \times \frac{19}{8} = \frac{133}{8}$$

よって、問題の解は「$\frac{133}{8}$」とわかります。

最初に答えを仮定し、得られた結果を正しい解へと修正していく方法は1世紀頃の中国でも、4世紀頃のギリシャでも、また6〜7世紀頃のインドでも広く使われていました。日本の「鶴亀算」も、最初に全部が鶴（あるいは亀）であると仮定してから鶴と亀を交換して解を修正していくので、同じ発想です。

ただし、このような考え方はまどろっこしい上に限界があります。「仮

の解」のおき方によっては計算が煩雑になりますし、そもそもどう修正していていくべきかがわからないケースも出てくるでしょう。

　そこで人類はもっと効率よく、そして汎用性に優れた手法を模索するようになるわけですが、その過程で（長い年月を経て）数字の代わりに文字を使うようになりました。それは、**発明した解法や明らかになった数の性質を一般化することを目指した**からです。

日常の中から真理をさぐった古代エジプト人

　代数学の本質がその一般性にあることを鑑みると、『リンド・パピルス』の冒頭にある次の言葉は大変示唆に富んでいます。

> 「（この本に書かれているのは）物の中に存在するすべての謎と秘密を知るための計算法（である）」

　『リンド・パピルス』に収められている文章題のほとんどは「100 個のパンを 10 人に分ける。ただし船乗りと隊長と門衛には他の者の 2 倍与えるとする。各人の分け前はいくらになるか？」のような日常の生活に関する具体的な問題です。でも、古代エジプト人たちはその中に、普遍的な真理を見ていたのかもしれません。

　今日の形に直接つながる代数学が始まるまでには、『リンド・パピルス』以降 3000 年以上の時間が必要です。しかしその問題が「方程式」であることに違いはなく、古代エジプトの人々が具体的な数値計算の中に一般化できる問題解決の術を感じていたのなら、『リンド・パピルス』に収められた解法は代数学の萌芽であったと言っても決して過言ではないと私は思います。

2次方程式（数Ⅰ）

前コラムに登場した

$$2x + 1 = 3$$

は未知数 x について1次式なので「1次方程式」です。1次方程式を

$$2x + 1 = 3 \quad \Leftrightarrow \quad 2x = 3 - 1$$
$$\Leftrightarrow \quad 2x = 2$$
$$\Leftrightarrow \quad x = 1$$

のように解くことは、中学で学びました。

本節で学ぶのは

$$ax^2 + bx + c = 0$$

の形をした**2次方程式の解き方**です（ただし、a, b, c は定数で、$a \neq 0$）。

一般に、方程式を満たす x の値を方程式の**解**と言い、**すべての解を求めることを「方程式を解く」**と言います。

2次方程式の解き方には大きく分けて次の2つの方法があります。

【2次方程式の解き方】

（ⅰ）　解の公式を使う方法

（ⅱ）　因数分解による方法

➤ ああ、なつかしの「2次方程式の解の公式」

　最初に結論を申し上げると、2次方程式の解の公式とは次のようなものです。

【2次方程式の解の公式】

$ax^2 + bx + c = 0$ のとき

$$x = \frac{-b \pm \sqrt{b^2 - 4ac}}{2a}$$

　懐しく感じた人も少なくないでしょう。学生時代あまり数学が得意でなかった人でも、ほとんどの方はこの公式を知っている（完全には覚えていなくても、そういうものがあったことは記憶している）のではないでしょうか？

　一方で、この公式を独力で導ける人は、決して多くないと思います。実際、この公式自体を導く問題が慶応大学で出題されたとき、私学の雄を目指す受験生をもってしても正答率は低かったと聞いています。

　しかし、**数学を学ぶ目的が思考力・論理力を鍛えることにある以上、公式を丸暗記してそこに数字をあてはめることに意味はありません。**

　そこで、本書ではこの公式を自分の手で導けるようになることと、そのプロセスから2次方程式を解くということの本質や式変形の妙を学ぶことを目的にしたいと思います。

➤ まずは簡単な2次方程式から

最も簡単な2次方程式から始めましょう。

$$x^2 = k$$

の形をしている方程式（kは0以上の定数）は、$\sqrt{}$（ルート）を用いて簡単に解くことができます。たとえば

$$x^2 = 3 \quad \Leftrightarrow \quad x = \pm\sqrt{3}$$

ですね。

> （注）$\sqrt{}$（根号）と $\pm$（復号）について
>
> 　正の数 k に対して2乗すると k になる数を k の**平方根**と言い、k の平方根（正と負の2つがある）のうち正のほうを $\sqrt{k}$ と表します。
>
> 　たとえば、$\sqrt{3^2} = \sqrt{9} = 3$、$\sqrt{(-3)^2} = \sqrt{9} = 3$ より一般に $\sqrt{a^2} = |a|$ です（$|a|$ は中学でも学んだ「絶対値」で、$a > 0$ ならば $|a| = a$、$a < 0$ ならば $|a| = -a$ となります）。
>
> 　また、$x = \pm\sqrt{k}$ とは「$x = \sqrt{k}$ または $x = -\sqrt{k}$」という意味です。

これを応用すれば、たとえば

$$(x+1)^2 = 3$$

という2次方程式は

$$(x+1)^2 = 3 \quad \Leftrightarrow \quad x+1 = \pm\sqrt{3}$$
$$\Leftrightarrow \quad x = -1 \pm\sqrt{3}$$

と解くことができます。

少し練習してみましょう。

次の 2 次方程式を解きなさい。

(1)　$x^2 = 25$

(2)　$3x^2 - 21 = 0$

(3)　$(x-2)^2 = 16$

(4)　$3(x+1)^2 - 15 = 0$

解答

(1)　$x^2 = 25 \iff x = \pm\sqrt{25}$
$$= \pm 5$$

(2)　$3x^2 - 21 = 0 \iff 3x^2 = 21$
$$\iff x^2 = 7$$
$$\iff x = \pm\sqrt{7}$$

(3)　$(x-2)^2 = 16 \iff x - 2 = \pm\sqrt{16}$
$$= \pm 4$$
$$\iff x = 2 \pm 4$$
$$= 6 \ \text{または} \ -2$$

(4)　$3(x+1)^2 - 15 = 0 \iff 3(x+1)^2 = 15$
$$\iff (x+1)^2 = 5$$
$$\iff x + 1 = \pm\sqrt{5}$$
$$\iff x = -1 \pm\sqrt{5}$$

ここまでで私たちは(4)のような

$$a(x+p)^2 - k = 0$$

の形をしたものは解けるようになりました。しかしこの形で2次方程式が与えられることはそう多くありません。そこで今度は「$ax^2 + bx + c$」を

$$ax^2 + bx + c = a(x+p)^2 - k$$

と変形することを目指したいと思います。

　この式変形を「平方完成」と言います。**平方完成は高校数学の中で最も重要でかつ難解な式変形の一つ**ですからじっくり見ていきましょう。

> ➤ **名付けて「平方完成の素」**

　乗法公式（後述72頁）に

$$(x+p)^2 = x^2 + 2px + p^2$$

というものがあります。

　これを変形して、

$$x^2 + 2px = (x+p)^2 - p^2$$

とします。

　たったこれだけのことですが、この式が平方完成を行う上で最

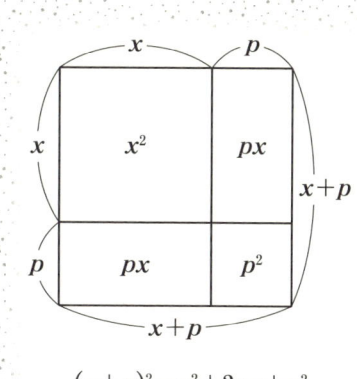

$$(x+p)^2 = x^2 + 2px + p^2$$

も大切な基礎となるので、私は勝手にこれを「**平方完成の素**」と呼んでいます。

例

$$x^2 + 8x = (x+4)^2 - 16$$

半分　　2乗

$$x^2 - 14x = (x-7)^2 - 49$$

半分　　2乗 $(-7)^2 = 49$

$$x^2 + 5x = \left(x + \frac{5}{2}\right)^2 - \frac{25}{4}$$

半分　　2乗

➤ **平方完成から解の公式を導く**

ではいよいよ「$ax^2 + bx + c$」を平方完成してみましょう。最初の2項「$ax^2 + bx$」は平方完成の素を使って次のように変形できます。

$$ax^2 + bx = a\left(x^2 + \frac{b}{a}x\right) = a\left\{\left(x + \frac{b}{2a}\right)^2 - \left(\frac{b}{2a}\right)^2\right\}$$

半分　　2乗

$$= a\left\{\left(x + \frac{b}{2a}\right)^2 - \frac{b^2}{4a^2}\right\}$$

前頁下の囲み内の式の網掛け部分に「平方完成の素」を使っていること
がわかってもらえるでしょうか？（最初に a を無理矢理くくり出すのもポ
イントです）これより

$$ax^2 + bx + c = 0$$

$$\Leftrightarrow \quad a\left\{\left(x + \frac{b}{2a}\right)^2 - \frac{b^2}{4a^2}\right\} + c = 0$$

$$\Leftrightarrow \quad a\left(x + \frac{b}{2a}\right)^2 - \frac{b^2}{4a} + c = 0$$

$$\Leftrightarrow \quad a\left(x + \frac{b}{2a}\right)^2 - \frac{b^2 - 4ac}{4a} = 0$$

$$\begin{aligned} &-\frac{b^2}{4a} + c \\ &= -\frac{b^2}{4a} + \frac{4ac}{4a} \\ &= -\left(\frac{b^2}{4a} - \frac{4ac}{4a}\right) \end{aligned}$$

複雑な形にはなりましたが、これで平方完成は完了です。あとは「問題
7」の(4)と同様に変形していきます。

$$a\left(x + \frac{b}{2a}\right)^2 - \frac{b^2 - 4ac}{4a} = 0$$

$$\Leftrightarrow \quad a\left(x + \frac{b}{2a}\right)^2 = \frac{b^2 - 4ac}{4a}$$

$$\Leftrightarrow \quad \left(x + \frac{b}{2a}\right)^2 = \frac{b^2 - 4ac}{4a^2}$$

$$\Leftrightarrow \quad x + \frac{b}{2a} = \pm\sqrt{\frac{b^2 - 4ac}{4a^2}}$$

$$\begin{aligned} &x^2 = k \\ \Leftrightarrow \quad &x = \pm\sqrt{k} \end{aligned}$$

$$\sqrt{4a^2} = 2|a|$$

$$= \pm\frac{\sqrt{b^2 - 4ac}}{2|a|}$$

ここで $a > 0$ であれば $|a| = a$、$a < 0$ であれば $|a| = -a$ なので、

$$a > 0 \quad \Rightarrow \quad \pm\frac{\sqrt{b^2 - 4ac}}{2|a|} = \pm\frac{\sqrt{b^2 - 4ac}}{2a}$$

$$a < 0 \;\Rightarrow\; \pm\frac{\sqrt{b^2-4ac}}{2|a|} = \pm\frac{\sqrt{b^2-4ac}}{-2a} = \mp\frac{\sqrt{b^2-4ac}}{2a}$$

ですが、これらは

$$\pm\frac{\sqrt{b^2-4ac}}{2a}$$

にまとめられる（下の注参照）ので、結局

$$x+\frac{b}{2a} = \pm\frac{\sqrt{b^2-4ac}}{2a}$$

となります。

　よって

$$\Leftrightarrow\quad x = -\frac{b}{2a} \pm \frac{\sqrt{b^2-4ac}}{2a}$$

$$\Leftrightarrow\quad x = \frac{-b \pm \sqrt{b^2-4ac}}{2a}$$

（注）　±A は「＋A または －A」、∓A は「－A または ＋A」という意味なの
で結局は同じです。

これで、2次方程式の解の公式が求まりました（お疲れ様でした）！

例

$$3x^2 + 5x + 1 = 0$$

$$\Leftrightarrow\quad x = \frac{-5 \pm \sqrt{5^2 - 4\cdot 3\cdot 1}}{2\cdot 3}$$

$$= \frac{-5 \pm \sqrt{13}}{6}$$

➤ 乗法公式と因数分解の公式

因数分解とは、数や多項式（95頁の注参照）を

$$6 = 2 \times 3$$
$$ax + ay + az = a(x + y + z)$$

のように、積の形に分解することを言います。

数の因数分解（素因数分解と言います）については第4章でお話ししますので、ここでは多項式、特に2次式の因数分解について確認しておきましょう。

基本となるのは、

$$(ax + p)(bx + q) = abx^2 + (aq + bp)x + pq \quad \cdots (ア)$$

という乗法公式です。これが正しいことは分配法則を使ってもすぐに示すことができますが、図でも理解しておきましょう。

下の大きな長方形の面積は、①～④の4つの長方形の面積を足し合わせたものと等しくなっていますね。

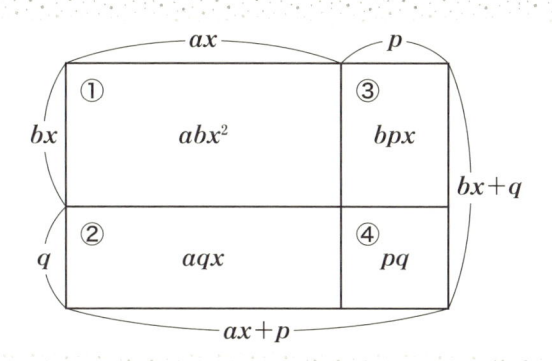

$$(ax + p)(bx + q) = abx^2 + \underset{①}{aqx} + \underset{②}{bpx} + \underset{③}{pq}$$

$$= abx^2 + (aq + bp)x + pq$$

$a = b = 1$ とすると

$$(x + p)(x + q) = x^2 + (p + q)x + pq \quad \cdots(ア)$$

さらに $q = p$ なら

$$(x + p)^2 = x^2 + 2px + p^2 \quad \cdots(イ)$$

（イ）で $p \rightarrow -p$ とすれば

$$(x - p)^2 = x^2 - 2px + p^2$$

また（ア）で $q = -p$ なら

$$(x + p)(x - p) = x^2 - p^2$$

まとめます。

【乗法公式】

(1) $(ax + p)(bx + q) = abx^2 + (aq + bp)x + pq$

(2) $(x + p)(x + q) = x^2 + (p + q)x + pq$

(3) $(x + p)^2 = x^2 + 2px + p^2$

(4) $(x - p)^2 = x^2 - 2px + p^2$

(5) $(x + p)(x - p) = x^2 - p^2$

乗法公式の左辺（等号の左側）と右辺（等号の右側）を入れ替えると因数分解の公式になります。

【因数分解の公式】

(1) $abx^2 + (aq + bp)x + pq = (ax + p)(bx + q)$

(2) $x^2 + (p + q)x + pq = (x + p)(x + q)$

(3) $x^2 + 2px + p^2 = (x + p)^2$

(4) $x^2 - 2px + p^2 = (x - p)^2$

(5) $x^2 - p^2 = (x + p)(x - p)$

この中では特に(1)の因数分解が難しいです。これを行うには x^2 の係数（95頁の注参照）「ab」と定数項「pq」をそれぞれ分解し、下のようないわゆる **「たすき掛け」** を行って x の係数「$aq + bp$」と一致する組合せを探す必要があります。

《たすき掛け》

$$abx^2 + (aq + bp)x + pq$$

$$a \quad\quad p \;= bp$$
$$+$$
$$b \quad\quad q \;= aq$$

x の係数と一致する組合せを探す

$$\Downarrow$$
$$aq + bp$$

$$= (ax + p)(bx + q)$$

$$3x^2 + 8x + 4$$

$$
\begin{array}{ccc}
1 & \diagdown & 2 & = 6 \\
& \times & & + \\
3 & \diagup & 2 & 2 \\
\end{array}
$$

$$\downarrow$$

$$8$$

$$= (x+2)(3x+2)$$

➤ 因数分解による 2 次方程式の解き方

2 次方程式を因数分解で解くには

$$A \times B = 0 \quad \Leftrightarrow \quad A = 0 \quad \text{または} \quad B = 0$$

を使います。

簡単なものは、因数分解の公式を使わなくても解けます。たとえば

$$x^2 + x = 0$$

$$\Leftrightarrow \quad x(x+1) = 0$$

$$\Leftrightarrow \quad x = 0 \quad \text{または} \quad x + 1 = 0$$

$$\Leftrightarrow \quad x = 0 \quad \text{または} \quad x = -1$$

です。

因数分解の公式を使うものを練習します。

問題 8

次の2次方程式を解きなさい。

(1) $6x^2 + 5x + 1 = 0$

(2) $x^2 + 7x + 10 = 0$

(3) $x^2 + 8x + 16 = 0$

(4) $4x^2 - 4x + 1 = 0$

(5) $2x^2 - 50 = 0$

解答

(1) $6x^2 + 5x + 1 = 0$

$\Leftrightarrow (2x+1)(3x+1) = 0$

$\Leftrightarrow 2x+1 = 0$ または $3x+1 = 0$

$\Leftrightarrow x = -\dfrac{1}{2}$ または $x = -\dfrac{1}{3}$

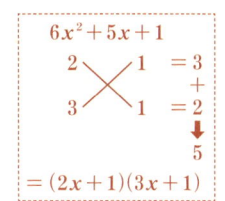

(2) $x^2 + 7x + 10 = 0$

$\Leftrightarrow x^2 + (2+5)x + 2 \cdot 5 = 0$

$\Leftrightarrow (x+2)(x+5) = 0$ $x^2 + (p+q)x + pq = (x+p)(x+q)$

$\Leftrightarrow x+2 = 0$ または $x+5 = 0$

$\Leftrightarrow x = -2$ または $x = -5$

(3) $x^2 + 8x + 16 = 0$

$\Leftrightarrow x^2 + 2 \cdot 4x + 4^2 = 0$ $x^2 + 2px + p^2 = (x+p)^2$

$\Leftrightarrow (x+4)^2 = 0$

$\Leftrightarrow x+4 = 0$

75

$$\Leftrightarrow \quad x = -4$$

(4) $\quad 4x^2 - 4x + 1 = 0$

$$\Leftrightarrow \quad (2x)^2 - 2 \cdot 1 \cdot 2x + 1^2 = 0$$

$$\Leftrightarrow \quad (2x - 1)^2 = 0$$

> $2x = X$ として
> $X^2 - 2pX + p^2 = (X - p)^2$

$$\Leftrightarrow \quad 2x - 1 = 0$$

$$\Leftrightarrow \quad 2x = 1$$

$$\Leftrightarrow \quad x = \frac{1}{2}$$

(5) $\quad 2x^2 - 50 = 0$

$$\Leftrightarrow \quad x^2 - 25 = 0$$

$$\Leftrightarrow \quad x^2 - 5^2 = 0$$

> $x^2 - p^2 = (x + p)(x - p)$

$$\Leftrightarrow \quad (x + 5)(x - 5) = 0$$

$$\Leftrightarrow \quad x + 5 = 0 \quad \text{または} \quad x - 5 = 0$$

$$\Leftrightarrow \quad x = -5 \quad \text{または} \quad x = 5$$

2次方程式は、因数分解で解いたほうが計算は楽ですが、なかなか因数分解できない（数字の組合せが見つからない）ものも中にはあります。一方、解の公式は計算はやや煩雑なものの、数字をあてはめれば必ず解くことができます。ですから2次方程式を解くときは、

> まずは因数分解できないかを（30 秒程度）考える
> ↓
> （30 秒考えても）因数分解できなければ解の公式を使う

というステップを踏むのが定石です。

また、2次方程式は(1)、(2)、(5)のように異なる2つの実数解を持つことも、

(3)、(4)のように1つしか解を持たないことも、そもそも実数解を持たない
ケースもあります。

　2次方程式が実数解を持たないときは虚数解を持つのですが、虚数につ
いては次節でお話しします。

複素数（数Ⅱ）

　前節で私たちは 2 次方程式について解の公式を導き、また因数分解を使って解く方法も学びました。しかし、私たちはまだ次の非常にシンプルな 2 次方程式を解くことができません。

$$x^2 = -1$$

　この方程式の解は「 2 乗すると − 1 になる数」ですが、正の数はもちろん負の数も 2 乗すると正の数になってしまうので、上の方程式を満たす解は実数の範囲には存在しないのです。

　この方程式を解くには実数とは別の、**2 乗すると負になる新しい数**を創造する必要があります。それが**虚数**です。

> ➤ **人類が初めて虚数を手にした瞬間**

　人類で初めて虚数を考えたのは 16 世紀の前半にイタリアで活躍した数学者であり、医師であり、博打打ち（ばくちう）でもあった**ジローラモ・カルダノ**（1501 − 1576）です。カルダノは確率論の父としても知られています。

　カルダノは著書『**アルス・マグナ（大いなる技法）**』の中で次のような例題を用意しました。

---

2 つの数がある。

　これらを足すと 10 になり、掛けると 40 になる。

　　　　　　　　2 つの数はそれぞれいくつか？

　求める 2 つの数を x、y として現代風に書けば、

$$\begin{cases} x + y = 10 & \cdots ① \\ x \times y = 40 & \cdots ② \end{cases}$$

となります。①より

$$y = 10 - x$$

これを②に代入すると

$$x \times (10 - x) = 40$$
$$\Leftrightarrow \quad 10x - x^2 = 40$$
$$\Leftrightarrow \quad x^2 - 10x + 40 = 0$$

解の公式より

> $ax^2 + bx + c = 0$ のとき
> $$x = \frac{-b \pm \sqrt{b^2 - 4ac}}{2a}$$

$$\Leftrightarrow \quad x = \frac{-(-10) + \sqrt{(-10)^2 - 4 \cdot 1 \cdot 40}}{2 \cdot 1}$$

$$= \frac{10 \pm \sqrt{-60}}{2}$$

$$= \frac{10 \pm \sqrt{4 \times (-15)}}{2}$$

$$= \frac{10 \pm 2\sqrt{-15}}{2}$$

$$= 5 \pm \sqrt{-15}$$

「$\sqrt{-15}$」は 2 乗すると -15 になる数ですが、そんな数はありません。従来ならここで「解なし」となります。でも、カルダノは「精神的な苦痛を無視すれば、この 2 つの数の掛け算の答えは 40 となり、確かに条件を満たす」と書き添えて、「$5 + \sqrt{-15}$」と「$5 - \sqrt{-15}$」こそこの問題の解であると著しました。

人類が初めて虚数を手にした瞬間です。

> （注）　ただし、カルダノは同書で「これは詭弁的であり、数学をここまで精密化しても実用上の使いみちはない」とも書いています。

虚数は（実数であるところの）正の数でも負の数でもないので、数直線上に書くことができません。

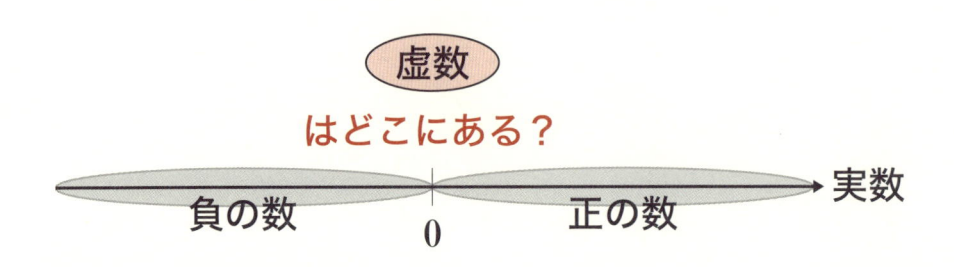

　そのため**ルネ・デカルト**（1596－1650）はカルダノが持ちだした負の数の平方根（2乗すると負になる数）のことを、否定的な意味合いをこめてフランス語で「nombre imaginaire（想像上の数）」と呼び、これは虚数を意味する英語「imginary number」の語源になりました。

> （注）　ちなみに実数は「real number」と言います。

　次章で詳しくお話しする通り、デカルトは幾何学と代数学を融合させて解析幾何学を発明したその人ですから、「図に書けない数」は受け入れがたかったのでしょう。

➤ 虚数単位 i ～ 〝愛〟も 〝事情〟で置き換わる～

　しかし、18世紀になると「虚数＝図に書くことができない想像上の数」を探求しようとする天才が現れます。**レオンハルト・オイラー**（1707－1783）です。

　オイラーは「$\sqrt{-1}$」を虚数単位と定め、「imginary number」の頭文字を取って「i」と表すことにしました。

> ### 【虚数単位 i】
>
> $$i = \sqrt{-1} \iff i^2 = -1$$

　虚数単位を使うと、冒頭の2次方程式も次のようにして解くことができます。

$$
\begin{aligned}
x^2 = -1 \iff & \ x^2 + 1 = 0 \\
\iff & \ x^2 - (-1) = 0 \\
\iff & \ x^2 - i^2 = 0 \\
\iff & \ (x + i)(x - i) = 0 \\
\iff & \ x + i = 0 \quad \text{または} \quad x - i = 0 \\
\iff & \ x = -i \quad \text{または} \quad x = i
\end{aligned}
$$

$-1 = i^2$

$x^2 - p^2 = (x+p)(x-p)$

（注）「$x^2 = -1$」の解は2つありますが、どちらが i であるかは不明です。虚数は実数と違って正負や大小がありません（正負の区別や数の大小は実数の数直線上にある数でないと判断できない）。そのため「$x^2 = -1$ の解のうち正のほうを i とする」とは言えないわけです。ただ「$x^2 = -1$ の解は i と $-i$ である」と言えるだけです。

　複素数を計算するとき、i は文字のように扱って計算することができます。ただし i^2 が出てくれば、それを -1 で置き換えます。

例

$$
(2 + 3i) + (4 - 5i) = 2 + 3i + 4 - 5i = (2 + 4) + (3 - 5)i = 6 - 2i
$$

$$
\begin{aligned}
(2 + 3i)(4 - 5i) &= 2 \cdot 4 - 2 \cdot 5i + 4 \cdot 3i + 3 \cdot (-5)i^2 \\
&= 8 - 10i + 12i - 15i^2 \\
&= 8 + 2i - 15 \cdot (-1) = 8 + 2i + 15 = 23 + 2i
\end{aligned}
$$

　虚数単位 i を導入することでオイラーはやがて「世界で最も美しい数式」として名高い**オイラーの公式**（コラム⑲参照）にたどりつきます。

> **【オイラーの公式】**
>
> $$e^{i\theta} = \cos\theta + i\sin\theta$$

　この数式はまったく起源の異なる指数関数と三角関数（第5章参照）が虚数単位 i を介して結びつくことを示すだけでなく、θ に π を代入すれば

$$e^{i\pi} + 1 = 0$$

となり、自然対数の底 e（349頁）と虚数単位 i と円周率 π と1（乗法の単位元）と0（加法の単位元）という数学全体を司る重要な数どうしの相関が非常にシンプルな形で示されます。これを見ていると**虚と実が円と三角形を架け橋にして結びついている**ようにも見えてくるから不思議です。ノーベル賞物理学者のファインマンがオイラーの公式を「人類の至宝」と呼んだのもうなずけます。

　虚数は、発明したカルダノさえ積極的に受け入れてはいない節がありました。でもオイラーによって虚数は、決して意味のない空想上の数などではなく、この世の真理を明らかにするためには欠かせない「数」であることがはっきりとしたのです。実際、虚数なしでは量子力学を記述することはできませんし、かのホーキング博士は「虚数の時間（虚時間）」を用いることによってアインシュタインの相対性理論を破綻させることなく宇宙の始まりを説明することに成功しています。

➤ "虚実" あい和す「複素数」〜その定義と相等〜

【複素数の定義】

実数 a、b を用いて

$$a + bi$$

　　　　　　　　と表される数を複素数と言う。

複素数（complex number）$a + bi$ について、a をその**実部**、b をその**虚部**と言います。たとえば $2 + 3i$ の実部は 2、虚部は 3 です。

また、複素数 $a + bi$ について次のように約束します。

$b = 0$ のとき　⇒　複素数 $a + 0i$ は実数 a を表す

$b \neq 0$ のとき　⇒　複素数 $a + bi$ を虚数と言う

特に $a = 0,\ b \neq 0$ のとき　⇒　複素数 $0 + bi$ を純虚数と言う

$b \neq 0$ の複素数 $a + bi$ は i を含んでいるので、実数の数直線上に書くことができません。そのため実数でない複素数（$b \neq 0$ の複素数 $a + bi$）は虚数であると考えます。ちなみに、複素数 $a + bi$ を図に表すために導入する**複素数平面**については第7章で詳述します。

複素数を扱う上で最も大切なのは、複素数どうしが等しいとは何を意味するかを正確に理解しておくことです。

【複素数の相等（定義）】

$$a + bi = p + qi$$
$$\Leftrightarrow\ a = p\ \ \text{かつ}\ \ b = q$$

例

$$x + 3i = 1 + yi$$
$$\Leftrightarrow \quad x = 1 \quad \text{かつ} \quad y = 3$$

最後に、ここまでのおさらいができる問題をやってみましょう。

問題 9

2乗すると、$-18i$ になる複素数を求めよ。

[昭和女子大学]

解答

求める複素数を $x + yi$ とします（ただし x、y は実数）。

「2乗すると、$-18i$」とあるので

$$(x + yi)^2 = -18i$$
$$\Leftrightarrow \quad x^2 + 2xyi + y^2 i^2 = -18i$$
$$\Leftrightarrow \quad x^2 + 2xyi + y^2 \cdot (-1) = -18i$$
$$\Leftrightarrow \quad x^2 - y^2 + 2xyi = -18i$$
$$\Leftrightarrow \quad x^2 - y^2 = 0 \quad \text{かつ} \quad 2xy = -18$$

$(x + p)^2 = x^2 + 2px + p^2$

$i^2 = -1$

右辺は $0 - 18i$ と考えて
$a + bi = p + qi$
$\Leftrightarrow \quad a = p \quad \text{かつ} \quad b = q$

つまり、

$$\begin{cases} x^2 - y^2 = 0 & \cdots ① \\ 2xy = -18 & \cdots ② \end{cases}$$

の連立方程式を解けばよいことになります。

①より

$$x^2 - y^2 = 0 \quad \Leftrightarrow \quad (x+y)(x-y) = 0$$
$$\Leftrightarrow \quad x+y = 0 \quad \text{または} \quad x-y = 0$$
$$\Leftrightarrow \quad x = -y \quad \text{または} \quad x = y$$

(i) $x = -y$ のとき

②に代入して

$$2(-y) \cdot y = -18 \quad \Leftrightarrow \quad -2y^2 = -18$$
$$\Leftrightarrow \quad y^2 = 9$$
$$\Leftrightarrow \quad y = \pm\sqrt{9} = \pm 3$$

$x = -y$ だから

$$y = 3 \text{ のとき、} x = -3$$
$$y = -3 \text{ のとき、} x = 3$$

(ii) $x = y$ のとき

②に代入して

$$2y \cdot y = -18 \quad \Leftrightarrow \quad 2y^2 = -18$$
$$\Leftrightarrow \quad y^2 = -9$$

y は実数なので、これを満たす y は存在しません。以上より

$$(x, y) = (-3, 3) \quad \text{または} \quad (3, -3)$$

よって求める複素数は

$$-3 + 3i \quad \text{または} \quad 3 - 3i$$

高次方程式（数Ⅱ）

この節では高次方程式（3次以上の方程式）の解き方を学んでいきます。高次方程式を解く方法は主に次の3通りの方法があります。

⑴　因数分解の公式利用

⑵　置き換えの利用

⑶　因数定理の利用

これらの中で最も汎用性が高いのは⑶の方法ですが、まずは⑴から順にみていきましょう。

➤ **解法その⑴〜因数分解の公式利用〜**

前々節（73頁）で2次式の因数分解の公式はまとめましたが、ここでは3次式の公式をまとめておきます。

【3次式の因数分解公式】

(i)　$a^3 + 3a^2b + 3ab^2 + b^3 = (a + b)^3$

(ii)　$a^3 - 3a^2b + 3ab^2 - b^3 = (a - b)^3$

(iii)　$a^3 + b^3 = (a + b)(a^2 - ab + b^2)$

(iv)　$a^3 - b^3 = (a - b)(a^2 + ab + b^2)$

(i)と(iii)は、右辺を展開して左辺に等しくなることを確かめましょう。

(ii)と(iv)は、それぞれの結果においてbを$-b$に置き換えればすぐに確認できます。

(i)

$$右辺 = (a+b)^3$$
$$= (a+b)(a+b)^2$$
$$= (a+b)(a^2+2ab+b^2) \qquad (x+p)^2 = x^2+2px+p^2$$
$$= (a+b)\cdot a^2 + (a+b)\cdot 2ab + (a+b)\cdot b^2$$
$$= a^3 + a^2b + 2a^2b + 2ab^2 + ab^2 + b^3$$
$$= a^3 + 3a^2b + 3ab^2 + b^3$$
$$= 左辺$$

(ii)

（ⅰ）　$a^3 + 3a^2b + 3ab^2 + b^3 = (a+b)^3$

において、$b \to -b$ とすると

$$a^3 + 3a^2(-b) + 3a(-b)^2 + (-b)^3 = \{a+(-b)\}^3$$
$$\downarrow$$
$$a^3 - 3a^2b + 3ab^2 - b^3 = (a-b)^3$$

(iii)

$$右辺 = (a+b)(a^2-ab+b^2)$$
$$= (a+b)\cdot a^2 - (a+b)\cdot ab + (a+b)\cdot b^2$$
$$= a^3 + a^2b - a^2b - ab^2 + ab^2 + b^3$$
$$= a^3 + b^3 = 左辺$$

(iv)

（ⅰ）　$a^3 + b^3 = (a+b)(a^2-ab+b^2)$

において、$b \to -b$ とすると

$$a^3 + (-b)^3 = \{a+(-b)\}\{a^2 - a(-b) + (-b)^2\}$$
$$\downarrow$$
$$a^3 - b^3 = (a-b)(a^2+ab+b^2)$$

さっそく次頁の例題で使ってみましょう。

> 次の 3 次方程式を解きなさい。
>
> (1) $x^3 + 3x^2 + 3x + 1 = 0$
>
> (2) $8x^3 - 36x^2 + 54x - 27 = 0$
>
> (3) $x^3 + 1 = 0$
>
> (4) $27x^3 - 125 = 0$

解説 / 解答

解説

すべて因数分解の公式が使えます。

また(3)と(4)では前節でも登場した「$A \times B = 0 \Leftrightarrow A = 0$ または $B = 0$」を使います。ここで A や B が 2 次式になったときは、前節で導いた解の公式を使って解きますが、$\sqrt{}$ の中が負になったときは虚数単位 i を使って表しましょう。

解答

(1)

$$x^3 + 3x^2 + 3x + 1 = 0$$
$$\Leftrightarrow \quad x^3 + 3 \cdot x^2 \cdot 1 + 3 \cdot x \cdot 1^2 + 1^3 = 0$$
$$\Leftrightarrow \quad (x+1)^3 = 0$$
$$\Leftrightarrow \quad x + 1 = 0$$
$$\Leftrightarrow \quad x = -1$$

$a^3 + 3a^2b + 3ab^2 + b^3 = (a+b)^3$

$X^3 = 0 \quad \Leftrightarrow \quad X = 0$

(2)

$$8x^3 - 36x^2 + 54x - 27 = 0$$

$$\Leftrightarrow \quad (2x)^3 - 3 \cdot (2x)^2 \cdot 3 + 3 \cdot 2x \cdot 3^2 - 3^3 = 0$$

$$\Leftrightarrow \quad (2x-3)^3 = 0$$

$$\Leftrightarrow \quad 2x - 3 = 0$$

$$\Leftrightarrow \quad x = \frac{3}{2}$$

> $a^3 - 3a^2b + 3ab^2 - b^3$
> $= (a-b)^3$

> $X^3 = 0 \quad \Leftrightarrow \quad X = 0$

(3)

$$x^3 + 1 = 0$$

$$\Leftrightarrow \quad x^3 + 1^3 = 0$$

$$\Leftrightarrow \quad (x+1)(x^2 - x \cdot 1 + 1^2) = 0$$

$$\Leftrightarrow \quad (x+1)(x^2 - x + 1) = 0$$

$$\Leftrightarrow \quad x+1 = 0 \quad \text{または} \quad x^2 - x + 1 = 0$$

> $a^3 + b^3$
> $= (a+b)(a^2 - ab + b^2)$

（ア）　$x+1 = 0$ のとき

$$x = -1$$

（イ）　$x^2 - x + 1 = 0$ のとき、解の公式より

$$x = \frac{-(-1) \pm \sqrt{(-1)^2 - 4 \cdot 1 \cdot 1}}{2 \cdot 1}$$

$$= \frac{1 \pm \sqrt{1-4}}{2}$$

$$= \frac{1 \pm \sqrt{-3}}{2}$$

$$= \frac{1 \pm \sqrt{3}\,i}{2}$$

> $ax^2 + bx + c = 0$ のとき
> $x = \dfrac{-b \pm \sqrt{b^2 - 4ac}}{2a}$

> $\sqrt{-1} = i$

（ア）、（イ）以上より

$$x = -1 \quad \text{または} \quad x = \frac{1 \pm \sqrt{3}\,i}{2}$$

(4)

$$27x^3 - 125 = 0$$

$$\Leftrightarrow \quad (3x)^3 - (5)^3 = 0$$

$$\Leftrightarrow \quad (3x-5)\{(3x)^2 + 3x \cdot 5 + 5^2\} = 0$$

$$\Leftrightarrow \quad (3x-5)(9x^2 + 15x + 25) = 0$$

$$\Leftrightarrow \quad 3x - 5 = 0 \quad \text{または} \quad 9x^2 + 15x + 25 = 0$$

> $a^3 - b^3$
> $= (a-b)(a^2 + ab + b^2)$

（ア）　$3x - 5 = 0$ のとき

$$x = \frac{5}{3}$$

（イ）　$9x^2 + 15x + 25 = 0$ のとき、解の公式より

$$x = \frac{-15 \pm \sqrt{(-15)^2 - 4 \cdot 9 \cdot 25}}{2 \cdot 9}$$

> $ax^2 + bx + c = 0$ のとき
> $x = \dfrac{-b \pm \sqrt{b^2 - 4ac}}{2a}$

$$= \frac{-15 \pm \sqrt{225 - 900}}{2 \cdot 9}$$

$$= \frac{-15 \pm \sqrt{-675}}{2 \cdot 9}$$

> $\sqrt{-1} = i$

$$= \frac{-15 \pm \sqrt{675}\,i}{2 \cdot 9}$$

> $675 = 5^2 \times 3^2 \times 3$（素因数分解：153 頁）

$$= \frac{-15 \pm \sqrt{15^2 \times 3}\,i}{2 \cdot 9}$$

$$= \frac{-15 \pm 15\sqrt{3}\,i}{2 \cdot 9}$$

$$= \frac{-5 \pm 5\sqrt{3}\,i}{6}$$

（ア）、（イ）より

$$x = \frac{5}{3} \quad \text{または} \quad x = \frac{-5 \pm 5\sqrt{3}\,i}{6}$$

➤ 解法その⑵ ～置き換えの利用～

高次方程式のうち、あるものは**置き換え**を行うことで**より低い次数の方程式に変形**することができます。特に有名なのは次の2つです。

(A) **複2次式**

(B) **相反方程式**

(A) 複2次式

複2次式というのは、x^2 についての2次式という意味で、次のように一般化できます。

$$ax^4 + bx^2 + c = 0 \quad (a \neq 0)$$

$x^4[=(x^2)^2]$ **の項**と x^2 **の項と定数項だけを持ち、それ以外の次数の項を持たない**のが特徴です。このタイプの方程式は

$$x^2 = X$$

という置き換えを行えば、X についての2次式になるのですぐに解決します。

▰ 例 1 ▰

$$x^4 - 7x^2 + 10 = 0$$

$x^2 = X$ とすると

$$X^2 - 7X + 10 = 0$$

$x^2 + (a+b)x + ab = (x+a)(x+b)$ で、$a = -2,\ b = -5$ のケース

$$\Leftrightarrow \quad (X-2)(X-5) = 0$$
$$\Leftrightarrow \quad X-2 = 0 \quad \text{または} \quad X-5 = 0$$
$$\Leftrightarrow \quad X = 2 \quad \text{または} \quad X = 5$$

$X = x^2$

$$\Leftrightarrow \quad x^2 = 2 \quad \text{または} \quad x^2 = 5$$
$$\Leftrightarrow \quad x = \pm\sqrt{2} \quad \text{または} \quad x = \pm\sqrt{5}$$

相反方程式というのは、**中央の項を中心として係数が対称になっている方程式**のことで、4 次方程式の場合は次のように一般化できます。

中央の項

$$ax^4 + bx^3 + cx^2 + bx + a = 0 \ (a \neq 0)$$

相反方程式を攻略するポイントは**両辺を x^2 で割って変形してから**

$$x + \frac{1}{x} = X$$

という置き換えを行うことです。

例

$$3x^4 - 7x^3 + 6x^2 - 7x + 3 = 0$$

> この方程式の解は明らかに $x \neq 0$ なので、x^2 で割ることが許される

両辺を x^2 で割って

$$3x^2 - 7x + 6 - \frac{7}{x} + \frac{3}{x^2} = 0$$

$$\Leftrightarrow \ 3\left(x^2 + \frac{1}{x^2}\right) - 7\left(x + \frac{1}{x}\right) + 6 = 0 \quad \cdots ①$$

ここで、

> $(x + p)^2 = x^2 + 2px + p^2$

$$\left(x + \frac{1}{x}\right)^2 = x^2 + 2 \cdot x \cdot \frac{1}{x} + \left(\frac{1}{x}\right)^2 = x^2 + 2 + \frac{1}{x^2}$$

より

$$x^2 + \frac{1}{x^2} = \left(x + \frac{1}{x}\right)^2 - 2$$

なので、これを①に代入すると

$$3\left\{\left(x + \frac{1}{x}\right)^2 - 2\right\} - 7\left(x + \frac{1}{x}\right) + 6 = 0$$

$$\Leftrightarrow \quad 3\left(x+\frac{1}{x}\right)^2 - 6 - 7\left(x+\frac{1}{x}\right) + 6 = 0$$

$$\Leftrightarrow \quad 3\left(x+\frac{1}{x}\right)^2 - 7\left(x+\frac{1}{x}\right) = 0$$

ここで、$x+\dfrac{1}{x} = X$ とすると

$$3X^2 - 7X = 0$$

$$\Leftrightarrow \quad X(3X-7) = 0$$

$$\Leftrightarrow \quad X = 0 \quad \text{または} \quad 3X - 7 = 0$$

$$\Leftrightarrow \quad X = 0 \quad \text{または} \quad X = \frac{7}{3}$$

$$\Leftrightarrow \quad x+\frac{1}{x} = 0 \quad \text{または} \quad x+\frac{1}{x} = \frac{7}{3}$$

（ア）　$x+\dfrac{1}{x} = 0$ のとき

$$x+\frac{1}{x} = 0$$

両辺に x を掛ける

$$\Leftrightarrow \quad x^2 + 1 = 0$$

$$\Leftrightarrow \quad x^2 = -1$$

$$\Leftrightarrow \quad x = \pm\sqrt{-1}$$

$\sqrt{-1} = i$

$$\Leftrightarrow \quad x = \pm i$$

（イ）　$x+\dfrac{1}{x} = \dfrac{7}{3}$ のとき

$$x+\frac{1}{x} = \frac{7}{3}$$

両辺に $3x$ を掛ける

$$\Leftrightarrow \quad 3x^2 + 3 = 7x$$

$$\Leftrightarrow \quad 3x^2 - 7x + 3 = 0$$

$$\Leftrightarrow \quad x = \frac{-(-7) \pm \sqrt{(-7)^2 - 4 \cdot 3 \cdot 3}}{2 \cdot 3}$$

$$\Leftrightarrow \quad x = \frac{7 \pm \sqrt{49 - 36}}{6}$$

$$\Leftrightarrow \quad x = \frac{7 \pm \sqrt{13}}{6}$$

以上より

$$x = \pm i \quad \text{または} \quad x = \frac{7 \pm \sqrt{13}}{6}$$

> (注)　途中に出てきた
> $$x^2 + \frac{1}{x^2} = \left(x + \frac{1}{x}\right)^2 - 2$$
> と 3 次式バージョンの
> $$x^3 + \frac{1}{x^3} = \left(x + \frac{1}{x}\right)^3 - 3\left(x + \frac{1}{x}\right)$$
> は頭に入れておいて損はない式変形です。

　次は高次方程式の解法としては最も汎用性の高い、因数定理を利用する方法について説明しますが、その前に少し準備が必要です。

> $ax^2 + bx + c = 0$ のとき
> $$x = \frac{-b \pm \sqrt{b^2 - 4ac}}{2a}$$

➤ 解法その⑶〜因数定理の利用〜

$$2x$$
$$3x-5$$
$$9x^2-15x+25$$
$$x^3+3x^2+3x+1$$

のように、**分母や$\sqrt{}$（根号）の中に未知数を表す文字を含まない数式**のことを、整式と言います。

（注） 整式の和、差、積は

整式＋整式＝整式
整式－整式＝整式
整式×整式＝整式

と、結果もまた整式になるところが整数とよく似ているのでこの名がつきました。

整式は、**係数**（未知数を表す文字の前の数字や定数を表す文字）が整数という意味ではありません。たとえば、$x+\dfrac{1}{x}$ や $\sqrt{x+1}$ などは整式ではありませんが、$\dfrac{1}{2}x+1$ や $\sqrt{3}\,x^2+1$ などは整式です。

また、$2x$ のように数と文字を掛け合わせてできている式を**単項式**と言い、$9x^2-15x+25$ のようにいくつかの単項式の和や差で表される数式のことを**多項式**と言いますが、単項式は項が1つの多項式と考えることも多いので、

整式＝多項式

と考えてもらって大丈夫です。ただし、「整式」は高校数学特有の呼び方で、大学以上ではふつう多項式としか言いません。

　整式の足し算、引き算、掛け算は中学数学の段階で学び、本書でも特に断りなく行ってきましたが、整式の割り算は数Ⅱで初めて習う内容です。たとえば、2つの整式

$$A = 2x^2+3x+4, \ \ B = x+5$$

について $A \div B$ の計算は整数の割り算と同じように「筆算」で行います。

$$x+5\overline{)2x^2+3x+4}$$

$2x^2+3x+4$ と $x+5$ の最高次に注目し x に何を掛ければ $2x^2$ になるかを考えて $2x$ を見つける

$$\begin{array}{r} 2x \\ x+5\overline{)2x^2+3x+4} \end{array}$$

$$\begin{array}{r} 2x \\ x+5\overline{)2x^2+3x+4} \\ 2x^2+10x \end{array}$$

$(x+5)\times2x=2x^2+10x$

$$\begin{array}{r} 2x \\ x+5\overline{)2x^2+3x+4} \\ \underline{2x^2+10x} \\ -7x+4 \end{array}$$

$(2x^2+3x+4)-(2x^2+10x)=-7x+4$

$$\begin{array}{r} 2x\ -7 \\ x+5\overline{)2x^2+3x+4} \\ \underline{2x^2+10x} \\ -7x+4 \end{array}$$

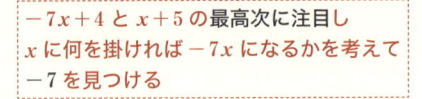

$-7x+4$ と $x+5$ の最高次に注目し x に何を掛ければ $-7x$ になるかを考えて -7 を見つける

$$
\begin{array}{r}
2x \ -7 \\
x+5\,\overline{\big)\,2x^2+3x+4} \\
2x^2+10x \\
\hline
-7x+4 \\
-7x-35
\end{array}
$$

$(x+5)\times(-7)=-7x-35$

$$
\begin{array}{r}
2x \ -7 \\
x+5\,\overline{\big)\,2x^2+3x+4} \\
2x^2+10x \\
\hline
-7x+4 \\
-7x-35 \\
\hline
39
\end{array}
$$

$(-7x+4)-(-7x-35)=39$

余りの次数が割る整式（$x+5$）の次数（1次）より低くなったら（ここでは 0 次の定数になったら）**計算終了**です。

（注）　一般に、n 次式で割った余りは $n-1$ 次以下になります。

以上より、$(2x^2+3x+4)\div(x+5)$ の**商は $2x-7$ で余りは 39** とわかります。

ところで、小学校のとき、余りのある割り算は

$$15\div2=7...1 \ （15\div2 \text{ の商は } 7 \text{ で余りは } 1）$$

のように書きました。でもこの表現はこれ以上式変形できないので、不便です。そこで数学では同じ内容を

$$15 = 2 \times 7 + 1$$

と表します。

　整式の割り算でも、「$(2x^2 + 3x + 4) \div (x + 5)$ の商は $2x - 7$ で余りは 39」のことは

$$2x^2 + 3x + 4 = (x + 5)(2x - 7) + 39$$

と表します。

　整式の割り算について、大事なことはこの表現方法に親しむことです。

　一般に x についての 2 つの整式 $f(x)$、$g(x)$ について、

「$f(x) \div g(x)$ の商は $q(x)$ で余りが $r(x)$」は次のように表します。

$$f(x) = g(x)q(x) + r(x) \quad [r(x) \text{ は } g(x) \text{ より次数の低い整式}]$$

　特に、$g(x) = x - \alpha$ の場合は（この節のメインディッシュである）**因数定理に直接つながるので、とても大変重要**です。

　$g(x)$ が 1 次式の場合は余りは r（x を含まない定数）なので

【整式の 1 次式による割り算】

整式 $f(x)$ を 1 次式 $x - \alpha$ で割った商が $q(x)$ で
余りが r（定数）のとき

$$f(x) = (x - \alpha)q(x) + r$$

　ここで

$$f(x) = (x - \alpha)q(x) + r$$

は、$f(x)$ を $x-\alpha$ で割った計算の結果を表しているにすぎないので、x についての**恒等式**（x にどのような値を代入しても成立する式）になっています。ですから、

$$f(0) = (0-\alpha)q(0) + r$$
$$f(1) = (1-\alpha)q(1) + r$$
$$f\left(-\frac{3}{2}\right) = \left(-\frac{3}{2}-\alpha\right)q\left(-\frac{3}{2}\right) + r$$
$$f(k) = (k-\alpha)q(k) + r$$

などはどれも正しい式です。そこで x に α を代入してみましょう。すると

$$f(\alpha) = (\alpha-\alpha)q(\alpha) + r$$
$$= 0 \cdot q(\alpha) + r$$
$$= r$$

となり、

$$f(\alpha) = r$$

であることがわかります。

　$f(x)$ を $x-\alpha$ で割った余りは $f(\alpha)$ に一致するというわけです。余りだけを知りたいのであれば、**わざわざ筆算をする必要はなく**、$f(x)$ の x に α を代入して、$f(\alpha)$ を計算すれば済んでしまうのです。これを剰余の定理（余りの定理）と言います。たとえば

$$f(x) = 2x^2 + 3x + 4$$

のとき、$f(x)$ を $x+5$ で割った余りは

> $x+5 = x-(-5)$
> より x には -5 を代入

$$f(-5) = 2 \cdot (-5)^2 + 3 \cdot (-5) + 4$$
$$= 50 - 15 + 4$$
$$= 39$$

です。これは、先ほど（97 頁）の筆算の結果

$$2x^2 + 3x + 4 = (x+5)(2x-7) + 39$$

と一致していますね。

　さあ（やっと）、お膳立てが終わりました。

　次に $f(x)$ が $x - \alpha$ で割り切れるケースを考えます。すなわち

$$f(x) = (x - \alpha)q(x)$$

のときです。このとき剰余の定理と同じように考えれば

$$f(\alpha) = 0$$

であることがわかります。これを因数定理と言います。

【因数定理】

整式 $f(x)$ が $x - \alpha$ で割り切れる　→　$f(\alpha) = 0$

　因数定理を使えば、因数分解ができます。

例

$$f(x) = x^3 - 1$$

とすると

$$f(1) = 1^3 - 1 = 0$$

なので因数定理より、$f(x)$ は $x-1$ で割り切れる（$x-1$ でを因数に持つ）ことがわかります。実際、

$$f(x) = x^3 - 1$$
$$= x^3 - 1^3$$
$$= (x-1)(x^2 + x + 1)$$

$$\boxed{a^3 - b^3 = (a-b)(a^2 + ab + b^2)}$$

です。

では、いよいよ因数定理を使って高次方程式を解いてみましょう。

問題 11

次の3次方程式を解きなさい。

(1) $x^3 - 6x^2 + 11x - 6 = 0$

(2) $2x^3 + 3x^2 + 3x + 1 = 0$

解説 / 解答

解説

$f(\alpha) = 0$ となる α が見つかれば、$f(x)$ は $x - \alpha$ で割り切れる（$x - \alpha$ を因数に持つ）ので

$$f(x) = 0$$
$$\Leftrightarrow (x - \alpha)q(x) = 0$$
$$\Leftrightarrow x - \alpha = 0 \quad または \quad q(x) = 0$$

として解くことができます。

$\boxed{\text{筆算で } f(x) \div (x - \alpha) \text{ の計算を行い、} q(x) \text{ を求める。}}$

> （注）　本問はいずれも3次方程式なので、$q(x)$ は2次式になります。よって「$q(x) = 0$」は2次方程式として処理できますが、4次以上の方程式の場合は、$q(x)$ は3次式以上になるので、再び因数定理と筆算を用いて $q(x)$ を因数分解する必要があります。

解答

(1)
$$f(x) = x^3 - 6x^2 + 11x - 6$$
とする。
$$f(1) = 1^3 - 6 \cdot 1^2 + 11 \cdot 1 - 6$$
$$= 1 - 6 + 11 - 6$$
$$= 0$$

よって因数定理より、
$$f(x) = (x-1)q(x)$$
と書ける。

$$q(x) = f(x) \div (x-1)$$
$$= (x^3 - 6x^2 + 11x - 6) \div (x-1)$$
$$= x^2 - 5x + 6$$

よって、
$$f(x) = 0$$
$$\Leftrightarrow (x-1)(x^2 - 5x + 6) = 0$$
$$\Leftrightarrow x - 1 = 0 \quad または \quad x^2 - 5x + 6 = 0$$

> $f(\alpha) = 0$ なら
> $f(x) = (x-\alpha)q(x)$

$$\begin{array}{r} x^2 - 5x + 6 \\ x-1 \overline{)\, x^3 - 6x^2 + 11x - 6} \\ \underline{x^3 - x^2} \\ -5x^2 + 11x - 6 \\ \underline{-5x^2 + 5x} \\ 6x - 6 \\ \underline{6x - 6} \\ 0 \end{array}$$

> $q(x) = x^2 - 5x + 6$ より
> $f(x) = (x-1)(x^2 - 5x + 6)$

(ア) $x - 1 = 0$ のとき
$$x = 1$$

(イ) $x^2 - 5x + 6 = 0$ のとき
$$x^2 - 5x + 6 = 0$$
$$\Leftrightarrow (x-2)(x-3) = 0$$
$$\Leftrightarrow x - 2 = 0 \quad または \quad x - 3 = 0$$
$$\Leftrightarrow x = 2 \quad または \quad x = 3$$

> $x^2 + (a+b)x + ab = (x+a)(x+b)$
> で、$a = -2, \ b = -3$ のケース

(ア)、(イ) より
$$x = 1 \quad または \quad x = 2 \quad または \quad x = 3$$

(2)

$$f(x) = 2x^3 + 3x^2 + 3x + 1$$

とする。

$$f\left(-\frac{1}{2}\right) = 2 \cdot \left(-\frac{1}{2}\right)^3 + 3 \cdot \left(-\frac{1}{2}\right)^2 + 3 \cdot \left(-\frac{1}{2}\right) + 1$$

$$= 2 \cdot \left(-\frac{1}{8}\right) + 3 \cdot \frac{1}{4} + 3 \cdot \left(-\frac{1}{2}\right) + 1$$

$$= -\frac{1}{4} + \frac{3}{4} - \frac{3}{2} + 1$$

$$= 0$$

よって因数定理より、

> $f(-\alpha) = 0$ なら
> $f(x) = \{x - (-\alpha)\}q(x)$
> $= (x + \alpha)q(x)$

$$f(x) = \left(x + \frac{1}{2}\right)q(x)$$

と書ける。

$$q(x) = f(x) \div \left(x + \frac{1}{2}\right)$$

$$= (2x^3 + 3x^2 + 3x + 1) \div \left(x + \frac{1}{2}\right)$$

$$= 2x^2 + 2x + 2$$

$$
\begin{array}{r}
2x^2 + 2x + 2 \\
x + \frac{1}{2} \overline{\smash{)}\, 2x^3 + 3x^2 + 3x + 1} \\
\underline{2x^3 + \ x^2} \\
2x^2 + 3x + 1 \\
\underline{2x^2 + \ x} \\
2x + 1 \\
\underline{2x + 1} \\
0
\end{array}
$$

よって、

$$f(x) = 0$$

$$\Leftrightarrow \left(x + \frac{1}{2}\right)(2x^2 + 2x + 2) = 0$$

> $q(x) = 2x^2 + 2x + 2$ より
> $f(x) = \left(x + \frac{1}{2}\right)(2x^2 + 2x + 2)$

$$\Leftrightarrow x + \frac{1}{2} = 0 \quad \text{または} \quad 2x^2 + 2x + 2 = 0$$

（ア） $x + \dfrac{1}{2} = 0$ のとき

$$x = -\dfrac{1}{2}$$

（イ） $2x^2 + 2x + 2 = 0$ のとき

$$2x^2 + 2x + 2 = 0$$

$$\Leftrightarrow \quad x^2 + x + 1 = 0$$

解の公式より

$$x = \dfrac{-1 \pm \sqrt{1^2 - 4 \cdot 1 \cdot 1}}{2 \cdot 1}$$

$$ax^2 + bx + c = 0 \text{ のとき}$$
$$x = \dfrac{-b \pm \sqrt{b^2 - 4ac}}{2a}$$

$$= \dfrac{-1 \pm \sqrt{1 - 4}}{2}$$

$$= \dfrac{-1 \pm \sqrt{-3}}{2}$$

$$\sqrt{-1} = i$$

$$= \dfrac{-1 \pm \sqrt{3}\,i}{2}$$

以上より

$$x = -\dfrac{1}{2} \quad \text{または} \quad x = \dfrac{-1 \pm \sqrt{3}\,i}{2}$$

（注） 一般に **n 次方程式は、複素数の範囲で考えれば必ず n 個の解を持ちます**（ただし、n 個の解のうちのいくつかが同じ値になる［そのような解を重解と言います］場合は、異なる解の個数は n 個より少なくなります）。これは**代数学の基本定理**と呼ばれ、ガウスによって証明されました。

解の公式をめぐるドラマ
～3次方程式の解の公式の紹介～

　前節で高次方程式の3つの解き方を学びました。でも因数分解の公式を利用する方法や置き換えを利用する方法は適用できる範囲が狭く、また因数定理を使って解く方法は、手続きが面倒です。

　高次方程式には2次方程式のときのような万能の「解の公式」はないのでしょうか？

　実は、3次方程式と4次方程式には解の公式があります。3次方程式の解の公式は「**カルダノの公式**」、4次方程式の解の公式は「**フェラーリの公式**」と呼ばれ、それぞれ16世紀にイタリアで発見されました。

　カルダノは虚数を初めて考えた人物として78頁でも紹介しましたね。ただし、3次方程式の解の公式を最初に発見したのはカルダノではなく、ボローニャ大学の数学教授であった**スキピオーネ・デル・フェロ**（1465－1526）だったと言われています。

　ところがフェロは自らが発見した解法を公表することなく亡くなってしまいました。当時は、数学に自信のある者どうしが互いに問題を出し合い、より多くの問題を解いた者が勝利者として栄誉と賞金を得る「数学試合」なるものが流行していて、数学者たちは皆、自分が発見した解法を秘密にするのがふつうだったからです。

お人好しのフォンタナ、ちゃっかり者のカルダノ

　フェロの死後、3次方程式の解の公式が存在するらしいという噂を聞きつけた**ニコロ・フォンタナ**（1506－1557）は、3次方程式の研究に没頭し、ついに独力で一般の3次方程式について解の公式を導くことに成功します。

　1533 年の 2 月、フェロの弟子であったフィオルという人物とフォンタナが相まみえ、30 題の 3 次方程式を解く「数学試合」を行いました。記録によると、この試合でフィオルは、時間内には 1 題も解けなかったのに対し、フォンタナは出題されたすべての問題を（わずか 2 時間で）解ききっています。

　これを知ったカルダノは、フォンタナのもとを訪ね、解法を教えてほしいと懇願しました。当然、フォンタナは断りましたが、カルダノがあまりにしつこいので、決して口外しないという約束のもとにとうとう自身が発見した「3 次方程式の解の公式」を教えてしまいます。

　しかし、カルダノはその 6 年後、こともあろうに前出の著書『アルス・マグナ（大いなる技法）』の中で自分の手柄として、フォンタナから教わった解法を公表してしまうのでした。結果、3 次方程式の解の公式は「カルダノの公式」と呼ばれるようになりました。もちろんフォンタナはこれに激怒し、抗議もしましたが、どうしようもなかったようです。ただし、現在ではフォンタナ（通称タルタリア）に敬意を払って 3 次方程式の解の公式は「カルダノ＝タルタリアの公式」と呼ぶことがあります。

　4 次方程式の解の公式は、3 次方程式の解の公式が確立されてからほどなくして、カルダノの弟子であった**ルドヴィコ・フェラーリ**（1522－1565）が発見しています。

　3 次方程式、4 次方程式とくれば、次は当然 5 次方程式の解の公式に関

心が集まるわけですが、実は5次以上の方程式には解の公式は存在しません。

　このことを初めて証明したのは、19世紀のノルウェーの数学者**ニールス・アーベル**（1802−1829）で、それはフェラーリによって4次方程式の解の公式が発見されてからおよそ300年後のことでした。その間に、いったいどれだけの数学者たちが、5次方程式の解の公式を夢見て、そして夢破れていったのでしょうか……。

　なお、フランスの**エヴァリスト・ガロア**（1811−1832）は、当時まだ確立されていなかった**群論**を用いることで、無限に存在する5次方程式を有限の集合と対応させることに成功し、アーベルの定理の証明を大幅に簡略化することに成功しています。

　この先は余談ですが、ガロアは稀代の天才数学者でありながら激動の人生を歩んだことでも有名です。政治的な活動によって師範学校（エコール・ノルマル）を放校処分になったり、2度にわたって逮捕投獄されたりしました。そして最後は女性問題が発端の決闘に敗れ、わずか20歳で生涯を閉じています。

　その決闘前夜、友人に宛てた手紙の最後には、彼の死後50年経ってようやく実現する数学上のアイディア（5次以上の代数的には解けない方程式の解法に関するもの）と、「僕にはもう時間がない（je n'ai pas le temps）」という走り書きが残されていたそうです。もしガロアが人並みの寿命を全うできていたら、数学の歴史は今とはずいぶん違ったものになっていたことでしょう。

　ところで、先ほども書きました通り、3次方程式には解の公式が存在します。「そういうものが存在するなら、もったいぶらずに最初から教えてよ」と思われるかもしれませんが、次に示す「公式」をみれば、どうして

高校ではこれを教えないかがわかってもらえるはずです。

【3次方程式の解の公式（カルダノ＝タルタリアの公式）】

$$x^3 + ax^2 + bx + c = 0$$

←x^3 の係数が 1 でないときは、x^3 の係数で両辺を割ってこの形をつくる。

のとき、この方程式の 3 つの解を x_1, x_2, x_3 とすると、

$$x_1 = \sqrt[3]{-\frac{27c+2a^3-9ab}{54} + \sqrt{\left(\frac{27c+2a^3-9ab}{54}\right)^2 + \left(\frac{3b-a^2}{9}\right)^3}}$$

$$+ \sqrt[3]{-\frac{27c+2a^3-9ab}{54} - \sqrt{\left(\frac{27c+2a^3-9ab}{54}\right)^2 + \left(\frac{3b-a^2}{9}\right)^3}} - \frac{1}{3}a$$

$$x_2 = \frac{-1+\sqrt{3}\,i}{2}\sqrt[3]{-\frac{27c+2a^3-9ab}{54} + \sqrt{\left(\frac{27c+2a^3-9ab}{54}\right)^2 + \left(\frac{3b-a^2}{9}\right)^3}}$$

$$+ \frac{-1-\sqrt{3}\,i}{2}\sqrt[3]{-\frac{27c+2a^3-9ab}{54} - \sqrt{\left(\frac{27c+2a^3-9ab}{54}\right)^2 + \left(\frac{3b-a^2}{9}\right)^3}} - \frac{1}{3}a$$

$$x_3 = \frac{-1-\sqrt{3}\,i}{2}\sqrt[3]{-\frac{27c+2a^3-9ab}{54} + \sqrt{\left(\frac{27c+2a^3-9ab}{54}\right)^2 + \left(\frac{3b-a^2}{9}\right)^3}}$$

$$+ \frac{-1+\sqrt{3}\,i}{2}\sqrt[3]{-\frac{27c+2a^3-9ab}{54} - \sqrt{\left(\frac{27c+2a^3-9ab}{54}\right)^2 + \left(\frac{3b-a^2}{9}\right)^3}} - \frac{1}{3}a$$

　ご覧のように、とても実用的とは言い難い代物（シロモノ）なのです。これを見た後は因数定理を用いる方法が可愛く見えるのではないでしょうか？　なお、4次方程式のフェラーリの公式はさらに複雑です。

第**3**章

解析幾何学

〜数と図形の統一〜

Analytic Geometry

デカルトの革命
〜幾何学と代数学の融合〜

　代数学は、方程式の解法を研究し、これを一般化することを目指す学問です。高次方程式の解の公式をめぐるドラマは、数学者の「一般化」に対する飽くなき探究心があったからこそ生まれたものでした。ではなぜ数学者たちはそこまで「一般化」に拘るのでしょうか？　それはアテにならない「ヒラメキ」を排除し、どんな問題でも解けるようにするためです。

　ただし、アルファベットで表された解の公式に具体的な数字をあてはめて方程式の解が計算できたとしても、その方程式の意味がわかったことにはなりません。びっくりするほど複雑な3次方程式の解の公式（108頁）に、たとえば「$x^3-3x^2+5x-3=0$」をあてはめて

$$x=1 \quad または \quad 1+\sqrt{2}\,i \quad または \quad 1-\sqrt{2}\,i$$

という3つの解を得たところで、いったいそれが何を意味するのかをイメージするのは簡単ではないでしょう。

　一方、幾何学の問題——ある線分の長さを求めたり、2つの図形が合同であることを示したりする——では、得た答えの意味がわからない、ということは滅多にありません。ただし、幾何学では一つの問題を苦労して何とか解いたとしても、次の問題ではまた同じように（あるいは前の問題以上に）ウンウン唸りながら四苦八苦する破目に陥ることがよくあります。図形問題では前の図形に使えた考え方が次には使えないケースが頻発し、解法に一般性を持たせることが困難だからです。

　要するに代数学と幾何学はそれぞれ

代数学：解法を一般化することは得意であるが、イメージがしづらい
幾何学：解法を一般化することは難しいが、イメージはしやすい

という長所・短所を持っているのです。ちょうどあべこべになっています
ね。

　3次方程式・4次方程式の解の公式が発見されたあと、方程式の表し方
が現代と同じようになったのは17世紀の初めのことです。それは、ロー
マ帝国の滅亡とともに衰退した古代ギリシャの幾何学が、いわゆる「暗黒
時代」を経て、ヨーロッパで完全に復興した時期でもありました。つまり、
17世紀初頭というのは幾何学と代数学が初めて並び立った時代でもあっ
たのです。

　そんな中、**ルネ・デカルト**（1596－1650）は、幾何学と代数学の長所と
短所があべこべになっていることに気づき、**幾何学の諸問題を代数的に解
決することを目指して**解析幾何学（analytical geometry）というまったく
新しい数学を創造しました。これについてデカルトは「我思う故に我あり」
でも名高い『方法序説』の第2部の冒頭で次のように書いています。

> 「幾何学的解析と代数学のあらゆる長所を借り、一方の短所のすべ
> てをもう一方によって正そうと考えました」

　解析幾何学では、図形を方程式として表すことで方程式の意味するとこ
ろがイメージしやすくなるだけでなく、幾何学の問題を代数的に解くこと
ができます。それはまさに幾何学と代数学の、いいとこどりのハイブリッ
ドだと言えるでしょう。デカルトによる解析幾何学の発明は、数学史上の
革命だったと言う人もいます。

変数と座標の導入

　幾何学と代数学を融合させるために必要なもの、それは**変数**と**座標**です。たとえば、

$$x - y = 1$$

という方程式の解を考えてみましょう。この方程式の未知数は x と y との2つですが、式が1つしかないので解は

$$(x,\ y) = (2,\ 1)、(3,\ 2)、(4,\ 3)、(5,\ 4)、(6,\ 5)、(7,\ 6)、(8,\ 7)……$$

と無数にあって、どれかに決めることはできません。すなわちこの方程式を満たす $(x,\ y)$ は、**未知数であると同時に不定**です。デカルトは不明であるだけでなく、いろいろな値をとりうるこのような量のことを、**変数**（quantités indéterminèes & inconnues）と名づけました。

　デカルト以前は、数字の代わりにアルファベットを用いるとき、その文字はあくまで特定の数字の代わりでした。いわば数字が覆面をかぶっているようなものです。解の公式等を使って方程式を解いてしまえば（覆面を取ってしまえば）、その後で解（＝正体）が他の数字に勝手に変わってしまうことはありません。

　でも、変数というのは未知数であると同時に不定なので、覆面を取るたびに数字が違っても構わないことになります。1つのアルファベットにいろいろな数を許すデカルトのこのアイディアは実に画期的でした。

　一方の座標というのは、ご存じの通り、ある平面上の点を $(2,\ 1)$ のような一対（いっつい）の数字によって表したもののことを言います。座標によって平面上の点を表すために、デカルトは x 軸とそれに直交する y 軸からなるいわゆる「**直交座標系（デカルト座標系）**」を用意しました。

　ところで、上の図のように「$x - y = 1$」の解 $(x,\ y)$ を座標と考えて、

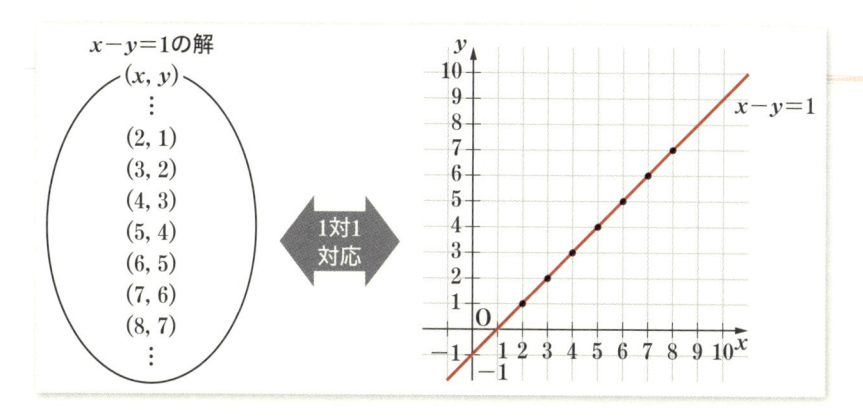

座標系の上に書いてみると、どれも一本の直線上にあることがわかります。逆に、この直線上にある点の座標を読み取って「$x-y=1$」に代入してみると、必ず「＝」が成立することも（具体的にやってみれば）すぐに確かめられます。

ここで座標系の点と一対の数字が1対1に対応していることは非常に重要です。

もし「$x-y=1$」の解の1つである $(2,\ 1)$ が複数の点に対応するなら、そのすべてが上の直線上にあるとは限りませんし、直線上の1点に対応する $(x,\ y)$ が複数あるのなら、やはりそのすべてが「$x-y=1$」を満たすかどうかを調べるのは骨が折れるでしょう。

しかし、実際には「$x-y=1$」を満たす解 $(x,\ y)$ と直線上の点は1対1に対応しているので、**方程式の解の集合と直線上にある点の集合は一致**します。すなわち上図の座標系上の直線は「$x-y=1$」という方程式を満たす点の集合であると考えられるのです。

（注）　もちろん、「$x-y=1$」を「$y=x-1$」と変形すれば、y は x の1次関数であり、上の直線はこの1次関数のグラフであると考えることもできます。関数とグラフの関係については第5章で詳述します。

方程式の解を変数と捉え、その変数に座標系上の点を1対1に対応させることで、図形を方程式の解の集合と考える……このアイディアこそデカルトが数学史にその足跡をはっきりと遺した革命でした。

01 図形と方程式（数Ⅱ）

➤ **三平方の定理で求める「2点間の距離」**

最初に**座標平面上の2点間の距離を求める公式**を導いておきます。

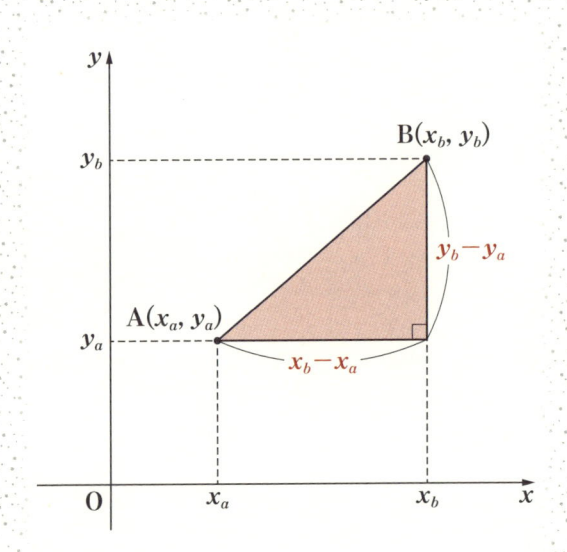

　座標平面上に2点 A (x_a, y_a)、B (x_b, y_b) があるとき、上の図のように AB を斜辺とする直角三角形を考えると三平方の定理（次頁注参照）より

$$AB^2 = (x_b - x_a)^2 + (y_b - y_a)^2$$
$$\Rightarrow \quad AB = \sqrt{(x_b - x_a)^2 + (y_b - y_a)^2}$$

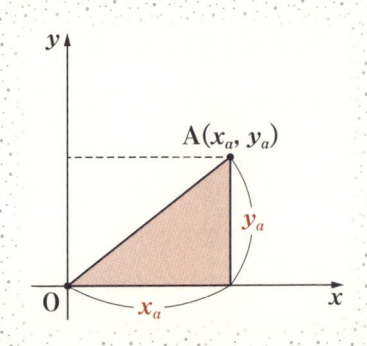

　特に原点 O と A (x_a, y_a) の

距離は、同じく三平方の定理より

$$OA^2 = x_a{}^2 + y_a{}^2$$
$$\Rightarrow \quad OA = \sqrt{x_a{}^2 + y_a{}^2}$$

（注）　三平方の定理（中3）
　　　三平方の定理（ピタゴラスの定理）とは、直角三角形の直角をはさむ2辺と斜辺の間に成立する次の関係式のことです。

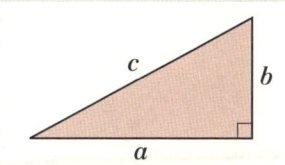

$$a^2 + b^2 = c^2$$

　　証明にはいろいろな方法がありますが（100通り以上！）ここでは「ピタゴラス式」と呼ばれるものを簡単に紹介します。下の図で、面積について「外側の大きな正方形＝内側の小さな正方形＋直角三角形×4」だから

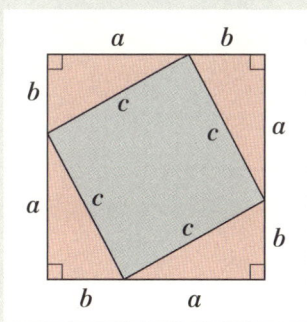

$$(a+b)^2 = c^2 + \frac{1}{2}ab \times 4$$
$$\downarrow$$
$$a^2 + 2ab + b^2 = c^2 + 2ab$$
$$\downarrow$$
$$a^2 + b^2 = c^2$$

【2点間の距離】

2点 A (x_a, y_a)、B (x_b, y_b) 間の距離 AB は

$$\mathbf{AB = \sqrt{(x_b - x_a)^2 + (y_b - y_a)^2}}$$

特に原点 O と A (x_a, y_a) の距離は

$$\mathbf{OA = \sqrt{x_a{}^2 + y_a{}^2}}$$

x、y の方程式を満たす点 (x, y) の集合で描かれる図形のことを**方程式の表す図形**と言い、その方程式を**図形の方程式**と言います。

　この節では、直線を表す方程式と円を表す方程式を学びます。

➤ 直線の方程式(1)〜通る 1 点と傾きがわかっている場合〜

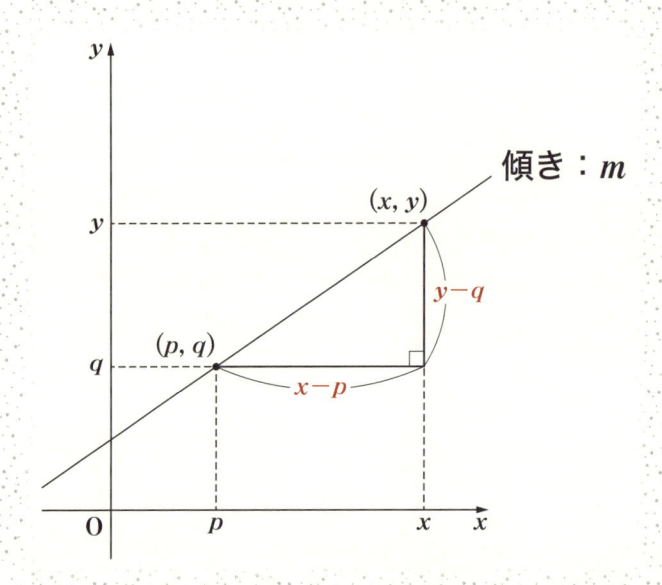

　上の図のように点 (p, q) を通り、傾きが m の直線上にある点 (x, y) を考えると、$x \neq p$ であれば傾きの定義（右頁の注参照）から

$$\frac{y-q}{x-p} = m$$

　分母を払って

$$y - q = m(x - p) \quad \Rightarrow \quad y = m(x - p) + q$$

となります。

図の直線上にある (x, y) は (p, q) も含めてどれもこの式を満たすので、これは点 (p, q) を通り、傾きが m の直線の方程式です。

　また点 (p, q) を通り、x 軸に垂直な直線上に (x, y) があるときは、直線上にある (x, y) は次の式を満たします。

$$x = p$$

（注）　傾きの定義

　　　傾きは、横の長さに対する縦の長さの割合です。

$$傾き = \frac{縦}{横}$$

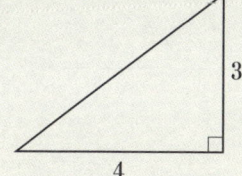　のとき　傾き $= \dfrac{3}{4}$

【直線の方程式(1)】

点 (p, q) を通り、傾きが m の直線の方程式

$$y = m(x - p) + q$$

点 (p, q) を通り、x 軸に垂直な直線の方程式

$$x = p$$

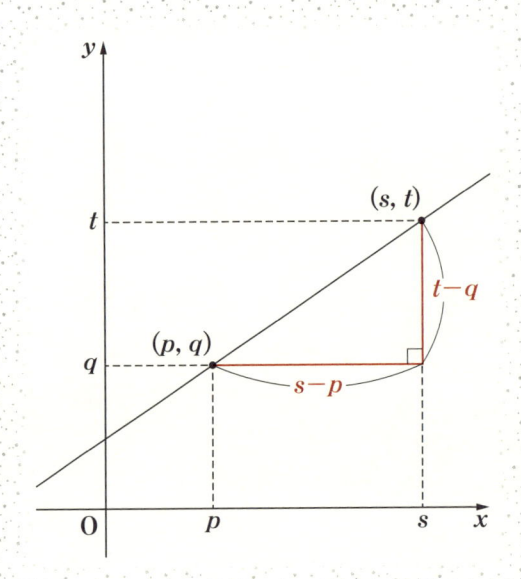

　直線が 2 点 (p, q) と (s, t) を通るとき、$p \neq s$ であれば直線の傾き
は

$$\frac{t-q}{s-p}$$

なので、直線の方程式⑴の傾き m にこれを代入して、

$$y = m(x-p) + q \quad \Rightarrow \quad y = \frac{t-q}{s-p}(x-p) + q$$

$p = s$ かつ $q \neq t$ のとき、直線は x 軸に垂直なので

$$x = p$$

【直線の方程式⑵】

異なる2点 (p, q)、(s, t) を通る直線の方程式

$p \neq s$ のとき

$$y = \frac{t-q}{s-p}(x-p) + q$$

$p = s$ かつ $q \neq t$ のとき

$$x = p$$

(注)　たとえば $(1, 5)$ と $(3, 9)$ を通る直線の方程式を求める際、どちらを (p, q) と考えるべきかを悩んでしまう人がいますが、どちらを選んでも結果は同じになりますから安心してください。

$(p, q) = (1, 5)$、$(s, t) = (3, 9)$ の場合

$$y = \frac{9-5}{3-1}(x-1) + 5 = \frac{4}{2}(x-1) + 5 = 2(x-1) + 5 = 2x - 2 + 5$$

$$= 2x + 3$$

$(p, q) = (3, 9)$、$(s, t) = (1, 5)$ の場合

$$y = \frac{5-9}{1-3}(x-3) + 9 = \frac{-4}{-2}(x-3) + 9 = 2(x-3) + 9 = 2x - 6 + 9$$

$$= 2x + 3$$

また、x 軸に垂直な直線の方程式が「$x = p$」となることを不思議に思う人は、たとえば座標平面上で「$x = 1$」を満たす点の集合を考えてみてください。「$x = 1$」を満たす点の集合は、$(1, 0)$、$(1, 1)$、$(1, 2)$、$(1, 3)$、$(1, 4)$、$(1, 5)$ ……などが集まったものですね。書いてみればすぐに確かめられるように、それらはすべて x 軸に垂直な直線上にあります。

2つの直線が平行となる条件と垂直となる条件を考えます。

2直線が平行であることは2直線の傾きが等しいことと同値なので簡単です。すなわち、

$$y = m_1 x + n_1 \quad と \quad y = m_2 x + n_2 \quad が平行 \quad \Leftrightarrow \quad m_1 = m_2$$

です。

一方、垂直条件のほうは少々計算が必要です（三平方の定理を使います）。$y = m_1 x + n_1$ と $y = m_2 x + n_2$ が垂直であることと、それぞれを原点を通る直線に平行移動した $y = m_1 x$ と $y = m_2 x$ が垂直であることは同値なので、$y = m_1 x$ と $y = m_2 x$ が垂直となる条件を考えます。

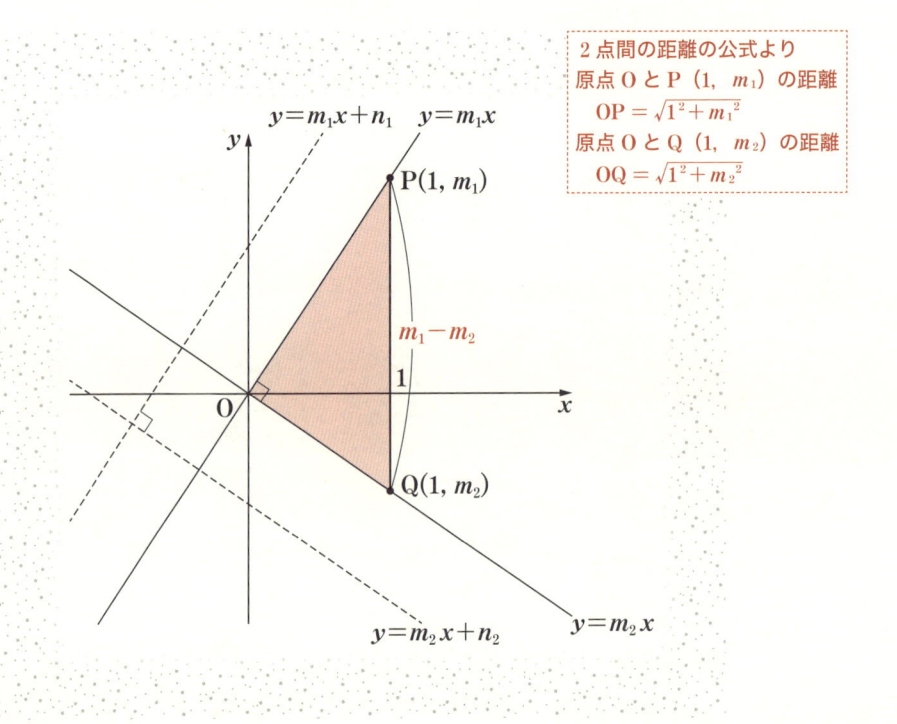

2点間の距離の公式より
原点 O と P $(1,\ m_1)$ の距離
$$OP = \sqrt{1^2 + m_1{}^2}$$
原点 O と Q $(1,\ m_2)$ の距離
$$OQ = \sqrt{1^2 + m_2{}^2}$$

$y = m_1 x$ と $y = m_2 x$ の直線上に、それぞれ x 座標が 1 である点 P $(1,\ m_1)$ と Q $(1,\ m_2)$ をとると、△OPQ は直角三角形なので三平方の定理から

$$PQ^2 = OP^2 + OQ^2$$

これより

$$(m_1 - m_2)^2 = (1^2 + m_1{}^2) + (1^2 + m_2{}^2)$$
$$\Leftrightarrow\quad m_1{}^2 - 2m_1 m_2 + m_2{}^2 = 1 + m_1{}^2 + 1 + m_2{}^2$$
$$\Leftrightarrow\quad -2m_1 m_2 = 2$$
$$\Leftrightarrow\quad m_1 m_2 = -1$$

$$(a-b)^2 = a^2 - 2ab + b^2$$

まとめておきます。

【2 直線の平行と垂直】

$y = m_1 x + n_1$ と $y = m_2 x + n_2$ について

$$2\ 直線が平行 \quad \Leftrightarrow \quad m_1 = m_2$$
$$2\ 直線が垂直 \quad \Leftrightarrow \quad m_1 m_2 = -1$$

　幾何学と代数学を融合させることのメリットが感じられる例題をやってみましょう。

　第 1 章で垂心を紹介した際、三角形の各頂点から対辺に下ろした垂線が 1 点で交わることの証明は簡単ではありませんでした（33 〜 34 頁）。でも、座標を導入し、直線の方程式を使えば、同じ内容をヒラメキに頼らずに証明することができます。

　　三角形の各頂点から対辺に下ろした垂線は1点で交わること
を証明せよ。

解説 解答

解説

　三角形を座標系の上に置くのですが、その際、下の「悪い例」のように
置いてしまうと、（できないわけではありませんが）計算がとても大変に
なります。解答のように1点を y 軸上に置き、残りの2点を x 軸上に置く
のがおすすめです。

《悪い例》

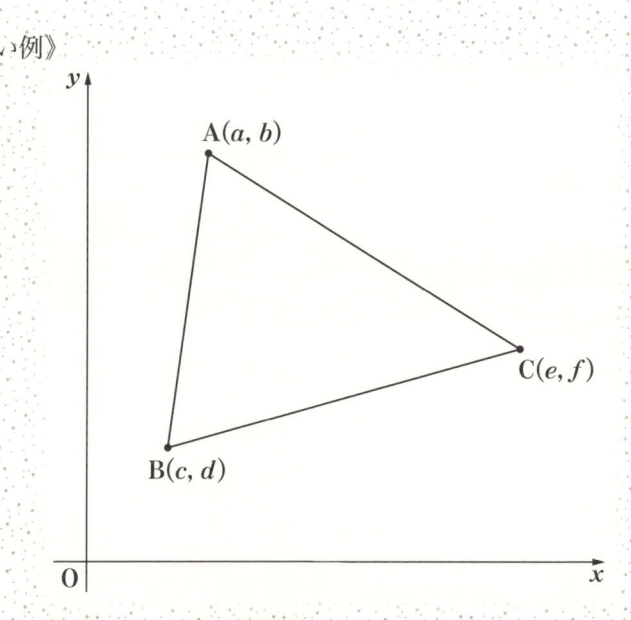

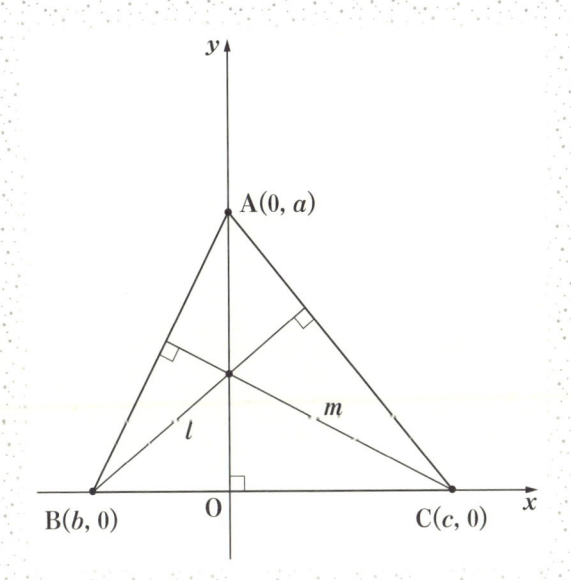

△ABC の各頂点の座標を図のように

A $(0,\ a)$、B $(b,\ 0)$、C $(c,\ 0)$

とする。また、B を通り AC に垂直な直線を l、C を通り AB に垂直な直線を m とする。

$$\text{AC の傾き} = \frac{0-a}{c-0} = -\frac{a}{c}$$

> 2点 $(p,\ q)$ と $(s,\ t)$ を通る直線の傾き
> $$\frac{t-q}{s-p}$$

直線 l は AC と垂直なので

$$l \text{ の傾き} = \frac{c}{a}$$

> 傾きが m_1、m_2 の2直線が垂直なとき
> $$m_1 m_2 = -1 \quad \Rightarrow \quad m_2 = -\frac{1}{m_1}$$

直線 l は B $(b,\ 0)$ を通るから l を表す方程式は

$$y = \frac{c}{a}(x-b) + 0 = \frac{c}{a}x - \frac{bc}{a} \quad \cdots ①$$

> 点 $(p,\ q)$ を通り、
> 傾きが m の直線の方程式
> $$y = m(x-p) + q$$

同様に、

$$\text{AB の傾き} = \frac{0-a}{b-0} = -\frac{a}{b}$$

直線 m は AB と垂直なので

$$m \text{ の傾き} = \frac{b}{a}$$

直線 m は C $(c,\ 0)$ を通るから m を表す方程式は

$$y = \frac{b}{a}(x-c)+0 = \frac{b}{a}x - \frac{bc}{a} \quad \cdots②$$

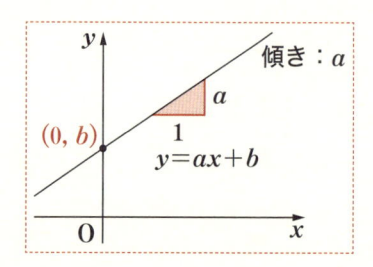

①、②より

直線 l も直線 m も y 軸とは同じ点

$$\left(0,\ -\frac{bc}{a}\right)$$

で交わることがわかる。

y 軸 $(x=0)$ は A から対辺 BC に下ろした垂線そのものなので、以上より、A、B、C からそれぞれの対辺に下ろした 3 つの垂線は 1 点

$\left(0,\ -\dfrac{bc}{a}\right)$ で交わることが示された。

（終）

➤「円の方程式」は２点間の距離を半径と見立てて求める

円とは、**中心からの距離が一定の点の集合**です。このことをそのまま式にすれば円の方程式が求まります。

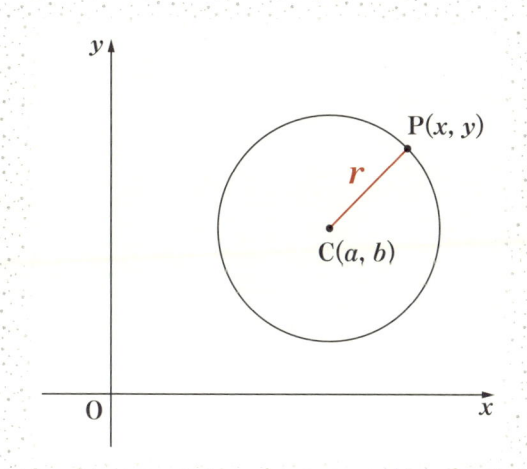

中心が C $(a,\ b)$ で半径が r の円上に点 P $(x,\ y)$ をとると、
CP $= r$ （一定）だから

２点間の距離（115 頁）
A $(x_a,\ y_a)$、B $(x_b,\ y_b)$ のとき
$$AB = \sqrt{(x_b - x_a)^2 + (y_b - y_a)^2}$$

$$\sqrt{(x-a)^2 + (y-b)^2} = r$$

両辺を２乗して

$$(x-a)^2 + (y-b)^2 = r^2$$

(a, b) を中心とし、半径が r の円の方程式は

$$(x - a)^2 + (y - b)^2 = r^2$$

特に、原点を中心とし、半径が r の円の方程式は

$$x^2 + y^2 = r^2$$

ではここで例題です。久しぶりに入試問題に挑戦します。

この問題の類題は真面目に勉強している受験生にとってはお馴染みで、解法もよく知られていますが、なぜこのようにすると解けるのかがわかっている人はごくごく少数です。

問題 13

円 $C_1 : x^2 + y^2 + 6x + 2y - 6 = 0$ と、中心が $(2, 1)$、半径が 3 である円 C_2 の 2 つの交点と点 $(3, 1)$ を通る円 C_3 の方程式を求めよ。

[立命館大学]

解説 解答

解説

C_1 を表す方程式は、「平方完成の素」(68頁) を使って

$$x^2 + y^2 + 6x + 2y - 6 = 0$$
$$\Rightarrow \quad x^2 + 6x + y^2 + 2y - 6 = 0$$
$$\Rightarrow \quad (x+3)^2 - 9 + (y+1)^2 - 1 - 6 = 0$$
$$\Rightarrow \quad (x+3)^2 + (y+1)^2 = 16$$
$$\Rightarrow \quad \{x-(-3)\}^2 + \{y-(-1)\}^2 = 4^2$$

> 平方完成の素
> $x^2 + 2px = (x+p)^2 - p^2$

と変形できますので、C_1 は中心が $(-3, -1)$、半径が 4 の円です。ただし、本問ではこのことは使いません。

次に示す解法は、やや突飛な発想に思えるかもしれませんが、**ある方程式を満たす点の集合はその方程式が表す図形である**という基本を考えれば、納得してもらえるのではないでしょうか。

解答

C_2 は中心が $(2, 1)$、半径が 3 の円なので、C_2 を表す方程式は

$$(x-2)^2 + (y-1)^2 = 3^2$$
$$\Rightarrow \quad x^2 - 4x + 4 + y^2 - 2y + 1 = 9$$
$$\Rightarrow \quad x^2 + y^2 - 4x - 2y - 4 = 0$$

ここで、実数 k を用いて次のような方程式をつくってみます。

$$k(x^2 + y^2 + 6x + 2y - 6) + x^2 + y^2 - 4x - 2y - 4 = 0 \quad \cdots ①$$

C_1 と C_2 の交点の 1 つを (x_0, y_0) とし、①の左辺に代入してみると、交点は C_1 と C_2 の両方の円の上にあるので、

$$\begin{cases} x_0{}^2 + y_0{}^2 + 6x_0 + 2y_0 - 6 = 0 \\ x_0{}^2 + y_0{}^2 - 4x_0 - 2y_0 - 4 = 0 \end{cases}$$

が同時に成立します。このとき①式は

$$k \cdot 0 + 0 = 0$$

となって、k の値によらず必ず「=」が成立することになります。これは、**①式の表す図形が k の値によらず必ず C_1 と C_2 の交点を通ることを意味します。**

　ただし、C_1 と C_2 の交点を通る図形は無数にあって、1つに定まりません。そこで、①に $(3,\ 1)$ を代入して①式が C_3 を表すときの k の値を求めましょう。

　①式に $(3,\ 1)$ を代入して

$$k(3^2 + 1^2 + 6 \cdot 3 + 2 \cdot 1 - 6) + 3^2 + 1^2 - 4 \cdot 3 - 2 \cdot 1 - 4 = 0$$
$$\Rightarrow \quad k(9 + 1 + 18 + 2 - 6) + 9 + 1 - 12 - 2 - 4 = 0$$
$$\Rightarrow \quad 24k - 8 = 0$$
$$\Rightarrow \quad k = \frac{1}{3}$$

　①式より

$$\frac{1}{3}(x^2 + y^2 + 6x + 2y - 6) + x^2 + y^2 - 4x - 2y - 4 = 0$$
$$\Rightarrow \quad (x^2 + y^2 + 6x + 2y - 6) + 3x^2 + 3y^2 - 12x - 6y - 12 = 0$$
$$\Rightarrow \quad 4x^2 + 4y^2 - 6x - 4y - 18 = 0$$

求める C_3 の方程式は上式の両辺を 4 で割って

$$x^2 + y^2 - \frac{3}{2}x - y - \frac{9}{2} = 0$$

（注）　円の方程式は展開すると

$$(x-a)^2 + (y-b)^2 = r^2$$
$$\Rightarrow \quad x^2 - 2ax + a^2 + y^2 - 2by + b^2 = r^2$$
$$\Rightarrow \quad x^2 + y^2 - 2ax - 2by + a^2 + b^2 - r^2 = 0$$

となります。ここで $-2a = l$, $-2b = m$, $a^2 + b^2 - r^2 = n$ とおけば

$$x^2 + y^2 + lx + my + n = 0$$

です。上で求めた C_3 の方程式もこの形をしていますが、問題文では C_3 の中心や半径は聞かれていないので、これを解答にしてかまいません。

また①式の k に $\frac{1}{3}$ 以外の値を代入してみると、C_1 と C_2 の交点を通る（C_3 とは別の）直線や円を表す方程式が得られます。

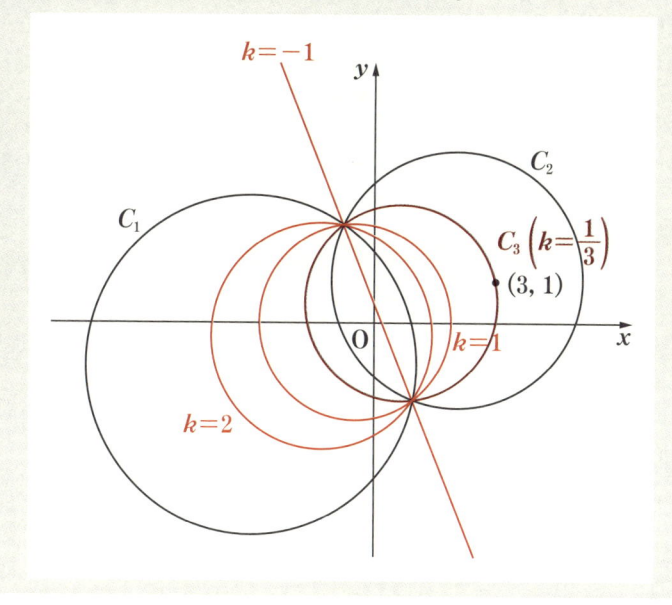

129

　方程式を満たす点の集合が図形を表すのなら、不等式を満たす点の集合は（ある図形を境界にする）何かしらの「範囲」になるのではないか、と考えるのはごく自然なことでしょう。

　実際、1次元（直線）の数直線上では $x = 1$ は数直線上の1点を表し、$1 < x$ は x より大きい範囲を表します。

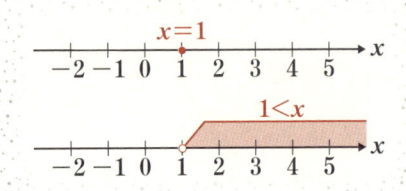

➤ 1次不等式の表す領域〜その境界は直線〜

　たとえば

$$y > x + 1$$

という1次不等式が座標平面上でどのような範囲を表すのかを考えてみましょう。

　まず、x を「$x = 3$」に固定して y の値をいろいろ変えてみます。

　$(3, 4)$ は「$4 = 3 + 1$」となって「$y = x + 1$」を満たすので、直線「$y = x + 1$」上の点です。

　$(3, 5)$ は「$5 > 3 + 1$」となって「$y > x + 1$」を満たすので、「$y > x + 1$」が表す範囲に**含まれる点**です。

　$(3, 8)$ も「$y > x + 1$」を満たすので「$y > x + 1$」が表す範囲に**含まれます。**

　一方、$(3, 2)$ は「$2 < 3 + 1$」となって「$y > x + 1$」を満たしません。よって、$(3, 2)$ は「$y > x + 1$」が表す範囲には**含まれない点**です。

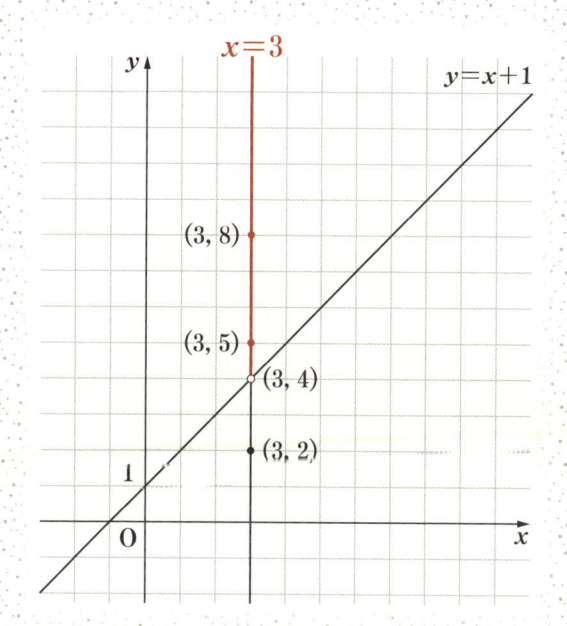

　このように考えれば、「$x = 3$」上にあって、「$y = x + 1$」より上側部分に乗っている点はすべて「$y > x + 1$」が表す範囲に含まれることがわかりますね。

　「$x = 3$」のときだけでなく、「$x = 10$」や「$x = 0.1$」や「$x = -5$」などについても同様に調べれば、結局、「$y = x + 1$」より上側にある点はすべて「$y > x + 1$」を満たすので、

$$「y > x + 1」が表す範囲　=　「y = x + 1」の上側の領域$$

であることがわかります。

　さらに、少し調べてみれば

$$「y < x + 1」が表す範囲　=　「y = x + 1」の下側の領域$$

もすぐにわかるでしょう。

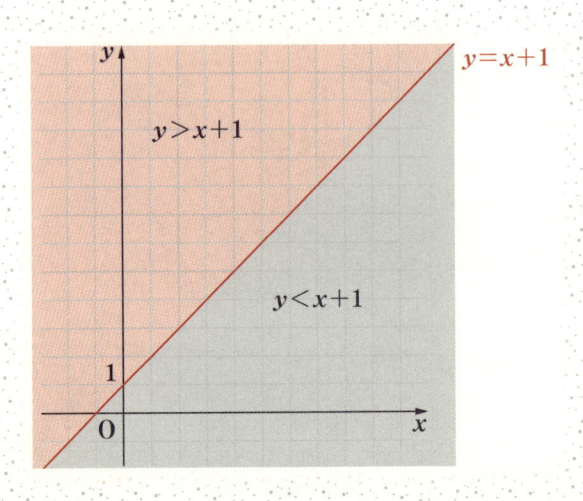

一般に、1次不等式が表す領域は次のように表せます。

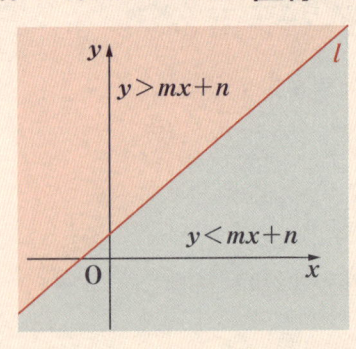

➤ 円を境界とする領域〜内外を分ける不等号の向き〜

たとえば、中心が $(3, 3)$ で半径が 2 の円は

$$(x-3)^2 + (y-3)^2 = 4$$

> 中心が (a, b) で半径が r の円の方程式は
> $$(x-a)^2 + (y-b)^2 = r^2$$

という方程式で表すのでしたね（126頁）。

ここでは

$$(x-3)^2 + (y-3)^2 > 4$$

という不等式が表す範囲を求めてみたいと思います。

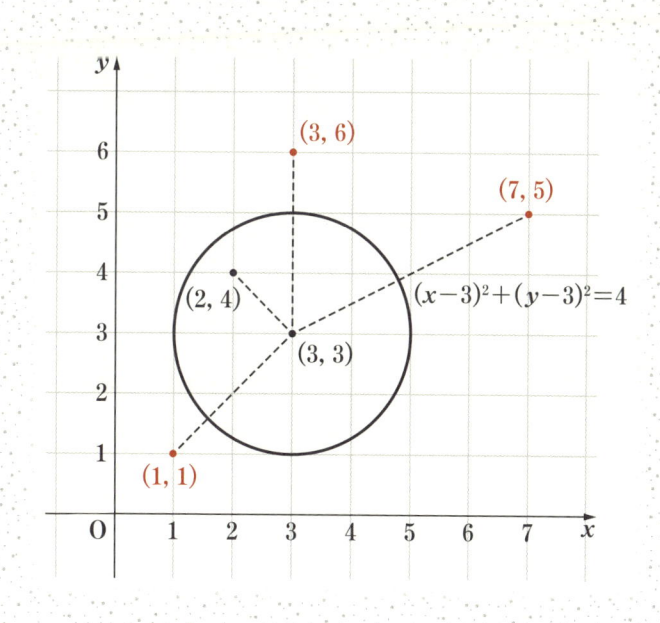

まず、上の図で円の内部にある点 $(2, 4)$ について調べてみると、

$$(2-3)^2 + (4-3)^2 = 1+1 < 4$$

となるので、**$(2, 4)$ は**「$(x-3)^2 + (y-3)^2 > 4$」を表す範囲には**含まれない点**です。

次に円の外側にある点 (7, 5) について調べると、

$$(7-3)^2 + (5-3)^2 = 16 + 4 > 4$$

となるので、**(7, 5) は**「$(x-3)^2 + (y-3)^2 > 4$」を表す範囲に**含まれる点**です。同様に、(1, 1) や (3, 6) についても調べると、どちらも

$$(1-3)^2 + (1-3)^2 = 4 + 4 > 4$$
$$(3-3)^2 + (6-3)^2 = 0 + 9 > 4$$

となるので、**(1, 1) と (3, 6) は**「$(x-3)^2 + (y-3)^2 > 4$」を表す範囲に**含まれる点**です。

以上より、**円の外側にある点**すなわち**中心 (3, 3) からの距離が 2 より大きい点はすべて**「$(x-3)^2 + (y-3)^2 > 4$」が表す範囲に**含まれる**ことがわかります。

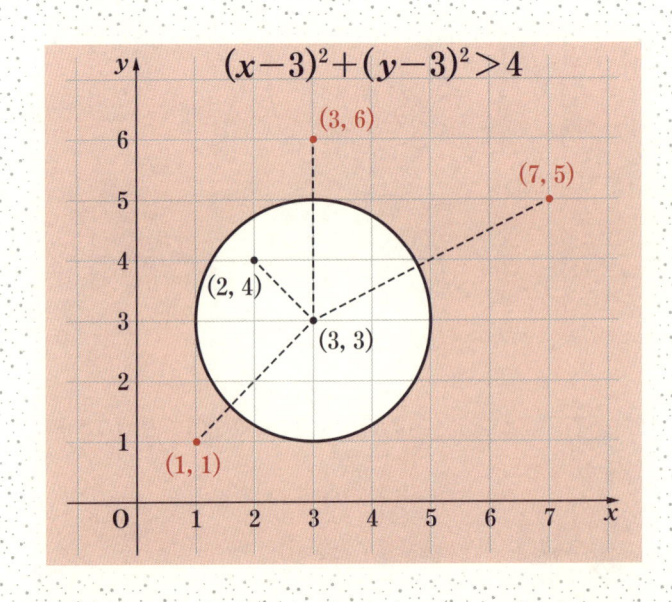

同じように考えることで、(2, 4) のような**円の内部にある点**はすべて「$(x-3)^2+(y-3)^2<4$」**が表す範囲に含まれる**こともわかるでしょう。

一般に、円を境界とする領域は次のように表せます。

【円と領域】

円 $(x-a)^2+(y-b)^2=r^2$ を C とする。

・不等式 $(x-a)^2+(y-b)^2<r^2$
　の表す領域は円 C の**内部**

・不等式 $(x-a)^2+(y-b)^2>r^2$
　の表す領域は円 C の**外部**

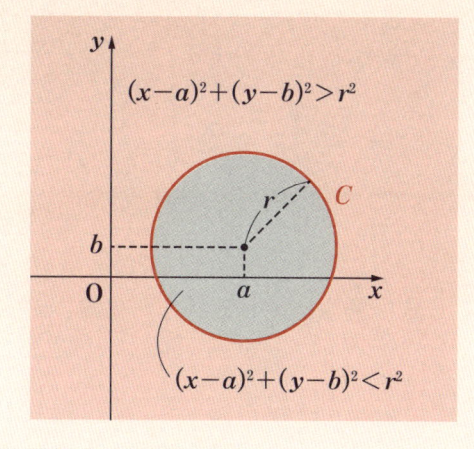

「不等式が表す領域」の理解が実生活に活かせるケースを紹介しましょう。これはビジネスシーンでも応用されている線形計画法と呼ばれる手法です。

問題 14

100 人の団体がある区間を列車で移動する。このとき、乗車券が 7 枚入った 480 円のセット A と、乗車券が 3 枚入った 220 円のセット B を購入して、利用することにした。

このとき、A のみ、あるいは B のみを購入する場合も含めて購入金額が最も低くなるのは、A、B をそれぞれ何セットずつ購入するときか。またそのときの購入金額はいくらか。ただし、購入した乗車券は余ってもよいものとする。

[九州大学]

解説／解答

解説

セット A、セット B の購入枚数をそれぞれ x 枚、y 枚とすると、購入金額は

$$480x + 220y$$

ですね。

ただし、この式は x と y という 2 つの変数を含んでいます。ふつう、複数の変数によって決まる値の最小値や最大値を求めるには、大学以降で学ぶ偏微分という技術が必要になって簡単ではないのですが、この問題のように最大値や最小値を求めたい値が 2 変数の式になっていて、かつ変数の

条件が不等式で与えられる場合には、領域を使って解決できることがあります。なお本問の場合、x と y は 0 以上の整数ですから、その点も注意が必要です。

解答

セット A の購入枚数を x 枚、セット B の購入枚数を y 枚とします。

A、B は 1 セットにつきそれぞれ 7 人分、3 人分の乗車券になり、全部で 100 人分以上（問題文に「余ってもよい」とあります）の乗車券が必要なので x、y は次の不等式を満たさなくてはいけません。

$$7x + 3y \geqq 100$$
$$\Leftrightarrow \quad 3y \geqq -7x + 100$$
$$\Leftrightarrow \quad y \geqq -\frac{7}{3}x + \frac{100}{3} \quad \cdots ①$$

また、購入金額を k 円とすると、

$$k = 480x + 220y$$
$$\Leftrightarrow \quad 220y = -480x + k \qquad \frac{480}{220} = \frac{48}{22} = \frac{24}{11}$$
$$\Leftrightarrow \quad y = -\frac{24}{11}x + \frac{k}{220} \quad \cdots ②$$

①を満たす負でない整数 (x, y) のうち、②の k を最小にするものが求めるものです。

①の不等式と $x \geqq 0$、$y \geqq 0$ を満たす領域を D とします。

D と②を座標平面上に図示してみましょう（次頁）。

$y = -\dfrac{7}{3}x + \dfrac{100}{3}$ と $y = -\dfrac{24}{11}x + \dfrac{k}{220}$ の傾きを比べると、

$$\frac{7}{3} = 2.33\cdots$$

$$\frac{24}{11} = 2.18\cdots$$

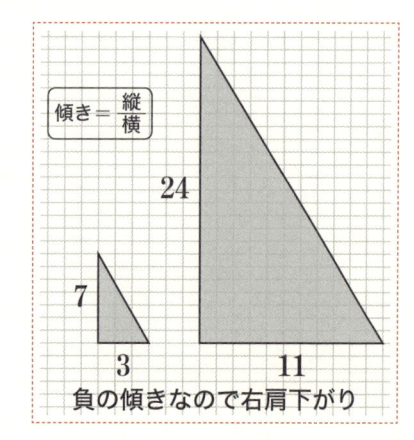

なので（わずかではあるものの）

「$y = -\dfrac{24}{11}x + \dfrac{k}{220}$」のほうが傾きはゆるやかです（上図参照）。

よって、領域 D と直線②を表す図は次のようになります。

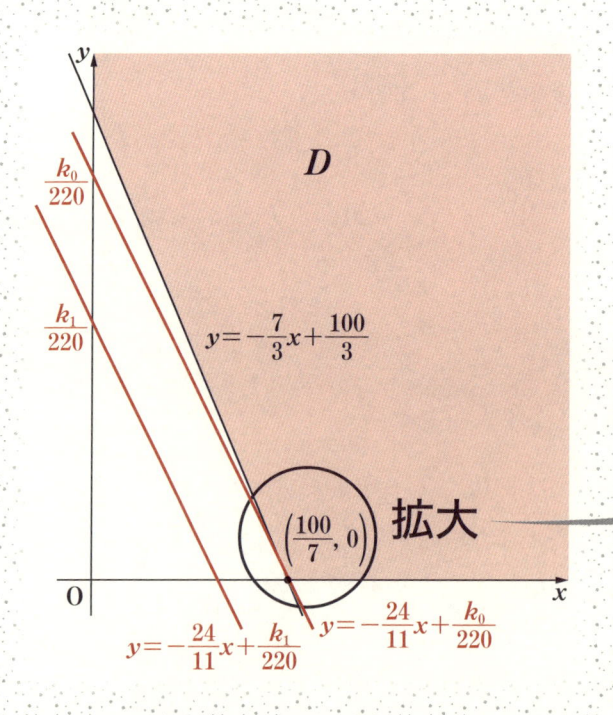

さて、領域 D に含まれる整数 (x, y) のうち、「$y = -\dfrac{24}{11}x + \dfrac{k}{220}$」に代入したとき k が最も小さくなるような (x, y) を探すわけですが、たとえば前頁の下の図で「$y = -\dfrac{24}{11}x + \dfrac{k_1}{220}$」の直線上に、$D$ に含まれる (x, y) はないので、k_1 は条件を満たす k の最小値ではありません。

また、残念ながら「$y = -\dfrac{7}{3}x + \dfrac{100}{3}$」と x 軸の交点は $\left(\dfrac{100}{7}, 0\right)$ で、x 座標が整数ではないので、前頁の下の図の k_0 も k（＝購入金額）の最小値とすることはできません。

そこで、この交点付近を拡大してみましょう（下図）。

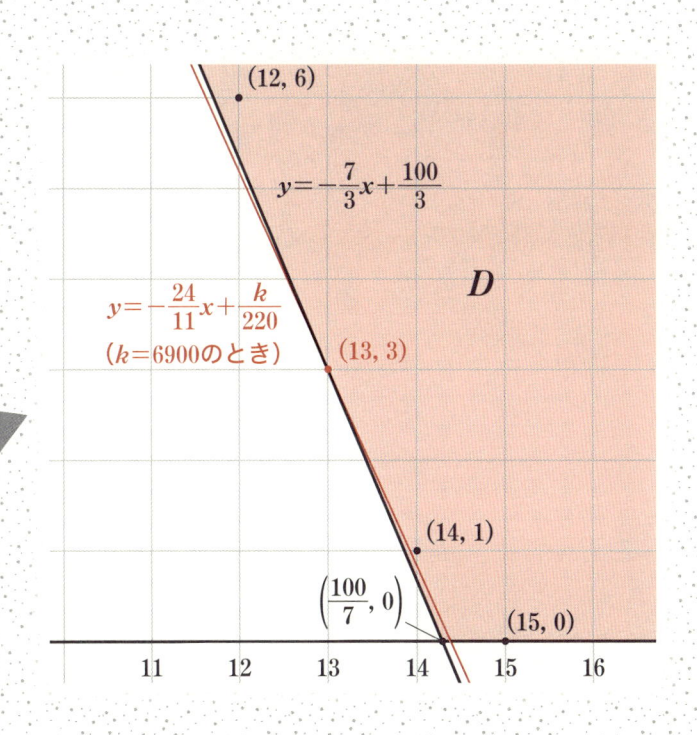

2つの直線の傾きの差がわずかなので、わかりづらいのですが、拡大してみると $(x, y) = (13, 3)$ のとき、k が最小になることがわかります。

このとき

$$k = 480x + 220y = 480 \cdot 13 + 220 \cdot 3 = 6900$$

以上より、購入金額が最も低くなるのは、**A を 13 セット、B を 3 セット**買ったときで、そのときの**購入金額は 6900 円。**

(注)　実際の入試では正確な拡大図を書くことは難しいので、D 内に含まれる点のうち、$\left(\dfrac{100}{7}, 0 \right)$ 付近で (x, y) がともに整数である点（格子点と言います）をいくつか「$k = 480x + 220y$」に代入して調べます。

$$(x, y) = (15, 0) \text{ のとき} \quad \Rightarrow \quad k = 480 \cdot 15 + 220 \cdot 0 = 7200$$
$$(x, y) = (14, 1) \text{ のとき} \quad \Rightarrow \quad k = 480 \cdot 14 + 220 \cdot 1 = 6940$$
$$(x, y) = (13, 3) \text{ のとき} \quad \Rightarrow \quad k = 480 \cdot 13 + 220 \cdot 3 = 6900$$
$$(x, y) = (12, 6) \text{ のとき} \quad \Rightarrow \quad k = 480 \cdot 12 + 220 \cdot 6 = 7080$$

また一般に、線形計画法 (linear programming) とは本問で扱った「$k = 480x + 220y$」のような 1 次式の最大値や最小値を求める手法全般を指しますが、線形 (linear) というネーミングは（x と y に関する）1 次式が座標平面上で直線を表すことから来ています。

➤ 領域を使って必要と十分を見極める

第1章で、集合として一方が他方に完全に含まれる場合、領域的に**小さいほうは十分条件**であり、**大きいほうは必要条件**であることを学びました（6頁）。

このことと領域の理解を組合せれば、次のようなやや複雑な命題の処理も簡単にできます。

問題 15

＿＿＿＿にあてはまるものを、下の(a)〜(d)の中から選べ。

$x < 1$ または $y < 1$ は、$x^2 + y^2 < 1$ であるための ＿＿＿＿。

(a) 必要条件であるが、十分条件でない

(b) 十分条件であるが、必要条件でない

(c) 必要十分条件である

(d) 必要条件でも十分条件でもない

[神戸薬科大学]

解説 解答

解説

「$x < 1$ または $y < 1$」と「$x^2 + y^2 < 1$」が表す領域をそれぞれ座標平面上に描き、どちらか一方が他方に完全に含まれるかどうかを確認します。

解答

「$x < 1$ または $y < 1$」が表す領域を P、「$x^2 + y^2 < 1$」が表す領域 Q とします。Q は中心が原点、半径が1の円の内部ですね（135頁）。それぞれを座標平面上に書くと次の通り（ただし境界線は含まない）。

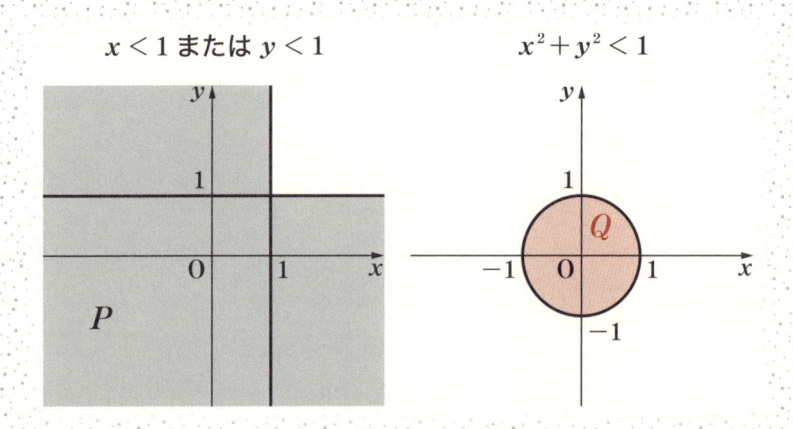

$x<1$ または $y<1$

$x^2+y^2<1$

この 2 つを重ねてみると…

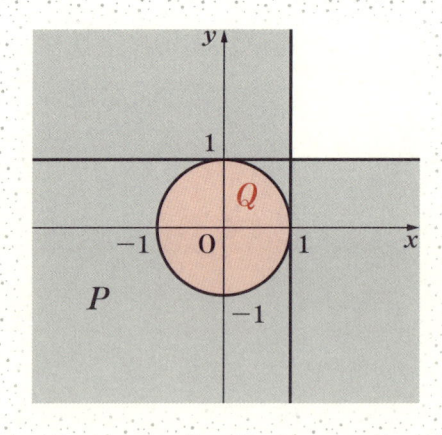

となり、Q のほうが P に完全に含まれることがわかります。P（$x<1$ または $y<1$）は大きいほうなので（Q であるための）必要条件です。

答え…(a)。

➤ 「または」と「かつ」について

前問の「$x < 1$ または $y < 1$」が表す領域 P が前頁のようになることに納得してもらえたでしょうか？ 「または」と「かつ」については誤解が多いので、確認させてください。

「$x < 1$ または $y < 1$」は次の3つのケースをすべて含みます。

$$\cdot\ x < 1 \quad \text{かつ} \quad y < 1$$
$$\cdot\ x < 1 \quad \text{かつ} \quad y \geqq 1$$
$$\cdot\ x \geqq 1 \quad \text{かつ} \quad y < 1$$

たとえば、「血液型が O 型」という集合と「20 歳以上」という集合について図にまとめるとこうです。

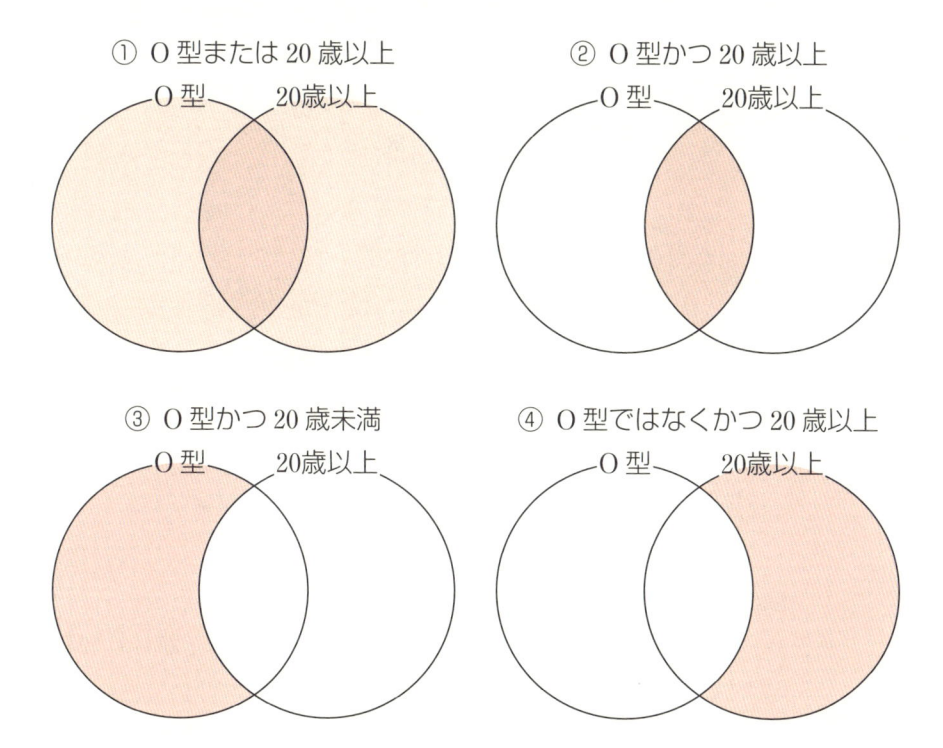

① O 型または 20 歳以上　　② O 型かつ 20 歳以上

③ O 型かつ 20 歳未満　　④ O 型ではなくかつ 20 歳以上

①は②〜④を足し合わせたものになっていることに注意しましょう。

オイラーが考案した絶対に正しい推論
～論理と領域～

オイラー図

「Q ならば P である」の命題について領域的に

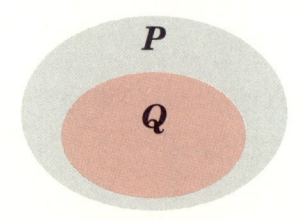

であれば

P：必要条件

Q：十分条件

であることは前節の問題でも使いました。

そして P と Q がこのような図で表せるとき、

「Q ならば（⇒）P」は必ず真

「P ならば（⇒）Q」は必ず偽

です。

> （注）P と Q が上の図のような関係になっているとき、「P ならば（⇒）Q」には（P の内側でかつ Q の外側の領域に）反例が存在します。数学では、1つでも反例が存在する命題は「偽」と断定します。

一般に、命題の真偽の判定は簡単ではありません。真であることを証明するのが難しかったり、反例が見つかりづらくて偽であると断定しづらかったりするからです。

でも上の図が使える場合は自信を持って真偽を判定することができます。

推論にこのような図をもちこみ、ある種の命題については確実に判断できるようにしたのは、あの**オイラー**（1707−1783）です。そのための前頁のような図のことを**オイラー図（Euler diagram）**と言います。

（注）　高校数学では下のような図を「ベン図」と言って紹介します。

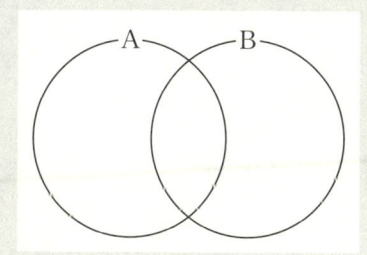

　　　　オイラー図とベン図はよく似ていますが、ベン図は各集合を表す円が必ず交差するのが特徴です。オイラー図は必ずしも各円が交差するとは限らず、前頁のように交差しない場合もあります。

　オイラー図を書くときは、与えられた前提を次のルールに従って書いていきます。

【オイラー図のルール】

①　「PはQである」場合はPをQの内部に書く

②　「PはQでない」場合はPをQの外側に書く

③　「あるPはQである」場合や、PとQの関係がはっきりしない場合はPとQを交差させる

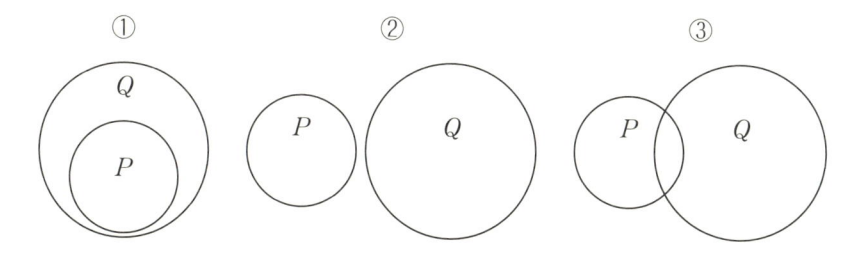

前提条件からオイラー図を書いたあとは、図を見て、与えられた命題の真偽を判定します。命題が①〜③のルールに従っているときは真、そうでないときは偽です。

　ではオイラー図を使って次の問題を考えてみましょう。これは国家公務員（Ⅰ種）の採用試験で過去に出題された問題です。

問題 16

　冷静でない人は合理的でない。快活な人は情熱的である。冷静な人は辛抱強い。冷静でない人は情熱的ではない。以上のことがいえるとすれば、次のうち論理的に正しいものはどれか。

(a)　情熱的でない人は合理的でない。

(b)　辛抱強い人は合理的な人である。

(c)　冷静でない人は快活でない。

(d)　合理的な人は快活な人である。

(e)　情熱的でない人は辛抱強くない。

[国家Ⅰ種採用試験]

解説

　非常に複雑なので、それぞれの命題をオイラー図に書いていきます。その際、否定表現が入っているものは**対偶**（11頁）を使って書き換えるとわかりやすくなります。

> 【対偶】
> 「P ⇒ Q」の真偽と
> 　その対偶「$\overline{Q}$ ⇒ $\overline{P}$」の真偽は一致。

解答

・「冷静でない人は合理的でない」の対偶は「合理的な人は冷静」
　⇒「合理的」は「冷静」の内部。

・「快活な人は情熱的」
　⇒「快活」は「情熱的」の内部

・「冷静な人は辛抱強い」
　⇒「冷静」は「辛抱強い」の内部。

・「冷静でない人は情熱的ではない」の対偶は「情熱的な人は冷静」
　⇒「情熱的」は「冷静」の内部。

・「情熱的」と「合理的」の関係ははっきりしないので交差。

・「快活」と「合理的」の関係もはっきりしないので交差。

　以上をオイラー図にすると次の通り。

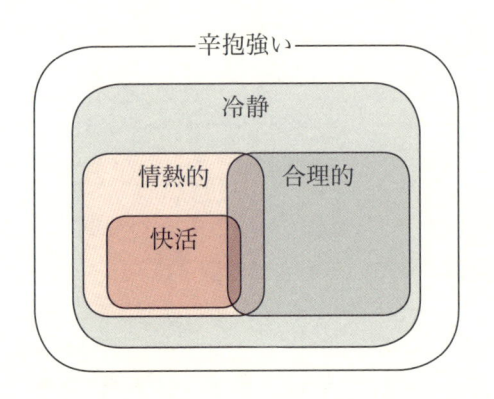

　次に各選択肢の命題がこの図と一致するかどうかを見ていきます。

⒜　**情熱的でない人は合理的でない。**

　対偶は「合理的な人は情熱的」。図では「合理的」と「情熱的」は交差している（ものの、「合理的」が「情熱的」の内部にあるわけではない）ので**偽**。

⒝　**辛抱強い人は合理的な人である。**

　図では「辛抱強い」は「合理的」の内部にないので**偽**。

⒞　**冷静でない人は快活でない。**

　対偶は「快活な人は冷静」。図では「快活」は「冷静」の内部なので**真**。

⒟　**合理的な人は快活な人である。**

　図では「合理的」と「快活」は交差している（ものの、「合理的」が「快活」の内部にあるわけではない）ので**偽**。

⒠　**情熱的でない人は辛抱強くない。**

　対偶は「辛抱強い人は情熱的」。図では「辛抱強い」は「情熱的」の内部にはないので**偽**。

　以上より、**正解は⒞**。

第**4**章

数論と数列

～1，2，3…が一番難しい!? ～

Number Theory
and
Sequence of Numbers

美しくも気高い「数学の女王」

第4章は「数論と数列〜1，2，3…が一番難しい!? 〜」という見出しにしています。数論というのは

$$1，2，3，4，5，6，7……$$

と続くいわゆる**自然数**（1以上の整数）について研究する数学分野のことです。自然数は有史以前から存在する「数」であり、19世紀の数学者クロネッカーは

> 「自然数は神に由来し、他のすべては人間の産物である」

とも言っています。

実際、最近の研究によるとイルカや猿や鳩もものを数えることができることがわかっていますので自然数は人間だけのものではないのでしょう（負の数や分数や無理数や虚数などは明らかに人間が発明したものです）。

もちろん幼児が最初に覚える「数」も自然数です。自然数ほど私たちにとって馴染みの深い数はありません。にもかかわらず、素数をはじめ自然数が持つ性質の多くはいまだに闇の中に隠されています。解決まで実に350年という歳月を要したことでも有名な「フェルマーの定理」も典型的な数論の問題です。

【フェルマーの定理】

n が3以上の整数のとき、次の等式を満たす自然数 $x，y，z$ は存在しない。

$$x^n + y^n = z^n$$

なぜ数論は難しいのでしょうか？　それは自然数（整数）が数直線上で飛び飛びの値しか取らないからです。**隣りどうしの数の間に隙間がある（離散している）**ことが多くの困難を生んでいます。

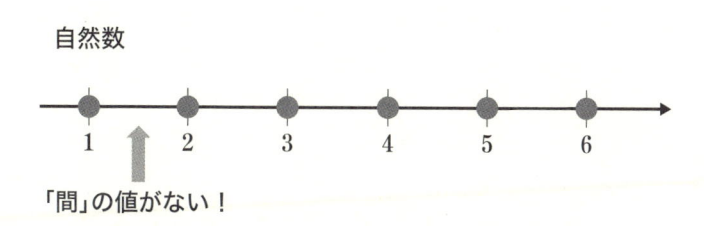

自然数

1　2　3　4　5　6

「間」の値がない！

　数論では、非連続である自然数を扱うために独特の手法がいくつも生み出されてきました。中には「うまいっ！」と思わず膝を打ってしまうような巧妙な発想も多く見受けられます。あまりの巧妙さに美しさを感じてしまうこともあるほどです。かつてガウスが

> 「数論は数学の女王だ」

と言った話は有名ですがこれは、数論が扱う問題の多くが最高ランクに難しいだけでなく、その解法の多くが美しいからだと私は思います。また、手法や理論が独特で他の分野にはあまり応用されないという孤高を持していることも、数論に「女王」然とした風格を感じる一因になったかもしれません。

　整数のような飛び飛びの（非連続の）対象を扱う数学全般を**離散数学（discrete mathematics）**と言います。高校数学で言うと**場合の数（数 A）**や**数列（数 B）**も離散数学の一分野です。場合の数は第 6 章「確率・統計」で扱うことにして、本章では整数と数列の話をしたいと思います。

01 整数の性質（数A）

➤ 「素数」～千年の謎をまとう 〝大切な数〟～

　ここではまず整数の性質についておさらいします。

【素数の定義】

1と自分自身しか約数を持たない2以上の自然数

　具体的には

　　2, 3, 5, 7, 11, 13, 17, 19, 23, 29, 31, 37, 41, 43, 47…

などが素数です。

　素数が重要なのは、これらが読んで字のごとく「数の素(もと)」だからです。
1を除くすべての自然数（正の整数）は素数の組合せで出来ています。し
かしそれほど 〝大切な数〟 なのに、素数の出現の仕方は（今のところ）ラ
ンダムに見えて法則性が見つかっていません。

　素数の法則性に関しては「**リーマン予想**」と呼ばれるものが有名です。
これは1859年にドイツの数学者**ベルンハルト・リーマン**（1826－1866）
によって提唱されたものの、あくまで「予想」なので2016年現在も正し
いことが証明されていません。リーマン予想の証明は、アメリカのクレイ
研究所によって100万ドルの懸賞金がかけられている、いわゆる「ミレニ
アム問題」の一つになっています。

　詳細は本書のレベルを大きく超えるので読み飛ばしていただいて結構で
すが、リーマン予想が正しければ、n（n：十分大きな整数）以下の素数
の個数についての近似がより高い精度で保証されることになります。

➤ 素因数分解〜素数に「1」が含まれない理由〜

　整数について調べるとき最初に行うのが素因数分解です。**素因数分解と**
は整数を素数の積に分解することです。まずは言葉の確認をしておきま
しょう。

　　　　因数：整数が自然数の積で表されるときのその１つ１つの数

　　　　素因数：素数である因数

素因数分解を行う手順は次の通りです。

【素因数分解の手順】

(1)　割り切れる素数で次々に割っていく

(2)　割った素数と最後に残った素数で積をつくる

　素因数分解は割り算の筆算を上下逆さにしたような形で行っていきます。
たとえば 72 を素因数分解すると

$$
\begin{array}{r}
2\,)\,72 \\
\hline
2\,)\,36 \\
\hline
2\,)\,18 \\
\hline
3\,)\,9 \\
\hline
3
\end{array}
\qquad
\begin{array}{l}
72 \div 2 = 36 \\
36 \div 2 = 18 \\
18 \div 2 = 9 \\
9 \div 3 = 3
\end{array}
$$

　これより

$$72 = 2 \times 2 \times 2 \times 3 \times 3 = 2^3 \cdot 3^2$$

です。

　素因数分解を行うためには割り切れる数を見つける必要があります。次
頁の「割り切れる数の見つけ方」は知っておくと便利です。

　ところで先ほど素数の定義が「2 以上の自然数」となっていて「1」が素数に含まれないことを不思議に思った人がいるかもしれませんね。素数に「1」を含めないのは**素因数分解の結果を 1 通りに定めるため**です。

　もし「1」を素数に含めてしまうと、たとえば 15 を素因数分解したときに

$$15 = 3 \times 5$$

$$15 = 1 \times 3 \times 5$$

$$15 = 1 \times 1 \times 3 \times 5$$

$$15 = 1 \times 1 \times 1 \times 3 \times 5$$

などと幾通りにも素因数分解ができることになります。

　そうなると**ひとつの数とその数の素因数分解の結果が 1 対 1 対応でなくなり、ある素因数分解の結果を調べても、もとの数を十全に調べたことにはならなくなってしまうのです。**これが大きな面倒につながることは想像に難くないでしょう。

　素因数分解を使う問題をやってみます。

問題 17

> 　50! を計算すると、末尾には 0 が連続してちょうど □ 個並ぶ。
>
> 　　　　　　　　　　　　　　　　　　　　　　　　　　［慶應義塾大学］

　（注）　「50!」は「50 の階乗」と読み

$$50! = 50 \times 49 \times 48 \times 47 \times \cdots\cdots \times 3 \times 2 \times 1$$

を意味します。階段を下がるように数を 1 ずつ減らしながら掛け合わせていくのでこの名前が付きました。

解説 / 解答

解説

　たとえば「5!」は

$$5! = 5 \times 4 \times 3 \times 2 \times 1$$
$$= 5 \cdot 2^2 \cdot 3 \cdot 2$$
$$= 2^3 \cdot 3 \cdot 5$$

$$= 2^2 \cdot 3 \cdot (2 \cdot 5)$$

$$= 12 \times 10$$

$$= 120$$

となって、末尾に 0 が 1 個並ぶことがわかります。

同じように「$50!$」を素因数分解した結果を整理して、

$$50! = 2^k \cdot 5^l \cdot N \quad \cdots ①$$

となったとします（ただし N は 2 と 5 以外の素因数の積）。このとき、$k > l$ となることに注意してください（$1 \sim 50$ までの積を素因数分解すると、2 で割れる回数のほうが 5 で割れる回数よりも多くなります）。

「$10 = 2 \cdot 5$」なので、①のとき

$$50! = 2^{k-l} \cdot N \cdot (2 \cdot 5)^l$$

$$= 2^{k-l} \cdot N \cdot 10^l$$

$$\begin{aligned} 2^k \cdot 5^l \cdot N &= 2^{k-l} \cdot 2^l \cdot 5^l \cdot N \\ &= 2^{k-l} \cdot (2 \cdot 5)^l \cdot N \end{aligned}$$

これより、$50!$ は末尾に 0 が l 個並ぶ数であると言えます。

解答

$50!$ が 5 で何回割れるかを考えます。まず $1 \sim 50$ の数から 5 の倍数を抜き出すと

$$5, \ 10, \ 15, \ 20, \ 25, \ 30, \ 35, \ 40, \ 45, \ 50$$

の 10 個。このうち 25 と 50 は 5 で 2 回割れるので、結局 **$50!$ は 5 で 12 回 ($10 + 2$ 回) 割れます。** よって、$50!$ を素因数分解すると次の通り（ただし N は 2 と 5 以外の素因数の積を表す）。

$$50! = 2^k \cdot 5^{12} \cdot N$$

このとき $k > 12$ であることは明らかなので、

$$50! = 2^{k-12} \cdot N \cdot (2 \cdot 5)^{12}$$

$$= 2^{k-12} \cdot N \cdot 10^{12}$$

以上より、$50!$ は末尾に 0 が **12 個**並ぶ数です。

➤ 約数と公約数

　素因数分解によって得られる素因数は、言わば、その数の**「部品」**です。たとえば 24 は

$$24 = 2^3 \cdot 3$$

と素因数分解できますが、これは 24 が「2」という部品 3 つと「3」という部品 1 つからできていることを意味します。

　約数というのはある整数を割り切る整数ですから**「部品」（素因数）の一部または全部を使ってできる数**のことを言います。このことに注意して 24 の約数を表にすると次のようになります。表の中の色の付いた数字が 24 の約数です。

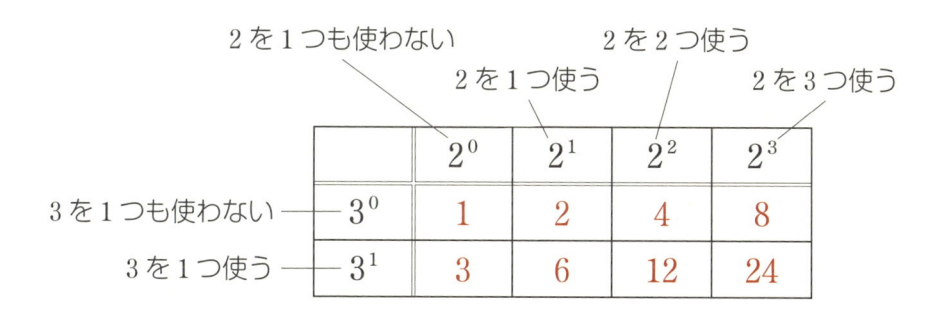

		2^0	2^1	2^2	2^3
	3^0	1	2	4	8
	3^1	3	6	12	24

2 を 1 つも使わない　2 を 1 つ使う　2 を 2 つ使う　2 を 3 つ使う
3 を 1 つも使わない —— 3^0
3 を 1 つ使う —— 3^1

（注）　一般に、「$a^0 = 1$」です。
　　　これについては第 5 章で詳しくお話しします。

　次に 24 と 30 の公約数を考えてみましょう。

　公約数というのは**「いくつかの整数に共通な約数」**ですね。つまり **24 と 30 に共通する「部品」が 24 と 30 の公約数**だということになります。24 と 30 を素因数分解すると

$$24 = 2^3 \cdot 3^1$$
$$30 = 2^1 \cdot 3^1 \cdot 5^1$$

となるので、24 と 30 に共通する「部品」（素因数）には「2」が 1 つと「3」が 1 つあります。

　最大公約数というのは、**共通する部品を最大限に（＝すべて）集めたもの**と考えられますから、24 と 30 の最大公約数は

$$2^1 \times 3^1 = 6$$

です。

➢ 倍数と公倍数

　一方、**倍数**はある整数を整数倍した数であり、**公倍数**というのは**「いくつかの整数に共通な倍数」**のことです。

　24 と 30 の場合、

24 の倍数：

　24, 48, 72, 96, 120, 144, 168, 192, 216, 240, 264, 288, 312, 336, 360…

30 の倍数：

　30, 60, 90, 120, 150, 180, 210, 240, 270, 300, 330, 360, 390, 420, 450…

ですから、

$$24 \text{ と } 30 \text{ の公倍数：} 120, \quad 240, \quad 360\cdots$$

ですね。

　公倍数のうち最も小さいものを**最小公倍数**と言います。すなわち 24 と 30 の最小公倍数は 120 です。また上の例でもわかるように公倍数は最小公倍数の倍数になっています。

　では最小公倍数をそれぞれの数の「部品」（素因数）から求めるにはど

うしたらよいでしょうか？

24 と 30 の公倍数を M とすると、M は整数 k や整数 l を用いて

$$M = 24 \cdot k$$
$$M = 30 \cdot l$$

と書けます。M は 24 でも 30 でも割り切れる数なので、**M は 24 と 30 の「部品」（素因数）をすべて持っています。**ここで 24 と 30 の素因数分解を思い出すと

$$24 = 2^3 \cdot 3^1$$
$$30 = 2^1 \cdot 3^1 \cdot 5^1$$

でしたから、M は「2」を少なくとも 3 つ、「3」を少なくとも 1 つ、「5」を少なくとも 1 つは持っているはずですね。そんな M のうち最も小さいもの（最小公倍数）を M_{min} とすると、

$$M_{min} = 2^3 \cdot 3^1 \cdot 5^1 = 120$$

です。よって 24 と 30 の最小公倍数は 120 であることがわかります。

ここで 24 と 30 と最小公倍数 120 のそれぞれを最大公約数「$2^1 \times 3^1$」で表せば

$$24 = 2^1 \cdot 3^1 \cdot 2^2$$
$$30 = 2^1 \cdot 3^1 \cdot 5^1$$
$$120 = 2^1 \cdot 3^1 \cdot 2^2 \cdot 5^1$$

です。図にすると次の通り。

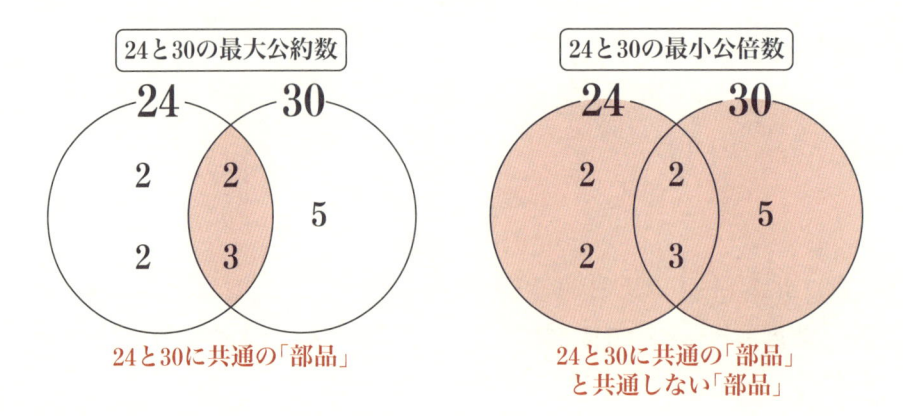

24と30の最大公約数

24と30に共通の「部品」

24と30の最小公倍数

24と30に共通の「部品」
と共通しない「部品」

まとめておきましょう。

【最大公約数と最小公倍数】

最大公約数 ＝ 共通の素因数の積

最小公倍数 ＝ 共通の素因数の積 × 共通しない素因数の積

　公約数や公倍数は小学生でも知っていますが、大学入試ではこのような問題になります。

問題 18

　自然数 m, n において、その最大公約数は 23 とする。ただし $m < n$ とする。$n = 230$ であるとき、m のとりうる値は □ア□ 個あり、その中で最小のものは □イ□、最大のものは □ウ□ である。m が最大のとき、m と n の最小公倍数は □エ□ である。

[近畿大学]

解説 解答

解説

m, n は最大公約数が 23 であることから整数 k と整数 l を用いて

$$m = 23k$$
$$n = 23l$$

と書けます。このとき 23 は最大公約数なので、k と l に共通する素因数はありません。ちなみに**共通する素因数を持たない整数どうしを「互いに素」**と言います。

解答

互いに素である整数 k と整数 l を用いて

$$m = 23k$$
$$n = 23l$$

と書けます。$m < n$ とあるので

$$k < l$$

$n = 230$ のとき

$$n = 23l = 230$$
$$\Rightarrow \quad l = 10 = 2 \cdot 5$$

k と l は互いに素で、しかも $k < l$ だから、k の候補は

$$k = 1, 3, 7, 9$$

のいずれか。よって、$m = 23k$ のとりうる値は **4個**。

> k と l は互いに素なので k は 2 や 5 の倍数でない

m の最小は $k = 1$ のときで、

$$m = 23 \times 1 = \mathbf{23}$$

m の最大は $k = 9$ のときで

$$m = 23 \times 9 = \mathbf{207}$$

m が最大のとき

$$m = 23 \times 9 = 23 \cdot 3^2$$

n は 230 なので

$$n = 23 \times 10 = 23 \cdot 2 \cdot 5$$

最小公倍数は

$$23 \times 3^2 \times 2 \times 5 = 2070$$

以上より、

ア：4、イ：23、ウ：207、エ：2070

> 最小公倍数
> ＝共通する素因数×共通しない素因数

➤ 「ユークリッドの互除法」〜人類最古のアルゴリズム〜

最大公約数というのは「共通の素因数の積」ですから、たとえば 30 と 21 の最大公約数は、それぞれを素因数分解すれば、

$$30 = 2 \times 3 \times 5$$
$$21 = 3 \times 7$$

となることから「3」とすぐにわかりますが、48 と 539 の最大公約数を求める場合には素因数分解が少々面倒です。このようなときに劇的に計算を楽にする方法があります。それが「ユークリッドの互除法」です。

ユークリッドの互除法は、2 つの自然数の最大公約数について一般に成り立つ次の定理を使います。

【割り算と最大公約数の定理】

整数 a, b, q, r の間に

$$a = bq + r$$

という関係が成り立つとき、

$$a \ \text{と} \ b \ \text{の最大公約数} = b \ \text{と} \ r \ \text{の最大公約数}$$

である。

文字式ではわかりづらいので、30 と 21 の場合で説明します。

$$30 \div 21 = 1...9$$

ですから、

$$30 = 21 \times 1 + 9$$

ですね。このとき、

> **30 と 21 の最大公約数 = 21 と 9 の最大公約数**

であると前頁の定理は言っています。本当でしょうか？　確かめてみましょう。30 と 21 の最大公約数は「3」でした。一方、21 と 9 をそれぞれ素因数分解すると

$$21 = 3 \times 7$$
$$9 = 3 \times 3$$

ですから 21 と 9 の最大公約数も確かに「3」です。さらに言えば、

$$21 \div 9 = 2...3$$

より

$$21 = 9 \times 2 + 3$$

ですから、定理を同じように使えば

> **21 と 9 の最大公約数 = 9 と 3 の最大公約数**

と考えることもできます。このようにすると

> **30 と 21 の最大公約数 ＝ 21 と 9 の最大公約数**
>
> **＝ 9 と 3 の最大公約数**

と、どんどん計算が楽になります。

しかも最後の「9」と「3」については、

$$9 \div 3 = 3$$

と割り切れます。すなわち 3 は 9 の約数です（当たり前ですね）。

ユークリッドの互除法というのは、このように、上の定理を繰り返し使って考える数をどんどん小さくしていき、

> **最後に割り切れたときの割った数 ＝ 最大公約数**

とする方法です。これを図式的に書くと次のようになります。

《ユークリッドの互除法》

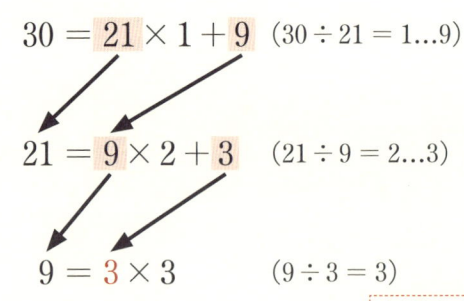

$$30 = 21 \times 1 + 9 \quad (30 \div 21 = 1...9)$$

$$21 = 9 \times 2 + 3 \quad (21 \div 9 = 2...3)$$

$$9 = 3 \times 3 \quad (9 \div 3 = 3)$$

↑割り切れたときの割った数が
最大公約数！

こんなことができる理由を、図を使って説明します（きちんとした証明はこの節の最後［171 頁］に「補足」としてまとめます）。

30 と 21 の公約数を求めることは、横が 30、縦が 21 の**長方形を同じ大きさの正方形で隙間なく敷きつめるときの正方形の一辺の長さ**を求めることと同じです。

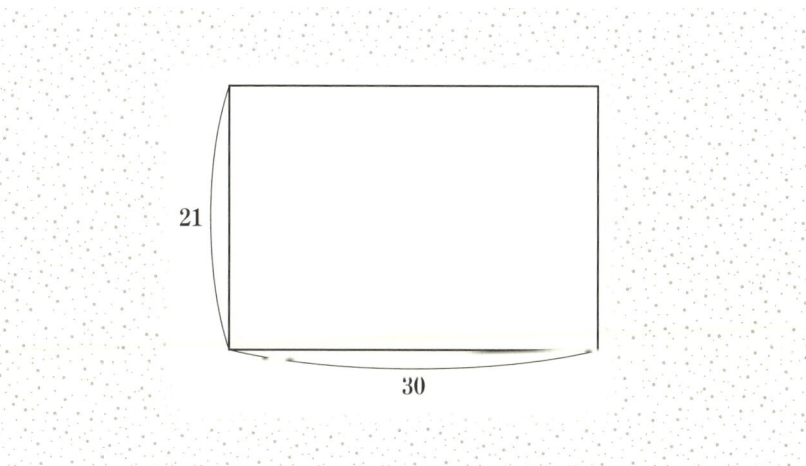

(i) $30 \div 21 = 1 \ldots 9$

30×21 の長方形から一辺が 21 の正方形は 1 つ切り取ることができて、あとには 21×9 の長方形が残ります。

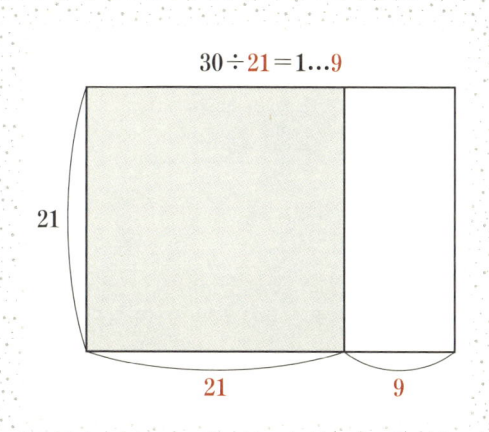

(ⅱ)　$21 \div 9 = 2...3$

　(ⅰ)で残った 21×9 の長方形から一辺が 9 の正方形は 2 つ切り取ることができて、あとには 9×3 の長方形が残ります。

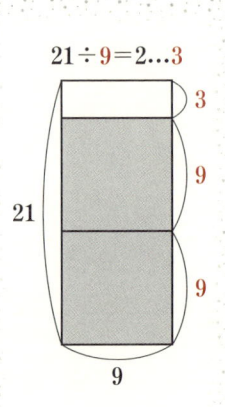

(ⅲ)　$9 \div 3 = 3$

　(ⅱ)で残った 9×3 の長方形は一辺が 3 の正方形で隙間なく敷き詰めることができます。

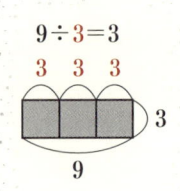

　(ⅰ)や(ⅱ)で切り取った正方形は、一辺が 3 の正方形で隙間なく敷き詰められるので、最初の 30×21 の長方形もまた、一辺が 3 の正方形で隙間なく敷き詰められることがわかります。よって 30 と 21 の最大公約数は「3」です。

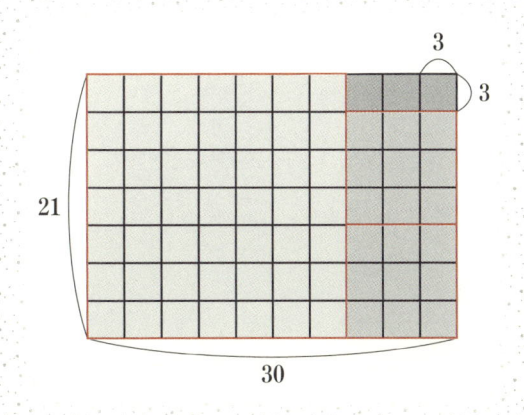

　では、48 と 539 の最大公約数をユークリッドの互除法を使って求めてみましょう。

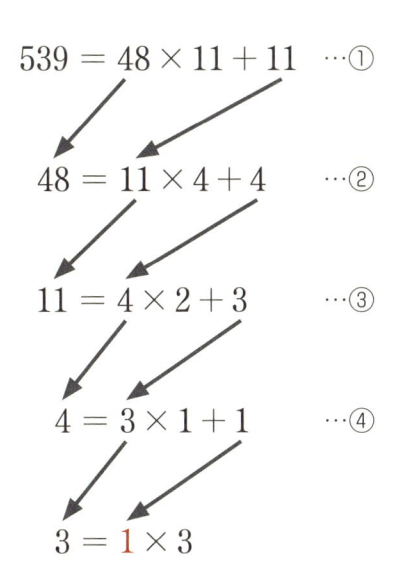

$$539 = 48 \times 11 + 11 \quad \cdots ①$$

$$48 = 11 \times 4 + 4 \quad \cdots ②$$

$$11 = 4 \times 2 + 3 \quad \cdots ③$$

$$4 = 3 \times 1 + 1 \quad \cdots ④$$

$$3 = 1 \times 3$$

　よって、48 と 539 の最大公約数は 1 です（48 と 539 は互いに素）。

➤ ユークリッドの互除法を用いて1次不定方程式を解く

ユークリッドの互除法は次のような問題に応用することができます。

問題 19

方程式 $48x + 539y = 2$ を満たす整数解 x, y をすべて求めよ。

[大阪市立大学]

解説 / 解答

解説

問題の

$$48x + 539y = 2 \quad \cdots ☆$$

という方程式は未知数を2つ含むので、無数の解を持ちます。(x, y) が実数の場合は☆が表す直線上の点はすべて①の解です（113頁）。

☆の解のうち (x, y) が整数であるものもやはり無数にありますが、それらは整数を表す文字（k など）を使って表すことができます。

一般に、

$$ax + by + c = 0 \quad (a, \ b, \ c, \ x, \ y は整数)$$

と表される方程式を「**ディオファントスの1次不定方程式**」と言います。「不定」というのは解を一つに定めることができない、という意味です。

ディオファントスの1次不定方程式の解は不定である上に整数なので一筋縄ではいきませんが、**ユークリッドの互除法を使って1組の解を見つけ**

てから、「互いに素」（161頁）をうまく使えば解決します。

　解答に示す方法はやや唐突ですが、これはユークリッドやディオファントスといった古代ギリシャ人たちがたどりついた知恵の遺産だと言えるでしょう。

解答

$$48x + 539y = 2 \quad \cdots☆$$

を満たす解を見つけるために、167頁のユークリッドの互除法で使った①〜④の式を次のように変形します。

$$11 = 539 - 48 \times 11 \quad \cdots①'$$
$$4 = 48 - 11 \times 4 \quad \cdots②'$$
$$3 = 11 - 4 \times 2 \quad \cdots③'$$
$$1 = 4 - 3 \times 1 \quad \cdots④'$$

$539 = 48 \times 11 + 11 \quad \cdots①$
$48 = 11 \times 4 + 4 \quad \cdots②$
$11 = 4 \times 2 + 3 \quad \cdots③$
$4 = 3 \times 1 + 1 \quad \cdots④$

となります。④'の「3」に③'を代入すると

$$1 = 4 - (11 - 4 \times 2) \times 1$$
$$= 4 - 11 + 4 \times 2$$
$$= 4 \times 3 - 11$$

　4に②'を代入すると

$$1 = (48 - 11 \times 4) \times 3 - 11$$
$$= 48 \times 3 - 11 \times 12 - 11$$
$$= 48 \times 3 - 11 \times 13$$

　11に①'を代入すると

$$1 = 48 \times 3 - (539 - 48 \times 11) \times 13$$
$$= 48 \times 3 - 539 \times 13 + 48 \times 11 \times 13$$
$$= 48 \times 146 - 539 \times 13$$
$$= 48 \times 146 + 539 \times (-13)$$

　左右をひっくり返すと

$$48 \times 146 + 539 \times (-13) = 1 \quad \cdots⑤$$

ところで私たちが解を探している方程式は

$$48x + 539y = 2 \quad \cdots ☆$$

でした。似ています。⑤を2倍して右辺を「2」にそろえてしまいましょう！　⑤×2より

$$48 \times 146 \times 2 + 539 \times (-13) \times 2 = 1 \times 2$$

$$\Leftrightarrow \quad 48 \times 292 + 539 \times (-26) = 2 \quad \cdots ⑥$$

これで☆を満たす1組の解$(x,\, y) = (292,\, -26)$が見つかりました。

　次に、☆と⑥で下のような引き算を行います。

$$48x \quad + \quad 539y \quad = 2$$
$$-) \quad 48 \times 292 + 539 \times (-26) = 2$$
$$\overline{\quad 48(x-292) + 539(y+26) = 0 \quad}$$

$$\Leftrightarrow \quad 48(x-292) = 539\{-(y+26)\} \quad \cdots ⑦$$

ここで左辺の「$48(x-292)$」は539の倍数になっていますが、48と539は**互いに素**（最大公約数が1：共通の部品を持たない）なので48が539の倍数になっている可能性はありません。よって「$x-292$」が539の倍数であることがわかります。すなわち

$$x - 292 = 539k \quad (k \text{ は整数})$$

です。これを⑦に代入すると

$$48 \times 539k = 539\{-(y+26)\}$$

$$\Leftrightarrow \quad y + 26 = -48k$$

よって、

$$(x-292,\, y+26) = (539k,\, -48k) \quad (k \text{ は整数})$$

$$\Leftrightarrow \quad (x,\, y) = (539k+292,\, -48k-26) \quad (k \text{ は整数})$$

　前コラムにも書いたように、整数は離散的であるがゆえに独特の難しさがあります。そのため、整数問題の解法には自発的に思いつくことが難しいもの——逆に言えば、思いついた人の凄さがわかるもの——が少なくありません。

整数問題を解決する発想の多くはとても有益で、本当はもっといろいろ紹介したいところなのですが、紙幅にも限りがありますので、本書ではこの辺りで終えておきます。興味のある方は拙書『問題解決に役立つ数学』（PHP 研究所）をご覧いただければ幸いです。

　最後にユークリッドの互除法を支える「割り算と最大公約数の定理」の証明を記します。

▌補足▐ 《割り算と最大公約数の定理》の証明

　整数 a, b, q, r の間に

$$a = bq + r \quad \cdots ☆$$

が成り立つとき、ある整数 n について

> 「n が a と b の公約数」 ⇔ 「n は b と r の公約数」

が成立することを「左辺⇒右辺」、「左辺⇐右辺」の順に証明します（⇔の証明を分けて考えます）。

《⇒の証明》

　n が a と b の公約数ならば、整数 k, l を用いて

$$a = kn$$
$$b = ln$$

と書ける。これらを☆式に代入すると

$$kn = lnq + r$$
$$\Leftrightarrow \quad r = kn - lnq$$
$$= n(k - lq)$$

よって n は r の約数。n は b の約数でもあるから

> **「n が a と b の公約数」$\Rightarrow$「n は b と r の公約数」**

が示せた。

《⇐の証明》

　反対に n が b と r の公約数ならば、整数 k', l' を用いて

$$b = k'n$$
$$r = l'n$$

と書ける。これを☆式に代入すると

$$a = k'nq + l'n$$
$$= n(k'q + l')$$

　よって n は a の約数。n は b の約数でもあるから

> **「n が b と r の公約数」$\Rightarrow$「n は a と b の公約数」**

が示せた。以上より

> **「n が a と b の公約数」$\Leftrightarrow$「n は b と r の公約数」**

が成立することがわかる。

　これは、a と b の公約数の集合の中から任意の数を取り出すとその数は b と r の公約数になっており、反対に b と r の公約数の集合の中から任意の数を取り出せば、その数は a と r の公約数になることを示している。
すなわち

> 「a と b の公約数の集合」＝「b と r の公約数の集合」

である。

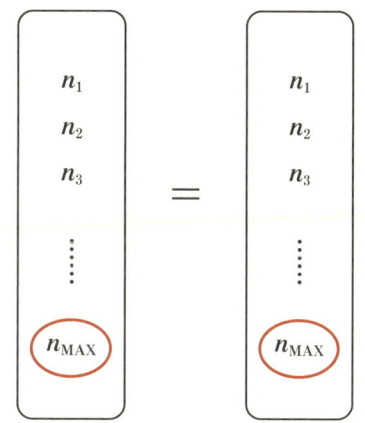

このときそれぞれの集合の最も大きい数も一致するので、

> 「a と b の最大公約数」＝「b と r の最大公約数」

であることは明らか。

証明終

友愛数と完全数とメルセンヌ数

　2006 年に「博士の愛した数式」という映画（原作：小川洋子さん）が公開されました。主演の寺尾聡さんは第 30 回の日本アカデミー賞で優秀主演男優賞に輝き、また原作は第 1 回の本屋大賞を受賞して（当時）史上最速の 2 ヶ月で 100 万部を突破する大ヒットになりましたので、ご存じの方も多いかもしれません。

　「博士の愛した数式」は交通事故で 80 分しか記憶が続かなくなってしまった元数学者の「博士」と博士の家に新しく来た家政婦の「私」とその息子「ルート」の心の交流を描いた物語です。

　あるシーンで、博士は「私」に誕生日を尋ね、2 月 20 日だと「私」が答えると、自分が学生時代に学長賞としてもらった腕時計に刻印された数字「284」（歴代受賞者数）を見せながら、

> 「実にチャーミングだ。220 と 284 は友愛数だ！」

と喜びます。

　また、博士のおかげで数字に興味を持った「私」が 28 の約数（28 自身を除く）の合計が 28 になることを「発見」してそのことを報告すると、博士が

> 「ほう！　完全数だね。」

と目を細め、完全数の何たるかを「私」に教える場面もあります。

　1，2，3…と続く整数の中には、さまざまなキャラクターを持った数が潜んでいます。奇数、偶数、素数、合成数、平方数、立方数、三角数、四

角数、友愛数、完全数、メルセンヌ数、フィボナッチ数……などなど。

　数式に強くなる第一歩は数字と仲良くなることです。ひとつひとつの数字の個性を知って数に親しめば、数式は意味不明な記号の羅列ではなくなります。

　キャラクターを知れば「博士の愛した数式」の「私」や「ルート」がそうであるように、数字に親近感が湧くようにもなるでしょう。

　そこで、本コラムでは友愛数と完全数とメルセンヌ数について紹介したいと思います。

友愛数

> ### 【友愛数】
>
> a と b という異なる2つの自然数において、
>
> $$\begin{cases} a \text{ の } a \text{ より小さい約数の和} = b \\ b \text{ の } b \text{ より小さい約数の和} = a \end{cases}$$
>
> が成り立つとき、a と b は互いに友愛数であると言う。

友愛数の例　220 と 284

220 の 220 より小さい約数：1, 2, 4, 5, 10, 11, 20, 22, 44, 55, 110

$$1+2+4+5+10+11+20+22+44+55+110 = 284$$

284 の 284 より小さい約数の和：1, 2, 4, 71, 142

$$1+2+4+71+142 = 220$$

友愛数は大変珍しく、10,000 より小さい友愛数は次の5組しか見つかっ

ていません。

$$(220, \ 284)、(1184, \ 1210)、(2620, \ 2924)、$$
$$(5020, \ 5564)、(6232, \ 6368)$$

　また、これまで見つかっている友愛数はすべて、偶数どうし、あるいは奇数どうしの組合せです。偶数と奇数からなる友愛数の組が存在するかどうかはわかっていません。また友愛数の組が無限に存在するかどうかも未解決です。

完全数

> ### 【完全数】
>
> 　自然数 n において
> $$n \text{ の } n \text{ より小さい約数の和} = n$$
> が成り立つとき、n を完全数と言う。

完全数の例　6, 28 など

　6 の 6 より小さい約数：1, 2, 3

$$1+2+3 = 6$$

　28 の 28 より小さい約数：1, 2, 4, 7, 14

$$1+2+4+7+14 = 28$$

　これまでに発見されている完全数はわずか 48 個です。最初の 6 個は以下の通り。

$$6, \quad 28, \quad 496, \quad 8128, \quad 33550336, \quad 8589869056$$

余談ですが、聖書の研究者の中には、最初の完全数が 6 であることは**神が 6 日間で世界を創造したこと**と、次の完全数が 28 であるのは**月の公転周期が 28 日であること**と関連づけ

> ## 「宇宙は完全数によって支配されている」

と主張する者もいたとか。

整数が持つ個性についての研究はずいぶん古くから行われていました。友愛数は、ピタゴラスの時代にはすでに知られていましたし、完全数についても紀元前 3 世紀にユークリッドが次の（当時としては複雑な）定理を証明しています。

自然数 n に対して

$$M_n = 2^n - 1$$

の形で表される M_n に対し、M_n が素数であれば

$$N = 2^{n-1} M_n$$

で表される N は完全数になる。

今日では $2^n - 1$ という形で表せる M_n を**メルセンヌ数**と言います。

実際、$n = 2, 3, 5, 7$ のとき M_n は素数になり、それぞれに対応する N は 6，28，496，8128 という完全数の最初の 4 つに一致にします。余力のある人は是非確かめてみてください。

➤ **数列～四角数および偶数を例に～**

　前コラムで少しだけ登場した「四角数」というのは、石を横 n 行・縦 n 列の正方形状に並べたとき、石の総数に一致する整数のことです。四角数を小さいほうから順に並べると

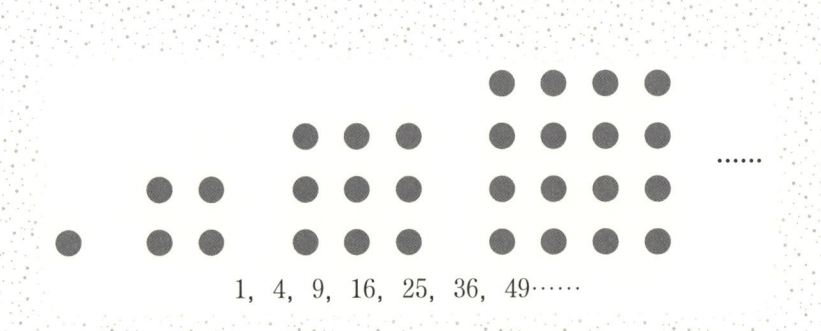

$$1, \ 4, \ 9, \ 16, \ 25, \ 36, \ 49\cdots\cdots$$

という数の列が得られます。

　また正の偶数を小さいほうから並べると

$$2, \ 4, \ 6, \ 8, \ 10, \ 12, \ 14, \ 16\cdots\cdots$$

という数の列が得られます。

　このように数を一列に並べたものを**「数列」**と言い、数列をつくっている各数を数列の**項**と言います。数列の項は小さいほうから順に第 1 項（あるいは**初項**）、第 2 項、第 3 項……と呼び、n 番目の項は第 n 項と言います。数列を、文字を使って一般的に表すときには、

$$a_1, \ a_2, \ a_3, \ \cdots\cdots a_n, \ \cdots\cdots$$

のように表し、これらをまとめて $\{a_n\}$ と略記することもあります。

　特に、第 n 項を n の式で表したものは**一般項**と言います。

前頁の例では

$$四角数の一般項：a_n = n^2$$
$$偶数の一般項：a_n = 2n$$

です。

　一般項が求まれば、n に具体的な数字を入れることで 10 番目の項 a_{10} も 100 番目の項 a_{100} も求められるので、数列を扱うときには一般項を求めることが目的になることが多いです。

➤ 等差数列と等比数列〜それぞれの一般項を導く〜

　今、$a_1 \sim a_5$ の数が等間隔 d で 1 列に並んでいるとします。

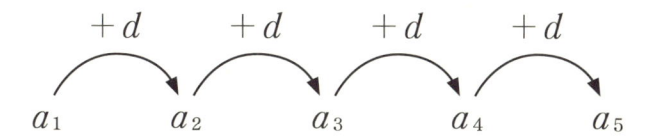

　このように隣り合う項の差が一定である数列のことを **「等差数列」** と言い、d を **公差** と言います。a_5 は a_1 に d を 4 つ足した値なので

$$a_5 = a_1 + 4d$$

となることは明らかでしょう。同じように考えると、a_{10} は a_1 に d を 9 つ足せば求まるので

$$a_{10} = a_1 + 9d$$

です。等差数列を一般化すると次の通り。

(注)　d は「公差」を表す *"common difference"* に由来しています。

今度は、$a_1 \sim a_5$ の数が次のように並んでいる場合を考えます。

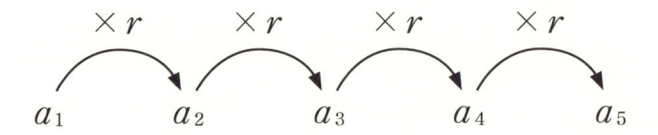

このように前の項に一定の数を掛けた数列のことを **「等比数列」** と言い、r を **公比** と言います。a_5 は a_1 に r を4回掛けた値ですから

$$a_5 = a_1 r^4$$

です。同じく、a_{10} は a_1 に r を9回掛けた値になるので

$$a_{10} = a_1 r^9$$

となります。よって等比数列の一般項は次の通りです。

(注)　r は「公比」を表す *"common ratio"* に由来しています。

では問題をやってみましょう。

問題 20

> ３つの実数 $\alpha,\ \beta,\ \alpha\beta$（ただし、$\alpha < 0 < \beta$）がある。これらの数はある順に並べると等差数列になり、またある順に並べると等比数列にもなるという。このとき、$\alpha,\ \beta,$ の値を求めよ。
>
> [立命館大学]

解説 解答

解説

　本問は次に紹介する等差中項や等比中項について知っておくと解きやすくなります。

　$a,\ b,\ c$ がこの順で等差数列になるとき、隣り合う数の差は同じなので

$$b - a = c - b \quad \Rightarrow \quad 2b = a + c$$

が成り立ちます。

　３数が等差数列になるとき、真ん中の項を**等差中項**と言います。

　また、$x,\ y,\ z$ がこの順で等比数列になるとき（ただし $x \neq 0$、$y \neq 0$）公比を r とすれば、

$$y = xr \quad \Rightarrow \quad r = \frac{y}{x}$$

$$z = yr \quad \Rightarrow \quad r = \frac{z}{y}$$

ですから、これより r を消去すると

$$\frac{y}{x} = \frac{z}{y} \quad \Rightarrow \quad y^2 = xz$$

となります。

　3数が等比数列になるとき、真ん中の項を**等比中項**と言います。

解答

　$\alpha < 0 < \beta$ より、$\alpha < 0,\ \beta > 0,\ \alpha\beta < 0$ です。

　3つの実数 $\alpha,\ \beta,\ \alpha\beta$ のうち β だけ符号が違うことになりますが、一般に3数が等比数列になるときは、公比が正のときはもちろん、公比が負のときも初項が正なら第2項は負、第3項は正、初項が負なら第2項は正、第3項は負となって、初項と第3項の符号は一致するはずです。よって、本問では**β が等比中項**であることがわかります。

　すなわち、

$$\beta^2 = \alpha \cdot \alpha\beta$$
$$\Rightarrow \quad \beta^2 = \alpha^2\beta$$

> $x,\ y,\ z$ がこの順で等比数列になるとき
> $y^2 = xz$

　$\beta \neq 0$ より両辺を β で割って

$$\beta = \alpha^2 \quad \cdots ①$$

　$\alpha,\ \beta,\ \alpha\beta$ のうちどれが等差中項になるかはわからないので場合分けして考えます。

(i)　α が等差中項のとき

$$2\alpha = \beta + \alpha\beta$$

> $a,\ b,\ c$ がこの順で等差数列になるとき
> $2b = a + c$

　①を代入して

$$2\alpha = \alpha^2 + \alpha \cdot \alpha^2$$
$$\Rightarrow \quad \alpha^3 + \alpha^2 - 2\alpha = 0$$
$$\Rightarrow \quad \alpha(\alpha^2 + \alpha - 2) = 0$$
$$\Rightarrow \quad \alpha(\alpha + 2)(\alpha - 1) = 0$$

> $x^2 + (a+b)x + ab = (x+a)(x+b)$

$$\Rightarrow \quad \alpha = 0 \quad \text{または} \quad \alpha + 2 = 0 \quad \text{または} \quad \alpha - 1 = 0$$

　$\alpha < 0$ より、

$$\alpha = -2$$

　このとき①より

$$\beta = (-2)^2 = 4$$

(ii)　β が等差中項のとき

$$2\beta = \alpha + \alpha\beta$$

①を代入して

$$2\alpha^2 = \alpha + \alpha \cdot \alpha^2$$

$\Rightarrow\quad \alpha^3 - 2\alpha^2 + \alpha = 0$

$\Rightarrow\quad \alpha(\alpha^2 - 2\alpha + 1) = 0$

$\Rightarrow\quad \alpha(\alpha - 1)^2 = 0$ $\quad x^2 - 2ax + a^2 = (x-a)^2$

$\Rightarrow\quad \alpha = 0$　または　$\alpha - 1 = 0$

$\alpha < 0$ より、不適。

(iii)　$\alpha\beta$ が等差中項のとき

$$2\alpha\beta = \alpha + \beta$$

①を代入して

$$2\alpha \cdot \alpha^2 = \alpha + \alpha^2$$

$\Rightarrow\quad 2\alpha^3 - \alpha^2 - \alpha = 0$ $abx^2 + (aq + bp)x + pq = (ax + p)(bx + q)$

$\Rightarrow\quad \alpha(2\alpha^2 - \alpha - 1) = 0$

$\Rightarrow\quad \alpha(2\alpha + 1)(\alpha - 1) = 0$

$\Rightarrow\quad \alpha = 0$　または　$2\alpha + 1 = 0$　または　$\alpha - 1 = 0$

$\alpha < 0$ より

$$\alpha = -\frac{1}{2}$$

このとき①より

$$\beta = \left(-\frac{1}{2}\right)^2 = \frac{1}{4}$$

以上より

$$(\alpha, \beta) = (-2, 4) \quad \text{または} \quad \left(-\frac{1}{2}, \frac{1}{4}\right)$$

➤ 等差数列の和〜 "図形" 的に公式を導く〜

次に等差数列 $a_1 \sim a_5$ の和 S_5 を考えます。

$$S_5 = a_1 + a_2 + a_3 + a_4 + a_5$$

（注） S は "sum（和）" の頭文字です。

ここでは S_5 を図形的に計算してみましょう。幅が 1 の長方形を考えれば S_5 は下の階段状の図形の面積に等しくなります。

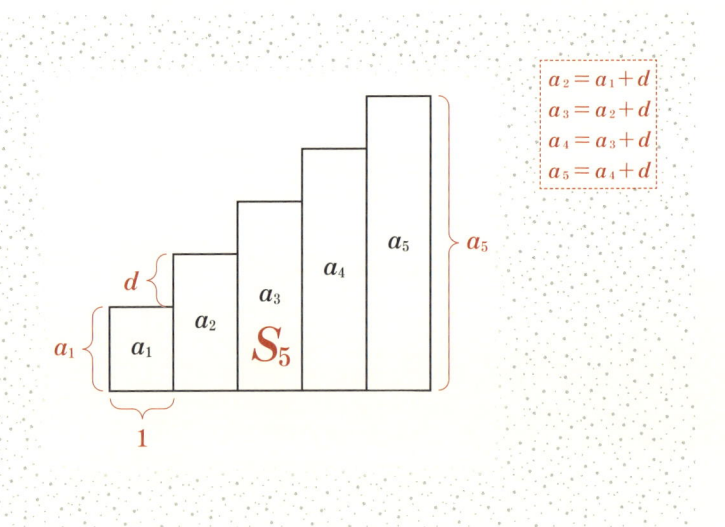

このような図形を 2 つ用意して上下逆さに重ねると、幅が 5 で高さが $a_1 + a_5$ の長方形が出来上がります。この長方形の面積は $2S_5$ ですから

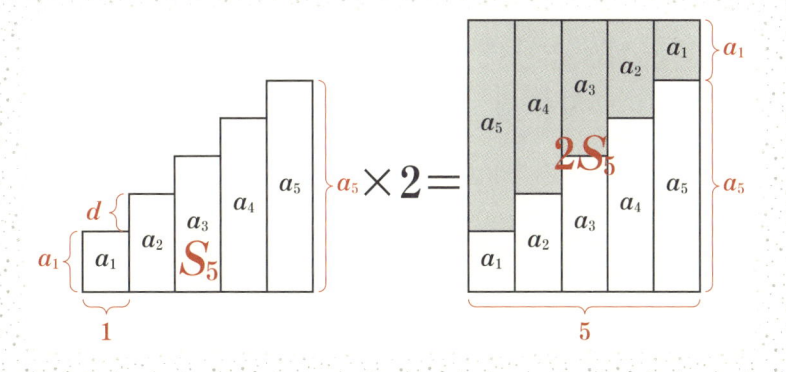

$$2S_5 = 5 \times (a_1 + a_5)$$

$$\Rightarrow \quad S_5 = \frac{5(a_1 + a_5)}{2}$$

ですね。同様に考えれば、$\{a_n\}$ が等差数列で

$$S_n = a_1 + a_2 + \cdots\cdots + a_{n-1} + a_n$$

であるとき

$$2S_n = n(a_1 + a_n)$$

です。両辺を 2 で割れば次の公式を得ます。

【等差数列の和】

$$S_n = \frac{n(a_1 + a_n)}{2} \quad \left[\frac{項数 \times (初項 + 末項)}{2}\right]$$

奇数が並んだ等差数列 $\{a_n\}$

$$1, \ 3, \ 5, \ 7, \ \cdots\cdots 2n-1$$

に対して、初項から第 50 項までの和を求めてみましょう。

一般項は

$$a_n = 2n-1$$

なので、第 50 項は

$$a_{50} = 2 \cdot 50 - 1 = 100 - 1 = 99$$

です。よって、

$$S_{50} = 1 + 3 + 5 + 7 + \cdots\cdots + 99$$

が求めるものです。前頁の公式から

$$S_{50} = \frac{50 \cdot (1+99)}{2} = 50 \cdot 50 = 2500$$

項数：50
初項：1
末項：99

➤ 等比数列の和〜 〝筆算〟 的に公式を導く〜

今度は、公比が 1 でないときの等比数列の和を求めてみましょう。

$$S_n = a_1 + a_1 r + a_1 r^2 + \cdots\cdots + a_1 r^{n-2} + a_1 r^{n-1} \ (r \neq 1)$$

これはなかなか厄介そうですが、次のような 〝筆算〟 をイメージして $S_n - rS_n$ をつくると求めることができます。

$$S_n = a_1 + a_1 r + a_1 r^2 + \cdots\cdots + a_1 r^{n-2} + a_1 r^{n-1}$$

$$-)\, rS_n = \qquad a_1 r + a_1 r^2 + \qquad + a_1 r^{n-2} + a_1 r^{n-1} + a_1 r^n$$

$$S_n - rS_n = a_1 \qquad\qquad\qquad\qquad\qquad\qquad - a_1 r^n$$

これより

$$(1-r)S_n = a_1 - a_1 r^n$$
$$= a_1(1-r^n)$$

$r \neq 1$ なので両辺を $(1-r)$ で割って次の式を得ます。

【等比数列の和】

$$S_n = \frac{a_1(1-r^n)}{1-r} \ (r \neq 1) \ \left[\frac{初項(1-公比^{項数})}{1-公比}\right]$$

なお $r = 1$ のときは次のように S_n は a_1 を n 個足し合わせたものになるので

$$S_n = a_1 + a_1 \cdot 1 + a_1 \cdot 1^2 + \cdots\cdots + a_1 \cdot 1^{n-2} + a_1 \cdot 1^{n-1}$$
$$= a_1 + a_1 + a_1 + \cdots\cdots + a_1 + a_1$$
$$= na_1$$

a_1 が n 個

です。

➤ **使いこなしたい Σ（シグマ）記号**

ところで、先ほどから

$$S_n = a_1 + a_2 + \cdots\cdots + a_{n-1} + a_n$$

と書いていますが、この右辺は書くのが面倒な上に、「……」を含むので
やや曖昧な表現です。そこで、便利な記号 $\overset{\text{シグマ}}{\Sigma}$ を導入します。Σ（シグマ記
号）を見ると尻込みしてしまう人は多いようですが、この記号は大変便利
な上に強力なツールです。是非使いこなせるようになってください。

　まず定義を確認しておきましょう。

【Σ記号の定義】

$$\sum_{k=1}^{n} a_k \text{ は } a_1 \text{、} a_2 \text{、} a_3 \text{、} \cdots a_n \text{ の和}$$

を表す。すなわち

$$\sum_{k=1}^{n} a_k = a_1 + a_2 + a_3 + \cdots + a_n$$

（注）　Σ は英語で和を表す "Sum" の頭文字 S に相当するギリシャ文字の大文字
です。また、「k」の代わりに別の文字を使ってもかまいません。
　　「$a_1 + a_2 + a_3 + \cdots + a_n$」を表すのに

$$\sum_{l=1}^{n} a_l = a_1 + a_2 + a_3 + \cdots + a_n \text{ や } \sum_{j=1}^{n} a_j = a_1 + a_2 + a_3 + \cdots + a_n$$

のように書くこともできます。
　　さらに初項「a_1」からの和でなくても、たとえば $a_3 + a_4 + a_5 + \cdots + a_n$ の
ような数列の途中から始まる和も

$$\sum_{k=3}^{n} a_k = a_3 + a_4 + a_5 + \cdots + a_n$$

と表すことができます。

結局、

$$\sum_{k=1}^{n} a_k$$

は「a_k の k に 1 から n までの数を順々に代入して足したもの」という意味です。たとえば、

$$\sum_{k=1}^{5} a_k = a_1 + a_2 + a_3 + a_4 + a_5$$

です。もし a_k が

$$a_k = k^2$$

なら

$$\sum_{k=1}^{5} a_k = \sum_{k=1}^{5} k^2$$
$$= 1^2 + 2^2 + 3^2 + 4^2 + 5^2$$
$$= 1 + 4 + 9 + 16 + 25$$
$$= 55$$

です。

先ほど、186 頁の例で

$$a_n = 2n - 1$$

のとき

$$S_{50} = a_1 + a_2 + a_3 + \cdots\cdots + a_{50} = 2500$$

を求めました。この内容を Σ で表すと

$$S_{50} = \sum_{k=1}^{50} a_k$$

$$a_1 + a_2 + a_3 + \cdots\cdots + a_{50} = \sum_{k=1}^{50} a_k$$

$$= \sum_{k=1}^{50} (2k-1)$$

$$a_n = 2n-1 \text{ より}$$
$$a_k = 2k-1$$

$$= 2500$$

となります。

➤ Σ の計算公式とその証明

Σ 記号を使って計算をする際には、次の公式が頭に入っていると便利です。

【Σ の計算公式】

(i) $\displaystyle\sum_{k=1}^{n} c = nc$ [c は k に関係ない定数]

(ii) $\displaystyle\sum_{k=1}^{n} k = \dfrac{n(n+1)}{2}$

(iii) $\displaystyle\sum_{k=1}^{n} k^2 = \dfrac{n(n+1)(2n+1)}{6}$

（i） c の後ろに 1^k が隠れていると考えてください。

$$\sum_{k=1}^{n} c = \sum_{k=1}^{n} c \cdot 1^k$$

$$= \underbrace{c \cdot 1^1 + c \cdot 1^2 + c \cdot 1^3 + \cdots + c \cdot 1^n}_{n \text{ 個}}$$

$$= c + c + c + \cdots + c = nc$$

（ii）

$$\sum_{k=1}^{n} k = 1 + 2 + 3 + \cdots + n$$

ですが、これは初項が 1、公差が 1、項数 n の等差数列の和です。

$$\sum_{k=1}^{n} k = 1 + 2 + 3 + \cdots + n = \frac{n(1+n)}{2}$$

> 等差数列の和
> $$S_n = \frac{n(a_1 + a_n)}{2}$$

$$= \frac{n(n+1)}{2}$$

（iii）

これは少々面倒です。乗法公式から得られる

$$(l+1)^3 - l^3 = 3l^2 + 3l + 1$$

> $(a+b)^3$
> $= a^3 + 3a^2b + 3ab^2 + b^3$

の l に $l = 1,\ 2,\ 3,\ \cdots\cdots,\ n$ を代入して足し合わせます。

$$2^3 - 1^3 = 3 \cdot 1^2 + 3 \cdot 1 + 1 \quad (l=1)$$

$$3^3 - 2^3 = 3 \cdot 2^2 + 3 \cdot 2 + 1 \quad (l=2)$$

$$4^3 - 3^3 = 3 \cdot 3^2 + 3 \cdot 3 + 1 \quad (l=3)$$

$$\vdots \qquad\qquad \vdots$$

$$+\ )\ (n+1)^3 - n^3 = 3 \cdot n^2 + 3 \cdot n + 1 \quad (l=n)$$

$$(n+1)^3 - 1^3 = 3 \cdot (1^2 + 2^2 + 3^2 + \cdots + n^2) + 3 \cdot (1 + 2 + 3 + \cdots + n) + 1 \times n$$

☆

$$(n+1)^3 - 1 = 3\sum_{k=1}^{n} k^2 + 3\sum_{k=1}^{n} k + n$$

$$(n+1)^3 = n^3 + 3n^2 + 3n + 1$$

$$n^3 + 3n^2 + 3n + 1 - 1 = 3\sum_{k=1}^{n} k^2 + 3 \cdot \frac{n(n+1)}{2} + n$$

$$\sum_{k=1}^{n} k = \frac{n(n+1)}{2}$$

$$\therefore \quad 3\sum_{k=1}^{n} k^2 = n^3 + 3n^2 + 3n - 3 \cdot \frac{n(n+1)}{2} - n$$

$$= \frac{2n^3 + 6n^2 + 6n - 3n^2 - 3n - 2n}{2}$$

$$= \frac{2n^3 + 3n^2 + n}{2}$$

$$= \frac{n(2n^2 + 3n + 1)}{2}$$

$$= \frac{n(n+1)(2n+1)}{2}$$

$$abx^2 + (aq + bp)x + pq = (ax+p)(bx+q)$$

両辺を 3 で割って

$$\sum_{k=1}^{n} k^2 = \frac{n(n+1)(2n+1)}{6}$$

この証明は☆（前頁下）で**「隣り合ったものの差」の和**を考えるところがミソですが、「『隣り合ったものの差』の和」を考えるシーンは今後も出てきますので、覚えておいてください。

➤ まるで分配法則〜とても便利な Σ の性質〜

たとえば

$$(5a_1 + 4b_1) + (5a_2 + 4b_2) + (5a_3 + 4b_3) = 5(a_1 + a_2 + a_3) + 4(b_1 + b_2 + b_3)$$

が成り立つことは明らかです。上式を、Σ を使って書けば

$$\sum_{k=1}^{3}(5a_k + 4b_k) = 5\sum_{k=1}^{3}a_k + 4\sum_{k=1}^{3}b_k$$

となります。Σ が便利なのはこの性質のおかげと言っても過言ではありません。一般化すると次のように書けます。

第4章 数論と数列
02
数列 （数B）

【Σ の性質】

$$\sum_{k=1}^{n}(pa_k + qb_k) = p\sum_{k=1}^{n}a_k + q\sum_{k=1}^{n}b_k$$

$[p, q$ は k に無関係な定数$]$

Σ の公式と性質を使って

$$\sum_{k=1}^{50}(2k-1) = 2500$$

が正しいことを検算しておきましょう。

$$\sum_{k=1}^{50}(2k-1) = 2\sum_{1}^{50}k - \sum_{1}^{50}1$$

公式(i)
$$\sum_{k=1}^{n}c = nc$$

公式(ii)
$$\sum_{k=1}^{n}k = \frac{n(n+1)}{2}$$

$$= 2 \cdot \frac{50 \cdot (50+1)}{2} - 1 \cdot 50$$

$$= 50 \cdot 51 - 50$$

$$= 50 \cdot (51-1)$$

$$= 50 \cdot 50$$

$$= 2500$$

Σ を使えるようになると、こんな問題も解決します。

問題 21

座標平面上において、x 座標、y 座標がともに整数である点を格子点という。例えば $0 \leq x \leq 2$、$0 \leq y \leq 1$ における格子点は $(0, 0)$、$(0, 1)$、$(1, 0)$、$(1, 1)$、$(2, 0)$、$(2, 1)$ である。

正の整数 n に対して、領域 $0 \leq x \leq n$、$0 \leq y \leq nx$ にある格子点の個数 $a(n)$ を、n を用いて表わせ。

[中央大学]

解説 解答

解説

まず y 軸に平行な直線 $x = k$ 上にある格子点の数を、k を用いて表します。その後で Σ を使えば解決です。

解答

$0 \leqq x \leqq n$、$0 \leqq y \leqq nx$ が表す領域は、下の図の網掛け部分（境界も含む）。

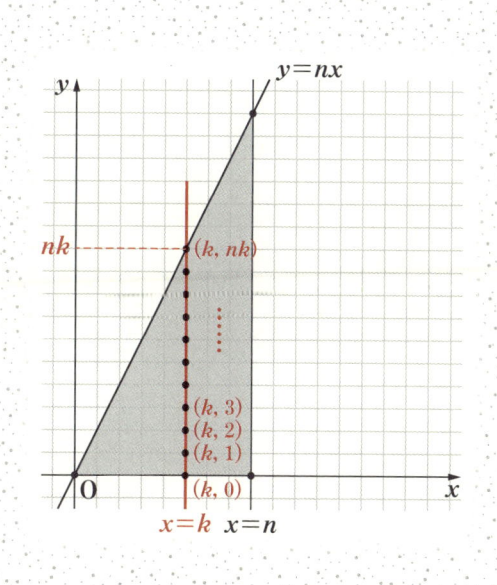

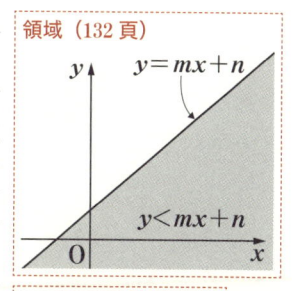

領域（132頁）

$y-nx$ 上で $x=k$ の点の座標は $(k,\ nk)$

$0 \leqq k \leqq n$ を満たす k に対して、$x=k$ 上にある格子点は（x軸上の点も含まれることに注意）

$$(k,\ 0)、(k,\ 1)、(k,\ 2)、(k,\ 3)、……、(k,\ nk)$$

の $nk+1$ 個です。

0、1、2、3、…10なら11個

$k=0$ のときは $n \cdot 0+1$ 個、$k=1$ のときは $n \cdot 1+1$ 個、$k=2$ のときは $n \cdot 2+1$ 個…と、k には 0 から n までの整数が入るので、求める格子点の個数 $a(n)$ は

$$a(n) = (n \cdot 0 + 1) + (n \cdot 1 + 1) + (n \cdot 2 + 1) + (n \cdot 3 + 1) + \cdots (n \cdot n + 1)$$

$$= (n \cdot 0 + 1) + \sum_{k=1}^{n}(nk + 1)$$

$$= 1 + n\sum_{k=1}^{n}k + \sum_{k=1}^{n}1$$

$$= 1 + n\frac{n(n+1)}{2} + n$$

$$= \frac{n^2(n+1)}{2} + (n+1)$$

$$= \left(\frac{n^2}{2} + 1\right)(n+1)$$

$$= \frac{(n^2+2)(n+1)}{2}$$

公式を使いやすくするために
$(n \cdot 0 + 1)$ だけ別にします。

n は k に関係のない定数なので
$$\sum_{k=1}^{n}(nk + 1) = n\sum_{k=1}^{n}k + \sum_{k=1}^{n}1$$
とできることに注意。

$$\sum_{k=1}^{n}k = \frac{n(n+1)}{2}, \ \sum_{k=1}^{n}1 = n$$

➤ 階差数列も Σ を使えばスッキリ

$$1, \ 2, \ 5, \ 14, \ 41, \ 122, \ 365, \ \cdots$$

と続く数列の次の数は何だと思いますか？　この数列は等差数列でも等比数列でもありませんね。このままではらちがあかないので、隣り合う数の差を調べてみます。

$$1 \quad 2 \quad 5 \quad 14 \quad 41 \quad 122 \quad 365 \quad \cdots$$
$$1 \quad 3 \quad 9 \quad 27 \quad 81 \quad 243$$

すると、「1, 3, 9, 27, 81, 243, ……」と並ぶ、初項が 1、公比が 3 の等比数列が得られます。ということは……そうですね。もとの数列の 365 と次の数の差は

$$243 \times 3 = 729$$

になることが予想されるので、365 の次は

$$365 + 729 = 1094$$

でしょう。このように、もとの数列には法則性が見つけづらくても、その隣り合う項の差には簡単に法則性が見つかることがあります。

一般に、数列 $\{a_n\}$ の隣り合う 2 つの項の差を並べてできる数列を $\{a_n\}$ の階差数列と言います。すなわち

$$\begin{array}{cccccccccccccc} a_1 & & a_2 & & a_3 & & a_4 & & a_5 & \cdots\cdots & a_n & & a_{n+1} \\ & \vee & & \vee & & \vee & & \vee & & & & \vee & \\ & b_1 & & b_2 & & b_3 & & b_4 & & \cdots\cdots & & b_n & \end{array}$$

のとき、$\{b_n\}$ は $\{a_n\}$ の階差数列です。上の図でも明らかなように

$$\begin{aligned} a_5 &= a_1 + b_1 + b_2 + b_3 + b_4 \\ &= a_1 + \sum_{k=1}^{4} b_k \end{aligned}$$

ですね。Σ を使うとスッキリ表せます。

同じように考えれば

$$a_{10} = a_1 + \sum_{k=1}^{9} b_k, \quad a_{100} = a_1 + \sum_{k=1}^{99} b_k$$

となることはすぐにわかるでしょう。よって、階差数列は次のように一般化できます。

【階差数列】

数列 $\{a_n\}$ に対して

$$b_n = a_{n+1} - a_n$$

のとき、数列 $\{b_n\}$ を $\{a_n\}$ の階差数列と言う。階差数列 $\{b_n\}$ を使って $\{a_n\}$ の一般項を表すと次のようになる。

$$a_n = a_1 + \sum_{k=1}^{n-1} b_k$$

（ただし、$n \geqq 2$）

(注) 「等差数列」と「等比数列」は数列の性質を表す名前ですが、「階差数列」は性質を表す名前ではありません。その数列のつくられ方を表しているだけです。もとの数列の「隣り合う項の差」を並べた数列はどんなものでも階差数列なので、階差数列は定数になることも、等差数列になることも、等比数列になることも、あるいは何の法則性もないこともあります。

また最後に「ただし、$n \geqq 2$」と書き添えてあるのは、Σ の範囲が $k = 1$ から $k = n - 1$ までになっているからです。実際、$n = 1$ のときは Σ の部分が

$$\sum_{k=1}^{0} b_k$$

となりナンセンスになってしまいます。

例　先ほども登場した次の数列 $\{a_n\}$ の一般項を求めます。

$$1,\ 2,\ 5,\ 14,\ 41,\ 122,\ 365,\ \cdots\cdots$$

隣り合う項の差をとってみると

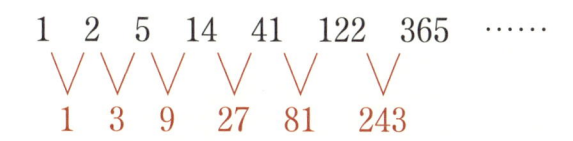

となるので、$\{a_n\}$ の階差数列 $\{b_n\}$ は初項が1、公比が3の等比数列です。
すなわち、

$$b_n = 1 \cdot 3^{n-1} = 3^{n-1}$$

> 初項 a_1、公比 r の
> 等比数列の一般項
> $a_n = a_1 r^{n-1}$

よって、

$$a_n = a_1 + \sum_{k=1}^{n-1} b_k$$

> $b_n = 3^{n-1}$ だから $b_k = 3^{k-1}$

$$= 1 + \sum_{k=1}^{n-1} 3^{k-1}$$

> $k = 1$ のとき $3^0 = 1$

$$= 1 + (1 + 3 + 3^2 + \cdots\cdots + 3^{n-2})$$

> 等比数列の和
> $$\dfrac{初項(1 - 公比^{項数})}{1 - 公比}$$
> $k = 1$ から $k = n-1$ までの和
> なので項数は $n-1$

$$= 1 + \frac{1 \cdot (1 - 3^{n-1})}{1 - 3}$$

$$= 1 + \frac{1 - 3^{n-1}}{-2}$$

$$= \frac{3^{n-1} + 1}{2}$$

数学的帰納法（数B）

前節で

$$\sum_{k=1}^{n} k^2 = \frac{n(n+1)(2n+1)}{6}$$

の公式を導く証明は面倒でした。

また、

$n!$（n の階乗→ 155 頁）
$n! = n \cdot (n-1) \cdot (n-2) \cdots\cdots 3 \cdot 2 \cdot 1$

$$n! > 2^n \quad (n \geqq 4)$$

という不等式が正しいことを証明しなさい、と言われたら、戸惑ってしまう人は少なくないでしょう。

でも、どちらも本節で学ぶ**数学的帰納法**を使えば、比較的簡単に示すことができます。

数学的帰納法は自然数（正の整数）に関する命題を証明するための強力な論法です。次のような手順で行います。

【数学的帰納法の手順】

（ⅰ）　$n = 1$ のときに成立することを証明する

（ⅱ）　$n = k$ のときに成立すると仮定して、

　　　　$n = k + 1$ のときに成立することを証明する

この証明方法の一番のポイントは $n = k$ のときに成立することを**証明なしに仮定して、それを $n = k+1$ のときの証明に使っている**点です。

なぜ、そんな手法で証明ができたことになるのでしょうか？

証明できていないことを仮定してしまってもよいものなのでしょうか？

これが許されることをわかってもらうには、**ドミノ倒し**をイメージしてもらうのがよいと思います。

➤ ドミノ倒しで考える〝無限〟

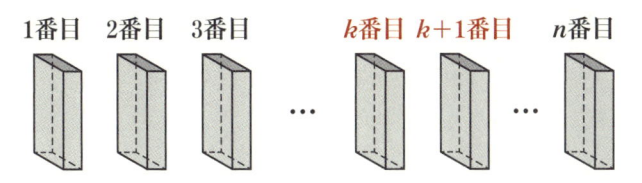

1番目 2番目 3番目　　　　k番目 $k+1$番目　　　n番目

　考えてほしいのは、**ドミノ倒しを成功させる**（全部のドミノを倒す）**ために確認すべき条件**です。仮に1000個のドミノを並べるとします。このドミノ倒しを成功させるためには、

> 1番目のドミノが倒れる。
> 2番目のドミノが、1番目が倒れたら倒れる位置にある。
> 3番目のドミノが、2番目が倒れたら倒れる位置にある。
> 4番目のドミノが、3番目が倒れたら倒れる位置にある。
> $\vdots$
> 1000番目のドミノが、999番目が倒れたら倒れる位置にある。

のすべてを確認すればよいですね。まとめるとこうです。

【ドミノ倒しが成功する条件】

(ⅰ)　最初のドミノが倒れる。

(ⅱ)　2番目以降のすべてのドミノが、
　　　　　前が倒れてきたら倒れる位置にある。

　数学的帰納法における(ⅰ)と(ⅱ)の手順はちょうどドミノ倒しが成功する条件の(ⅰ)と(ⅱ)に相当しています……なんて書くと、

「いやいや、ドミノ倒しのほうはすべてのドミノについて調べているからこれでいいことはわかるけれど、数学的帰納法のほうは $n = k$ のときの仮定を使って $n = k+1$ のときを証明しているだけだから、やっぱり納得いかないよ」

と、思う人もいるはずです。気持ちはわかります。

ドミノ倒しの場合は、どんなにたくさん並べたとしても数に限りがありますから、すべてのドミノが条件を満たすことを確認できます（というか、そうしなければいけません）が、自然数に関する命題の場合は、数が無限に続くので、すべてについて具体的に調べることは不可能です。だから数学的帰納法のほうは**文字 k を使って一般化**しています。

文字 k を使って表しておけば、k には 1 でも 100 でも 999 でも好きな自然数を代入することができるので、**すべての自然数について証明したことになる**のです。

いずれにしても、ドミノ倒しが成功する条件の(ii)で注目しているのは後ろのドミノが倒れるかどうかであり、前のドミノが実際に倒れるかどうかは問題にしていない（前のドミノが倒れることはその前に確認ずみだから）ことに注目してください。数学的帰納法で $n = k+1$ のときを証明する際、$n = k$ のときに成立することを証明なしに仮定してよいのも同じ理屈です。

実際にやってみましょう。

▓ 例 1 ▓

$$1^2 + 2^2 + 3^2 + \cdots\cdots + n^2 = \frac{n(n+1)(2n+1)}{6} \quad \cdots \text{①}$$

を示します。

(i)　$n=1$ のとき

$$\text{左辺}=1^2=1$$

$$\text{右辺}=\frac{1\cdot(1+1)\cdot(2\cdot1+1)}{6}=\frac{1\cdot2\cdot3}{6}=1$$

よって、左辺＝右辺。

(ii)　$n=k$ のとき①が正しいと仮定すると

$$1^2+2^2+3^2+\cdots\cdots+k^2=\frac{k(k+1)(2k+1)}{6}\quad\cdots②$$

$n=k+1$ のとき

$$\text{左辺}=1^2+2^2+3^2+\cdots\cdots+k^2+(k+1)^2$$

②より

$$=\frac{k(k+1)(2k+1)}{6}+(k+1)^2$$

$$=\frac{(k+1)}{6}\{k(2k+1)+6(k+1)\}$$

$$=\frac{(k+1)}{6}(2k^2+k+6k+6)$$

$$=\frac{(k+1)}{6}(2k^2+7k+6)$$

$$=\frac{(k+1)}{6}(k+2)(2k+3)$$

$$abx^2+(aq+bp)x+pq=(ax+p)(bx+q)$$
$$\begin{matrix}1 & 2=4\\2 & 3=3\end{matrix}\Big\}\,7$$

$$=\frac{(k+1)\{(k+1)+1\}\{2(k+1)+1\}}{6}$$

$$\frac{n(n+1)(2n+1)}{6}$$
の n に $k+1$ を代入

最後の式は①の右辺の n に $k+1$ を代入したものになっています。

よって①は $n=k+1$ のときも正しいと言えます。(i)、(ii)よりすべての自然数 n について①は正しいことが証明されました。　証明終

(注)　①は左辺を Σ で書くと

$$\sum_{k=1}^{n} k^2 = \frac{n(n+1)(2n+1)}{6}$$

となるので、この「例1」の証明は 191 ～ 192 頁で行った証明の別解です。

例 2

n が 4 以上の自然数のとき

$$n! > 2^n \quad \cdots ③$$

が成立することを示します。

(i)　$n = 4$ のとき

$$左辺 = 4! = 4 \cdot 3 \cdot 2 \cdot 1 = 24$$
$$右辺 = 2^4 = 16$$

よって、左辺＞右辺。

(ii)　$k \geqq 4$ として $n = k$ のとき③が正しいと仮定すると

$$k! > 2^k \quad \cdots ④$$

A ＞ B を示すために
A － B ＞ 0 を示す。

$n = k + 1$ のとき

$$
\begin{aligned}
左辺 - 右辺 &= (k+1)! - 2^{k+1} \\
&= (k+1) \cdot k! - 2^{k+1} \\
&> (k+1) \cdot 2^k - 2 \cdot 2^k \\
&= (k+1-2) \cdot 2^k \\
&= (k-1)2^k
\end{aligned}
$$

次頁注

④より

$k \geqq 4$ より、$(k-1)2^k$ は正。ゆえに左辺＞右辺。

よって③は $n = k + 1$ のときも正しい。(i)、(ii)より 4 以上のすべての自然数 n について③は正しい。

証明終

(注)

$$(k+1)! = (k+1) \cdot k \cdot (k-1) \cdots\cdots 3 \cdot 2 \cdot 1$$
$$k! = k \cdot (k-1) \cdots\cdots 3 \cdot 2 \cdot 1$$

より、

$$(k+1)! = (k+1) \cdot k!$$

たとえば、

$$4! = 4 \cdot 3!$$

です。

では数学的帰納法を使う大学入試問題にもチャレンジしてみましょう。2015 年の東大の問題です。今まで勉強してきたことがいろいろと使える良問ですが、簡単な問題ではないので、時間のあるときにじっくり取り組んでみてください。

問題 22

n は正の整数とする。x^{n+1} を $x^2 - x - 1$ で割った余りを $a_n x + b_n$ とおく。

(1) 数列 $\{a_n\}$, $\{b_n\}$ は

$$\begin{cases} a_{n+1} = a_n + b_n \\ b_{n+1} = a_n \end{cases}$$

を満たすことを示せ。

(2) $n = 1,\ 2,\ 3,\ \cdots\cdots$ に対して、a_n, b_n はともに正の整数で、互いに素であることを証明せよ。

[東京大学]

解説

(1)　第 2 章で高次方程式を学んだとき、

「$f(x) \div g(x) = q(x)\ldots r(x)$」は

$$f(x) = g(x)q(x) + r(x) \qquad [r(x) \text{ は } g(x) \text{ より次数の低い整式}]$$

と表すことを学びました（98 頁）。

本問でもこれを使うと、x^{n+1} を $x^2 - x - 1$ で割った余りは $a_n x + b_n$ なので、商を $q_n(x)$ とすれば

$$x^{n+1} = (x^2 - x - 1)q_n(x) + a_n x + b_n \quad \cdots ①$$

と書けます。

一方、$a_{n+1} x + b_{n+1}$ は x^{n+2} を $x^2 - x - 1$ で割った余りなので、①式を

$$x^{n+2} = (x^2 - x - 1)Q + Ax + B \quad \cdots ☆$$

の形に変形できれば

$$\begin{cases} a_{n+1} = A \\ b_{n+1} = B \end{cases}$$

と考えられます。

(2)　a_n, b_n が正の整数であることはふつうの数学的帰納法で、互いに素（＝最大公約数が 1）であることは、通常とは逆方向の数学的帰納法で示します。

解答

(1)　x^{n+1} を $x^2 - x - 1$ で割ったときの商を $q_n(x)$ とすれば

$$x^{n+1} = (x^2 - x - 1)q_n(x) + a_n x + b_n \quad \cdots ①$$

①式の両辺を x 倍すると

$$x^{n+2} = x(x^2 - x - 1)q_n(x) + a_n x^2 + b_n x \quad \cdots ②$$

ここで
$$(a_n x^2 + b_n x) \div (x^2 - x - 1)$$

を行うと
$$(a_n x^2 + b_n x) \div (x^2 - x - 1) = a_n \dots (a_n + b_n)x + a_n$$
$$\Rightarrow \quad a_n x^2 + b_n x = a_n(x^2 - x - 1) + (a_n + b_n)x + a_n$$

②に代入して

②を☆の形に変形するための計算

$x^{n+2} = (x^2 - x - 1)Q + Ax + B$ の形にする

$$x^{n+2} = x(x^2 - x - 1)q_n(x) + a_n(x^2 - x - 1) + (a_n + b_n)x + a_n$$
$$= (x^2 - x - 1)\{xq_n(x) + a_n\} + (a_n + b_n)x + a_n$$

題意より $a_{n+1}x + b_{n+1}$ は x^{n+2} を $x^2 - x - 1$ で割った余りなので、
$$a_{n+1}x + b_{n+1} = (a_n + b_n)x + a_n$$

よって、
$$\begin{cases} a_{n+1} = a_n + b_n \\ b_{n+1} = a_n \end{cases}$$

(2)

《前半》

最初に、a_n, b_n が正の整数であることを示します。

(i) $n = 1$ のとき

①式で $n = 1$ とすると
$$x^2 = (x^2 - x - 1)q_1(x) + a_1 x + b_1 \quad \cdots ②$$

また、
$$x^2 = (x^2 - x - 1) + x + 1 \quad \cdots ③$$

②と③を見比べると
$$a_1 = 1, \quad b_1 = 1$$

よって、a_1, b_1 は正の整数。

$5 = (5 - 2 - 1) + 2 + 1$ のような変形

$q_1(x) = 1$ であることもわかる

(ii) $n = k$ のとき、a_k, b_k が正の整数であるとすると

(1)より

$$\begin{cases} a_{k+1} = a_k + b_k \\ b_{k+1} = a_k \end{cases}$$

なので明らかに a_{k+1}, b_{k+1} は正の整数。よって $n = k+1$ のときも

成立。(i)、(ii)よりすべての自然数 n について a_n, b_n は正の整数。

《後半》

a_n と b_n の最大公約数を g とすると

$$\begin{cases} a_n = \alpha g & \cdots\text{④} \\ b_n = \beta g & \cdots\text{⑤} \end{cases}$$ （ただし α、β は互いに素の整数）

また(1)の結論から

$$\begin{cases} a_n = a_{n-1} + b_{n-1} \\ b_n = a_{n-1} \end{cases}$$

$\begin{cases} a_{n+1} = a_n + b_n \\ b_{n+1} = a_n \end{cases}$ の n に $n-1$ を代入

なので、④と⑤をこれに代入すると

$$\begin{cases} \alpha g = a_{n-1} + b_{n-1} & \cdots\text{⑥} \\ \beta g = a_{n-1} & \cdots\text{⑦} \end{cases}$$

⑦を⑥に代入すると

$$\alpha g = \beta g + b_{n-1}$$
$$\Rightarrow \quad b_{n-1} = (\alpha - \beta)g \quad \cdots\text{⑧}$$

⑦と⑧より

a_{n-1} と b_{n-1} は g で割り切れます。

同じことを繰り返せば

a_{n-2} と b_{n-2} は g で割り切れる。

a_{n-3} と b_{n-3} は g で割り切れる。

……

$\begin{cases} a_{n-1} = \alpha' g \\ b_{n-1} = \beta' g \end{cases}$ とすればまったく同じ計算で a_{n-2} と b_{n-2} は g で割り切れることが示せます。

も次々に示せるので、やがて

 a_1 と b_1 は g で割り切れる

ことも示せます。

 《前半》で「$a_1 = 1,\ b_1 = 1$」でしたから、g は 1 。

 最大公約数が 1 なので、$a_n,\ b_n$ は互いに素の整数。

（終）

⑵の後半は

$$(a_n,\ b_n) \to (a_{n-1},\ b_{n-1}) \to (a_{n-2},\ b_{n-2}) \to (a_{n-3},\ b_{n-3}) \to \cdots\cdots \to (a_1,\ b_1)$$

と最後尾から始めて順々に前に進めています。このような考え方も数学的帰納法の一種とみなされ、いくらでも下がっていけるイメージから**無限降下法**とも呼ばれます。余談ですが、無限降下法はフェルマーが編み出した証明方法で、フェルマー自身は特に好んで使っていたようです。

 ところで、なぜドミノを順々に確認していくような証明方法を「数学的帰納法」と呼ぶのでしょうか？　次のコラムでその理由を考えてみたいと思います。

「数学的帰納法」というネーミングについて

帰納と演繹〜たとえば理科と数学〜

　帰納と演繹はどちらも、既知の事柄から未知の事柄が正しいことを論理的に導こうとする推論の方法を指しますが、考え方はまったく逆です。

帰納
　いくつかの具体例から全体に通じる一般論を導くこと
演繹
　全体に通じる一般論を具体例にあてはめていくこと

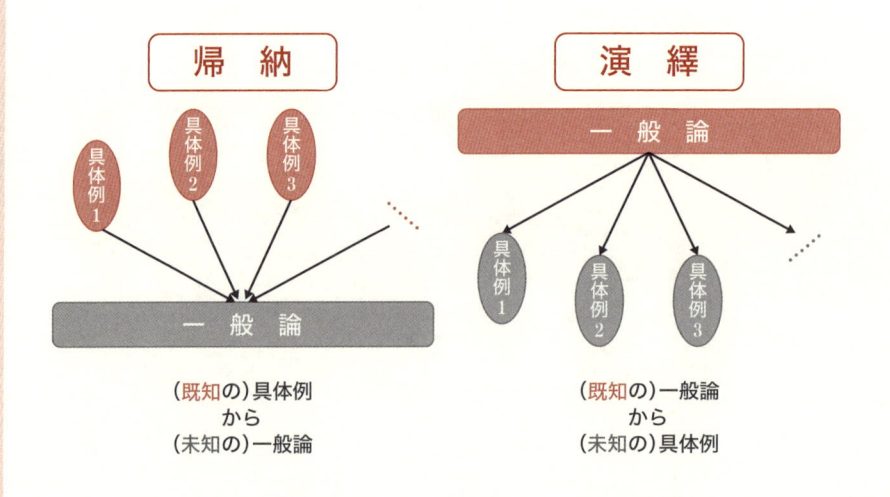

《帰納の例》

・リンゴは地に落ちる。ボールは地に落ちる。月と地球は引き合っている
　⇒質量のあるものどうしは引き合う

・「ロッキー2」も「ジョーズ2」も「ゴーストバスターズ2」もつまらなかった
　⇒映画の続編はつまらない

・餃子は美味しい。チャーハンは美味しい。ラーメンは美味しい
　⇒中華料理は美味しい

《演繹の例》

・円周は「直径 × 円周率」
　⇒直径 4cm の円の円周は 4πcm

・魚はエラで呼吸する
　⇒金魚はエラで呼吸する

・僕は試験でいつも失敗する
　⇒今日の試験もダメだろう

　理科のように、観察によって得られたいくつかの具体例からそれらを説明できる一般論を考えるのは帰納的な思考法であり、数学のように一般に成り立つ公式や定理を用いて具体的な問題を解こうとするのは演繹的な思考法です。

そのネーミングの違和感をあえて解釈すれば
　前節でも書いた通り、ドミノ倒しと数学的帰納法が決定的に違うのは、

ドミノは有限なのに対して、自然数は無限だという点です。そのためドミノ倒しでは前が倒れたら後ろが倒れるかどうかを一つ一つのドミノについて具体的に調べあげますが、数学的帰納法は前後の数字の関係を k と $k+1$ という文字を使って一般化してから証明します。具体的な数字について調べた結果から一般論を導いているわけではないので「数学的帰納法」というネーミングには違和感を覚えます。

　おそらく、数学的帰納法がドミノ倒しを連想させるため、一つ一つを調べていく雰囲気（？）からこの名前が付いたのでしょう。

　そうは言っても、数学的帰納法は帰納的ではない！　と目くじらを立てても仕方ないので、「数学的帰納法」というのは、前節で紹介したような証明方法のことを言う**固有名詞的な呼び名**なのだと私は理解しています。

High school mathematics

第 5 章

解析学

～関数と微積分～

Analysis

函数と自動販売機

　「関数」はもともと中国から輸入した言葉です。ただし当初は**「函数」**という漢字を使っていました。「函数」は、中国語では「ハンスウ（hánshù）」と発音することから、「function」の音訳であると言われています。

　ご承知の通り現在では「関数」と表記するのが一般的ですが、私は「函数」のほうが本質を表すにはよい表記だと思っています。なぜなら、ある「函<ruby>はこ</ruby>」にxという値を入力した際、xの値に応じて得られたyという出力に対して、

　　　　「yはxの函数」＝「yはxを入力した函から出てきた数」

と考えるのは実に的を射ているからです（下図参照）。

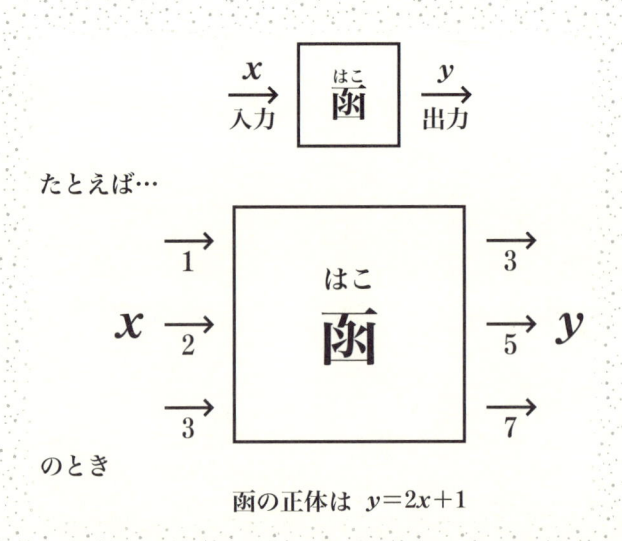

函の正体は　$y = 2x + 1$

y が x の関数であるためには、次の 2 つの条件が必要です。

【y が x の関数であるための条件】

(i) **y の値が x によって 1 通りに決まる。**

(ii) **x の値を（定義域内で）自由に選べる。**

(注) 定義域：関数の入力値がとりうる値の範囲。

この 2 つの条件が意味するところは、ある**自動販売機（函）が信用に足るかどうかを判断する基準**を考えてもらえばイメージしやすいと思います。入力値（x）はボタンで出力値（y）はジュースと考えましょう。

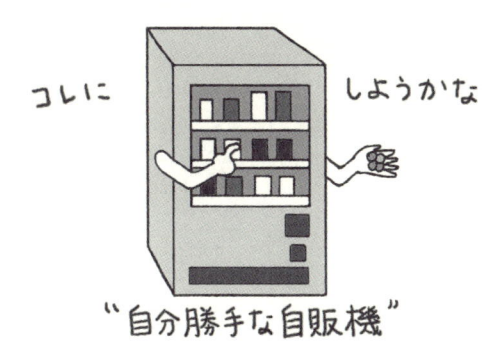

コレに　　しようかな

"自分勝手な自販機"

(i)の条件を満たすことは、**1 つのボタンに対して、出てくるジュースが1 通りに決まる**ことを意味します。これが自動販売機を信用するための最低条件であることは言うまでもありません。同じボタンを押しているのに

押すたびにコーヒーが出てきたり、オレンジジュースが出てきたりしたら（ギャンブル性を楽しみたい人を除いて）誰もその自動販売機では買わないですよね。

　また、ずらっと並んだボタンの中にダミーのボタンが潜んでいる場合もその自動販売機を信用することはできません。暑い最中にようやく見つけた自動販売機のスポーツドリンクのボタンが押せなかったら「詐欺だ！」と怒りたくなるでしょう？　(ⅱ)の条件は、**自動販売機に並んでいるボタンはどれでも自由に押すことができる**、という意味です。

> （注）　もちろん、前頁のイラストのように自販機が勝手にボタンを押してしまうのは困りますが。

　この章では高校で学ぶ関数として、指数関数や三角関数も紹介していきますが、特に(ⅱ)の条件がわかっていると、指数関数を学ぶ前に**指数の拡張**（277 頁）が、三角関数を学ぶ前には**一般角**（236 頁および 242 ～ 244 頁）が必要になる理由も納得してもらえると思います。

　y が x の関数であるための条件として、(ⅰ)を理解している人は少なくないと思いますが、(ⅱ)は意外と知られていないようです。ちょっと注意しておいてください。

2 次関数（数Ⅰ）

第3章で、「x、y の方程式を満たす点 (x, y) の集合で描かれる図形を方程式の表す図形」と考えることはお話ししました（116頁）。

たとえば

$$y = \frac{1}{2}(x-2) + 3$$

点 (p, q) を通り、傾きが m の直線の方程式
$$y = m(x-p) + q$$

は点 $(2, 3)$ を通り、傾きが $\frac{1}{2}$ の直線を表す方程式でしたね（117頁）。

➤ 中学数学で習う「3種類」の関数

ところで上式の y は x の値によって1通りに決まる値であり、また x には自由な値を取ることができるので、上式で表される y は x の関数であるとみなすこともできます（前コラム参照）。

実際、上の式を

$$y = \frac{1}{2}(x-2) + 3 \quad \Rightarrow \quad y = \frac{1}{2}x + 2$$

と変形すれば、馴染みのある

$$y = ax + b \quad (a, b \text{ は定数で } a \neq 0)$$

の形になります。

変数 y が変数 x の1次式としてこのように表されるとき、**y は x の1次関数である**と言い、1次関数のグラフが**直線**になることは中学で学びましたね。中学数学に出てくる関数は1次関数、簡単な分数関数（反比例）、簡単な2次関数（$y = ax^2$）の3種類です。

1次関数 $y = ax + b$	分数関数 （反比例） $y = \dfrac{a}{x}$	2次関数 $y = ax^2$

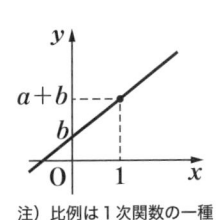

注）比例は1次関数の一種

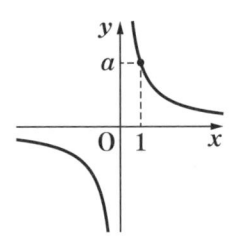

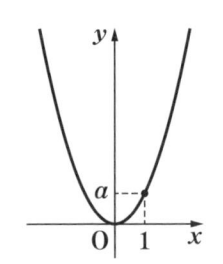

ところで上の3種類の関数のグラフがそれぞれこのような形になることはどのようにして習ったか覚えていますか？

たいてい、関数の式を満たす (x, y) をいくつか座標軸上に書き込んで、それらを滑らかにつなぐことで「こんな形になります」と言われたのではないでしょうか？

ちょっと再現してみましょう。

先生：今日は「$y = x^2$」のグラフがどのような形になるか調べたいと思います（と言いながら方眼紙を配る）。まずは、「$y = x^2$」の x に -3 〜3の整数をそれぞれ代入して y の値を計算してみてください。

（生徒が計算し終わったころを見計らって）

先生：できましたか？　計算の結果を表にまとめるとこうですね（下の表を板書する）。

$y = x^2$ のとき

x	-3	-2	-1	0	1	2	3
y	9	4	1	0	1	4	9

先生：さっき配った方眼紙に、座標軸を書いて、表にある7組の (x, y) を座標軸上に書いてみましょう。

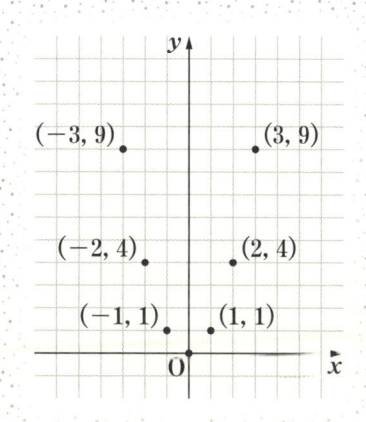

（生徒が上のような図を書き終わったころ）

先生：今書いた7つの点を滑らかにつないでみてください。

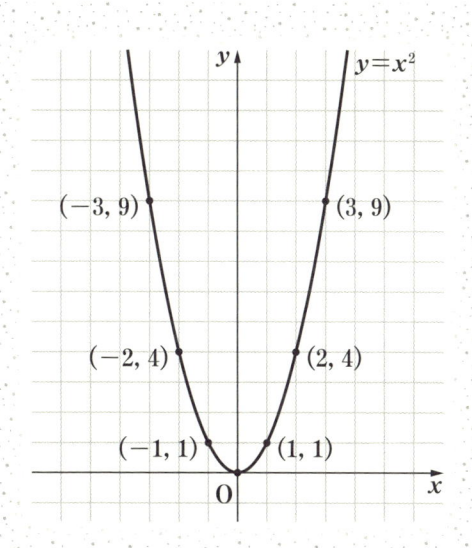

先生：原点を通る、y 軸に対称な曲線が描けたと思います。これが、$y = x^2$ のグラフです！　ちなみに「$y = ax^2$」のグラフは「$y = x^2$」のグラフを y 方向に a 倍したものになるので、やはり原点を通る、y 軸に対称な曲線になります。これは**放物線**と呼ばれる曲線です（と言いながら下の図を板書）。

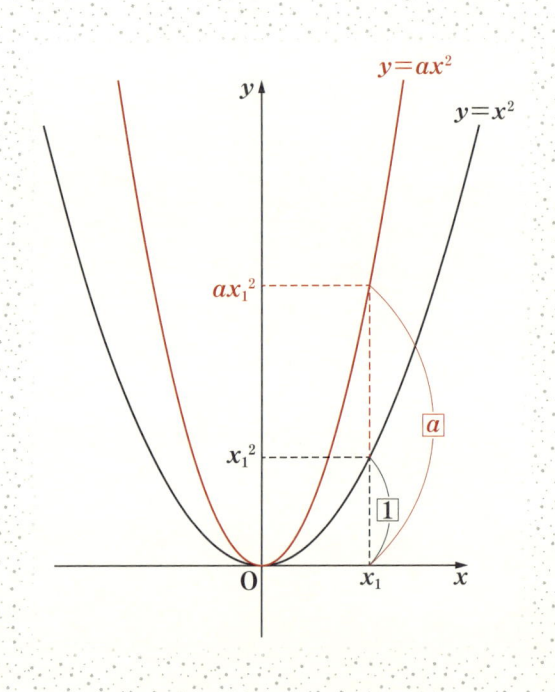

生徒：先生、a がマイナスのときはどうなるんですか？

先生：（なんて良い質問なんだ、と感激しながら）a が負のときは y の値が常に負になりますから、ちょうど上下を逆さにしたような形になります（と言いながらさらに次頁の図を板書）。

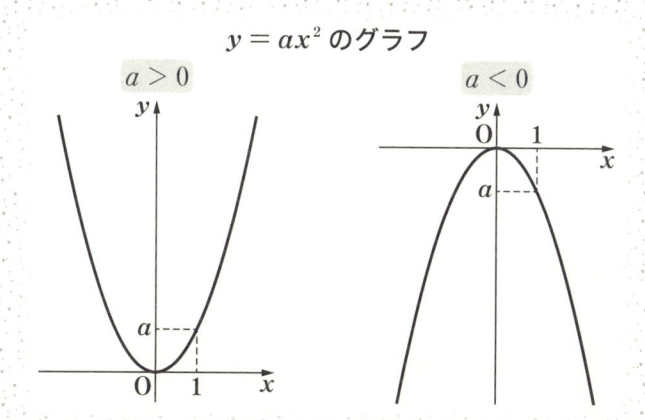

$$y = ax^2 \text{ のグラフ}$$

$a > 0$

$a < 0$

（注）　上図左を「下に凸の放物線」、上図右を「上に凸の放物線」と言います。

だいたい、こんな感じだったと思います。

ちなみに、このように教えられて

「なぜ計算した7つの点を滑らかにつないでもいいのだろう？
『$y = x^2$』のグラフが7つの点を通るギザギザの形になる可能性だっ
てあるんじゃないだろうか？」

と疑問に思えるなら、あなたは相当数学的センスがある人です。

　実は、中学数学〜数Ⅰの範囲ではこの疑問に明解に答えるのは簡単では
ありません（「$y = ax^2$」のグラフが滑らかな曲線になることは、これを微
分して得られる導関数が連続関数になることをもって明らかになります）。
この章では「$y = ax^2$」のグラフが原点を頂点とする曲線（放物線）にな
ることは「多分そうなのだろう」ということで了解してください。

➤ **関数と方程式～グラフの形はいっしょでも、とらえ方が異なる～**

「y は x の関数である」は英語では "y is a function of x" と言いますので、数学ではこれを略して

$$y = f(x)$$

と表します。このとき入力値である変数 x のことを**独立変数**、出力値である y のことを**従属変数**と言います。また独立変数の値の範囲を**定義域**、従属変数の値の範囲を**値域**と言います。

また、関数 $y = f(x)$ において、x の値 a に対応して定まる y の値を $f(a)$ と書きます。

| 例 |

$$f(x) = 2x + 1 \text{ のとき}$$
$$f(0) = 2 \cdot 0 + 1 = 1$$
$$f(5) = 2 \cdot 5 + 1 = 11$$
$$f(k + 1) = 2(k + 1) + 1 = 2k + 3$$

> $y = f(x)$ **のグラフとは、独立変数 x の変化にともなって従属変数 y がどのように変化していくかをとらえたものです。**

冒頭の

$$y = \frac{1}{2}(x - 2) + 3$$

を方程式とみなせば、次頁の直線はこの方程式の解の集合であると考えられますが、1次関数とみなせば、この直線は x にいろいろな値を代入したときに **y がどのように変化するかを表したもの**と考えられます。

x と y からなる1つの数式を方程式と考えても、関数と考えてもグラフの形は同じです。でも前者は解をすべて集めて並べた**静的**なイメージであるのに対して、後者は「変化」をとらえた**動的**なイメージです。

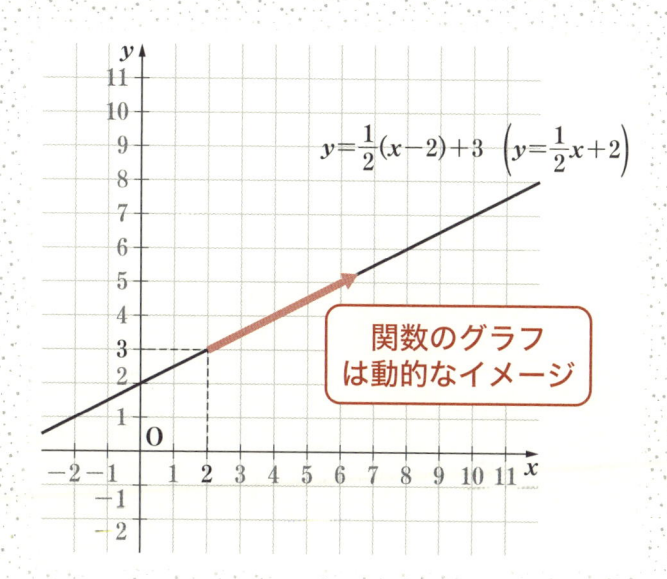

$$y=\frac{1}{2}(x-2)+3 \quad \left(y=\frac{1}{2}x+2\right)$$

関数のグラフ
は動的なイメージ

$y=f(x)$ の x に a という値を代入したときに得られる **$(a,\ f(a))$ という点は必ず $y=f(x)$ のグラフ上にあります**。当たり前ですが、このことをきちんと理解していないと次にお話しする「グラフの平行移動」がわからなくなってしまいますから要注意です。

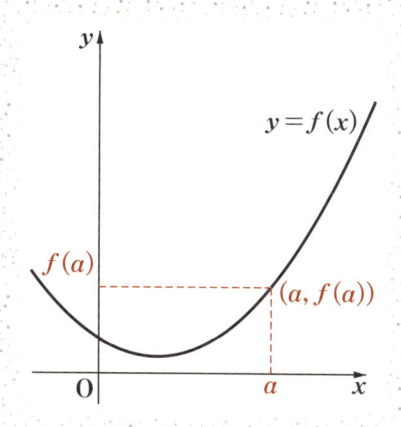

ここでは原点を頂点とする「$y = ax^2$」のグラフを

$$\begin{cases} x\,\text{方向に} + p \\ y\,\text{方向に} + q \end{cases}$$

だけ**平行移動**することを考えます。

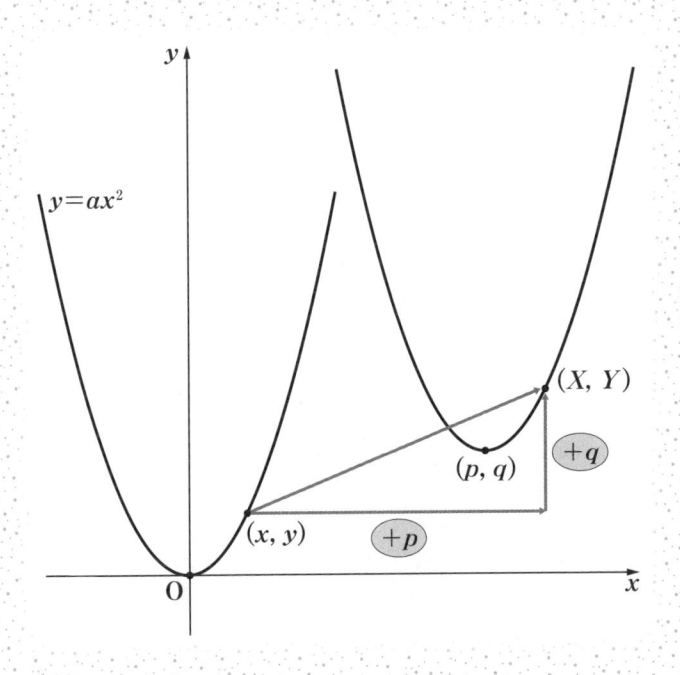

「$y = ax^2$」上の点 $(x,\ y)$ が $(X,\ Y)$ に移ったとすると、図より

$$\begin{cases} X = x + p \\ Y = y + q \end{cases}$$

です。ここで、この $(X,\ Y)$ を「$y = ax^2$」に代入することはできません。なぜなら $(X,\ Y)$ は「$y = ax^2$」の上にはないからです。

でも $(x,\ y)$ について解き直して

$$\begin{cases} x = X - p \\ y = Y - q \end{cases}$$

とすれば、$(x,\ y)$ は「$y = ax^2$」の上にある点なので「$y = ax^2$」に代入することができます（代入したときに＝が成立します）。

$$Y - q = a(X - p)^2$$
$$\Rightarrow\quad Y = a(X - p)^2 + q \quad \cdots ①$$

①の式は $(X,\ Y)$ の関係式になっていますね。

$(X,\ Y)$ は平行移動後の放物線上の点ですから、①は平行移動後の放物線上の点が満たす式、すなわち平行移動後のグラフの式です。

もともと「$y = ax^2$」の頂点は原点 $(0,\ 0)$ だったので、平行移動後の放物線の頂点は $(p,\ q)$ になります。

【2次関数 $y = a(x - p)^2 + q$ のグラフ】

（ i ） グラフの形は $y = ax^2$ と同じ

（ ii ） 頂点は $(p,\ q)$

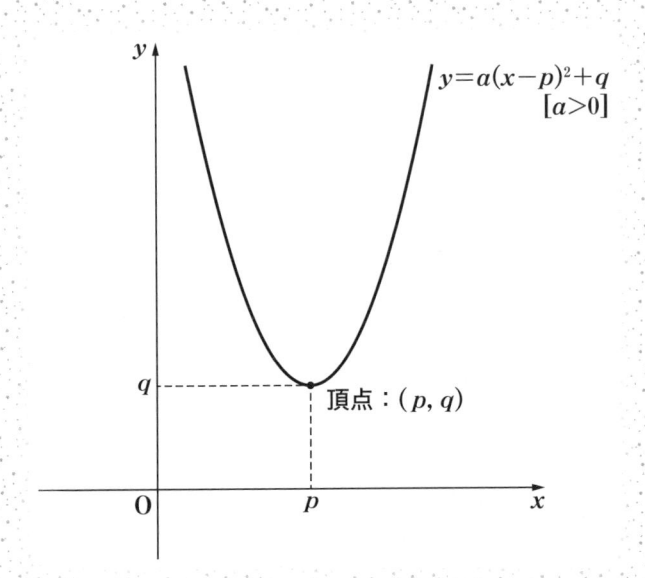

　また、以上の理論は 2 次関数でなくてもまったく同様に成立しますので、
一般に

$$y = f(x)$$

のグラフを

$$\begin{cases} x \,方向に\ +p \\ y \,方向に\ +q \end{cases}$$

だけ平行移動したグラフの式は、平行移動前のもと式の x と y にそれぞれ

$$\begin{cases} x \to x-p \\ y \to y-q \end{cases}$$

を代入して

$$y-q = f(x-p)$$
$$\Rightarrow \quad y = f(x-p)+q$$

となります。このことはグラフの平行移動を考える際にはいつも必要になりますから、よく頭に入れておいてください。

➤ 一般の2次関数「$y = ax^2 + bx + c$」のグラフを考える

$$y = a(x-p)^2 + q$$

のグラフが「$y = ax^2$」を x 方向に $+p$、y 方向に $+q$ だけ平行移動したものになることはわかったので、今度は一般の2次関数

$$y = ax^2 + bx + c \quad (a,\ b,\ c は定数で a \neq 0)$$

のグラフを求めてみましょう。第2章の2次方程式のところで学んだ平方完成（68頁）を使います。

$$y = ax^2 + bx + c$$
$$= a\left(x^2 + \frac{b}{a}x\right) + c$$
$$= a\left\{\left(x + \frac{b}{2a}\right)^2 - \left(\frac{b}{2a}\right)^2\right\} + c$$
$$= a\left\{\left(x + \frac{b}{2a}\right)^2 - \frac{b^2}{4a^2}\right\} + c$$

> 平方完成の素
> $$x^2 + 2px = (x+p)^2 - p^2$$
> 半分　　2乗

$$= a\left(x + \frac{b}{2a}\right)^2 - \frac{b^2}{4a} + c$$

$$= a\left(x + \frac{b}{2a}\right)^2 - \frac{b^2 - 4ac}{4a}$$

$$= a\left\{x - \left(-\frac{b}{2a}\right)\right\}^2 - \frac{b^2 - 4ac}{4a}$$

$$-\frac{b^2}{4a} + c = -\frac{b^2}{4a} + \frac{4ac}{4a}$$
$$= -\left(\frac{b^2}{4a} - \frac{4ac}{4a}\right)$$

以上より「$y = ax^2 + bx + c$」の頂点は

$$\left(-\frac{b}{2a},\ -\frac{b^2 - 4ac}{4a}\right)$$

$y = a(x - p)^2 + q$
の頂点は $(p,\ q)$

であることがわかります。

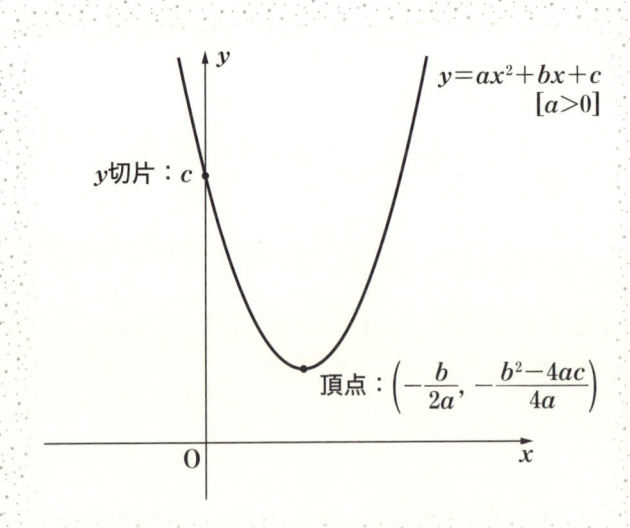

(注)　y 切片とは、グラフと y 軸との交点のことです。y 軸は $x = 0$ なので、y 切片は $y = f(x)$ の x に 0 を代入して求めます。今は $f(x) = ax^2 + bx + c$ ですから、

$$y \text{切片} : f(0) = a \cdot 0^2 + b \cdot 0 + c = c$$

です。

ここまでの理解をもとに問題に挑戦してみましょう。

問題 23

関数 $y = -x^2 + 6x - 5$ $(1 \leqq x \leqq 4)$ のグラフにおいて、$x = 1$, $x = 4$ のときの端点をそれぞれ A、B とし、点 C をこのグラフ上の動点とする。

(1)　この関数のグラフをかけ。

(2)　$\triangle ABC$ の面積が 3 であるとき、点 C の座標を求めよ。

[愛媛大学]

解説 解答

解説

(1)　平方完成をして頂点を求めます。x^2 の係数が－（マイナス）なので上に凸の放物線になることに注意。

(2)　**点 C はグラフ上の点なので、C の x 座標を t としたとき**

$$C(t, f(t)) = C(t, -t^2 + 6t - 5)$$

になることがわかるかどうかが本問の最大のポイントです。

　$\triangle ABC$ の面積は点 C を通る y 軸に平行な直線で三角形を 2 つに分けると求めやすくなります。

$$y = -x^2 + 6x - 5$$
$$= -(x^2 - 6x) - 5$$
$$= -\{(x-3)^2 - 9\} - 5$$
$$= -(x-3)^2 + 9 - 5$$
$$= -(x-3)^2 + 4$$

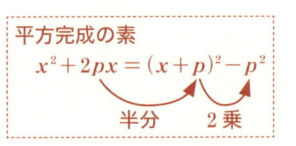

平方完成の素
$$x^2 + 2px = (x+p)^2 - p^2$$
半分　2乗

頂点は $(3,\ 4)$ の上に凸の放物線。

$f(x) = -x^2 + 6x - 5$ とすると、

$y = a(x-p)^2 + q$
の頂点は $(p,\ q)$

A の x 座標は 1 なので A の y 座標は

$$f(1) = -1^2 + 6 \cdot 1 - 5 = -1 + 6 - 5 = 0$$

同様に B の x 座標は 4 なので B の y 座標は

$$f(4) = -4^2 + 6 \cdot 4 - 5 = -16 + 24 - 5 = 3$$

定義域（x の範囲）が $1 \leqq x \leqq 4$ であることに注意してグラフを書くと次の通りです。

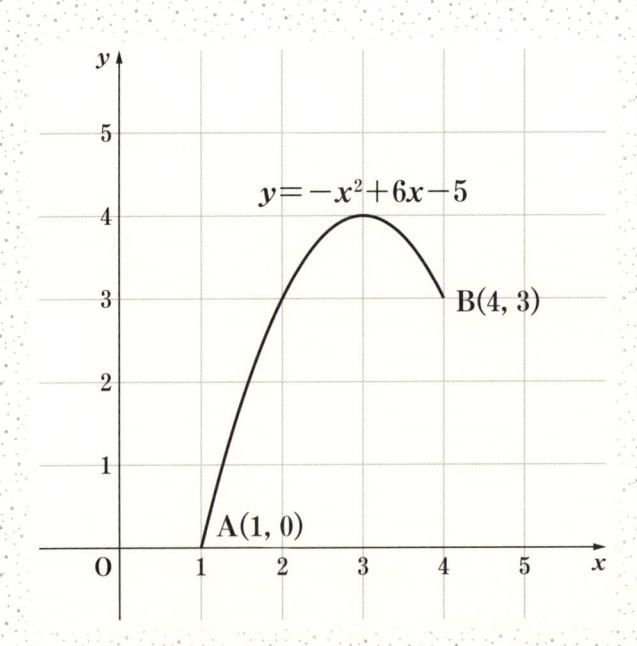

(2) 点 C の x 座標を t とすると、C の y 座標は

$$f(t) = -t^2 + 6t - 5$$

また C を通る y 軸に平行な直線と直線 AB との交点を D とします。

直線 AB は $(1,\ 0)$ と $(4,\ 3)$ を通るので、直線 AB の方程式は

$$y = \frac{3-0}{4-1}(x-1) + 0$$

$$\Rightarrow \quad y = x - 1$$

> **$(p,\ q)$、$(s,\ t)$ を通る直線の方程式**
> $$y = \frac{t-q}{s-p}(x-p) + q$$

D は直線 AB 上にあって D の x 座標は C と同じなので t。よって D の y 座標は $t-1$

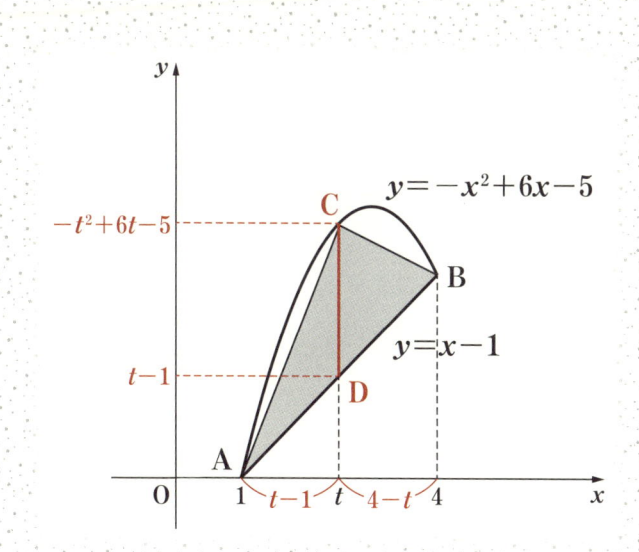

$\triangle$ABC を $\triangle$ADC と $\triangle$BCD に分けて CD を底辺とすれば

$$\triangle ABC = \triangle ADC + \triangle BCD$$

$$= CD \times (t-1) \times \frac{1}{2} + CD \times (4-t) \times \frac{1}{2}$$

$$= \frac{1}{2} \times CD \times \{(t-1)+(4-t)\}$$

$$= \frac{1}{2} \times CD \times (t-1+4-t)$$

$$= \frac{1}{2} \times CD \times 3$$

$$= \frac{3}{2} CD$$

ここで

$$CD = (-t^2+6t-5)-(t-1)$$
$$= -t^2+6t-5-t+1$$
$$= -t^2+5t-4$$

なので、

$$\triangle ABC = \frac{3}{2} CD$$

$$= \frac{3}{2}(-t^2+5t-4)$$

問題文より $\triangle$ABC $= 3$ だから

$$\frac{3}{2}(-t^2+5t-4) = 3$$

$$\Rightarrow \quad -t^2+5t-4 = 2$$

$$\Rightarrow \quad t^2-5t+6 = 0$$

$$\Rightarrow \quad (t-2)(t-3) = 0$$

$$\Rightarrow \quad t = 2 \quad または \quad t = 3$$

$$x^2+(p+q)x+pq = (x+p)(x+q)$$

どちらも $1 \leqq t \leqq 4$ を満たします。

$t = 2$ のとき C の y 座標は

$$f(2) = -2^2 + 6 \cdot 2 - 5$$
$$= -4 + 12 - 5$$
$$= 3$$

$t = 3$ のとき C の y 座標は

$$f(3) = -3^2 + 6 \cdot 3 - 5$$
$$= -9 + 18 - 5$$
$$= 4$$

よって求める C の座標は

$$(2,\ 3) \text{ あるいは } (3,\ 4)$$

求めた C が AB 間にある
点になっているかどうか
を確認

三角関数（数Ⅱ）

第1章で学んだ通り、三角比は直角三角形に対して

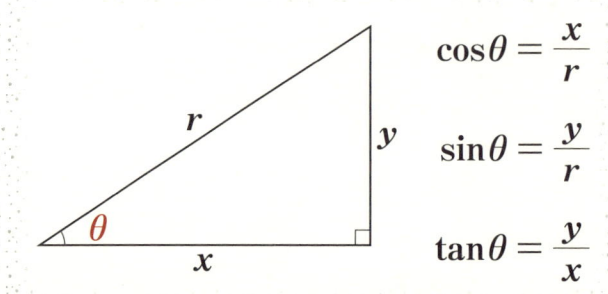

$$\cos\theta = \frac{x}{r}$$

$$\sin\theta = \frac{y}{r}$$

$$\tan\theta = \frac{y}{x}$$

と定義されるのでしたね（42頁）。

たとえば、$\theta = 30°$ のとき直角三角形の各辺の比は次のようになる（理由は後述します）ので

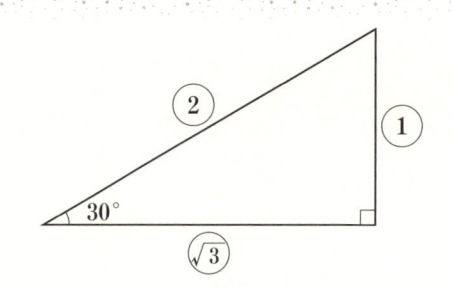

$$\cos 30° = \frac{\sqrt{3}}{2}, \quad \sin 30° = \frac{1}{2}, \quad \tan 30° = \frac{1}{\sqrt{3}}$$

と三角比の値がそれぞれ決まります。

このように（当たり前と言えば当たり前ですが）三角比の各値は角度 θ によって 1 通りに決まる数です。また θ は $0° < \theta < 90°$ の範囲であればどんな値でもかまいません。

ということは……そうです！　215 頁でも紹介した**「y が x の関数であるための条件」**で $y \rightarrow$ 三角比、$x \rightarrow \theta$ とすれば、三角比は次の 2 つの条件を満たします。すなわち**三角比は θ の関数**です。

【y が x の関数であるための条件】

（ⅰ）　y の値が x によって 1 通りに決まる。

（ⅱ）　x の値を（定義域内で）自由に選べる。

➤ **三角比の利便性を格段に向上させる 3 つの新概念**

ただし、三角比を関数に格上げすることに問題がないわけではありません。まず、直角三角形の各辺の長さの比である三角比は、単位を持たない数（**無次元数**あるいは**無名数**と言います）であるのに対して、角度は「°」という単位を持つ点は少々厄介です。

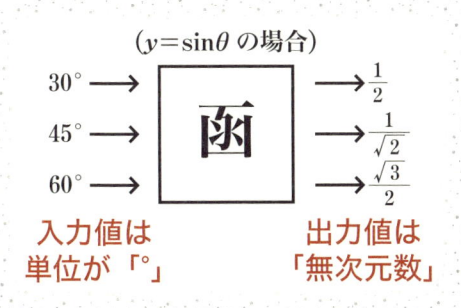

入力値（独立変数）と出力値（従属変数）の数の種類が違うことは、関数として致命的というわけではありませんが、計算のたびにいちいち面倒になるのは確かです。そこで、角度を無次元数で表す新しい表し方を考えることにしました。それが次に学ぶ**弧度法（ラジアン）**です。

> （注）　端的に言えば、数 III の極限で出現する
> $$\lim_{\theta \to 0} \frac{\sin\theta}{\theta} = 1$$
> という極限を成立させることが、弧度法を用いる直接の理由です。この極限については、コラム⑲の 557 ～ 560 頁で解説しています。

　また、三角比を直角三角形で定義している限り、θ は $0° < \theta < 90°$ の範囲に限られてしまいます。この範囲以外の θ についても三角比を考えるためには**新しい定義**が必要です。

　さらに、角度に負の値や 360° を超える値も許すことにすれば、三角比の応用範囲はさらに広くなるでしょう。角度の範囲を実数全体に拡張したものを**一般角**と言います。

　三角比は、弧度法・新しい定義・一般角の 3 つを導入することでその利便性と汎用性が飛躍的に向上します。そんな三角比の進化形、それがこの節で学ぶ**三角関数**です。

➤ 弧度法（ラジアン）～長さの比で角度を表す～

　角度を表す際に 1 周を 360° とする所謂「**度数法（360 度法）**」で「360」という数字が選ばれたのは、1 年の日数 365 に近くて約数が多いからだと言われています。

　角度を 1 周＝ 360° を基準に測る方法は、日常生活では便利なことも少なくありませんが、扇形の弧の長さ l を求めようとするときはかえって面倒です。

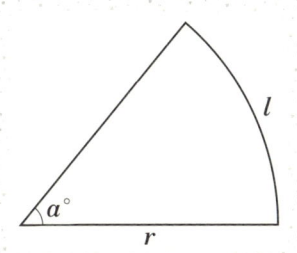

　度数法の角度を使って（＝小学校以来馴染みのある方法で）、l を求めてみましょう。半径が r の円の円周は $2r\pi$（π：円周率）なので

$$l = 2r\pi \times \frac{a^\circ}{360^\circ} = r \times \frac{a^\circ}{180^\circ}\pi$$

ですね。扇型の弧の長さを求めるだけなのに複雑な式になってしまいました。そこで扇型の弧の長さをもっと簡単に、「半径×角度」と表せるような新しい角度の表し方を考えます。

　すなわち

$$l = r \times \boldsymbol{\theta}$$

になるようにするのです。上の式と見比べれば

$$\theta = \frac{a^\circ}{180^\circ}\pi \quad \cdots ①$$

であればよいことがわかりますね。ここで $l = r \times \theta$ を変形すると

$$\theta = \frac{l}{r} \quad \cdots ②$$

です。

　このように、**半径に対する弧の長さの割合で角度を表す方法**を**弧度法**と言い、単位は「**ラジアン**」を使います。1ラジアンは、②で $\theta = 1$ になる

とき、すなわち「$l = r$」のときの角度です。①より $\theta = 1$ のとき

$$1 = \frac{a^\circ}{180^\circ}\pi \;\;\Rightarrow\;\; a^\circ = \frac{180^\circ}{\pi} \fallingdotseq 57.3^\circ$$

なので、1 ラジアンはおよそ 57.3° です。

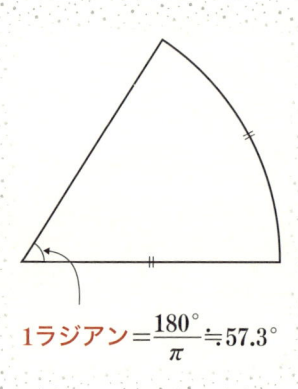

$$\text{1ラジアン} = \frac{180^\circ}{\pi} \fallingdotseq 57.3^\circ$$

　なんと言っても重要なのが、**弧度法では角度を②のように長さの比で表す点**です。こうすれば三角比の値と同じく、弧度法で表された数は「無次元数」になります。

（注）　読者の中には、「1 ラジアン」という単位があるのにラジアンが「無次元数」であることを不思議に思う人がいるかもしれませんね。しかし、前述の通りラジアンは「$\dfrac{\text{長さ}}{\text{長さ}}$」で表されるので、三角比と同じく無次元数です。
「1 ラジアン」というのは弧度法で角度を表すときの基準の大きさを示したにすぎない、と捉えてもらうとよいかもしれません。実際、数学では弧度法で角度を表す際、後ろに「ラジアン」と添えることはほとんどありません。

度数法で表された角度をラジアンに変換するには①を使います。

【ラジアン（弧度法）】

$a°$ を度数法（360度法）による角度とすると

$$\theta = \frac{a°}{180°}\pi \ [ラジアン]$$

　この変換公式を図にすると次の通り（実際はこの図を使って考えてください）。

　今後は本書でも角度は基本的に弧度法で表すことにします。

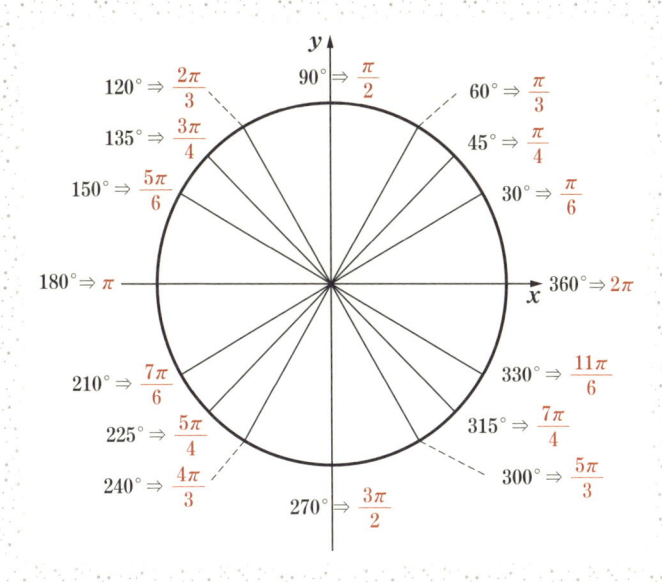

三角関数は、$0 < \theta < \dfrac{\pi}{2}$（$0° < \theta < 90°$）以外でも考えられるように、

次のように定義します。

【三角関数の定義】

原点を中心とする半径 1 の円（単位円と言います）の周上にあって、x 軸の正の方向と反時計回りに角度 θ をなす（つくる）点の座標を

$$(\cos\theta, \ \sin\theta)$$

とする。また、$\tan\theta$ は $\tan\theta = \dfrac{\sin\theta}{\cos\theta}$ で定める。

（注）　この新しい定義は、下の図で P が第 1 象限にあるとき、（$0 < \theta < \dfrac{\pi}{2}$ のとき）三角比の定義（43 頁）と一致することを確認してください。

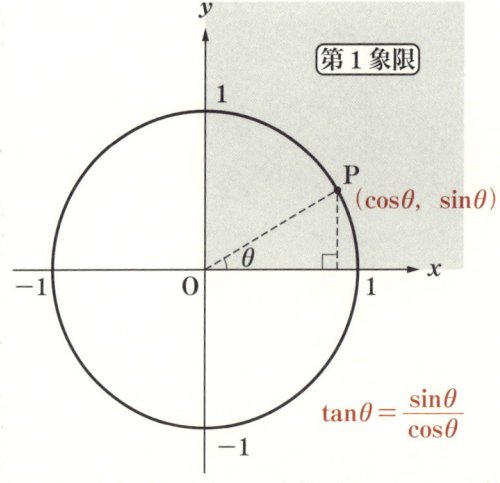
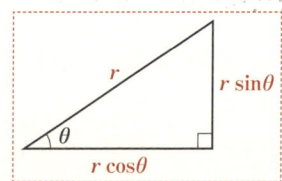

$$\tan\theta = \frac{\sin\theta}{\cos\theta}$$

前頁の図で、θ の値によらず OP $= 1$ なので、2 点間の距離の公式（115 頁）を使えば

$$\begin{aligned} \text{OP} = 1 \quad &\Rightarrow \quad \sqrt{(\cos\theta)^2 + (\sin\theta)^2} = 1 \\ &\Rightarrow \quad (\cos\theta)^2 + (\sin\theta)^2 = 1^2 \\ &\Rightarrow \quad \cos^2\theta + \sin^2\theta = 1 \end{aligned}$$

O と A $(x_a, \; y_a)$ の距離は
$$\text{OA} = \sqrt{x_a{}^2 + y_a{}^2}$$

また、定義より

$$\tan\theta = \frac{\sin\theta}{\cos\theta}$$

なので、44 頁で紹介した三角比の相互関係は三角関数でも変わりません。もちろん上の 2 式から得られる

$$1 + \tan^2\theta = \frac{1}{\cos^2\theta}$$

も同じように成立します（証明は 44 〜 45 頁参照）。

【三角関数の相互関係】

(i) $\quad \tan\theta = \dfrac{\sin\theta}{\cos\theta}$

(ii) $\quad \cos^2\theta + \sin^2\theta = 1$

(iii) $\quad 1 + \tan^2\theta = \dfrac{1}{\cos^2\theta}$

三角関数の定義域（θ の範囲）を $0 \leq \theta < 2\pi$（$0 \leq \theta < 360°$）以外にも拡げられるように、負の角度や 2π を超える角度を次のように考えることにします。

xy 平面上で原点 O を端点とする半直線 OP を、O のまわりに回転させます。ここでは最初 OP は x 軸に重なっていることにしましょう。このとき回転する半直線 OP を**動径**、半直線が最初にあった位置を示す x 軸を**始線**と言います。

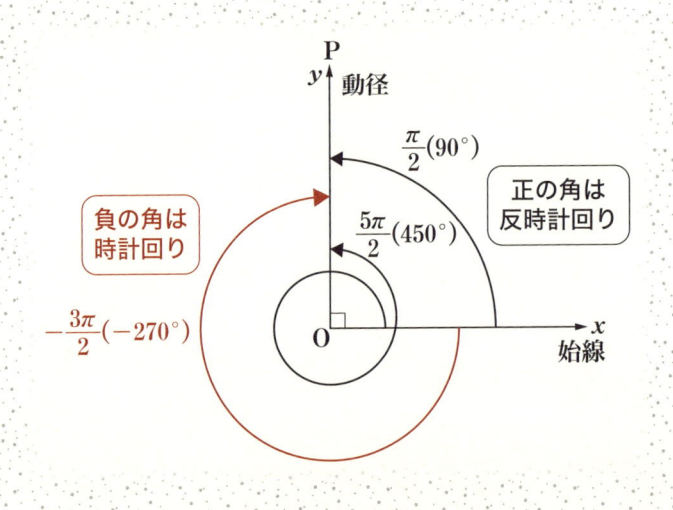

OP が回転する向きには 2 種類あります。そこで

と定めます。たとえば、前頁の図では OP は正の向きで捉えれば $\dfrac{\pi}{2}$（90°）

回転ですが、負の向きで捉えれば、$-\dfrac{3\pi}{2}$（$-270°$）回転になります。

　また、OP は 2π（360°）回転したあと、さらに $\dfrac{\pi}{2}$（90°）回転しても前

頁の図の位置になります。この場合 OP の回転角は

$$\frac{\pi}{2}+2\pi=\frac{5\pi}{2}\quad(90°+360°=450°)$$

です。

　このように考えると 1 つの角度の表し方がいくつも（無数に）あること

になりますね。

　一般に、動径 OP は 2π あるいは -2π 回転すると元の位置に戻るので

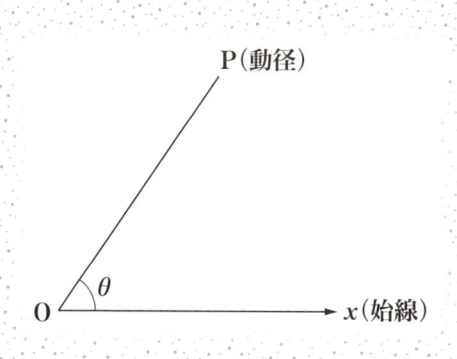

　動径と始線のなす角（OP と x 軸でつくる角）の 1 つを θ としたとき、

$$\theta+2n\pi\quad(n=0,\ \pm1,\ \pm2,\ \cdots)$$

で表される角度はすべて一致します。

負の角度や 2π 以上の角度を定めることで角度の大きさをすべての実数値にまで拡張して考えたものを**一般角**と言います。

　さあ、これで三角比が三角関数に昇格するための準備が整いました。次はその全貌を明らかにするために、**三角関数のグラフ**がどのような形になるかを考えていきましょう。

　θ に代表的な値を代入して、$\cos\theta$、$\sin\theta$、$\tan\theta$ の具体的な値を計算するために、中学でも学んだ「有名な直角三角形」の各辺の比の関係を復習しておきます。

➤ 有名な直角三角形と〝特別な〟角度

　有名な直角三角形というのは、三角定規になっている次の 2 つの直角三角形のことです。

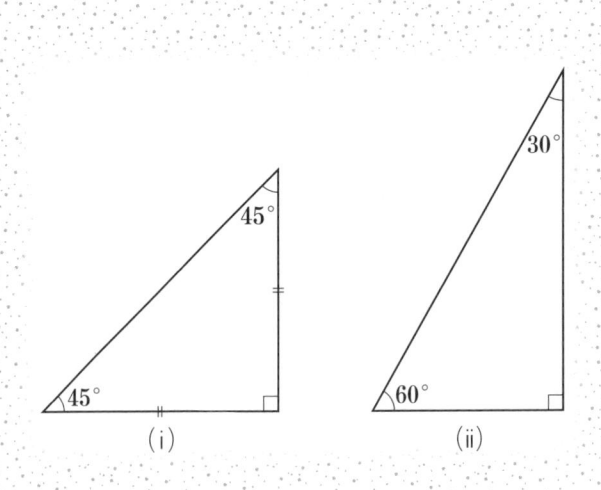

(i)　　　　(ii)

　左の(i)の直角三角形は二等辺三角形なので、斜辺の長さを 1 とすると残りの辺の長さは三平方の定理を使って次頁の図のように計算できます。

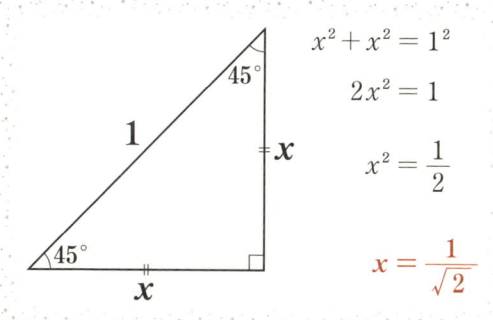

$$x^2 + x^2 = 1^2$$

$$2x^2 = 1$$

$$x^2 = \frac{1}{2}$$

$$x = \frac{1}{\sqrt{2}}$$

　また右の(ⅱ)、$30°$ と $60°$ の直角三角形は正三角形の半分です。やはり斜辺の長さを 1 として、三平方の定理を使うと

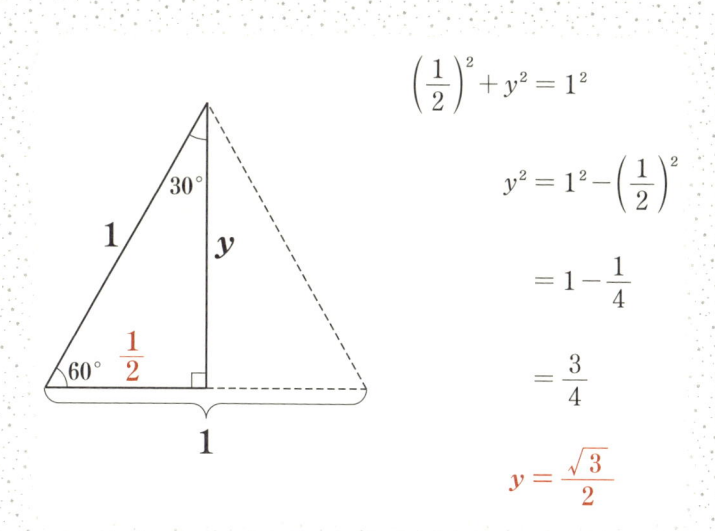

$$\left(\frac{1}{2}\right)^2 + y^2 = 1^2$$

$$y^2 = 1^2 - \left(\frac{1}{2}\right)^2$$

$$= 1 - \frac{1}{4}$$

$$= \frac{3}{4}$$

$$y = \frac{\sqrt{3}}{2}$$

であることがわかります。以上より、有名な直角三角形の各辺の長さは、斜辺の長さを 1 とすると次の通りです。

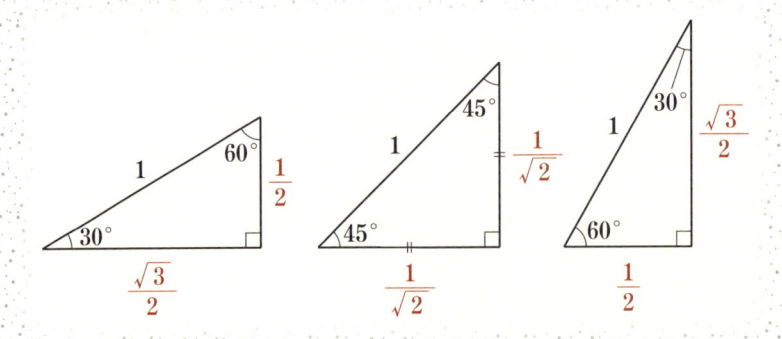

➤ 三角関数の〝特別な〟値

下の図は

$$30° = \frac{\pi}{6}, \quad 45° = \frac{\pi}{4}, \quad 60° = \frac{\pi}{3}$$

であることに注意して、有名な直角三角形の各辺の長さから半径1の円（単位円）上の点の座標を求めたものです。

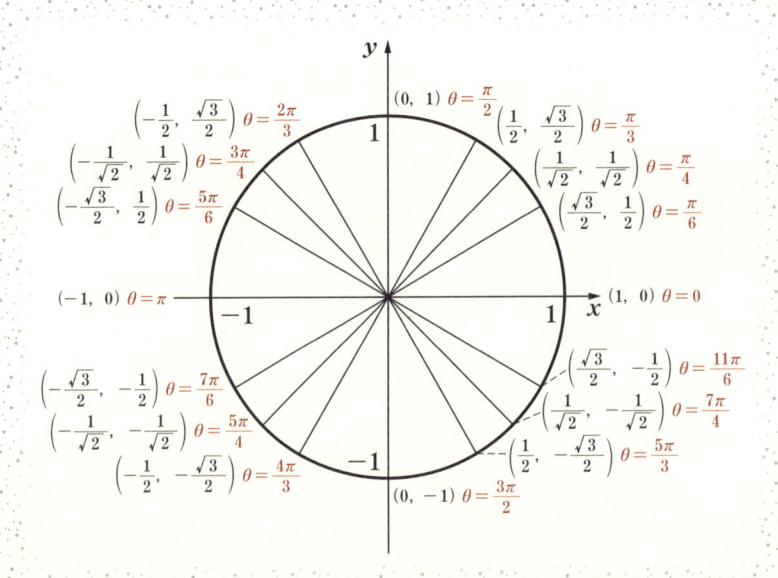

これらの各点の座標が（$\cos\theta$, $\sin\theta$）です（240頁）。

　$\theta = 0$ の点から $\cos\theta$ だけ（x 座標だけ）を拾っていくと次のようになります。

$$1 \to \frac{\sqrt{3}}{2} \to \frac{1}{\sqrt{2}} \to \frac{1}{2} \to 0 \to -\frac{1}{2} \to -\frac{1}{\sqrt{2}} \to -\frac{\sqrt{3}}{2} \to -1$$

$$\to -\frac{\sqrt{3}}{2} \to -\frac{1}{\sqrt{2}} \to -\frac{1}{2} \to 0 \to \frac{1}{2} \to \frac{1}{\sqrt{2}} \to \frac{\sqrt{3}}{2}$$

　縦軸に y、横軸に θ を取った座標軸上にこれらの値を書き込んで滑らかつないだものが $y = \cos\theta$ のグラフです。

《$y = \cos\theta$ のグラフ》

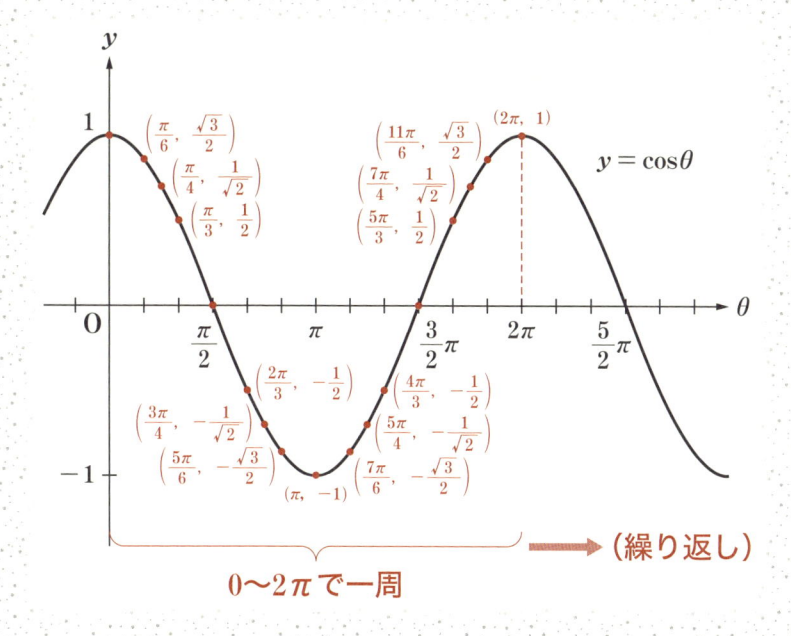

一方、$\theta = 0$ の点から $\sin\theta$ だけ（y 座標だけ）を拾っていくと次のように
になります。

$$0 \to \frac{1}{2} \to \frac{1}{\sqrt{2}} \to \frac{\sqrt{3}}{2} \to 1 \to \frac{\sqrt{3}}{2} \to \frac{1}{\sqrt{2}} \to \frac{1}{2} \to 0$$

$$\to -\frac{1}{2} \to -\frac{1}{\sqrt{2}} \to -\frac{\sqrt{3}}{2} \to -1 \to -\frac{\sqrt{3}}{2} \to -\frac{1}{\sqrt{2}} \to -\frac{1}{2}$$

同様にこれらの値を書き込んで滑らかにつないだものが $y = \sin\theta$ のグラフです。

《$y = \sin\theta$ のグラフ》

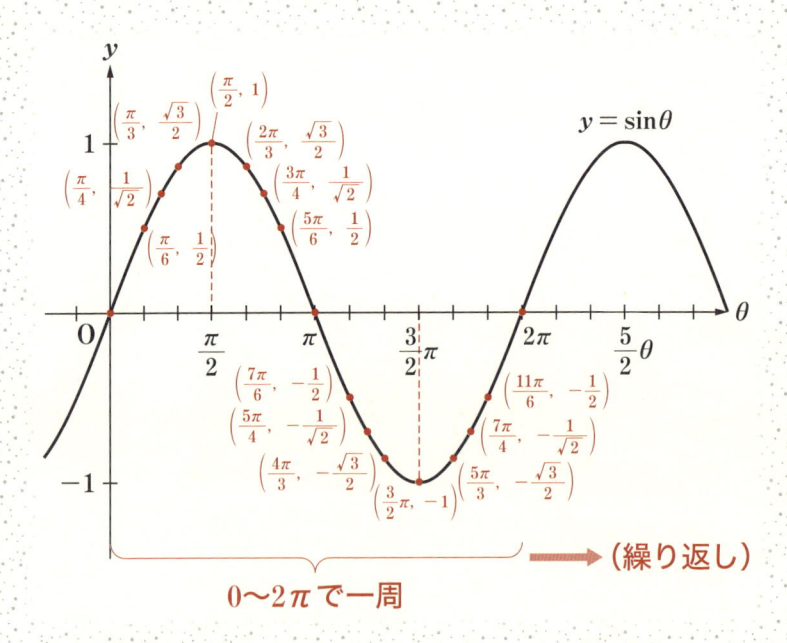

(注) 上のグラフと前頁の $\cos\theta$ のグラフは見やすさを優先して、縦方向の寸法を伸ばしてあります。

248

【$y = \cos\theta$ と $y = \sin\theta$ の特徴】

(ⅰ) 値域が $-1 \leqq y \leqq 1$

(ⅱ) 2π を周期として同じ値を繰り返す

(ⅲ) $y = \cos\theta$ のグラフを θ 軸の正の方向に $\dfrac{\pi}{2}$ だけ

平行移動すると $y = \sin\theta$ のグラフに重なる

さて、残るは $\tan\theta$ ですが、$\tan\theta$ のグラフを書くには

$$\tan\theta = \frac{\sin\theta}{\cos\theta}$$

を使って、それぞれの値を計算する必要があります。ここではその結果だけを表にまとめます。

θ	0	$\dfrac{\pi}{6}$	$\dfrac{\pi}{4}$	$\dfrac{\pi}{3}$	$\dfrac{\pi}{2}$	$\dfrac{2\pi}{3}$	$\dfrac{3\pi}{4}$	$\dfrac{5\pi}{6}$
$\tan\theta$	0	$\dfrac{1}{\sqrt{3}}$	1	$\sqrt{3}$		$-\sqrt{3}$	-1	$-\dfrac{1}{\sqrt{3}}$

π	$\dfrac{7\pi}{6}$	$\dfrac{5\pi}{4}$	$\dfrac{4\pi}{3}$	$\dfrac{3\pi}{2}$	$\dfrac{5\pi}{3}$	$\dfrac{7\pi}{4}$	$\dfrac{11\pi}{6}$
0	$\dfrac{1}{\sqrt{3}}$	1	$\sqrt{3}$		$-\sqrt{3}$	-1	$-\dfrac{1}{\sqrt{3}}$

（注） 上の表で $\theta = \dfrac{\pi}{2}$ のときと $\theta = \dfrac{3\pi}{2}$ のときは $\tan\theta$ の値が「無い」ことに注意してください。理由は「$\tan\theta = \dfrac{\sin\theta}{\cos\theta}$」の分母の $\cos\theta$ が 0 になってしまうからです。

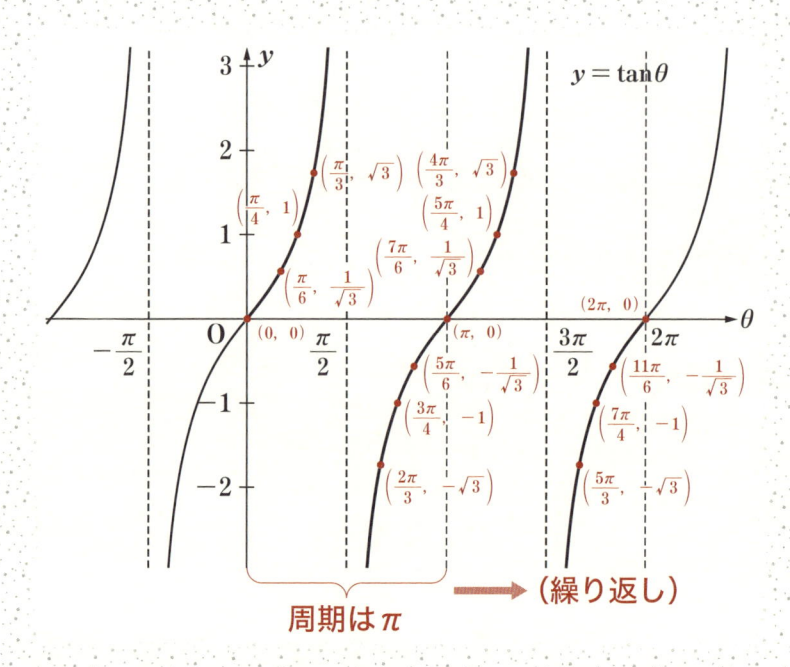

【$y = \tan\theta$ の特徴】

(i) 値域が $-\infty \leqq y \leqq \infty$ （制限がない）

(ii) π を周期として同じ値を繰り返す

　この後は三角関数に関する重要な公式をいくつか紹介していきます。三角関数は高校数学の中でも特に公式が多い単元ですが、決して結果を丸暗記するのではなく、1つ1つを原理原則に則って理解し、（できれば）自分の手で導けるようにしてください。

➤ 原理から考えて導く「負角・余角の公式」

　三角関数の定義に従って図を書けば次のような公式が導けます。

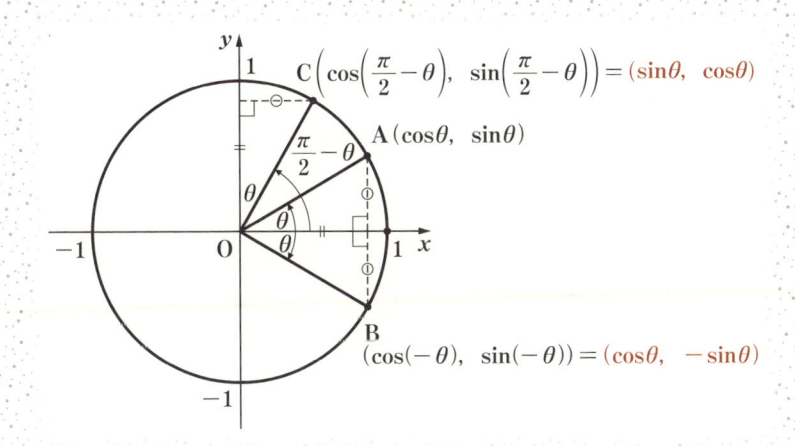

　今、単位円（半径が１の円）上にx軸の正の向きから角度θを取った
A$(\cos\theta,\ \sin\theta)$を用意します。次に A とは反対向き（負の向き）に角
度θを取った点 B$(\cos(-\theta),\ \sin(-\theta))$を取ると、B は A と$x$軸に関し
て対称になるので、x座標は同じで、y座標は符号が逆になります。すな
わち

$$(\cos(-\theta),\ \sin(-\theta)) = (\cos\theta,\ -\sin\theta)\ \text{［負角の公式］}$$

です。次にy軸の正の方向から負の向きに角度θを取った点 C を用意す
ると、図より C のx座標＝ A のy座標、C のy座標＝ A のx座標なので

$$\left(\cos\left(\frac{\pi}{2}-\theta\right),\ \sin\left(\frac{\pi}{2}-\theta\right)\right) = (\sin\theta,\ \cos\theta)\ \text{［余角の公式］}$$

です。

（注）　鋭角に対して、合わせて直角になる角度のことを「**余角**」と言います。

【負角・余角の公式】

$$\cos(-\theta) = \cos\theta$$
$$\sin(-\theta) = -\sin\theta$$
　　　　　　　　　　　　　　　負角の公式

$$\cos\left(\frac{\pi}{2} - \theta\right) = \sin\theta$$
$$\sin\left(\frac{\pi}{2} - \theta\right) = \cos\theta$$
　　　　　　　　　　　　　　　余角の公式

➤ ここが急所！　最難関の「加法定理」

　加法定理の証明は、高校数学のすべての公式の証明の中でも1、2位を競うほど難しいもので、以前東大の入試に証明そのものが出たこともあります。

　でも、諦めずに是非じっくり腰を据えて取り組んでみてください。必要な準備はすでに終わっています。加法定理の証明が自分の手で行えるようになれば、三角関数はもちろん、数学全体についても自信を持てるようになるでしょう。

　最初に結果を示します。

【加法定理】

(ⅰ) $\cos(\alpha + \beta) = \cos\alpha\cos\beta - \sin\alpha\sin\beta$

(ⅱ) $\cos(\alpha - \beta) = \cos\alpha\cos\beta + \sin\alpha\sin\beta$

(ⅲ) $\sin(\alpha + \beta) = \sin\alpha\cos\beta + \cos\alpha\sin\beta$

(ⅳ) $\sin(\alpha - \beta) = \sin\alpha\cos\beta - \cos\alpha\sin\beta$

(ⅴ) $\tan(\alpha + \beta) = \dfrac{\tan\alpha + \tan\beta}{1 - \tan\alpha\tan\beta}$

(ⅵ) $\tan(\alpha - \beta) = \dfrac{\tan\alpha - \tan\beta}{1 + \tan\alpha\tan\beta}$

手始めに、(ⅰ)の

$$\cos(\alpha + \beta) = \cos\alpha\cos\beta - \sin\alpha\sin\beta$$

を示し、その後は負角の公式や余角の公式、相互関係などを使って芋づる式に導いていきます。

x 軸の正の方向を始線とし、角度 α、角度 $\alpha+\beta$、角度 $-\beta$ の動径と単位円との交点をそれぞれ P, Q, R とします。また $(1, 0)$ を A とします。

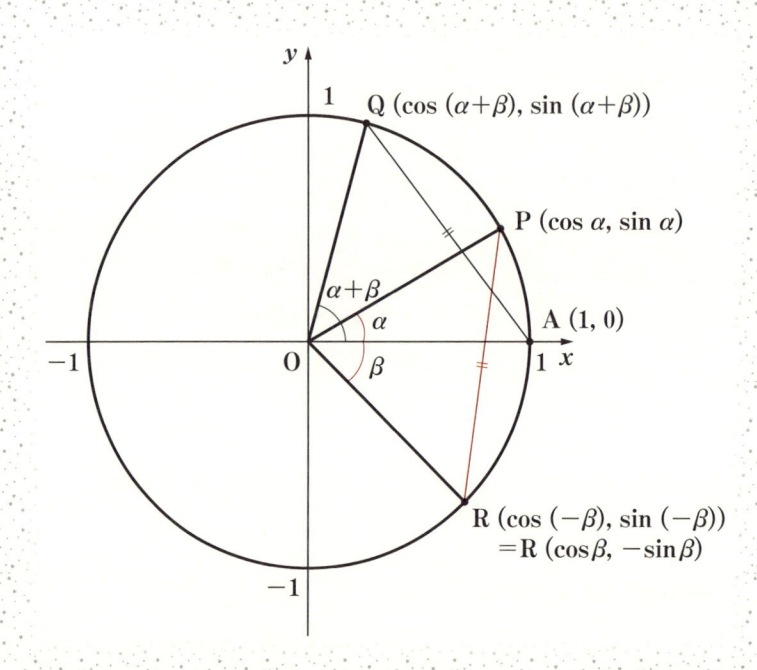

三角関数の定義から、各点の座標は次の通り。

A $(1, 0)$

P $(\cos\alpha, \sin\alpha)$

Q $(\cos(\alpha+\beta), \sin(\alpha+\beta))$

R $(\cos(-\beta), \sin(-\beta)) = $ R $(\cos\beta, -\sin\beta)$

> **負角の公式**
> $\cos(-\theta) = \cos\theta$
> $\sin(-\theta) = -\sin\theta$

R の座標には**負角の公式**を使いました。

図より RP を原点のまわりに β だけ回転すると AQ に重なることは明らかなので

$$AQ = RP$$

2 点間の距離の公式（115 頁）を用いると

$$\sqrt{\{\cos(\alpha+\beta)-1\}^2+\{\sin(\alpha+\beta)-0\}^2}$$
$$= \sqrt{(\cos\beta-\cos\alpha)^2+(-\sin\beta-\sin\alpha)^2}$$

> A $(x_a,\ y_a)$ と B $(x_b,\ y_b)$ のとき
> $$AB = \sqrt{(x_b-x_a)^2+(y_b-y_a)^2}$$

両辺を 2 乗してから展開します。

> $(a+b)^2 = a^2+2ab+b^2$
> $(a-b)^2 = a^2-2ab+b^2$

> $(-\sin\beta-\sin\alpha)^2 = \{-(\sin\beta+\sin\alpha)\}^2$
> $\qquad\qquad\qquad = (\sin\beta+\sin\alpha)^2$

$$\cos^2(\alpha+\beta)-2\cos(\alpha+\beta)+1^2+\sin^2(\alpha+\beta)$$
$$= \cos^2\beta-2\cos\beta\cos\alpha+\cos^2\alpha+\sin^2\beta+2\sin\beta\sin\alpha+\sin^2\alpha$$

三角関数の相互関係より「$\cos^2\theta+\sin^2\theta = 1$」であることに注意すると上の式は次のように整理できます。

$$2-2\cos(\alpha+\beta) = 2-2\cos\beta\cos\alpha+2\sin\beta\sin\alpha$$
$$\Rightarrow\quad -2\cos(\alpha+\beta) = -2\cos\beta\cos\alpha+2\sin\beta\sin\alpha$$
$$\Rightarrow\quad \mathbf{\cos(\alpha+\beta) = \cos\alpha\cos\beta-\sin\alpha\sin\beta}\quad \cdots(\text{i})$$

これで(i)が導けました。

(i)式で $\beta \to -\beta$ とすると

$$\cos\{\alpha+(-\beta)\} = \cos\alpha\cos(-\beta)-\sin\alpha\sin(-\beta)$$
$$\Rightarrow\quad \cos(\alpha-\beta) = \cos\alpha\cos\beta-\sin\alpha(-\sin\beta)$$
$$\Rightarrow\quad \mathbf{\cos(\alpha-\beta) = \cos\alpha\cos\beta+\sin\alpha\sin\beta}\quad \cdots(\text{ii})$$

> 負角の公式
> $\cos(-\theta) = \cos\theta$
> $\sin(-\theta) = -\sin\theta$

また余角の公式などを使うと

$$\sin(\alpha + \beta)$$

$$= \cos\left\{\frac{\pi}{2} - (\alpha + \beta)\right\}$$

$$= \cos\left\{\left(\frac{\pi}{2} - \alpha\right) - \beta\right\}$$

$$= \cos\left(\frac{\pi}{2} - \alpha\right)\cos\beta + \sin\left(\frac{\pi}{2} - \alpha\right)\sin\beta$$

$$= \sin\alpha\cos\beta + \cos\alpha\sin\beta$$

余角の公式
$$\sin\theta = \cos\left(\frac{\pi}{2} - \theta\right)$$

$$\cos(\alpha - \beta)$$
$$= \cos\alpha\cos\beta + \sin\alpha\sin\beta$$

余角の公式
$$\cos\left(\frac{\pi}{2} - \theta\right) = \sin\theta$$
$$\sin\left(\frac{\pi}{2} - \theta\right) = \cos\theta$$

よって、

$$\sin(\alpha + \beta) = \sin\alpha\cos\beta + \cos\alpha\sin\beta \quad \cdots(\text{ⅲ})$$

(ⅲ)式で $\beta \to -\beta$ とすると

$$\sin\{\alpha + (-\beta)\} = \sin\alpha\cos(-\beta) + \cos\alpha\sin(-\beta)$$

$$\Rightarrow \quad \sin(\alpha - \beta) = \sin\alpha\cos\beta + \cos\alpha(-\sin\beta)$$

$$\Rightarrow \quad \sin(\alpha - \beta) = \sin\alpha\cos\beta - \cos\alpha\sin\beta \quad \cdots(\text{ⅳ})$$

負角の公式
$$\cos(-\theta) = \cos\theta$$
$$\sin(-\theta) = -\sin\theta$$

次に、(ⅰ)、(ⅲ)と三角関数の相互関係を使って $\tan(\alpha + \beta)$ を変形して(ⅴ)を示します。

$$\tan(\alpha + \beta)$$

$$= \frac{\sin(\alpha + \beta)}{\cos(\alpha + \beta)}$$

$$= \frac{\sin\alpha\cos\beta + \cos\alpha\sin\beta}{\cos\alpha\cos\beta - \sin\alpha\sin\beta}$$

$$= \frac{\dfrac{\sin\alpha\cos\beta}{\cos\alpha\cos\beta} + \dfrac{\cos\alpha\sin\beta}{\cos\alpha\cos\beta}}{\dfrac{\cos\alpha\cos\beta}{\cos\alpha\cos\beta} - \dfrac{\sin\alpha\sin\beta}{\cos\alpha\cos\beta}}$$

$$\tan\theta = \frac{\sin\theta}{\cos\theta}$$

$$\cos(\alpha + \beta) = \cos\alpha\cos\beta - \sin\alpha\sin\beta$$
$$\sin(\alpha + \beta) = \sin\alpha\cos\beta + \cos\alpha\sin\beta$$

分母分子を $\cos\alpha\cos\beta$ で割る

$$= \frac{\dfrac{\sin\alpha}{\cos\alpha} + \dfrac{\sin\beta}{\cos\beta}}{1 - \dfrac{\sin\alpha}{\cos\alpha} \cdot \dfrac{\sin\beta}{\cos\beta}}$$

よって

$$\tan(\alpha+\beta) = \frac{\tan\alpha + \tan\beta}{1 - \tan\alpha\tan\beta} \quad \cdots(\text{v})$$

まったく同様にして(ⅱ)、(ⅳ)より

$$\tan(\alpha-\beta)$$

$$= \frac{\sin(\alpha-\beta)}{\cos(\alpha-\beta)}$$

$$= \frac{\sin\alpha\cos\beta - \cos\alpha\sin\beta}{\cos\alpha\cos\beta + \sin\alpha\sin\beta}$$

$$= \frac{\dfrac{\sin\alpha\cos\beta}{\cos\alpha\cos\beta} - \dfrac{\cos\alpha\sin\beta}{\cos\alpha\cos\beta}}{\dfrac{\cos\alpha\cos\beta}{\cos\alpha\cos\beta} + \dfrac{\sin\alpha\sin\beta}{\cos\alpha\cos\beta}}$$

$$= \frac{\dfrac{\sin\alpha}{\cos\alpha} - \dfrac{\sin\beta}{\cos\beta}}{1 + \dfrac{\sin\alpha}{\cos\alpha} \cdot \dfrac{\sin\beta}{\cos\beta}}$$

から

$$\tan(\alpha-\beta) = \frac{\tan\alpha - \tan\beta}{1 + \tan\alpha\tan\beta} \quad \cdots(\text{vi})$$

が導けます。

$$\boxed{\text{証明終}}$$

以上で加法定理の 6 つの式がすべて示せました。お疲れ様でした！

$$\boxed{\tan\theta = \frac{\sin\theta}{\cos\theta}}$$

➤ 加法定理から導く「2倍角の公式」と「半角の公式」

加法定理の(i)、(iii)、(v)で $\beta \to \alpha$ とすると、**2倍角の公式**が導けます。

$\cos(\alpha + \alpha) = \cos\alpha\cos\alpha - \sin\alpha\sin\alpha$

$\Rightarrow \quad \cos 2\alpha = \cos^2\alpha - \sin^2\alpha$

$\boxed{\cos(\alpha + \beta) = \cos\alpha\cos\beta - \sin\alpha\sin\beta}$

$\sin(\alpha + \alpha) = \sin\alpha\cos\alpha + \cos\alpha\sin\alpha$

$\Rightarrow \quad \sin 2\alpha = 2\sin\alpha\cos\alpha$

$\boxed{\sin(\alpha + \beta) = \sin\alpha\cos\beta + \cos\alpha\sin\beta}$

$\tan(\alpha + \alpha) = \dfrac{\tan\alpha + \tan\alpha}{1 - \tan\alpha\tan\alpha}$

$\boxed{\tan(\alpha + \beta) = \dfrac{\tan\alpha + \tan\beta}{1 - \tan\alpha\tan\beta}}$

$\Rightarrow \quad \tan 2\alpha = \dfrac{2\tan\alpha}{1 - \tan^2\alpha}$

【2倍角の公式】

$$\cos 2\alpha = \cos^2\alpha - \sin^2\alpha$$

$$\sin 2\alpha = 2\sin\alpha\cos\alpha$$

$$\tan 2\alpha = \frac{2\tan\alpha}{1 - \tan^2\alpha}$$

三角関数の相互関係を使って「$\cos 2\alpha = \cos^2\alpha - \sin^2\alpha$」を変形すると
半角の公式が得られます。

$\cos 2\alpha = \cos^2\alpha - \sin^2\alpha$

$\qquad\quad = \cos^2\alpha - (1 - \cos^2\alpha)$

$\boxed{\begin{array}{l} \cos^2\theta + \sin^2\theta = 1 \\ \Rightarrow \quad \sin^2\theta = 1 - \cos^2\theta \end{array}}$

$\qquad\quad = 2\cos^2\alpha - 1$

$\Rightarrow \quad 2\cos^2\alpha = 1 + \cos 2\alpha$

$\Rightarrow \quad \cos^2\alpha = \dfrac{1 + \cos 2\alpha}{2}$

ここで $\alpha \to \dfrac{\theta}{2}$ とすると

$$\Rightarrow \quad \cos^2\frac{\theta}{2} = \frac{1 + \cos 2 \cdot \dfrac{\theta}{2}}{2}$$

$$\Rightarrow \quad \cos^2\frac{\theta}{2} = \frac{1 + \cos\theta}{2} \quad \cdots ①$$

同様に、

$$\cos 2\alpha = \cos^2\alpha - \sin^2\alpha$$
$$= (1 - \sin^2\alpha) - \sin^2\alpha$$
$$= 1 - 2\sin^2\alpha$$
$$\Rightarrow \quad 2\sin^2\alpha = 1 - \cos 2\alpha$$
$$\Rightarrow \quad \sin^2\alpha = \frac{1 - \cos 2\alpha}{2}$$

$\alpha \to \dfrac{\theta}{2}$ とすると

$$\Rightarrow \quad \sin^2\frac{\theta}{2} = \frac{1 - \cos 2 \cdot \dfrac{\theta}{2}}{2}$$

$$\Rightarrow \quad \sin^2\frac{\theta}{2} = \frac{1 - \cos\theta}{2} \quad \cdots ②$$

①、②より

$$\tan^2\frac{\theta}{2} = \left(\tan\frac{\theta}{2}\right)^2 \qquad \boxed{\tan\theta = \frac{\sin\theta}{\cos\theta}}$$

$$= \left(\frac{\sin\dfrac{\theta}{2}}{\cos\dfrac{\theta}{2}}\right)^2$$

$$= \frac{\sin^2\dfrac{\theta}{2}}{\cos^2\dfrac{\theta}{2}}$$

①、②より

$$\cos^2\frac{\theta}{2}=\frac{1+\cos\theta}{2}$$

$$\sin^2\frac{\theta}{2}=\frac{1-\cos\theta}{2}$$

$$= \frac{\dfrac{1-\cos\theta}{2}}{\dfrac{1+\cos\theta}{2}}$$

$$\frac{\dfrac{1-\cos\theta}{2}}{\dfrac{1+\cos\theta}{2}}=\frac{1-\cos\theta}{2}\div\frac{1+\cos\theta}{2}$$

$$=\frac{1-\cos\theta}{2}\times\frac{2}{1+\cos\theta}$$

$$= \frac{1-\cos\theta}{1+\cos\theta}$$

$$\Rightarrow \quad \tan^2\frac{\theta}{2}=\frac{1-\cos\theta}{1+\cos\theta}$$

【半角の公式】

$$\cos^2\frac{\theta}{2}=\frac{1+\cos\theta}{2}$$

$$\sin^2\frac{\theta}{2}=\frac{1-\cos\theta}{2}$$

$$\tan^2\frac{\theta}{2}=\frac{1-\cos\theta}{1+\cos\theta}$$

(注) 半角の公式を導く途中で得られる

$$\cos^2\alpha=\frac{1+\cos 2\alpha}{2}, \;\; \sin^2\alpha=\frac{1-\cos 2\alpha}{2}$$

は三角関数の次数を下げたいときに大変有効です。

➤ 三角関数の合成

ここでの目標は、a, b, θ が与えられているとき

$$a\sin\theta + b\cos\theta = A\sin(\theta + \alpha) \ [A > 0]$$

を満たす A と α を見つけることです。このように 2 つの三角関数を 1 つにまとめる変形を**三角関数の合成**と言います。

右辺を、加法定理を使って展開します。

$$\begin{aligned}
右辺 &= A\sin(\theta + \alpha) \\
&= A(\sin\theta\cos\alpha + \cos\theta\sin\alpha) \\
&= A\cos\alpha\sin\theta + A\sin\alpha\cos\theta
\end{aligned}$$

$$\boxed{\sin(\alpha + \beta) = \sin\alpha\cos\beta + \cos\alpha\sin\beta}$$

また、左辺は

$$左辺 = a\sin\theta + b\cos\theta$$

なので、左辺と右辺が等しくなるためには

$$A\cos\alpha = a, \ \ A\sin\alpha = b \qquad \cdots (ア)$$

であればよいことがわかります。これを

$$\cos\alpha = \frac{a}{A}, \ \ \sin\alpha = \frac{b}{A}$$

と変形して、「$\cos^2\alpha + \sin^2\alpha = 1$」に代入すると

$$\cos^2\alpha + \sin^2\alpha = 1 \ \Rightarrow \ \left(\frac{a}{A}\right)^2 + \left(\frac{b}{A}\right)^2 = 1$$

$$\Rightarrow \ \frac{a^2}{A^2} + \frac{b^2}{A^2} = 1$$

$$\Rightarrow \ A^2 = a^2 + b^2 \qquad \boxed{A > 0}$$

$$\Rightarrow \ A = \sqrt{a^2 + b^2}$$

また前頁（ア）より「$A\cos\alpha = a,\ A\sin\alpha = b$」なので、$\alpha$ は半径 A（$= \sqrt{a^2+b^2}$）の円上の点 $(a,\ b)$ を通る動径と x 軸とのなす角です。

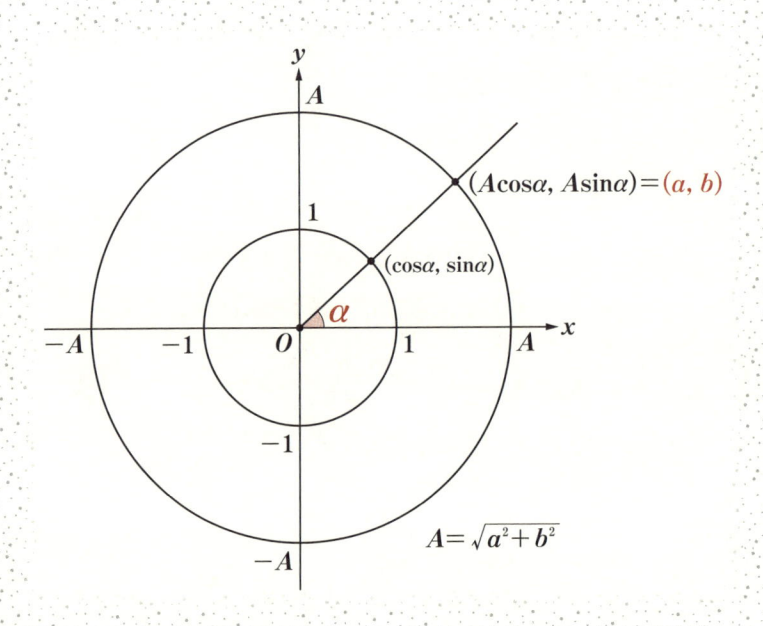

$$a\sin\theta + b\cos\theta = \sqrt{a^2+b^2}\,\sin(\theta+\alpha)$$

【三角関数の合成】

α は半径 $\sqrt{a^2+b^2}$ の円上の点 $(a,\ b)$ を通る動径と x 軸とのなす角であり、次式を満たす。

$$\cos\alpha = \frac{a}{\sqrt{a^2+b^2}},\ \sin\alpha = \frac{b}{\sqrt{a^2+b^2}}$$

例

$$\sin\theta + \sqrt{3}\,\cos\theta = \sqrt{1^2 + \sqrt{3}^2}\,\sin(\theta + \alpha)$$
$$= \sqrt{4}\,\sin(\theta + \alpha)$$
$$= 2\sin(\theta + \alpha)$$

α は右図より

$$\alpha = \frac{\pi}{3}$$

よって、

$$\sin\theta + \sqrt{3}\,\cos\theta$$
$$= 2\sin\left(\theta + \frac{\pi}{3}\right)$$

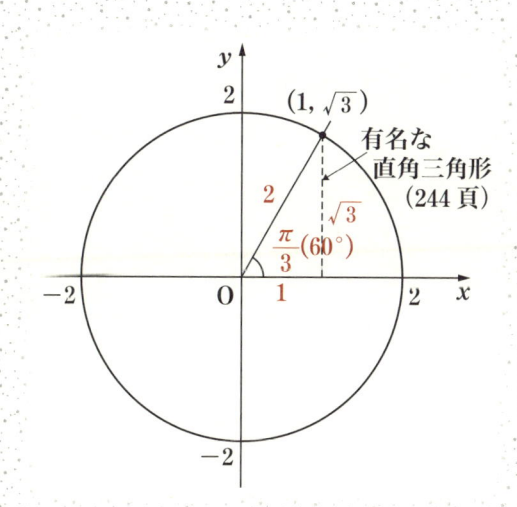

ここまで、公式の証明に紙面を費やしてきたので、最後に短い（けれど決して簡単ではない）問題を紹介しておきます。京都大学の入試問題です。

問題 24

$\tan 1°$ は有理数か。

［京都大学］

解説

　拍子抜けするくらい短い問題文です。でも（それだけに）多くの受験生にとっては、とっかかりをつかむのが難しい問題だったと思います。

　本問が厄介なのは、最初に $\tan 1°$ が有理数（＝分数で表せる数）か無理数（＝分数で表せない数）かのあたりをつける必要がある点です。

　でも、どちらかを判断する積極的な根拠はないので、試しに $\tan 1°$ は無理数であると予想して（あくまで予想です）これを証明することを考えます。なに、どうせ二者択一ですから、「もしうまくいかないときは、有理数であることを示す方法を改めて考えればいいや」ぐらいの気持ちで始めてしまえばよいのです。

　ところで、ある数が無理数であることを示すにはふつう**背理法**（14 頁）を使います。なぜなら無理数は「分数で表すことができない数」であり、背理法は不可能であることの証明に有効だからです。

背理法がよく使われるケース
- （ⅰ）　**不可能であることの証明**
- （ⅱ）　**存在しないことの証明**
- （ⅲ）　**無限であることの証明**

　背理法を使って、$\tan 1°$ が無理数であることを示すには、**$\tan 1°$ が有理数であると仮定して矛盾を導く**必要がありますが、$\tan 1°$ を $\tan\theta$ の「特別な値」と関連付ける方法が見つかれば話が早そうです。すなわち、$\tan\theta$ のグラフを描く際に使った次頁の表にあるいずれかの θ を使って $1°$ を表すことができないかを考えます。

θ	0	$\dfrac{\pi}{6}$	$\dfrac{\pi}{4}$	$\dfrac{\pi}{3}$	$\dfrac{\pi}{2}$	$\dfrac{2\pi}{3}$	$\dfrac{3\pi}{4}$	$\dfrac{5\pi}{6}$
$\tan\theta$	0	$\dfrac{1}{\sqrt{3}}$	1	$\sqrt{3}$		$-\sqrt{3}$	-1	$-\dfrac{1}{\sqrt{3}}$

π	$\dfrac{7\pi}{6}$	$\dfrac{5\pi}{4}$	$\dfrac{4\pi}{3}$	$\dfrac{3\pi}{2}$	$\dfrac{5\pi}{3}$	$\dfrac{7\pi}{4}$	$\dfrac{11\pi}{6}$
0	$\dfrac{1}{\sqrt{3}}$	1	$\sqrt{3}$		$-\sqrt{3}$	-1	$-\dfrac{1}{\sqrt{3}}$

最終的には、**2倍角の公式**（258頁）を繰り返し使ったあとで、**加法定理**（253頁）を用いれば解決します。

解答

$$\tan 1° = p \quad [p \text{ は有理数}]$$

とします。

> ←証明したいこと（$\tan 1°$ が無理数）の否定を仮定
>
> $\tan 2\alpha = \dfrac{2\tan\alpha}{1-\tan^2\alpha}$

　2倍角の公式を使うと

$$\tan 2° = \tan 2\cdot 1° = \frac{2\tan 1°}{1-\tan^2 1°} = \frac{2p}{1-p^2}$$

より、$\tan 2°$ は有理数（分数で表せる数）。そこで改めて

$$\tan 2° = \frac{2p}{1-p^2} = q \quad [q \text{ は有理数}]$$

とすると、まったく同様にして

$$\tan 4° = \tan 2\cdot 2° = \frac{2\tan 2°}{1-\tan^2 2°} = \frac{2q}{1-q^2}$$

となります。$\tan 4°$ も有理数です。さらに

$$\tan 4° = \frac{2q}{1-q^2} = r \quad [r \text{ は有理数}]$$

とすると、やはり同様にして

$$\tan 8° = \tan 2 \cdot 4° = \frac{2\tan 4°}{1 - \tan^2 4°} = \frac{2r}{1 - r^2}$$

と計算できますから、$\tan 8°$ も有理数です。

　以下、省略しますが同じようにして

$$\tan 16°, \quad \tan 32°, \quad \tan 64°, \quad \tan 128°, \quad \cdots\cdots$$

はすべて有理数になります。ここで

$$\tan 64° = s \;[s \text{ は有理数}]$$

とすると

$60° = 64° - 4°$ を使って「特別な値」と関連付けることを考える

$$\tan 60° = \tan(64° - 4°) = \frac{\tan 64° - \tan 4°}{1 + \tan 64° \tan 4°} = \frac{s - r}{1 + sr}$$

よって、$\tan 60°$ は有理数。

しかしこれは

$\tan(\alpha - \beta) = \dfrac{\tan\alpha - \tan\beta}{1 + \tan\alpha\tan\beta}$

「特別な値」

矛盾が示せた

$$\tan\frac{\pi}{3} = \tan 60° = \sqrt{3}$$

であることと矛盾（$\sqrt{3}$ は無理数）。

　よって、**$\tan 1°$ は無理数。**

（終）

三角関数なんて役に立つの？
～フーリエ展開の恩恵～

高校時代、三角関数を学んだとき

「公式がたくさん出てきたけどよくわからなかった」
「結局、何の役に立つものなのかがイメージできなかった」

という感想を持った人は多いのではないのでしょうか？

でも前者については、前節で証明に付き合ってもらったことで、それぞれの公式が何者なのか（どこから導かれたものなのか）はある程度つかんでもらえたと思います（そう期待しています）。

そこでこのコラムでは後者について、すなわち三角関数は「何の役に立つものなのか」についてお話ししたいと思います。

白状すると、私自身も高校時代は――数学を通しては――三角関数の有用性がよくわかりませんでした。直角三角形を使って定義された三角比については、三辺の長さがわかれば面積が求められること（53頁）などに感動して、三角比ってすごい！　図形問題を解くための強力な武器だ‼と思えたのですが、三角比が三角関数に格上げされたあとは正直、問題のための問題しかないなあなんて（生意気にも）思っていたものです。でも、物理で単振動を習いはじめた頃、私は自分が浅はかであったことを思い知りました。

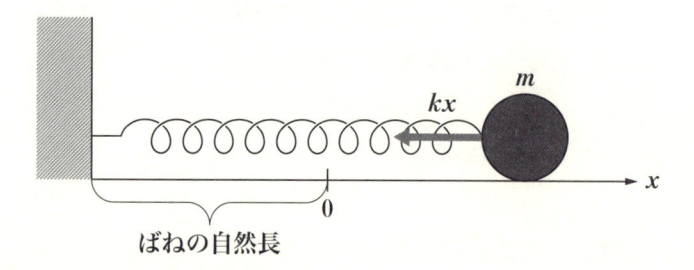

ばねの自然長

上の図のように、質量 m の物質がバネ定数 k のバネにつながれていて、バネの自然長からの伸びが x であるとき、この物質の運動方程式は

$$ma = -kx$$

と表されます（a は加速度）。

実は、この方程式は時間 t についての微分方程式になっていて、これを満たす x は一般に

$$x = A\sin\left(\sqrt{\frac{k}{m}}\,t + \varphi\right)\quad [A\ と\ \varphi\ は初期条件で決まる定数]$$

という三角関数で与えられます。

> （注）　このあたり、軽く読み飛ばしていただいて差し支えありませんが、
> 　　　　詳しく知りたい方は拙書『ふたたびの微分・積分』（すばる舎）の 298
> 　　　　～ 311 頁をご覧ください。

そもそも「単振動」というのは、三角関数一つで表せる振動、という意味です。

また音波や電磁波や交流回路などを表現するには三角関数が必要不可欠であることも知りました。三角関数は役に立つどころか、物理現象を表現

するために欠くことのできない道具だったのです。

　これだけでも三角関数の存在意義は十分にありますが、実は三角関数には物理現象を記述するという以外にも、私たちの生活に直結する高い実用性を持っています。

ナポレオンが愛した才能、ジョゼフ・フーリエ

　三角関数の実用性を飛躍的に高めた人物を紹介しましょう。19世紀の初めにフランスで活躍した**ジョゼフ・フーリエ**（1768−1830）という数学者です。

　フーリエは21歳のときフランス革命を経験します。そのフランス革命の英雄ナポレオンは合理的精神の持ち主であり、数学の才能にも恵まれていました。科学者たちとの議論をいつも楽しんでいたナポレオンは、エジプト遠征の折に、当時エコール・ポリテクニク（高等理工科学校）の数学教師だったフーリエを同行させています。余談ですが、フーリエは行政手腕にも長けていたようで、ナポレオンは彼をフランス・イゼール県の長官に任命しています。

　長官としての仕事に勤しみながらも、フーリエは数学の研究を続けました。そして、熱伝導を解析する数理モデルを考察する過程で、

「すべての関数は、三角関数の和によって表すことができる」

と結論しました。

　247〜248頁で紹介したグラフの形からもわかる通り、三角関数の本質は波です。波と言えば、「重ね合わせの原理」というものをご存じでしょうか。これは2つ以上の波が出会ったとき、変位はそれぞれの波の変位の

足し算になる、というものです。「重ね合わせの原理」に発想の端を得た
かどうかは定かではありませんが、とにかくフーリエは**「三角関数を足し
合わせれば、いかなる関数も表せる」**という一見突拍子もないアイディア
を思いついたのでした。

$y = A\sin k\theta$ のグラフ

フーリエのアイディアについて話を進める前に $y = A\sin k\theta$ のグラフ
について確認しておきたいと思います。

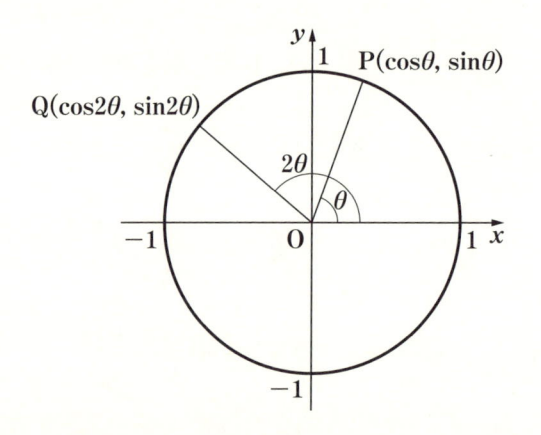

今、上の図のように単位円（半径が1の円）上で x 軸の正の方向から角
度 θ の点 P と角度 2θ の点 Q を考えます。

Q の角度は P の2倍なので、たとえば P が半周したときには Q はすで
に1周しているはずですね。P が1周したときには、Q は2周しています。
P が円上を動くとき、Q は2倍の速さでまわるので Q が1周するのにか
かる時間＝周期は P の半分です。

247～248頁でも確認したように、「$y = \cos\theta$」や「$y = \sin\theta$」の周期
は 2π なので、「$y = \cos 2\theta$」や「$y = \sin 2\theta$」の周期は 2π の半分の π にな

ります。

まわるスピードが k 倍になれば、周期は $\dfrac{1}{k}$ 倍になりますから、一般に次のようにまとめることができます（$y = \tan\theta$ の周期はもともと π です）。

$$y = \cos k\theta,\ y = \sin k\theta\ \text{の周期は}\ \dfrac{2\pi}{k}$$

$$y = \tan k\theta\ \text{の周期は}\ \dfrac{\pi}{k}$$

また、「$y = \sin\theta$」のとき、$-1 \leqq y \leqq 1$ でした（249頁）から、「$y = A\sin\theta$」のときは、$-A \leqq y \leqq A$ です。

以上より、たとえば「$y = 2\sin 2\theta$」のグラフは次のようになります。

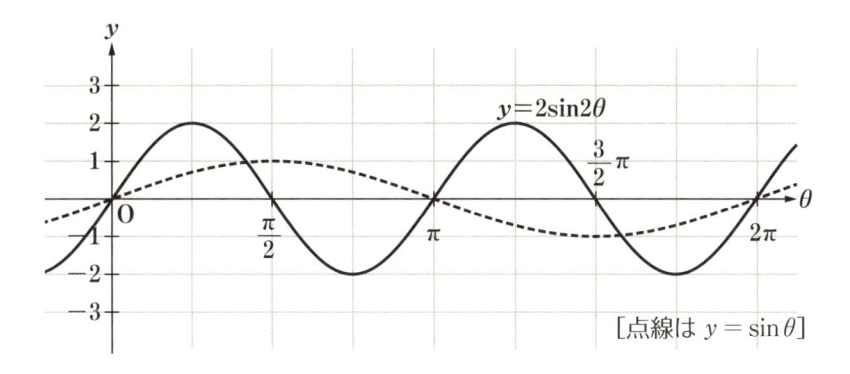

[点線は $y = \sin\theta$]

（注）　上のグラフと次頁のグラフは見やすくするために、実際の寸法より横方向をやや伸ばしてあります。

フーリエ展開とは

さて、フーリエのアイディアに戻りましょう。本当にすべての関数は三角関数の和で表せるのでしょうか？

試しに、先ほど書いた「$y = 2\sin 2\theta$」と「$y = \sin\theta$」とを重ね合わせて「$y = \sin\theta + 2\sin\theta$」という関数のグラフを書いてみましょう。

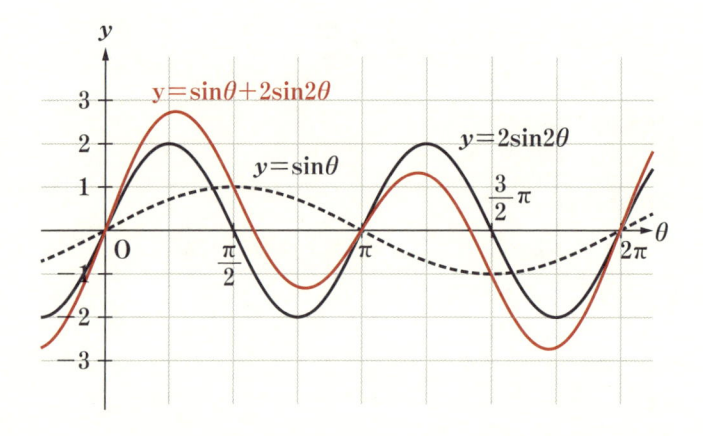

なんとなく予想通りですね。このような重ね合わせを繰り返すことでたとえば

$$f(x) = x^2$$

のとき、$f(x)$ を三角関数の和で表せることを確認してみましょう。

$$y = \frac{\pi^2}{3} + \sum_{k=1}^{n} (-1)^k \frac{4}{k^2} \cos kx$$

として、$-\pi \leqq x \leqq \pi$ の範囲で $n = 1,\ 3,\ 5$ の場合のグラフを示します。

赤い点線が「$y = x^2$」の放物線ですが、$n = 5$ のときは高い精度で近似できていることがわかりますね。

実は、$n \to \infty$ の極限を考えれば両者は完全に一致します。

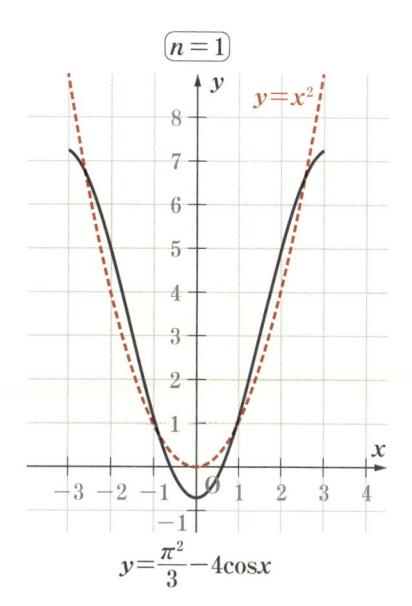

$$y=\frac{\pi^2}{3}-4\cos x$$

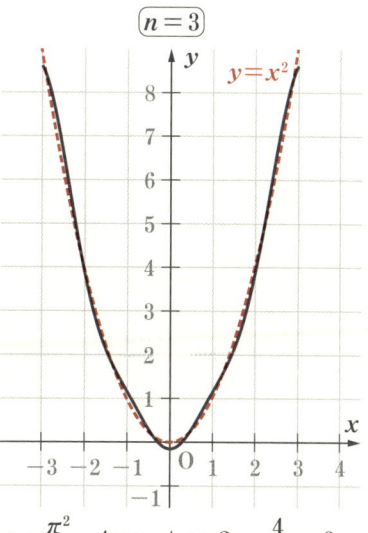

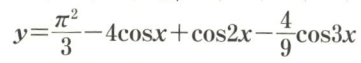

$$y=\frac{\pi^2}{3}-4\cos x+\cos 2x-\frac{4}{9}\cos 3x$$

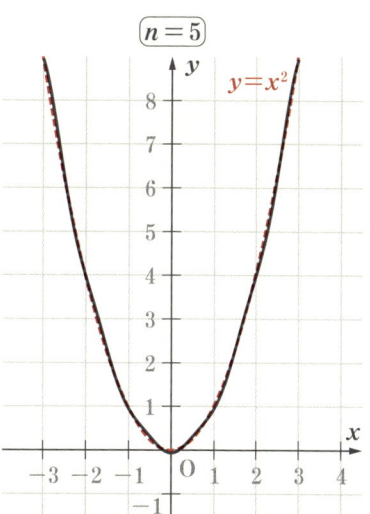

$$y=\frac{\pi^2}{3}-4\cos x+\cos 2x-\frac{4}{9}\cos 3x+\frac{1}{4}\cos 4x-\frac{4}{25}\cos 5x$$

すなわち、$-\pi \leq x \leq \pi$ の範囲であれば、

$$x^2 = \frac{\pi^2}{3} + \sum_{k=1}^{\infty}(-1)^k \frac{4}{k^2}\cos kx$$

です。

詳細は一冊の本が書けてしまうくらいなので、ここでは省きますが、一般に、$-\pi \leq x \leq \pi$ の範囲で区分的に滑らかな連続関数（有限個の点を除いてグラフが滑らかにつながっている関数）$f(x)$ に対して

【フーリエ展開】

$$f(x) = \frac{a_0}{2} + \sum_{k=1}^{\infty}(a_k \cos kx + b_k \sin kx)$$

$$\text{ただし、} a_k = \frac{1}{\pi}\int_{-\pi}^{\pi} f(x)\cos kx\, dx,$$

$$b_k = \frac{1}{\pi}\int_{-\pi}^{\pi} f(x)\sin kx\, dx$$

が成立します。これを、**フーリエ展開**と言い、a_k, b_k を**フーリエ係数**と言います。

ぎょっとするような式ですよね。今は眺めるだけで大丈夫です。でも、フーリエ展開は大学1・2年生のときに学びます。今の勉強をもう少しだけ進めれば、これをきちんと導けるようになりますから楽しみにしていてください。

（注）　参考書籍としては、ブルーバックス（講談社）の竹内淳先生の著作『高校数学でわかるフーリエ変換』がおすすめです。

フーリエ変換の応用例

　フーリエ展開は、フーリエ係数さえ計算できれば、複雑な関数を三角関数（波）に分解できることを示しています。フーリエ係数を求める計算を**フーリエ変換**、フーリエ係数からもとの関数を復元する計算を**逆フーリエ変換**と言います。

　たとえば、ノイズを多く含んだ複雑な**地震波**が観測されたとき、その波形をフーリエ変換によっていくつかの波に分け、不必要な成分をそぎ落としてから逆フーリエ変換してやれば、重要なデータだけを抽出することができます。

　また、フーリエ変換は**データの圧縮**にも応用されています。

　音にしろ、画像にしろ、私たちは低い周波数のものには敏感で、高い周波数のものは感知しづらいという性質を持っています。

　そこで、音楽や画像を圧縮する際には、フーリエ変換によって元のデータを周波数別に分解したあと、高い周波数のデータをそぎ落とすことでデータ量を抑えます。

　フーリエ変換がなければ、もっと言えば三角関数がなければ、私たちは地震波を解析したり、メールや SNS を通じて気軽に音源や画像を送ったりすることもできません。

　三角関数は、高校数学だけではその恩恵を感じづらいかもしれませんが、実に懐が深く、そして実用的な関数なのです。

03 指数関数（数Ⅱ）

この節では

$$y = a^x$$

の形で表される関数（指数関数と言います）についてお話ししていきますが、そもそも上式で表される y は x の関数になりうるのでしょうか？

中学で、同じ数を繰り返し掛けるときは

$$2 \times 2 = 2^2$$
$$2 \times 2 \times 2 = 2^3$$

と表せることを習いました。

同じ数を繰り返し掛けることを累乗と言い、数字の右肩に書かれた小さな数字は累乗の指数と言うのでしたね。

再び「y が x の関数であるための条件」を思い出してみましょう。

【y が x の関数であるための条件】

(ⅰ) y の値が x によって 1 通りに決まる。

(ⅱ) x の値を（定義域内で）自由に選べる。

たとえば「$y = 2^x$」のとき

$$x = 1 \quad \rightarrow \quad y = 2$$
$$x = 2 \quad \rightarrow \quad y = 4$$
$$x = 3 \quad \rightarrow \quad y = 8$$

となります。「$y = a^x$」で表される y の値は x の値によって 1 通りに決まるので条件(ⅰ)はクリアです。

条件(ⅱ)のほうはどうでしょうか？

中学までの理解では累乗の指数（右肩の数字）は繰り返し掛けた回数を表すので、「$y = a^x$」の x に入れることができるのは自然数（正の整数）だけです。このままでは条件(ⅱ)をクリアできません。条件(ⅱ)もクリアして、**「$y = a^x$」を関数として認めるためには、累乗の指数 x に入れられる数の範囲を拡張する必要があるのです。**

ただし、高校数学の範囲では「$y = f(x)$」の x に入る数は実数に限られます。

（注）　大学で「複素関数」を学べば、独立変数の x に選べる数は複素数全体に拡大します。

ここで実数の分類についておさらいしておきましょう。

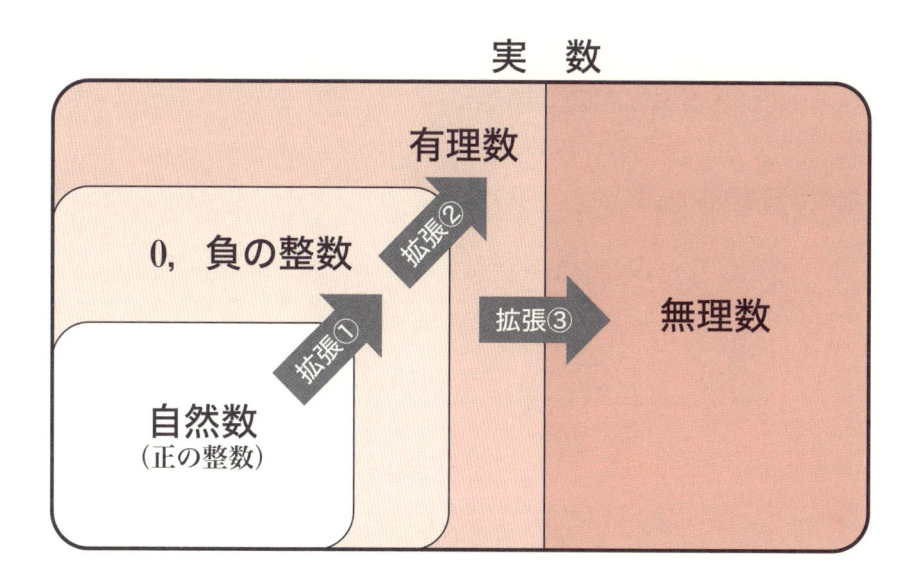

有理数（rational number）とは、分数＝比（ratio）で表せる数のことです。

整数 n も「$n = \dfrac{n}{1}$」とすれば分数で表すことができますので有理数の仲間です。

　一方、**分数を使って表すことのできない数**を無理数（irrational number）と言います。$\sqrt{2}$ のように、$\sqrt{}$ を使うことでしか表せない数は無理数です。また、π（円周率）や $\log_{10} 2$ などの対数（次節）も、分数で表すことができないので無理数です。

➤ 指数の範囲の拡張①〜 0 や負の整数の指数〜

　それでは

$$2^0, \quad 2^{-1}, \quad 2^{\frac{1}{3}}, \quad 2^{\sqrt{2}}$$

などを考えられるように指数（a^x の x）の範囲を

$$\text{自然数} \quad \rightarrow \quad \text{0、負の整数} \quad \rightarrow \quad \text{有理数} \quad \rightarrow \quad \text{無理数}$$

と拡張していきます（前頁の図を参照）。

　指数が自然数のとき、

$$2^2 \times 2^3 = (2 \times 2) \times (2 \times 2 \times 2)$$
$$= 2^5 = 2^{2+3}$$

$$(2^2)^3 = 2^2 \times 2^2 \times 2^2 = (2 \times 2) \times (2 \times 2) \times (2 \times 2)$$
$$= 2^6 = 2^{2 \times 3}$$

$$(2 \times 3)^2 = (2 \times 3) \times (2 \times 3)$$
$$= 2 \times 2 \times 3 \times 3 = 2^2 \times 3^2$$

などが成り立つことは明らかです。

　これらを一般化したものを**指数法則**と言います。

【指数法則】

(ⅰ) $a^m \times a^n = a^{m+n}$

(ⅱ) $(a^m)^n = a^{mn}$

(ⅲ) $(ab)^n = a^n b^n$

　指数の範囲を拡張しても、この指数法則が成立するように、累乗を改めて定義していきましょう。

　指数法則(ⅰ)で $n = 0$ の場合を考えます。

$$a^m \times a^0 = a^{m+0} = a^m \quad \Rightarrow \quad a^0 = \frac{a^m}{a^m} = 1$$

ですね。そこで「$a^0 = 1$」と定めます。

　また同じく指数法則(ⅰ)で m に $-n$ を代入すると

$$a^{-n} \times a^n = a^{-n+n} = a^0 = 1 \quad \Rightarrow \quad a^{-n} = \frac{1}{a^n}$$

となります。以上より、指数が 0 や負の整数のときは次のように考えることとします。

> ## 【0 や負の整数の指数】
>
> $$a^0 = 1$$
>
> $$a^{-n} = \frac{1}{a^n}$$
>
> $$[a \neq 0、n \text{ は自然数}]$$

> （注） 指数を自然数以外に拡張すると、指数は「同じ数を掛けた回数」ではなく なります。三角比を三角関数に格上げする際、90°より大きい角度も扱える ように、（直角三角形から離れて）単位円を使って改めて定義しなおしたよ うに、自然数以外の指数に関しても指数の意味を新しく定義しているのだと 理解してください。

たとえば、

$$2^0 = 1, \quad 2^{-1} = \frac{1}{2^1} = \frac{1}{2}, \quad 2^{-2} = \frac{1}{2^2} = \frac{1}{4}, \quad 2^{-3} = \frac{1}{2^3} = \frac{1}{8}$$

なので、このように定めておけば、$2^3 \to 2^2 \to 2^1 \to 2^0 \to 2^{-1} \to 2^{-2} \to 2^{-3}$ と指数を1つずつ小さくしたとき、そのたびに数が半分になるという性質 も壊れません。

$$\times\frac{1}{2} \quad \times\frac{1}{2} \quad \times\frac{1}{2} \quad \times\frac{1}{2} \quad \times\frac{1}{2} \quad \times\frac{1}{2}$$

$$2^3 \to 2^2 \to 2^1 \to 2^0 \to 2^{-1} \to 2^{-2} \to 2^{-3}$$

$$\downarrow$$

$$8 \to 4 \to 2 \to 1 \to \frac{1}{2} \to \frac{1}{4} \to \frac{1}{8}$$

また、0や負の整数の指数を上のように定めると、指数法則(ii)と(iii)も成

り立つことが確かめられます。

$$(a^m)^{-n} = \frac{1}{(a^m)^n} = \frac{1}{a^{mn}} = a^{-(mn)} = a^{m \times (-n)}$$

指数法則(ii)
$(a^p)^q = a^{pq}$

$a^{-n} = \dfrac{1}{a^n}$　　$\dfrac{1}{a^n} = a^{-n}$

$$(ab)^{-n} = \frac{1}{(ab)^n} = \frac{1}{a^n b^n} = \frac{1}{a^n} \times \frac{1}{b^n} = a^{-n} \times b^{-n}$$

指数法則(iii)
$(ab)^p = a^p b^p$

$a^{-n} = \dfrac{1}{a^n}$　　$\dfrac{1}{a^n} = a^{-n}$

➤ 累乗根の定義と性質

　指数が有理数（分数）の場合を考える前に「**累乗根**」というものを定義しておきます。

　一般に正の整数 n に対して、n 乗すると a になる数、すなわち

$$x^n = a$$

を満たす x のことを **a の n 乗根**と言います。n 乗根を総称して**累乗根**とも呼びます。

（注）　2 乗根は今まで通り「平方根」と言うのが一般的です。

　a の n 乗根は「$x^n = a$」の解なので、

$$y = x^n \quad と \quad y = a$$

のグラフの交点の x 座標です。ただし、次頁のように「$y = x^n$」のグラフは n が偶数のときと、n が奇数のときとで大きく違いますから注意してください。

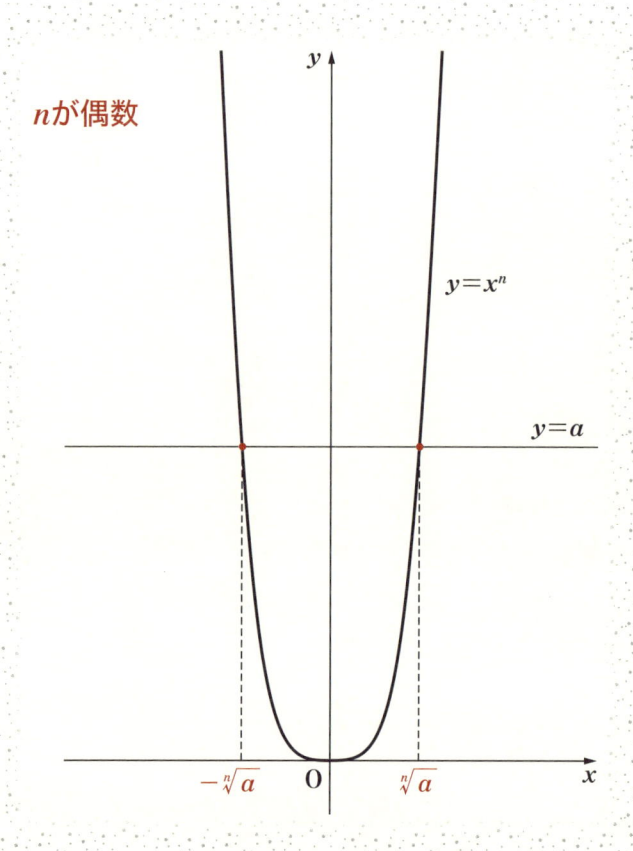

n が偶数の場合は交点（a の n 乗根）は 2 つ、n が奇数の場合は交点（a の n 乗根）は 1 つです。

n が偶数のとき、2 つある a の n 乗根のうちの正のほうを「$\sqrt[n]{a}$」と表します（負のほうは $-\sqrt[n]{a}$）。また n が奇数のときは a の n 乗根は 1 つなので、それを単に「$\sqrt[n]{a}$」と書きます。なお **n が偶数の場合、a が負のときは交点が存在しない（累乗根が存在しない）** ことに気をつけましょう。以上、累乗根についてまとめておきます。

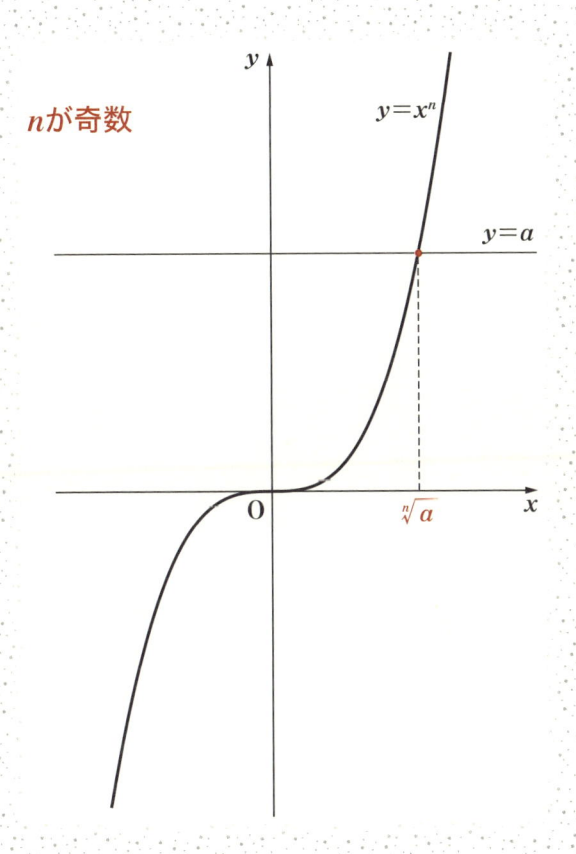

n が奇数

$y=x^n$

$y=a$

O

$\sqrt[n]{a}$

【累乗根の定義】

正の整数 n に対して

（i） n が偶数のとき

$$x^n = a \iff x = \pm\sqrt[n]{a} \ (a > 0)$$

（ii） n が奇数のとき

$$x^n = a \iff x = \sqrt[n]{a}$$

$a > 0$ のとき正の整数 n に対して、先ほどのグラフより

$$\sqrt[n]{a} > 0$$

は明らかです。

また「$x = \sqrt[n]{a}$」は方程式「$x^n = a$」の解なので代入すると

$$(\sqrt[n]{a})^n = a$$

が得られます。これらを使うと、累乗根には次の性質があることがわかります。

【累乗根の性質】

（i） $\sqrt[n]{a} \times \sqrt[n]{b} = \sqrt[n]{ab}$

（ii） $(\sqrt[n]{a})^m = \sqrt[n]{a^m}$

$[a > 0,\ b > 0$ で $m,\ n$ は正の整数$]$

証明

$(\sqrt[n]{a})^n = a$, $\sqrt[n]{a} > 0$ であることと指数法則を使って証明します。

(i)

$$(ab)^p = a^p b^p$$ $$(\sqrt[n]{a})^n = a$$

左辺の n 乗 $= (\sqrt[n]{a} \times \sqrt[n]{b})^n = (\sqrt[n]{a})^n \times (\sqrt[n]{b})^n = a \times b = ab$

右辺の n 乗 $= (\sqrt[n]{ab})^n = ab$ $(\sqrt[n]{a})^n = a$

よって

$$(\sqrt[n]{a} \times \sqrt[n]{b})^n = (\sqrt[n]{ab})^n$$

$\sqrt[n]{a} > 0$, $\sqrt[n]{b} > 0$ より $\sqrt[n]{a} \times \sqrt[n]{b} > 0$, $\sqrt[n]{ab} > 0$ なので（下の注参照）

$$\boldsymbol{\sqrt[n]{a} \times \sqrt[n]{b} = \sqrt[n]{ab}}$$

(ii)

$$(a^p)^q = a^{pq}$$ $$(\sqrt[n]{a})^n = a$$

左辺の n 乗 $= \{(\sqrt[n]{a})^m\}^n = (\sqrt[n]{a})^{mn} = (\sqrt[n]{a})^{nm} = \{(\sqrt[n]{a})^n\}^m = a^m$

右辺の n 乗 $= (\sqrt[n]{a^m})^n = a^m$ $(\sqrt[n]{a})^n = a$

よって

$$\{(\sqrt[n]{a})^m\}^n = (\sqrt[n]{a^m})^n$$

$(\sqrt[n]{a})^m > 0$, $\sqrt[n]{a^m} > 0$ なので（注）

$$(\sqrt[n]{a})^m = \sqrt[n]{a^m}$$

（注）　一般に、

$$A^n = B^n \Rightarrow A = B$$

は正しくありません。

$A = -1$, $B = 1$, $n = 2$ などの反例 $[(-1)^2 = 1^2$ でも $-1 \neq 1]$ がある からです。しかし、$A > 0$, $B > 0$ の場合には

$$A^n = B^n \Rightarrow A = B$$

は正しいです。そのため、上の証明では両辺が正であることを断る必要があ ります。

正直このあたりは、まだるっこしく感じるかもしれませんが、慎重に事を運んで、指数を拡張しています。論理を積み重ねて新しい世界を手に入れる醍醐味を味わってもらえれば嬉しいです。

➤ 指数の範囲の拡張②〜有理数の指数〜

　前述の通り $a > 0$ のとき、

$$(\sqrt[n]{a})^n = a \quad \cdots ①$$

でしたね。ここで

$$\sqrt[n]{a} = a^k \quad \cdots ②$$

とします。②を①に代入し、指数法則(ii)が成り立つとすると

$$(a^k)^n = a \quad \Leftrightarrow \quad a^{kn} = a^1 \qquad \boxed{指数法則(ii) \quad (a^p)^q = a^{pq}}$$

　指数（肩の数）を比べて

$$kn = 1 \quad \Leftrightarrow \quad k = \frac{1}{n}$$

　これを②に代入すると

$$\sqrt[n]{a} = a^{\frac{1}{n}} \quad \cdots ③$$

ですね。

　③の両辺を m 乗すると

$$(\sqrt[n]{a})^m = (a^{\frac{1}{n}})^m \quad \Leftrightarrow \quad \sqrt[n]{a^m} = a^{\frac{m}{n}} \qquad \boxed{(\sqrt[n]{a})^m = \sqrt[n]{a^m}}$$

　よって、指数が有理数の場合は次にように定義にします。

【有理数の指数】

$$a^{\frac{1}{n}} = \sqrt[n]{a}$$

$$a^{\frac{m}{n}} = \sqrt[n]{a^m}$$

$$[a > 0 で、m, n は正の整数]$$

　先ほど指数法則(ii)が成立すると勝手に仮定しましたが、このように定めれば、指数が有理数の累乗についても指数法則(i)～(iii)が成り立つことを確かめられます。ただし、分数を文字式で表すと式が煩雑になるので、ここでは $a > 0,\ b > 0$ とし、$p = \dfrac{1}{2}$, $q = \dfrac{2}{3}$ として確認します。

指数法則(i)　$a^p \times a^q = a^{p+q}$　　$\boxed{a^{\frac{m}{n}} = \sqrt[n]{a^m}}$　$\boxed{\sqrt[n]{a} \times \sqrt[n]{b} = \sqrt[n]{ab}}$

$$a^p \times a^q = a^{\frac{1}{2}} \times a^{\frac{2}{3}} = a^{\frac{3}{6}} \times a^{\frac{4}{6}} = \sqrt[6]{a^3} \times \sqrt[6]{a^4} = \sqrt[6]{a^3 \times a^4} = \sqrt[6]{a^7}$$

$$a^{p+q} = a^{\frac{1}{2} + \frac{2}{3}} = a^{\frac{3+4}{6}} = a^{\frac{7}{6}} = \sqrt[6]{a^7}$$

$$\Rightarrow \quad a^p \times a^q = a^{p+q}$$

指数法則(ii)　$(a^p)^q = a^{pq}$　　$\boxed{a^{\frac{m}{n}} = \sqrt[n]{a^m}}$

$$(a^p)^q = \left(a^{\frac{1}{2}}\right)^{\frac{2}{3}} = \left(\sqrt{a}\right)^{\frac{2}{3}} = \sqrt[3]{\left(\sqrt{a}\right)^2} = \sqrt[3]{a}$$

$$a^{pq} = a^{\frac{1}{2} \times \frac{2}{3}} = a^{\frac{1}{3}} = \sqrt[3]{a}$$

$$\Rightarrow \quad (a^p)^q = a^{pq}$$

指数法則(iii)　$(ab)^q = a^q b^q$　$\boxed{a^{\frac{m}{n}} = \sqrt[n]{a^m}}$　　$\boxed{\sqrt[n]{ab} = \sqrt[n]{a} \times \sqrt[n]{b}}$

$$(ab)^q = (ab)^{\frac{2}{3}} = \sqrt[3]{(ab)^2} = \sqrt[3]{a^2 b^2} = \sqrt[3]{a^2} \times \sqrt[3]{b^2}$$

$$a^q b^q = a^{\frac{2}{3}} b^{\frac{2}{3}} = \sqrt[3]{a^2} \times \sqrt[3]{b^2}$$

$$\Rightarrow \quad (ab)^q = a^q b^q$$

$$p = \frac{m}{n}, \quad q = \frac{s}{t}$$

ここで一題、計算問題をやっておきましょう。

問題 25

次の式を計算せよ。

$$\left(2^{\frac{4}{3}} \times 2^{-1}\right)^6 \times \left\{\left(\frac{16}{81}\right)^{-\frac{7}{6}}\right\}^{\frac{3}{7}}$$

［鳥取大学］

解説／解答

解説

　複雑な指数の計算は、神経を使って丁寧に行う必要があります。また練習による慣れも相当必要ですが、高校では意外とあっさり通りすぎてしまうため、指数の計算問題を苦手とする受験生は少なくありません。

解答

$$\left(2^{\frac{4}{3}} \times 2^{-1}\right)^6 \times \left\{\left(\frac{16}{81}\right)^{-\frac{7}{6}}\right\}^{\frac{3}{7}}$$

$$= \left(2^{\frac{4}{3} \times 6} \times 2^{-1 \times 6}\right) \times \left\{\left(\frac{2^4}{3^4}\right)^{-\frac{7}{6}}\right\}^{\frac{3}{7}}$$

$(ab)^p = a^p b^p$

$$= \left(2^8 \times 2^{-6}\right) \times \left(\frac{2^4}{3^4}\right)^{-\frac{7}{6} \times \frac{3}{7}}$$

$(a^p)^q = a^{pq}$

$$= 2^{8+(-6)} \times \left(\frac{2^4}{3^4}\right)^{-\frac{1}{2}}$$

$a^p \times a^q = a^{p+q}$

$$= 2^2 \times \left\{\left(\frac{2}{3}\right)^4\right\}^{-\frac{1}{2}}$$

$$= 2^2 \times \left(\frac{2}{3}\right)^{4 \times \left(-\frac{1}{2}\right)}$$

$(a^p)^q = a^{pq}$

$$= 2^2 \times \left(\frac{2}{3}\right)^{-2}$$

$$= 2^2 \times \frac{1}{\left(\frac{2}{3}\right)^2}$$

$a^{-n} = \dfrac{1}{a^n}$

$$= 2^2 \times \left\{1 \div \left(\frac{2}{3}\right)^2\right\}$$

$\dfrac{1}{a} = 1 \div a$

$$= 2^2 \times \left(1 \div \frac{2^2}{3^2}\right) = 2^2 \times \left(1 \times \frac{3^2}{2^2}\right) = 2^2 \times \frac{3^2}{2^2} = 3^2 = 9$$

➤ 指数の範囲の拡張③〜無理数の指数〜

　指数が無理数にまで拡張できることの厳密な証明は、大学のそれも数学科に進まない限り学ぶことがないくらい高度です。そこで本書では以下のように考えることとします。たとえば

$$\sqrt{2} = 1.41421356237\cdots\cdots$$

の右辺は小数点以下が不規則に限りなく続く無理数ですが、これに近い値の有理数を使って、2の累乗の指数を徐々に $\sqrt{2}$ に近づけてみましょう。

$$2^1 = 2$$
$$2^{1.4} = 2.63901\cdots\cdots$$
$$2^{1.41} = 2.65737\cdots\cdots$$
$$2^{1.414} = 2.66474\cdots\cdots$$
$$2^{1.4142} = 2.66511\cdots\cdots$$
$$2^{1.41421} = 2.66513\cdots\cdots$$
$$2^{1.414213} = 2.66514\cdots\cdots$$

実は、これを続けると右辺は「2.665144143……」という一定の値に限りなく近づいていきます。そこで「$2^{\sqrt{2}}$」を次のように定義することにしました。

$$2^{\sqrt{2}} = 2.665144143\cdots\cdots$$

指数が無理数の場合も、指数法則はすべて成り立つことがわかっています。

高校数学の範囲では、指数を無理数にまで拡張できることを厳密に示すことはできませんが、ここに「課題」が残っていることを意識しておくことは先の勉強の楽しみになると思います。是非、心に留めておいてください。

いずれにせよ、本書の範疇で大切なのは、指数が実数のときも次の指数法則が成り立ち、これをもって実数全体について指数関数が定義できるようになるということを理解することです。

【指数法則】

$a > 0,\ b > 0,\ x,\ y$ が実数のとき

(i) $\quad a^x \times a^y = a^{x+y}$

(ii) $\quad (a^x)^y = a^{xy}$

(iii) $\quad (ab)^x = a^x b^x$

➤ 指数関数の定義と〝お約束〟

というわけで、次のように「指数関数」を定義します。

【指数関数】

$$y = a^x$$

$$[ただし、a > 0 \quad かつ \quad a \neq 1]$$

ここで「$a > 0$」としているのは、高校数学の範囲では独立変数（x）だけでなく、従属変数（y）も実数の範囲に限られるからです。

たとえば $x = \dfrac{1}{2}$ のとき、a が負の数だと

$$y = (-1)^{\frac{1}{2}} = \sqrt{-1}$$

と y が虚数（2乗して負になる数）になってしまいます。また $a \neq 1$ としているのは、$a = 1$ のときは

$$y = 1^x = 1$$

となって、y が x の値によらない一定値になってしまうからです。

　指数関数の場合、$a \neq 1$ のときは **x と y が 1 対 1 に対応**しており、x（入力）を決めれば y（出力）が決まるだけでなく、y（出力）から x（入力）を決めることもできます。これは次節で学ぶ対数関数が定義できる根拠にもなっています。

　「x と y が 1 対 1 に対応している」は、y が x の関数であるための条件ではありませんが、指数関数においては、せっかくの貴重な性質を守るために $a \neq 1$ を約束することになっています。

　ちなみに「a^x」の a は「<ruby>底<rt>てい</rt></ruby>」と言います。

➤ 指数関数のグラフとその特徴

　$y = 2^x$ のグラフの形を調べるために（いつものように）x にいくつか値を代入したものを表にします。

$$a^0 = 1、\ a^{-n} = \frac{1}{a^n}$$

x	-2	-1	0	1	2	3
y	$2^{-2} = \dfrac{1}{4}$	$2^{-1} = \dfrac{1}{2}$	$2^0 = 1$	$2^1 = 2$	$2^2 = 4$	$2^3 = 8$

これらをグラフ上に書いて滑らかにつなぐと次のようになります。

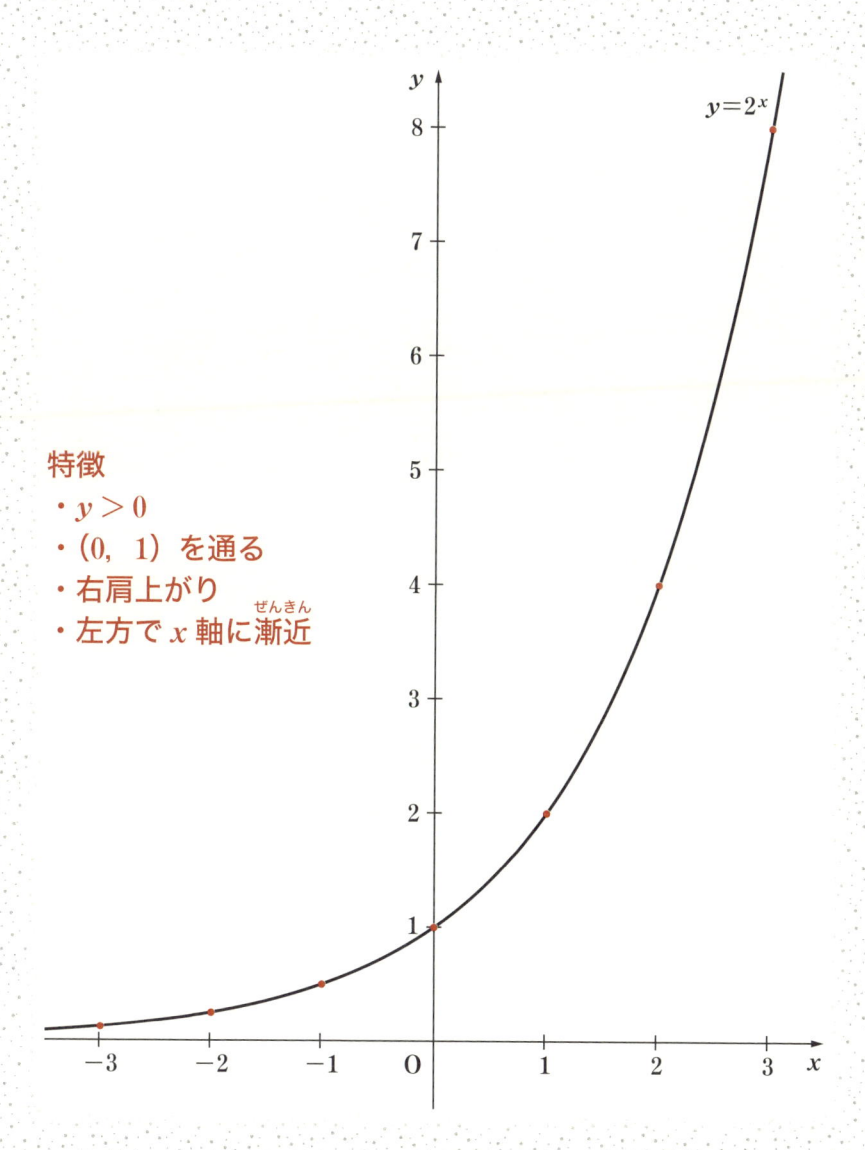

$y = 2^x$

特徴
- $y > 0$
- $(0,\ 1)$ を通る
- 右肩上がり
- 左方で x 軸に漸近

今度は $y=\left(\dfrac{1}{2}\right)^{x}$ のグラフを考えてみましょう。また表をつくります。

$$y=\left(\frac{1}{2}\right)^{x}=\frac{1}{2^{x}}=2^{-x}$$

であることに注意して

x	-2	-1	0	1	2	3
y	$2^{-(-2)}=4$	$2^{-(-1)}=2$	$2^{0}=1$	$2^{-1}=\dfrac{1}{2}$	$2^{-2}=\dfrac{1}{4}$	$2^{-3}=\dfrac{1}{8}$

「$y=2^{x}$」の場合の表と比べると**yの値がちょうど逆順**になっていますね。グラフはこうです。

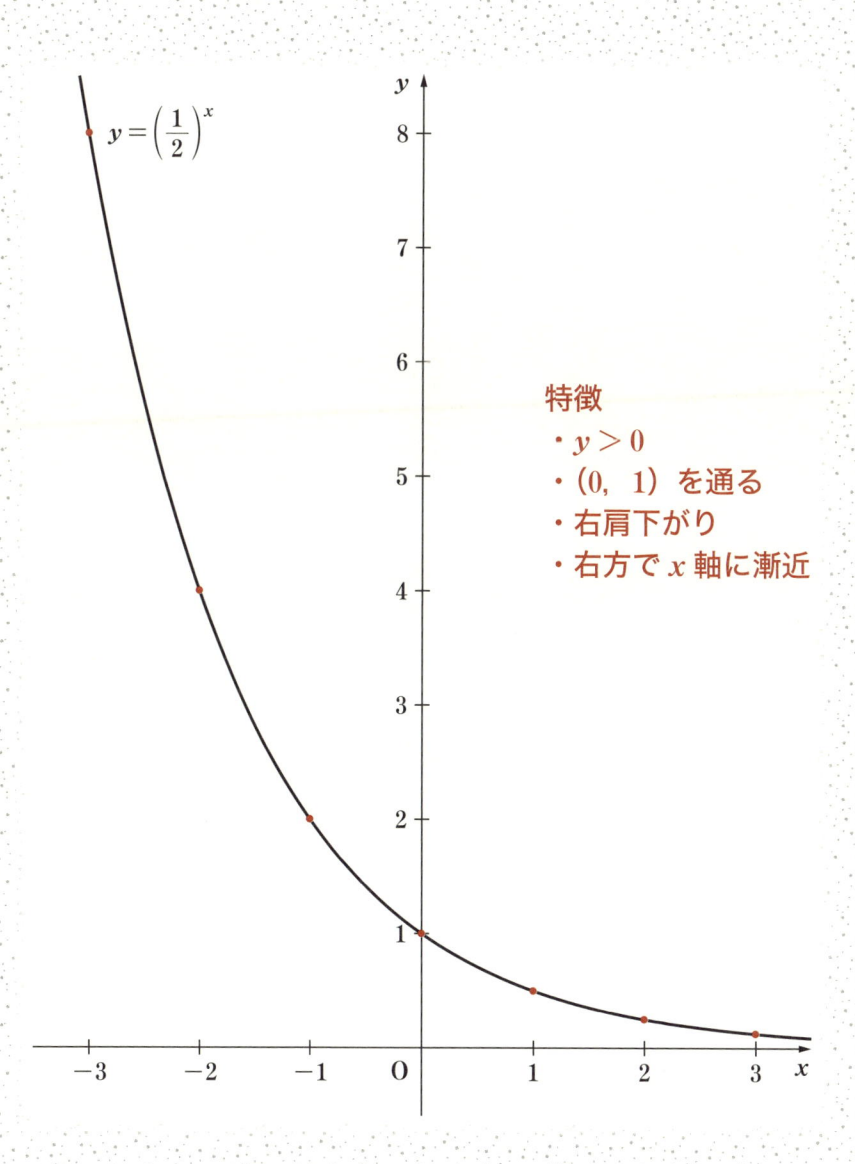

$$y = \left(\frac{1}{2}\right)^x$$

特徴
・$y > 0$
・$(0,\ 1)$ を通る
・右肩下がり
・右方で x 軸に漸近

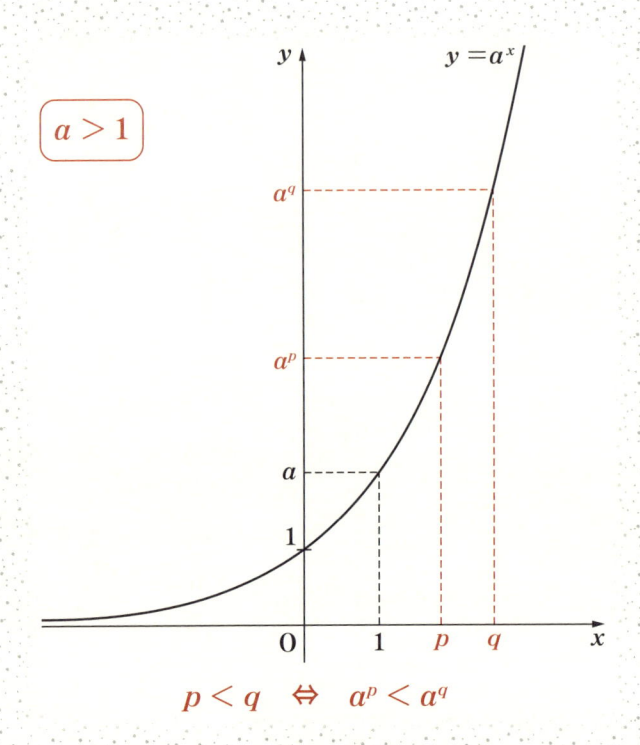

$$p < q \quad \Leftrightarrow \quad a^p < a^q$$

　一般に「$y = a^x$」のグラフは $a > 1$ か $0 < a < 1$ かで上のように大きく変わります。

　$0 < a < 1$ のときグラフが右肩下がりになるので x が大きくなればなるほど y の値すなわち「a^x」の値が小さくなることに注意してください。そのため、次のように**指数の大小と関数全体の大小が逆転**します。

$$0 < a < 1\text{のとき、}\ p < q \quad \Leftrightarrow \quad a^p > a^q$$

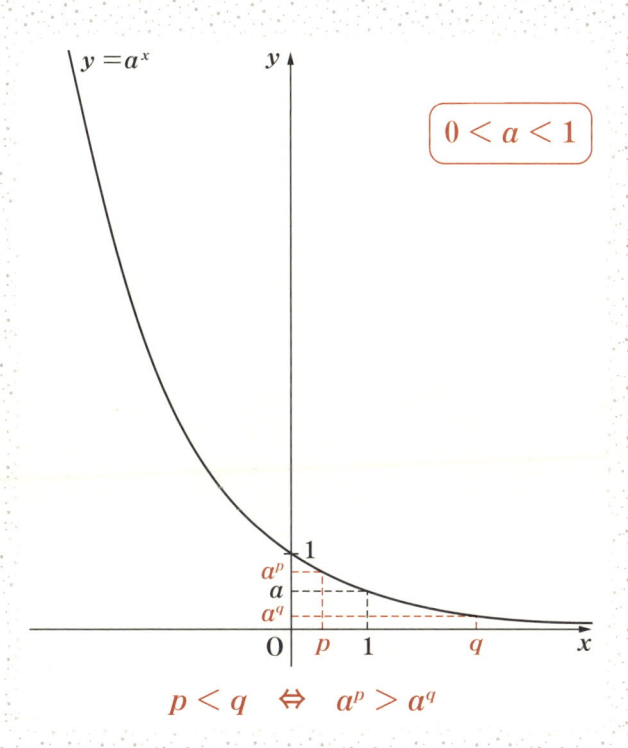

$y = a^x$

y

$0 < a < 1$

1

a^p
a
a^q

O p 1 q x

$$p < q \iff a^p > a^q$$

では最後に問題です。

問題 26

(1)　次の 3 つの数の大小を答えよ。

$$a = 2^{\frac{1}{2}}, \ b = 3^{\frac{1}{3}}, \ c = 5^{\frac{1}{5}}$$

(2)　$2^x = 3^y = 5^z$（ただし、x, y, z は正の実数）のとき、$2x$、

$3y$、$5z$ の大小を答えよ。

［東京薬科大学］

解説

(1) a、b、c は底も指数も違うので、このままでは比べることができません。そこで、指数関数について一般に成立する次の性質を使います（下図参照）。

α，β が 1 でない正の実数で、n が正の実数であるとき

$$\alpha < \beta \quad \Leftrightarrow \quad \alpha^n < \beta^n$$

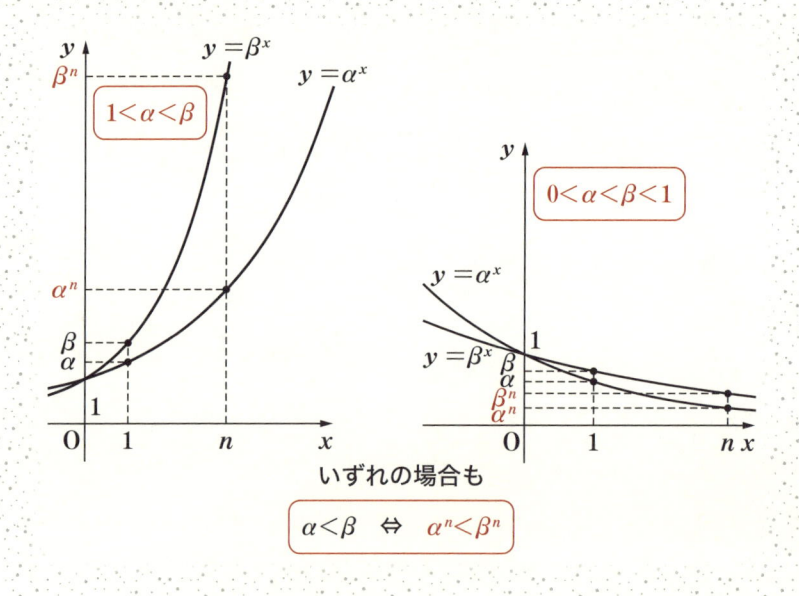

(2) x、y、z ではなく $2x$、$3y$、$5z$ の大小を聞いているところがミソです。与えられた式から $2x$、$3y$、$5z$ をつくるにはどうしたらよいかを考えますが、(1)がヒントになっています。

解答

$$a = 2^{\frac{1}{2}}, \quad b = 3^{\frac{1}{3}}, \quad c = 5^{\frac{1}{5}}$$

より、

$$a^6 = \left(2^{\frac{1}{2}}\right)^6 = 2^{\frac{1}{2}\times 6} = 2^3 = 8$$

$$b^6 = \left(3^{\frac{1}{3}}\right)^6 = 3^{\frac{1}{3}\times 6} = 3^2 = 9$$

$$\Rightarrow \quad a^6 < b^6 \quad \Leftrightarrow \quad a < b \quad \cdots ①$$

また

$$a^{10} = \left(2^{\frac{1}{2}}\right)^{10} = 2^{\frac{1}{2}\times 10} = 2^5 = 32$$

$$c^{10} = \left(5^{\frac{1}{5}}\right)^{10} = 5^{\frac{1}{5}\times 10} = 5^2 = 25$$

$$\Rightarrow \quad c^{10} < a^{10} \quad \Leftrightarrow \quad c < a \quad \cdots ②$$

①、②より

$$c < a < b$$

(2)

$$2^x = 3^y = 5^z$$

より

$$2^{\frac{1}{2}\times 2x} = 3^{\frac{1}{3}\times 3y} = 5^{\frac{1}{5}\times 5z}$$

$$\Leftrightarrow \quad \left(2^{\frac{1}{2}}\right)^{2x} = \left(3^{\frac{1}{3}}\right)^{3y} = \left(5^{\frac{1}{5}}\right)^{5z}$$

$$\Leftrightarrow \quad a^{2x} = b^{3y} = c^{5z} \quad \cdots ③$$

(1)より

$$c < a < b$$

なので、③と合わせて

$$3y < 2x < 5z$$

> $\frac{1}{2}$ の 2 と $\frac{1}{3}$ の 3 の最小公倍数を考えて 6 乗。
> $(a^p)^q = a^{pq}$

> $\frac{1}{2}$ の 2 と $\frac{1}{5}$ の 5 の最小公倍数を考えて 10 乗。
> $(a^p)^q = a^{pq}$

> 一番小さい c を $5z$ 乗すると他と同じになるので $5z$ が最大で、一番大きい b を $3y$ 乗すると他と同じになるので $3y$ は最小、と考える。

前節で指数関数では x と y が 1 対 1 に対応しているので、y からも x の値が決められる、と書きました。このことはグラフを使えば一目瞭然です。

たとえば、「$y = 2^x$」のとき

$$y = 2 \quad \Rightarrow \quad x = 1$$
$$y = 4 \quad \Rightarrow \quad x = 2$$
$$y = 8 \quad \Rightarrow \quad x = 3$$

ですね。

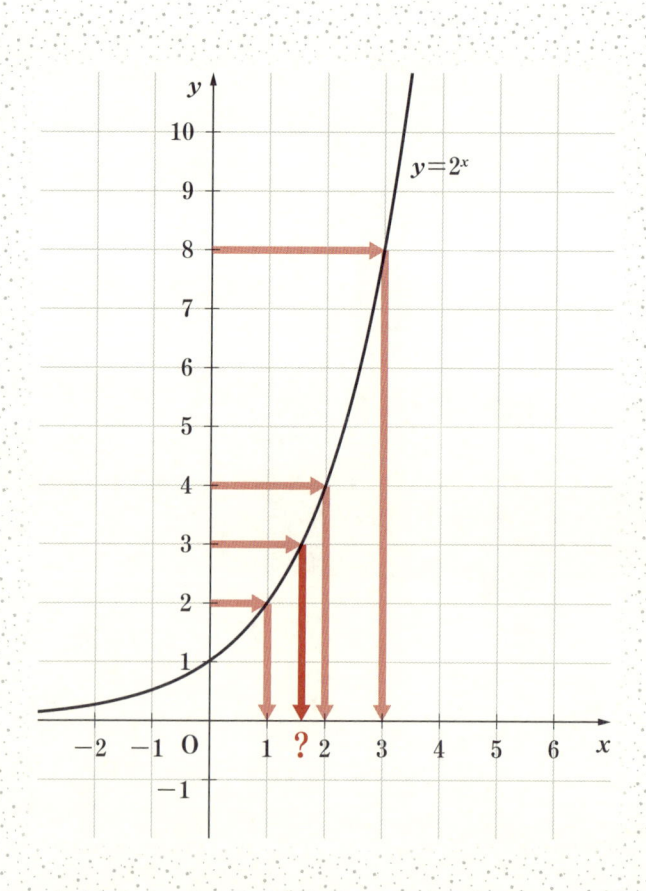

でも、$y = 3$ のときはどうでしょう？　前頁のグラフから x は1と2の間の数であることはわかりますが、実は $y = 3$ に対応する x は、無理数です（後で証明を示します）。しかも $\sqrt{}$ や π を使っても表せません。そこで、「$y = 2^x$」のとき $y = 3$ に対応する x のことを「$x = \log_2 3$」と書くことにしました（他に表しようがないからです）。すなわち

$$3 = 2^x \ \Leftrightarrow \ x = \log_2 3$$

です。ちなみに「log」というのは「対応する数＝対数」を意味する英語の "logarithm" から来ています。

➤ 対数の定義と性質

一般に、対数は次のように定義されます。

【対数の定義】

$a^x = p$ を満たす x の値を

$$x = \log_a p$$

と表す。このとき a を「底」、p を「真数」と言う。

[ただし、$a > 0$　かつ　$a \neq 1$　かつ　$p > 0$]

（注）「$a > 0$　かつ　$a \neq 1$　かつ　$p > 0$」は前節の指数関数で

$$y = a^x$$

のとき、$a > 0$　かつ　$a \neq 1$　かつ　$y > 0$ であったことと対応しています。

対数は下のように視覚的に捉えておくと計算のときに便利です。

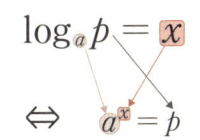

定義から明らかな対数の性質をまとめておきます。

【対数の性質】

(i) $\log_a a = 1$

(ii) $\log_a 1 = 0$

$$[ただし、\ a > 0 \ \ かつ \ \ a \neq 1]$$

これらの性質は

$$a^x = p \quad \Leftrightarrow \quad x = \log_a p$$

であることを使えばすぐに確かめられます。

(i) 定義より

$$a^1 = a \quad \Leftrightarrow \quad 1 = \log_a a$$

(ii) 定義より

$$a^0 = 1 \quad \Leftrightarrow \quad 0 = \log_a 1$$

《$\log_2 3$ が無理数であることの証明》

$y = 2^x$ のとき $y = 3$ に対応する x、すなわち $\log_2 3$ が無理数であることは背理法（14頁）を使って次のように証明します。

$\log_2 3$ は有理数であると仮定する。このとき

$$\log_2 3 = \frac{n}{m} \quad (m,\ n \ は正の整数)$$

対数の定義より

$$2^{\frac{n}{m}} = 3$$

両辺を m 乗すると

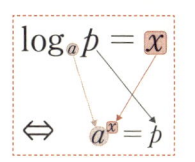

$$\left(2^{\frac{n}{m}}\right)^m = 3^m$$

$$\Rightarrow \quad 2^{\frac{n}{m} \times m} = 3^m$$

$$\Rightarrow \quad 2^n = 3^m$$

$(a^p)^q = a^{pq}$

最後の式は、左辺は 2 の累乗、右辺は 3 の累乗になっている。しかし、m と n は正の整数で 2 と 3 は**互いに素**（最大公約数が 1）なので、これは矛盾（$m = n = 0$ でない限り、この等式は成り立たない）。

よって、$\log_2 3$ は無理数。

➤ 対数法則とその証明

対数には指数法則から導かれる次のような法則があります。

【対数法則】

(i) $\quad \log_a MN = \log_a M + \log_a N$

(ii) $\quad \log_a \dfrac{M}{N} = \log_a M - \log_a N$

(iii) $\quad \log_a M^r = r\log_a M$

[ただし a は 1 でない正の実数、M、N は正の実数]

$$\log_a M = m, \ \log_a N = n \quad \cdots ①$$

とすると、定義より

対数の定義
$$\log_a p = x \ \Leftrightarrow \ a^x = p$$

$$a^m = M, \ a^n = N \quad \cdots ②$$

(i)について

$$\log_a MN = s \quad \cdots ③$$

とすると定義より

$$a^s = MN$$
$$= a^m \times a^n = a^{m+n} \quad ②$$

$$a^p \times a^q = a^{p+q}$$

$$\therefore \ s = m+n$$

(注) 「$\therefore$」は「ゆえに」または「すなわち」という意味で、数学では論理の「句読点」となる結論を示すときによく使う記号です。

①と③より

$$\log_a MN = \log_a M + \log_a N$$

(ii)について

$$\log_a \frac{M}{N} = t \quad \cdots ④$$

とすると定義より

対数の定義
$$\log_a p = x \ \Leftrightarrow \ a^x = p$$

$$a^t = \frac{M}{N}$$

$$= \frac{a^m}{a^n} \quad ②$$

$$= a^m \times \frac{1}{a^n}$$

$$\frac{1}{a^n} = a^{-n}$$

$$= a^m \times a^{-n}$$
$$= a^{m+(-n)} = a^{m-n}$$

$$\therefore \ t = m-n$$

①と④より

$$\log_a \frac{M}{N} = \log_a M - \log_a N$$

(ⅲ)について

$$\log_a M^r = u \quad \cdots ⑤$$

とすると定義より

$$a^u = M^r$$
$$= (a^m)^r$$
$$= a^{mr}$$

$$\therefore \quad u = mr = rm$$

> 対数の定義
> $\log_a p = x \quad \Leftrightarrow \quad a^x = p$

②

$(a^p)^q = a^{pq}$

①と⑤より

$$\log_a M^r = r\log_a M$$

➤ 底の変換公式

対数の計算をするときの一番大事なコツは**底をそろえること**です。

次の「底の変換公式」はそのために欠かせない公式です。

【底の変換公式】

$$\log_a b = \frac{\log_c b}{\log_c a}$$

[ただし a, b, c は正の実数で、$a \neq 1$、$c \neq 1$]

証明

$$\log_a b = k \quad \cdots ①, \quad \log_c a = l \quad \cdots ②, \quad \log_c b = m \quad \cdots ③$$

とすると、定義より

$$a^k = b \ \cdots④, \quad c^l = a \ \cdots⑤, \quad c^m = b \ \cdots⑥$$

④式に⑤と⑥を代入すると

$$(c^l)^k = c^m \ \Leftrightarrow \ c^{lk} = c^m$$

$$\therefore \quad lk = m \ \Leftrightarrow \ k = \frac{m}{l}$$

①〜③より

$$\log_a b = \frac{\log_c b}{\log_c a}$$

ここで、計算問題を少しやっておきましょう。

問題 27

(1) 次の式を簡単にせよ。

$$\log_2 5 - 3\log_4 15 + \log_{16} 225$$

[神奈川大学]

(2) 次の式を計算せよ。

$$(\log_4 9 - \log_{16} 3)(\log_9 16 - \log_3 8)$$

[昭和薬科大学]

解説 解答

解説

どちらも底がそろっていないので、最初に底をそろえましょう。その際、「2」や「3」などの桁の少ない素数を底に選ぶと、計算が楽になります。あとは対数の性質を使って一つ一つ丁寧に変形してください。

解答

(1)

$$\log_2 5 - 3\log_4 15 + \log_{16} 225$$

$$= \log_2 5 - 3 \cdot \frac{\log_2 15}{\log_2 4} + \frac{\log_2 225}{\log_2 16}$$

$$\log_a b = \frac{\log_c b}{\log_c a}$$

$$= \log_2 5 - 3 \cdot \frac{\log_2 3 \times 5}{\log_2 2^2} + \frac{\log_2 3^2 \times 5^2}{\log_2 2^4}$$

$$225 = 3^2 \times 5^2$$

$$= \log_2 5 - 3 \cdot \frac{\log_2 3 + \log_2 5}{2\log_2 2} + \frac{\log_2 3^2 + \log_2 5^2}{4\log_2 2}$$

$$\log_a MN = \log_a M + \log_a N$$
$$\log_a M^r = r\log_a M$$

$$\log_a a = 1$$

$$= \log_2 5 - 3 \cdot \frac{\log_2 3 + \log_2 5}{2 \cdot 1} + \frac{2\log_2 3 + 2\log_2 5}{4 \cdot 1}$$

$$= \log_2 5 - \frac{3\log_2 3 + 3\log_2 5}{2} + \frac{2\log_2 3 + 2\log_2 5}{4}$$

$$= \frac{4\log_2 5 - 6\log_2 3 - 6\log_2 5 + 2\log_2 3 + 2\log_2 5}{4}$$

$$= \frac{-4\log_2 3}{4} = -\log_2 3$$

(2)

$$(\log_4 9 - \log_{16} 3)(\log_9 16 - \log_3 8)$$

$$= \left(\frac{\log_2 9}{\log_2 4} - \frac{\log_2 3}{\log_2 16}\right)\left(\frac{\log_2 16}{\log_2 9} - \frac{\log_2 8}{\log_2 3}\right)$$

$$\log_a b = \frac{\log_c b}{\log_c a}$$

$$= \left(\frac{\log_2 3^2}{\log_2 2^2} - \frac{\log_2 3}{\log_2 2^4}\right)\left(\frac{\log_2 2^4}{\log_2 3^2} - \frac{\log_2 2^3}{\log_2 3}\right)$$

$$= \left(\frac{2\log_2 3}{2\log_2 2} - \frac{\log_2 3}{4\log_2 2}\right)\left(\frac{4\log_2 2}{2\log_2 3} - \frac{3\log_2 2}{\log_2 3}\right)$$

$$\log_a M^r = r\log_a M$$

$$\log_a a = 1$$

$$= \left(\frac{2\log_2 3}{2 \cdot 1} - \frac{\log_2 3}{4 \cdot 1}\right)\left(\frac{4 \cdot 1}{2\log_2 3} - \frac{3 \cdot 1}{\log_2 3}\right)$$

$$= \left(\log_2 3 - \frac{\log_2 3}{4} \right) \left(\frac{2}{\log_2 3} - \frac{3}{\log_2 3} \right)$$

$$= \frac{3}{4} \log_2 3 \cdot \frac{-1}{\log_2 3}$$

$$= -\frac{3}{4}$$

$$X - \frac{X}{4} = \frac{3}{4} X$$
$$\frac{2}{Y} - \frac{3}{Y} = \frac{-1}{Y}$$

　対数の計算も、指数の計算同様、慣れが必要です。意識して多めに演習を積むことをおすすめします。

➤ 対数関数とそのグラフの特徴

　右頁のグラフからも明らかなように、「$y = a^x$」であるとき、y を入力、x を出力とすれば、$y > 0$ の範囲で自由に選べる y に対して x が一通りに決まります。

　対数の定義は

$$y = a^x \quad \Leftrightarrow \quad x = \log_a y \ (a > 0, \ a \neq 1)$$

でした。つまり、y が x の指数関数であるとき、その対数 x も y の関数なのです。一般に「$x = \log_a y$」で表される x を、a を底とする y の対数関数であると言います。

　ところで、「$y = a^x$」と「$x = \log_a y$」は同値ですから、数式として同じ内容を表しています。よって、表現方法は違いますが、2 式が表すグラフは同じです。

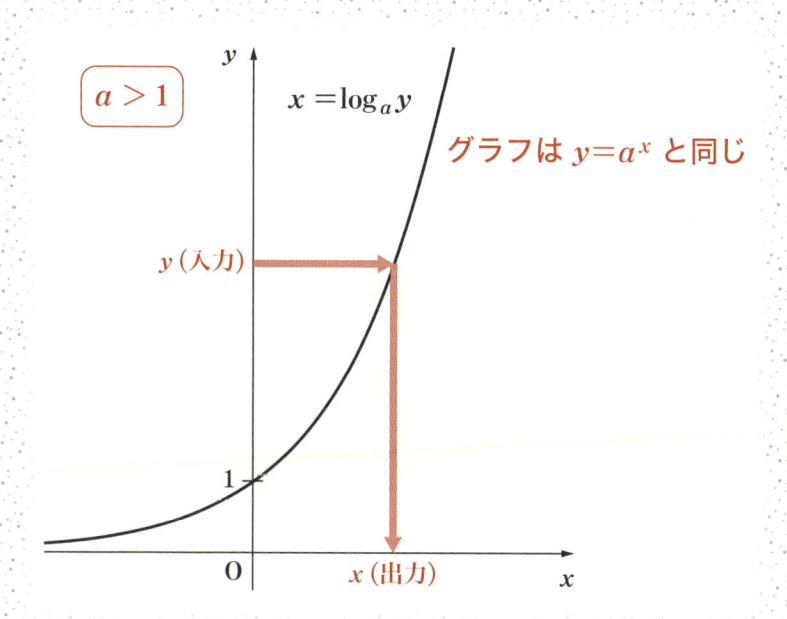

（注）　同値な数式のグラフは同じです。たとえば、

$$y=x+1 \quad \Leftrightarrow \quad x-y+1=0$$

なので「$y=x+1$」と「$x-y+1=0$」は数式として同値であり、両式は同じグラフを表します。

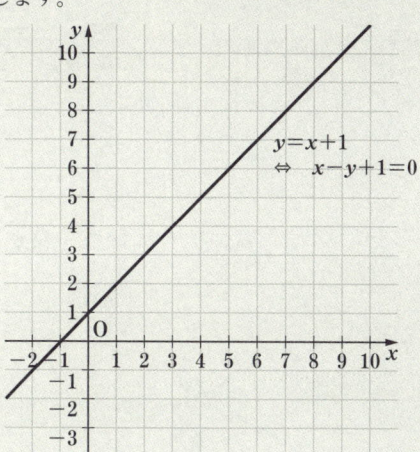

「$x = \log_a y$」では y が入力（独立変数）、x が出力（従属変数）ですが、やはり、x が入力で y は出力のほうがなんとなく落ち着きます（笑）。そこで

$$x = \log_a y \quad \Rightarrow \quad y = \log_a x$$

として、x と y を入れ替えることを考えましょう。

するとグラフは下のようになります。

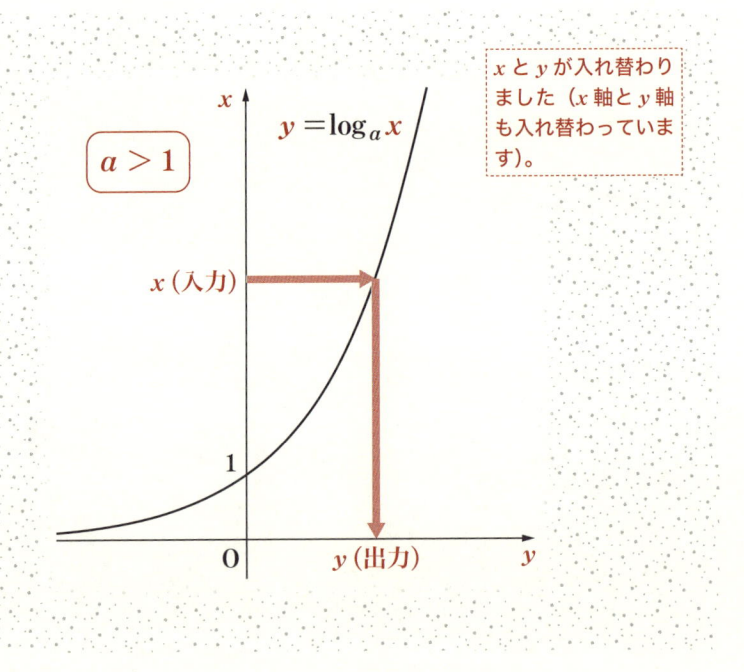

x 軸と y 軸がいつもの向きになるように**ひっくり返すと**、次頁の通り。

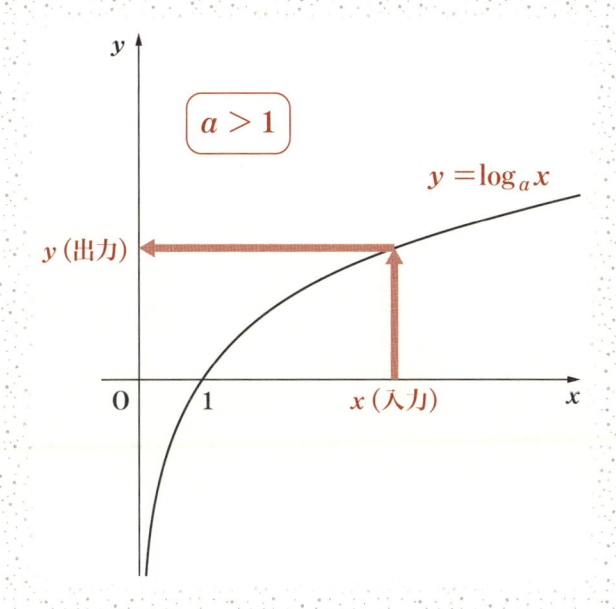

$a > 1$

$y = \log_a x$

y(出力)

0 1 x(入力) x

　同様の操作を $0 < a < 1$ の場合も行い、合わせて書けば、対数関数のグラフは次頁のようにまとめられます。

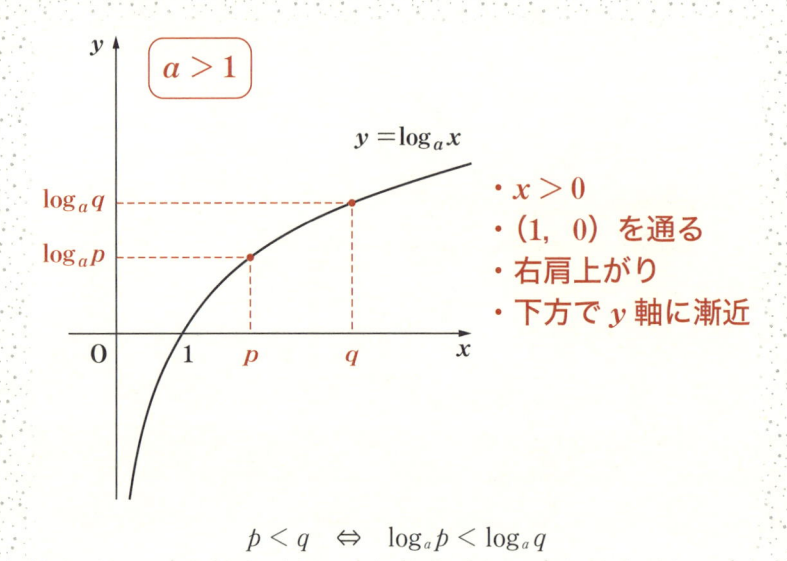

$$p < q \quad \Leftrightarrow \quad \log_a p < \log_a q$$

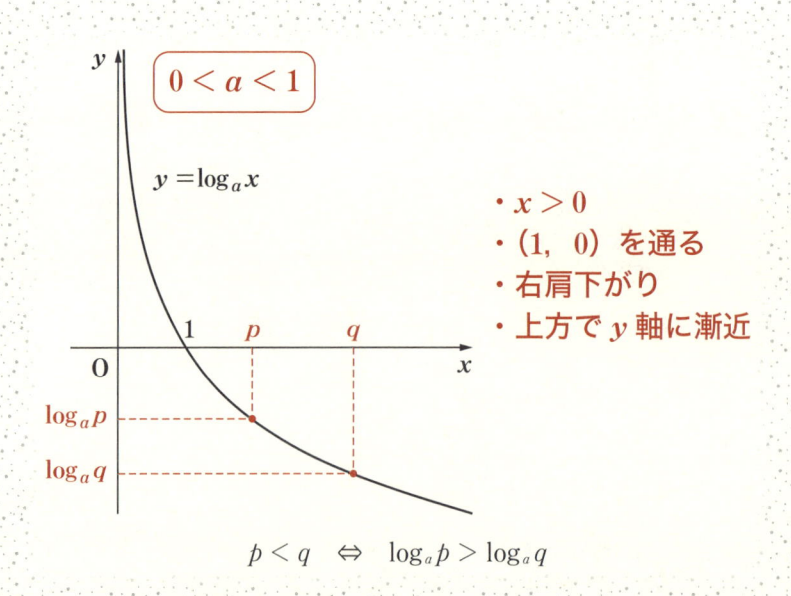

$$p < q \quad \Leftrightarrow \quad \log_a p > \log_a q$$

ここでも指数関数のときと同様（296頁）に $0 < a < 1$ の場合は真数 (x) の大小と対数全体 (y) の大小が逆転することに注意してください。すなわち

$$0 < a < 1 \text{のとき、} p < q \ \Leftrightarrow \ \log_a p > \log_a q$$

です。

➤ 逆関数について（数Ⅲ）

　指数関数について

> ①　x について解く
> ②　x と y を入れかえる

という 2 つの操作を行うと、対数関数が得られます。このようにして得られる関数のことを**「逆関数」**と言います。逆関数が存在しない関数（x と y が 1 対 1 対応になっていない関数）は少なくありませんが、逆関数が存在する場合は出力値（結果）から入力値（原因）を特定することができます。

　一般に、ある関数とその逆関数のグラフは **$y = x$ に関して対称**になります（次頁グラフ参照）。

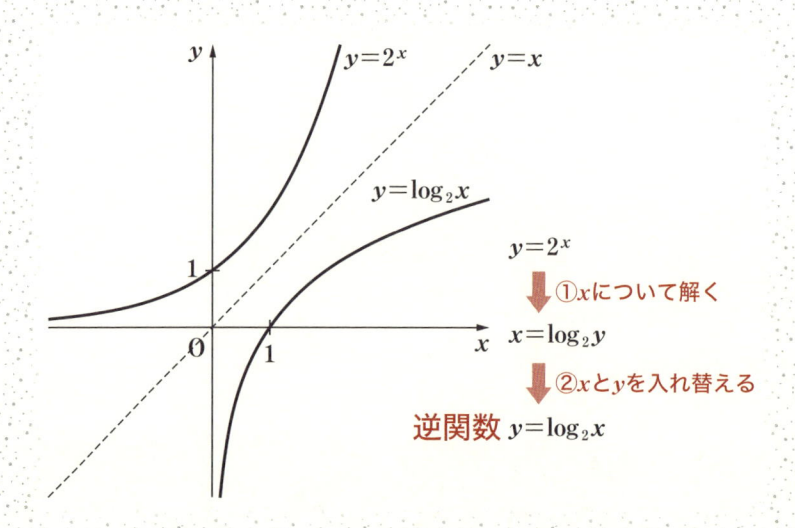

最後に、対数関数の問題にチャレンジしてみましょう。

A 国の人口は現在 1 億人であるが、今後 5 年間は年 2 ％の減少、それ以降は年 1 ％の減少が見込まれている。

A 国の人口がはじめて 6000 万人未満になるのは何年後と考えられるか。自然数で答えよ。ただし、右の表を必要に応じて使用してよい。

$\log_{10} 2$	0.3010
$\log_{10} 3$	0.4771
$\log_{10} 5$	0.6990
$\log_{10} 7$	0.8451
$\log_{10} 11$	1.0414

[名古屋市立大学]

解説

試しに最初の数年の人口推移を計算してみましょう。

1 年後	100,000,000	×	**0.98**	=	98,000,000
2 年後	98,000,000	×	**0.98**	=	96,040,000
3 年後	96,040,000	×	**0.98**	=	94,119,200
4 年後	94,119,200	×	**0.98**	=	92,236,816
5 年後	92,236,816	×	**0.98**	≒	90,392,080
6 年後	90,392,080	×	**0.99**	≒	89,488,159
7 年後	89,488,159	×	**0.99**	≒	88,593,277

> 2 % 減：× 0.98

> 6 年後以降は 1 % 減
> 1 % 減：× 0.99

$\vdots$

7 年後の人口は

$$100{,}000{,}000 \times \mathbf{0.98}^5 \times \mathbf{0.99}^2 \fallingdotseq 88{,}593{,}277$$

と計算できます。

同様に考えれば $n \geqq 6$ のとき、n 年後の人口は、

$$100{,}000{,}000 \times 0.98^5 \times 0.99^{n-5}$$

ですね。n 年後の人口が 6000 万人未満になるとすると

$$100{,}000{,}000 \times 0.98^5 \times 0.99^{n-5} < 60{,}000{,}000$$

となります。整理すると（両辺を 10,000,000 で割ると）

$$10 \times 0.98^5 \times 0.99^{n-5} < 6$$

という不等式を解けばよいのですが、このままでは計算がとても大変です。そこで対数関数の出番となります。問題に底を 10 とする対数（**常用対数**と言います）の表が与えられているので、底が 10 の対数を考えましょう。

後半の計算は大変ですが、対数計算のよい練習になりますのでがんばってください！

解答

n 年後の人口が 6000 万人未満になるとすると

$$100{,}000{,}000 \times 0.98^5 \times 0.99^{n-5} < 60{,}000{,}000$$

$\Rightarrow \quad 10 \times 0.98^5 \times 0.99^{n-5} < 6$ $\left. \begin{array}{l} \div 10{,}000{,}000 \end{array} \right.$

$\Rightarrow \quad \log_{10}(10 \times 0.98^5 \times 0.99^{n-5}) < \log_{10} 6$

底 a が 1 より大きいとき
$$p < q \quad \Leftrightarrow \quad \log_a p < \log_a q$$

$\log_a MN = \log_a M + \log_a N$

$\Rightarrow \quad \log_{10} 10 + \log_{10} 0.98^5 + \log_{10} 0.99^{n-5} < \log_{10} 6$

$\log_a M^r = r \log_a M$

$\Rightarrow \quad 1 + 5\log_{10} 0.98 + (n-5)\log_{10} 0.99 < \log_{10} 6$

$\Rightarrow \quad 1 + 5\log_{10} \dfrac{98}{100} + (n-5)\log_{10} \dfrac{99}{100} < \log_{10} 6 \quad \cdots ①$

ここで

$$\log_{10} \frac{98}{100} = \log_{10} 98 - \log_{10} 100$$

$98 = 2 \times 7^2$

$$= \log_{10}(2 \times 7^2) - \log_{10} 10^2$$

$\log_a MN = \log_a M + \log_a N$

$$= \log_{10} 2 + \log_{10} 7^2 - 2\log_{10} 10$$

$\log_a M^r = r \log_a M$

$$= \log_{10} 2 + 2\log_{10} 7 - 2$$

$\log_a a = 1$

$$\log_{10} \frac{99}{100} = \log_{10} 99 - \log_{10} 100$$

$99 = 3^2 \times 11$

$$= \log_{10}(3^2 \times 11) - \log_{10} 10^2$$

$\log_a MN = \log_a M + \log_a N$

$$= \log_{10} 3^2 + \log_{10} 11 - 2\log_{10} 10$$

$\log_a M^r = r \log_a M$

$$= 2\log_{10} 3 + \log_{10} 11 - 2$$

$\log_a a = 1$

$$\log_{10} 6 = \log_{10}(2 \times 3) = \log_{10} 2 + \log_{10} 3$$

なので、それぞれを①に代入すると

$$1 + 5(\log_{10} 2 + 2\log_{10} 7 - 2) + (n-5)(2\log_{10} 3 + \log_{10} 11 - 2)$$
$$< \log_{10} 2 + \log_{10} 3$$

$$\Rightarrow \quad 1 + 5\log_{10} 2 + 10\log_{10} 7 - 10 + (n-5)(2\log_{10} 3 + \log_{10} 11 - 2)$$
$$< \log_{10} 2 + \log_{10} 3$$

$$\Rightarrow \quad (n-5)(2\log_{10} 3 + \log_{10} 11 - 2)$$
$$< -4\log_{10} 2 + \log_{10} 3 - 10\log_{10} 7 + 9$$

問題文に与えられた表の値をそれぞれ代入します。

$$\Rightarrow \quad (n-5)(2 \cdot 0.4771 + 1.0414 - 2)$$
$$< -4 \cdot 0.3010 + 0.4771 - 10 \cdot 0.8451 + 9$$

$$\Rightarrow \quad (n-5)(-0.0044) < -0.1779$$

$$\Rightarrow \quad (n-5) \cdot 0.0044 > 0.1779$$

$$\Rightarrow \quad n - 5 > \frac{0.1779}{0.0044}$$

$$\Rightarrow \quad n - 5 > 40.43\cdots\cdots$$

$$\Rightarrow \quad n > 45.43\cdots\cdots$$

> 不等式の両辺に -1 を掛けると不等号の向きは逆になる。
> $$a < b \ \Rightarrow \ -a > -b$$

n は自然数なので、

$$n \geqq 46$$

以上より、A 国の人口がはじめて 6000 万人未満になるのは **46 年後**。

対数は感覚を司る⁉
～ウェーバー・フェヒナーの法則～

　対数関数は、三角関数以上にその用途が見えづらい関数かもしれません。しかし、私たちの身の回りには（気づかぬうちに）たくさんの対数に基づいた尺度が使われています。それは対数が私たちの「感覚」と密接な関係を持っているからです。このコラムでは、感覚と対数の関係を表す「ウェーバー・フェヒナーの法則」を紹介したいと思います。

〝ちょっとの変化〟はどこまで識別可能？

　19 世紀に活躍したドイツの心理学者、エルンスト・ウェーバー（1795−1878）は、1834 年に「ウェーバーの法則」を発表しました。これは人間の感覚刺激の識別に関する法則で、人は外界からの刺激を相対的にしか識別できないことを示したものです。

　今、ある強さの感覚刺激を I とし、これを ΔI（「Δ」については 326 頁参照）だけ変化させたときに初めてその刺激の強度の相違が識別できたとすると「ウェーバーの法則」は

$$\frac{\Delta I}{I} = C \ （一定）\ \cdots ①$$

という式で表されます（この C を**ウェーバー比**と言います）。

　たとえば、100g のオモリに対して、101 〜 109g のオモリは「同じ重さ」に感じ、110g ではじめて「重くなった」と感じるとしましょう。この場合、$I = 100\,[g]$, $\Delta I = 110 - 100 = 10\,[g]$ なので、重さに対する感覚のウェーバー比は①式より

$$C = \frac{\Delta I}{I} = \frac{10}{100} = 0.1$$

変形すると

$$\Delta I = 0.1 \cdot I$$

です。ウェーバー比は I の値によらない一定値なので、I が 200g のときは刺激の強度の相違が識別できる最小値（閾値と言います）ΔI は

$$\Delta I = 0.1 \cdot 200 = 20\,[\mathrm{g}]$$

だということになります。つまり、200g のオモリに対しては 210g のオモリでは差異が感じられず、220g のオモリではじめて「重くなった」と感じるというわけです。この「ウェーバーの法則」は重さや音の高さや線分の長さの識別に関して、中等度の刺激強度の範囲内では近似的に成立するとされています。

ウェーバーの法則を発展させたフェヒナーの法則

　ウェーバーの弟子であった**グスタフ・フェヒナー**（1801 − 1887）は、ウェーバーの法則をさらに発展させました。ウェーバーが立案した①式は、物理的な刺激の強さ I のみを扱った式ですが、フェヒナーは物理的刺激に対する「感覚」も量として扱えるはずだと考えたのです。フェヒナーは「感覚の増加量」を ΔS として、ΔS はウェーバーの法則に登場する $\dfrac{\Delta I}{I}$ に比例すると仮定しました。式で表すとこうです。

$$\Delta S = k\frac{\Delta I}{I} \quad (k\,\text{は定数}) \quad \cdots ②$$

　②式の両辺を積分すると（注参照）、

$$S = k\log_e \frac{I}{I_0} \qquad \cdots ③$$

という式が得られます。ここで e は自然対数の底、S は認識できる感覚、I_0 は $S = 0$ のときの刺激量（刺激の閾値）です。自然対数の底 e は 82 頁で紹介したオイラーの公式でも登場していましたね。数学的に非常に重要な定数なので、後ほど改めて説明します（コラム⑬参照）。

③を「ウェーバー・フェヒナーの法則」あるいは単に「フェヒナーの法則」と言います。

③で I が $100 \rightarrow 200$ になった場合と、$500 \rightarrow 1000$ になった場合の ΔS（感覚の増加量）を考えてみましょう。

(i) I が $100 \rightarrow 200$ になった場合

$$\log_a MN = \log_a M + \log_a N$$

$$\Delta S = k\log_e \frac{200}{I_0} - k\log_e \frac{100}{I_0} = k\log_e 2 \times \frac{100}{I_0} - k\log_e \frac{100}{I_0}$$

$$= k\log_e 2 + k\log_e \frac{100}{I_0} - k\log_e \frac{100}{I_0} = k\log_e 2$$

(ii) I が $500 \rightarrow 1000$ になった場合

$$\Delta S = k\log_e \frac{1000}{I_0} - k\log_e \frac{500}{I_0} = k\log_e 2 \times \frac{500}{I_0} - k\log_e \frac{500}{I_0}$$

$$= k\log_e 2 + k\log_e \frac{500}{I_0} - k\log_e \frac{500}{I_0} = k\log_e 2$$

となり、**刺激の増加量は大きく違う（ⅰ は 100g で ⅱ は 500g）のに感覚の増加量は同じ（どちらも $k\log_e 2$）である**ことがわかります。フェヒナーの法則は、中程度の刺激については、五感のすべてで近似値を与えることが知られています。

ちなみにフェヒナーは「感覚」を定量的に計測しようとする学問「心理物理学（精神物理学）」の創始者です。

（注）「理系の積分（数Ⅲ）」です。

②より

$$\frac{\Delta S}{\Delta I} = k\frac{1}{I}$$

ここで

$$\Delta S \to dS, \ \Delta I \to dI$$

という極限を考えれば

$$\frac{dS}{dI} = k\frac{1}{I}$$

両辺を I で積分すると

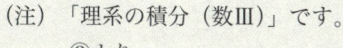

$$S = k\int \frac{1}{I}dI$$

$$\Rightarrow \ \ S = k\log_e I + C \ \ \cdots④$$

C は積分定数。ここで $S = 0$ のとき $I = I_0$ とすると、

$$0 = k\log_e I_0 + C$$

$$\Rightarrow \ \ C = -k\log_e I_0$$

④より

$$S = k\log_e I - k\log_e I_0$$

$$\Rightarrow \ \ S = k\log_e \frac{I}{I_0}$$

対数が尺度に使われている例

　尺度に対数が用いられている例はたくさんありますが、ここでは 2 つ紹介しておきます。

（i）デシベル

　物理量において、基準となる量との比の対数で表す指標のことを**レベル表現**と言います。特に底が 10 の対数（常用対数；315 頁）を使ったレベル表現のことを**ベル（単位は B）**と言い、物理量 A についての**レベル表**

現 L_A は基準量を A_0 として、次のように表されます。

$$L_A[\text{B}] = \log_{10} \frac{A}{A_0}$$

ただし、この定義では A が基準量の 2 倍や 10 倍のとき

$$A = 2A_0 \quad \rightarrow \quad L_A[\text{B}] = \log_{10} \frac{2A_0}{A_0} = \log_{10} 2 = 0.3010\cdots$$

$$A = 10A_0 \quad \rightarrow \quad L_A[\text{B}] = \log_{10} \frac{10A_0}{A_0} = \log_{10} 10 = 1$$

と数値が小さくなってやや使いづらいので、ベルを 10 倍した**デシベル（単位は dB）** を使うことも多いです。デシベルによるレベル表現は

$$L_A[\text{dB}] = 10 \log_{10} \frac{A}{A_0}$$

で表されます。

　音響分野では音圧の 2 乗が音の強さに比例するため、騒音計等で見られる音圧レベル L_p （dB）は次の式で定義されます。

$$L_p[\text{dB}] = 10 \log_{10} \left(\frac{P}{P_0} \right)^2 = 20 \log_{10} \frac{P}{P_0} \qquad \boxed{\log_a M^r = r \log_a M}$$

　添字の p は音圧を表す sound pressure の pressure から取った頭文字です。ちなみに音圧レベルにおける基準値 P_0 には、人間が聞き分けられる最低音圧の

$$P_0 = 20 \times 10^{-6} [\text{Pa}]$$

を使うことに決まっています（Pa は圧力を表す単位）。
　音圧 P が P_0 のとき、

$$L_p[\text{dB}] = 20 \log_{10} \frac{P_0}{P_0} = 20 \log_{10} 1 = 0 \qquad \boxed{\log_a a = 1}$$

ですから、人間の可聴限界は 0 [dB] です。

よく言われる音圧レベルの目安を紹介しておきましょう。

20dB：前方 1m にある時計の秒針の音
60dB：ふつうの会話
90dB：すぐ近くの犬の鳴き声
100dB：電車が通るときのガード下
120dB：ジェット機の騒音（直近）

音圧レベルでは、ジェット機の騒音はふつうの会話の 2 倍ですが、実際の音圧は 1000 倍になります（注参照）。

> （注）　ふつうの会話（60dB）とジェット機の騒音（120dB）の音圧を、それぞれ P_1、P_2 とすると、
>
> $$L_p = 20\log_{10}\frac{P}{P_0}$$
>
> より、
>
> $$60 = 20\log_{10}\frac{P_1}{P_0}、\quad 120 = 20\log_{10}\frac{P_1}{P_0} \Rightarrow 3 = \log_{10}\frac{P_1}{P_0}、\quad 6 = \log_{10}\frac{P_2}{P_0}$$
>
> $$\Rightarrow \quad \frac{P_1}{P_0} = 10^3、\quad \frac{P_2}{P_0} = 10^6 \quad \Rightarrow \quad P_1 = 10^3 P_0、\quad P_2 = 10^6 P_0$$
>
> $$\Rightarrow \quad \frac{P_2}{P_1} = \frac{10^6 P_0}{10^3 P_0} = 10^3 = 1000 \quad （倍）$$

(ii)　星の等級

星の明るさを等級で表すことを最初に考えたのは、**紀元前 2 世紀頃**のギリシャの天文学者**ヒッパルコス**です。ヒッパルコスは夜空の一番明るい恒星を1等星、肉眼でやっと見える暗い星を6等星として、星を明るさによって6段階に分けました。

ヒッパルコスが決めた星の等級は長い間実用的な数値として用いられていましたが、観測技術の発達にともない、数値的にしっかり定義し直す必要が出てきました。19世紀になるとイギリスの天文学者**ノーマン・ポグソン**（1829−1891）は、「1等星は6等星の100倍明るい」という当時の観測結果を使って次のように考えました。

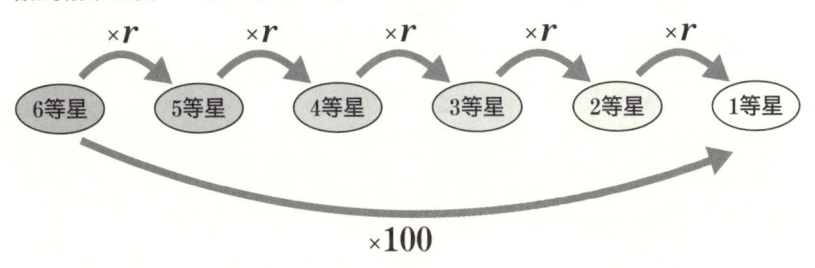

　1等星の明るさ（輝度）を b_1, 6等星の明るさ（輝度）を b_6 とすると、上の図より

$$b_1 = b_6 \cdot r^5$$

　1等星の明るさは6等星の100倍なので

$$b_1 = 100 \cdot b_6$$

$$\Rightarrow \quad b_6 \cdot r^5 = 100 \cdot b_6$$

$$\Rightarrow \quad r^5 = 100$$

$$\Rightarrow \quad r = 100^{\frac{1}{5}} = (10^2)^{\frac{1}{5}} = 10^{\frac{2}{5}}$$

　等級が1つ小さくなると明るさは $10^{\frac{2}{5}}$ 倍になるというわけです。

　m 等星の明るさを b_m, n 等星の明るさを b_n（$m < n$）とすると、等級の差は $n-m$ なので（等級の小さいほうが明るい）

Sun
-26.7　太陽がいかに明るいかがわかる数直線

Full
Moon
-12.7

$$b_m = b_n \cdot r^{n-m} = b_n \cdot \left(10^{\frac{2}{5}}\right)^{n-m} = b_n \cdot 10^{\frac{2(n-m)}{5}}$$

$$\Rightarrow \quad \log_{10} b_m = \log_{10}\left\{b_n \cdot 10^{\frac{2(n-m)}{5}}\right\}$$

$$= \log_{10} b_n + \log_{10} 10^{\frac{2(n-m)}{5}}$$

$$= \log_{10} b_n + \frac{2(n-m)}{5}\log_{10} 10$$

$$\Rightarrow \quad \log_{10} b_m = \log_{10} b_n + \frac{2(n-m)}{5}$$

$$\Rightarrow \quad \frac{2(m-n)}{5} = \log_{10} b_n - \log_{10} b_m$$

$$\Rightarrow \quad m-n = -\frac{5}{2}(\log_{10} b_m - \log_{10} b_n)$$

$$\Rightarrow \quad m-n = -2.5\log_{10} \frac{b_m}{b_n}$$

> $\log_a MN = \log_a M + \log_a N$
>
> $\log_a M^r = r\log_a M$
>
> $\log_a a = 1$

　現代では、この定義を用いて、等級の決定をしています。ちなみにポグソンは基準値として北極星を 2.0 等としましたが、後に北極星は変光星であることがわかったので、今ではこぐま座 λ（ラムダ）星を 6.5 等とする基準を用いるのがふつうです（これをジョンソン・モルガンシステムと言います）。これによると代表的な星の等級は以下の通りです。

　　−26.7 等：太陽　　　　　　−1.46 等：シリウス（おおいぬ座）

　　−12.7 等：満月　　　　　　 0.03 等：ヴェガ（こと座）

　　 −4.7 等：金星（最大時）　 1.09 等：アンタレス（さそり座）

　対数を尺度に用いている例には他にも、地震の規模を表すマグニチュードや水素イオン濃度を表す pH などが有名ですね。

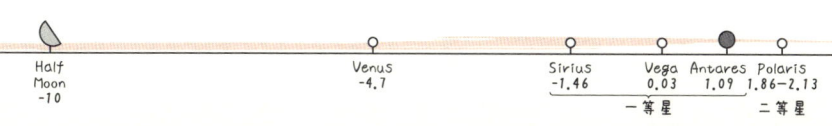

微分・積分〝超〟概論

　本書の趣旨は高校数学全体の内容を概観することです。「高校数学とはいったい何だったのか？」という問いに答えるべく、各単元の内容の解説に加えて、その使い道や誕生の背景などを紙幅の許す限り著しています。

　ただし「微分・積分」における計算技法や公式の導出については既刊の拙書『ふたたびの微分・積分』（すばる舎）に詳しく書きましたので、重複を避けて本書ではそれらは割愛し、微分・積分とは何かをお伝えする〝概論〟に留めたいと思います。微分・積分計算の実際について興味のある方は是非『ふたたびの微分・積分』をご覧ください。

➤ 微分とは何か

　微分とは文字通り「微かに分ける」ことであり、関数を微分するというのは**関数を限りなく細かく分けて分析すること**を意味します。

　関数の理解とは、x の変化によって y がどのように変化するかを理解することです。言い換えれば**グラフの形を知ること**です。そのために、「平均変化率」と呼ばれる量を調べます。平均変化率は中学数学では「変化の割合」と呼んでいました。おさらいしておきましょうね。

　$y = f(x)$ のとき（y が x の関数であるとき）平均変化率（変化の割合）は次にように定義されます。

$$平均変化率 = \frac{y \text{ の変化分}}{x \text{ の変化分}} = \frac{\Delta y}{\Delta x}$$

　(注)　Δ は変化分を表す際に使われるギリシャ文字で「Δx」は x の変化分、Δy は y の変化分を表します。

x が $a \rightarrow b$ に変化したとき y は $f(a) \rightarrow f(b)$ と変化するので平均変化率は

$$\frac{\Delta y}{\Delta x} = \frac{f(b) - f(a)}{b - a}$$

です。

平均変化率は、グラフ上では、A $(a,\ f(a))$、B $(b,\ f(b))$ の 2 点を結ぶ**直線の傾き**を表します。

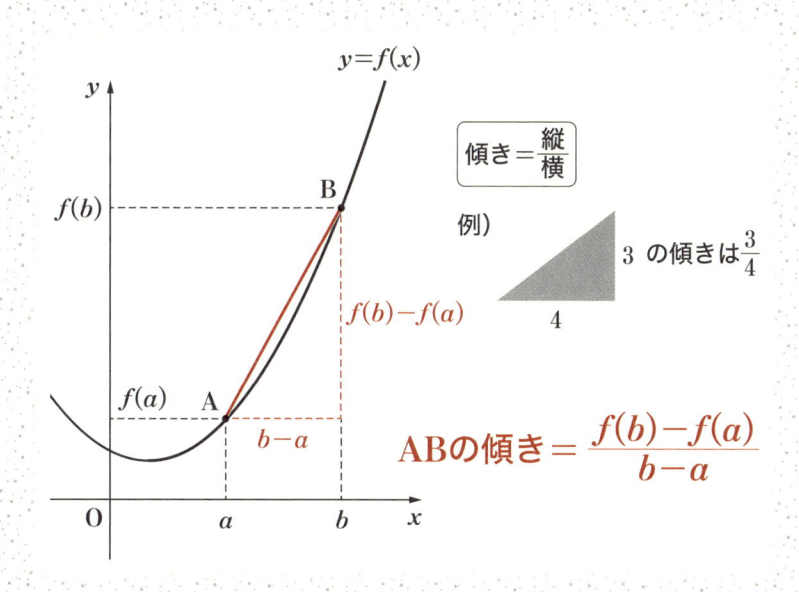

ところで、なぜグラフの形を知るために平均変化率を調べるのでしょうか？

　平均変化率を求めることは結局、ある区間における関数の変化を直線で近似してその傾きを求めることです。これをさまざまな区間で行い、近似した直線（線分）をつなげればグラフの形が類推できます。ただし、このとき問題となるのは Δx（x の変化分）の大きさです。なぜなら、これが大きすぎると関数本来の性質（グラフの形）が見えなくなってしまうからです。

　たとえば、$y = x^2$ を調べたいとします。

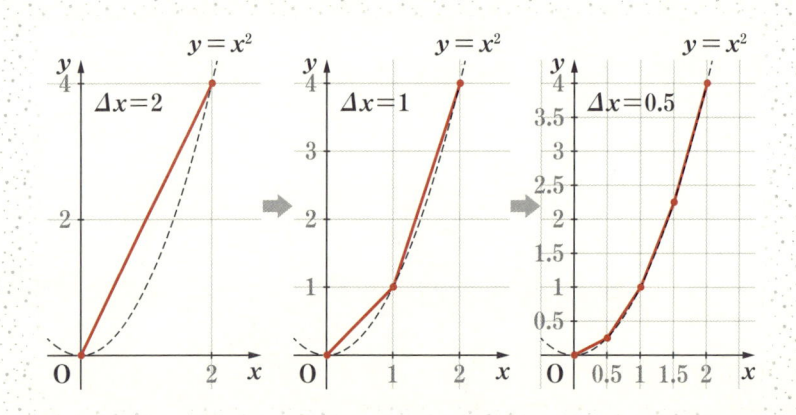

　上の図からも明らかなように、Δx の大きさは小さければ小さいほど線分（赤い線）をつなげたときの"ギザギザのグラフ"と本来のグラフ（放物線）は近いものになります。

　「小さければ小さいほど」よい近似になるのなら、**Δx を限りなく小さくしてみたくなる**のは、自然なことでしょう。そこで、今度は平均変化率の Δx を限りなく 0 に近づけたときのことを考えていきます。

➤ **平均変化率の極限：微分係数**

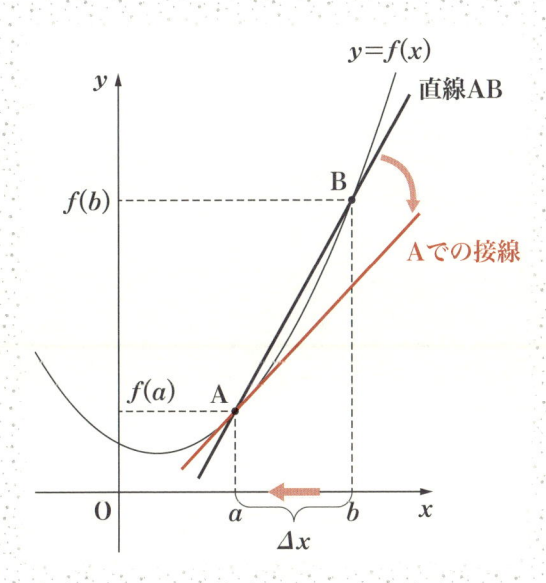

平均変化率の $\Delta x = b - a$ を限りなく 0 に近づけるということは、すなわち b を a に限りなく近づけることを意味します。このとき上の図の点 B は点 A に限りなく近づくので、**直線 AB は A での接線に限りなく近づきますね**。一方、平均変化率

$$\frac{\Delta y}{\Delta x} = \frac{f(b) - f(a)}{b - a}$$

は直線 AB の傾きでした。すなわち、Δx を限りなく 0 に近づけると平均変化率は A での接線の傾きに限りなく近づくわけです。

ところで、さっきから何度も「限りなく〜」という、ややまだるっこしい言い方をしているのは、平均変化率の $\Delta x = b - a$ をピッタリ 0 にすることはできないからです。実際、Δx を 0 にしてしまう（$b = a$ にしてし

まう）と平均変化率は

$$\frac{\Delta y}{\Delta x} = \frac{f(a)-f(a)}{a-a} = \frac{0}{0}$$

となり、「いかなるときも 0 で割ってはいけない」という数学の禁則を破ってしまうことになります。

（注）　「0 で割ってはいけない理由」を詳しく知りたい方は『ふたたびの微分・積分』の 48 頁以降のコラムをご覧ください。

　一般に、**変数 x をある定数 k に限りなく近づけたとき、x の関数 $F(x)$ がある定数 l に限りなく近づくならば**、この l を $x \to k$ のときの $F(x)$ の極限値（あるいは極限）と言い、

$$\lim_{x \to k} F(x) = l$$

と表します。

　今、$y = f(x)$ の $x = a$（点 A）での接線の傾きを $f'(a)$ と書くことにすれば、「Δx を限りなく 0 に近づけると平均変化率は A での接線の傾き（$f'(a)$）に限りなく近づく」は「**$\Delta x \to 0$ のときの平均変化率の極限値は $f'(a)$**」と言い換えることができます。これを

$$\lim_{\Delta x \to 0} \frac{\Delta y}{\Delta x} = \lim_{b \to a} \frac{f(b)-f(a)}{b-a} = f'(a)$$

と表し、$f'(a)$ を **$x = a$ における $y = f(x)$ の**微分係数と言います。

　なお、

$$b - a = h \ (b = a + h)$$

とおけば、b を限りなく a に近づけることは h を限りなく 0 に近づけることと同じです。このとき $f(b) = f(a+h)$ なので、$f'(a)$ は次のようにも書くことができます。

$$f'(a) = \lim_{h \to 0} \frac{f(a+h) - f(a)}{h}$$

まとめます。

$$f'(a) = \lim_{b \to a} \frac{f(b) - f(a)}{b - a}$$
において
$$b - a = h, \quad b = a + h$$
を代入

【微分係数】

関数 $f(x)$ と定数 a に対して、

$$f'(a) = \lim_{b \to a} \frac{f(b) - f(a)}{b - a}$$

$$= \lim_{h \to 0} \frac{f(a+h) - f(a)}{h}$$

で定義される $f'(a)$ を $x = a$ における $f(x)$ の微分係数と呼ぶ。微分係数 $f'(a)$ は $y = f(x)$ の $x = a$ での接線の傾きに等しい。

(注) 定義式が 2 つありますが、どちらもよく使います。

➤ **導関数と増減表〜微分の本質とは？〜**

関数を分析するために、いろいろな場所で $f'(a)$ を計算してみます。

たとえば、$y = f(x)$ に対して次のように各点の微分係数 $f'(a)$ が求まったとしましょう。

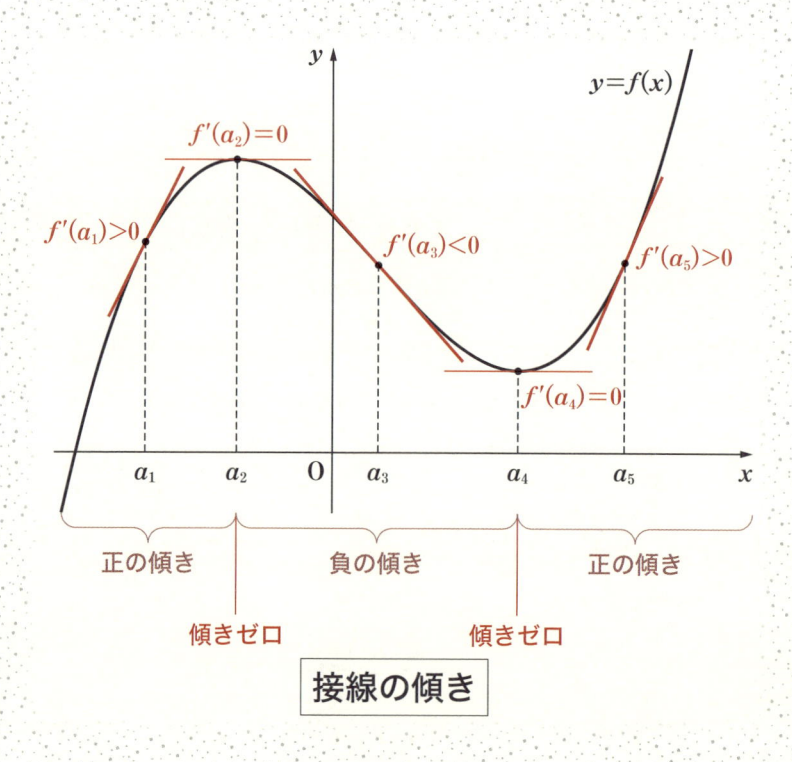

接線の傾き

こうしてみると

> 接点の x 座標が a_2 より小さいとき、接線の傾きは正
>
> 接点の x 座標が a_2 のとき、接線の傾きはゼロ
>
> 接点の x 座標が a_2 と a_4 の間にあるとき、接線の傾きは負
>
> 接点の x 座標が a_4 のとき、接線の傾きはゼロ
>
> 接点の x 座標が a_4 より大きいとき、接線の傾きは正

であることがわかります。下の表はこれを表にまとめたものです。

x	$\cdots$	a_2	$\cdots$	a_4	$\cdots$
$f'(x)$	$+$	0	$-$	0	$+$
$f(x)$	↗		↘		↗

　表の中の「↗」は接線の傾きが正であることを「↘」は接線の傾きが負であることを表しています。ある区間で接線の傾きが正であることはその区間で $f(x)$ が増加することを、ある区間で接線の傾きが負であることはその区間で $f(x)$ が減少することを示すので、このような表のことを増減表と言います。

　ところで上の表の中段は「$f'(a)$」ではなく「$f'(x)$」と表記されていますね。「$f'(a)$」と「$f'(x)$」…いったい何が違うのでしょうか？

　グラフの接線の傾きは接点の x 座標で決まります。つまり、**接線の傾き＝微分係数も x の関数**です。そもそも微分係数を $f'(a)$ と表すのは、微分係数が a の関数であるからに他なりません。ただ、a は定数のイメージが強いので、a を変数らしい x に置き換えて、「微分係数を x の関数として捉えたもの」を $f'(x)$ と表し、これを $f(x)$ の導関数と呼ぶことになっています。

【導関数】

関数 $f(x)$ に対し

$$f'(x) = \lim_{h \to 0} \frac{f(x+h) - f(x)}{h}$$

で定められる関数 $f'(x)$ を $f(x)$ の導関数と言う。

(注)　先ほどの微分係数の定義式の a を x に置き換えただけです。なお、微分係数の定義式は 2 通りの書き方がありましたが、導関数の場合は

$$f'(x) = \lim_{b \to x} \frac{f(b) - f(x)}{b - x}$$

と書くことは一般的ではありません（でも間違いではありません）。

$f(x)$ の導関数 $f'(x)$ を求めることを $f(x)$ を微分すると言います。

　$f(x)$ を微分して $f'(x)$ が求まれば、その符号を調べることで、$y = f(x)$ のグラフの概形がわかります。グラフの概形がわかれば、最大値や最小値を求めることもできます。

　結局、導関数（接線の傾きの変化を関数として捉えたもの）を求め、その符号（＋か、0 か、－か）を調べてグラフの概形を明らかにすること、それが微分の本質であり、目的です。

➤ 積分〜微分よりもずっと〝兄貴分〟〜

　今度は積分です。**求積法（面積を求める方法）** として生まれ発展してきた積分は微分よりもずっと長い歴史を持っています。たとえば遺産相続で兄弟が土地を分ける際などに、複雑な形をしている図形の面積を正確に求

める技法が必要になったことは想像に難くありません。

　積分は「分けたものを積み上げる」と書きますが、要は、**複雑な形をした図形の面積を、下の図のように小さな長方形の面積の和として計算する技法のこと**です。

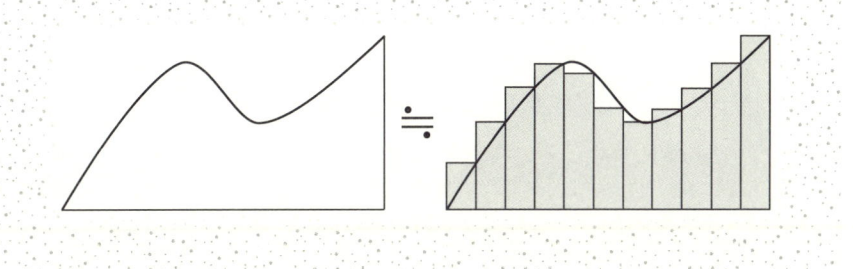

　上の図形を座標軸に乗せたとき、曲線を表すグラフの式が $y = f(x)$ $[a \leqq x \leqq b]$ で与えられるとしましょう。

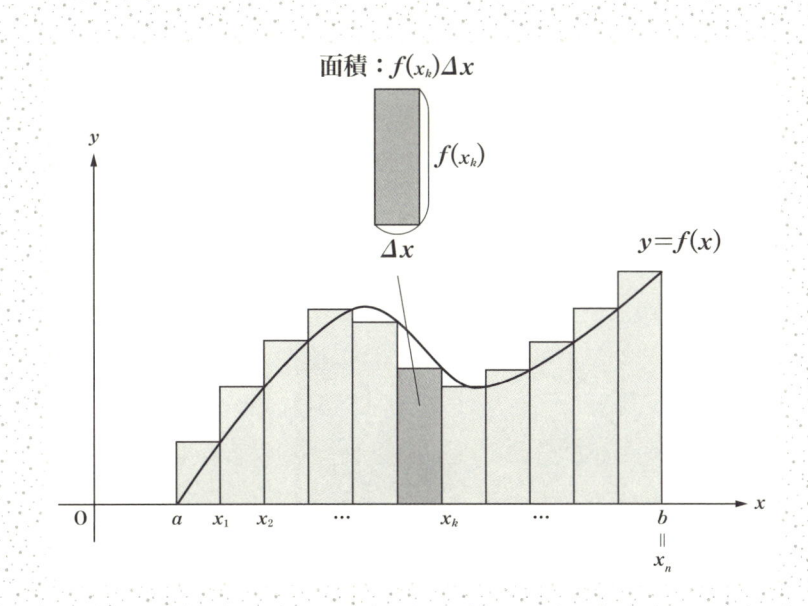

次に、$x = a$ から $x = b$ までを n 個の長方形で埋め尽くします。長方形の横幅はどれも $\overset{\text{デルタ}}{\Delta x}$ です。

　まずは左から k 番目の長方形（色の濃い長方形）の面積を求めましょう。この長方形の右下は x_k で曲線は $y = f(x)$ なので長方形の縦の長さは $f(x_k)$ になりますね。よって k 番目の長方形の面積は

$$f(x_k) \cdot \Delta x$$

です。求めたい土地の面積は、n 個の長方形の面積の和にほぼ等しいはずなので次のように書くことができます。

> **面積 ≒ $f(x_1)\Delta x + f(x_2)\Delta x + \cdots + f(x_k)\Delta x + \cdots + f(x_n)\Delta x$**

　ここで、第4章で学んだ Σ 記号（188頁）**を使えば右辺をスッキリと書くことができます。**

$$面積 ≒ \sum_{k=1}^{n} f(x_k)\Delta x \qquad \boxed{\sum_{k=1}^{n} a_k = a_1 + a_2 + a_3 + \cdots + a_n}$$

　ただ、このままではまだ**誤差があります。**誤差を小さくするために n を大きくしてみましょう。

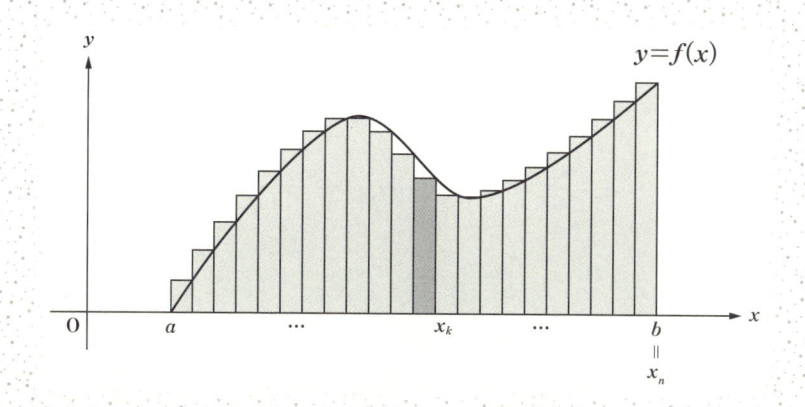

　たとえばこれくらい細い長方形で埋め尽くせば（n を大きくすれば）先ほどよりは誤差が小さくなることは間違いありません。

　n を限りなく大きくすれば長方形の面積の和は正しい面積に限りなく近づきます。 つまり、極限（330 頁）を使って書けば

$$面積 = \lim_{n \to \infty} \sum_{k=1}^{n} f(x_k) \Delta x \quad \cdots ☆$$

というわけです。

　求積法としての積分の本質は☆式で表されていますが、面積を表す際に毎度「lim」と「Σ」を使うのは少々面倒です。そこで便利な記号が発明されました。それが有名な（？）「∫（インテグラル）」です。

　∫を使うと☆式は次のように表されます。

$$面積 = \lim_{n \to \infty} \sum_{k=1}^{n} f(x_k) \Delta x = \overset{\text{右端の値}}{\int_{@}^{b}} f(x)dx$$

左端の値

「∫」はΣを上下に引き伸ばした記号だと思ってください。また「dx」は n を限りなく大きくしたとき「Δx」が限りなく近づく値（Δx の極限値）を表します。

$$\sum \to \int, \ \lim_{n \to \infty}\Delta x = dx$$

∫の下に書く「a」は（図形を n 個の長方形に分けたときの）1番めの長方形の左下の値すなわち**面積を求めたい図形の左端の値**を表し、∫の上に書く「b」は n 番目の長方形の右下の値すなわち**面積を求めたい図形の右端の値**を表しています。

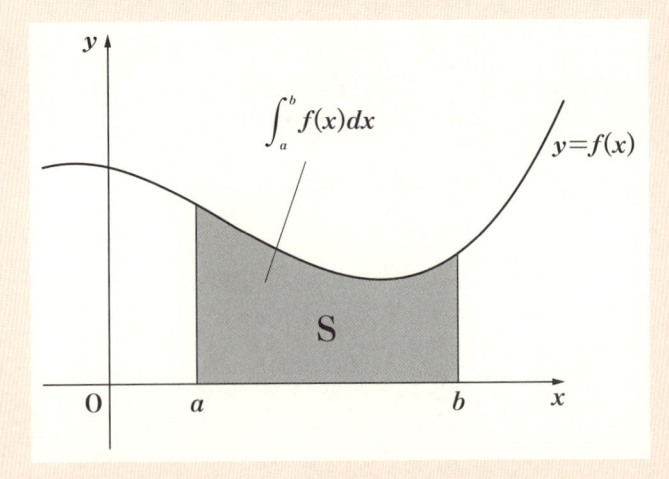

【積分と面積】

$y = f(x)$ と $x = a$、$x = b$（$a < b$）および x 軸で囲まれる図形の面積 S は ∫ と dx を用いて以下のように表される。

$$S = \int_a^b f(x)dx$$

➤ なぜニュートンとライプニッツは「微積分の父」なのか

よく「微積分の父」として**ニュートン**（1643−1727）や**ライプニッツ**（1646−1716）の名前が上がりますが、微分の概念を最初に発表したのは2人が生まれるずっと前の、12世紀のインドの数学者**バースカラ2世**（1114−1185）です。また紀元前3世紀に**アルキメデス**（紀元前287−212）は積分の考え方を使って放物線で囲まれた図形の面積を求めることに成功しています。

ではなぜ、ニュートンとライプニッツは「微積分の父」と呼ばれるのでしょうか？　それは彼らが**「微分と積分は互いに逆演算の関係にある」**といういわゆる微積分の基本定理を（それぞれ独自に）発見したからです。

微分も積分もそれぞれが単独に存在している間は、接線を求めたり、面積を求めたりするための計算技法にすぎませんでした。しかし微分の基本定理によって、互いがコインの表裏のような関係にあることがわかってはじめて、微積分は**世界の真理を表現するための人類の至宝**になりました。

微分と積分は互いに関係し合うことで、はじめて命を与えられると言っても過言ではありません。その意味ではやはり、ニュートンとライプニッツは微積分の「父」なのです。

以下は『ふたたびの微分・積分』と重複する内容になりますが、本書の読者にも微積分の基本定理の本質は是非理解していただきたいので、再掲させていただきます。

ライプニッツ

父です

ニュートン

➤ 逆演算とは

　逆演算の関係というのは「足し算と引き算」（あるいは「掛け算と割り算」）のような関係のことです。

　「a」に「b」を足した結果が「c」ならば、「c」から「b」を引くと元の「a」に戻りますね。

$$a+b=c \quad \Leftrightarrow \quad a=c-b$$

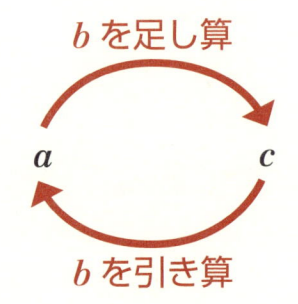

　「逆演算」とはある演算（計算）によって得られた結果を元に戻す演算のことです。

　関数 $f(x)$ に微分という演算を行うと導関数 $f'(x)$ が得られます。微積分の基本定理が言うところの**「微分と積分は互いに逆演算の関係にある」**とは $f'(x)$ **を積分すると** $f(x)$ **に戻る**、という意味です。

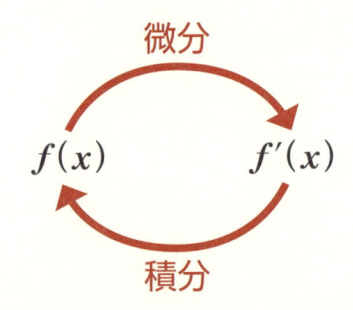

➤ 微積分の基本定理

今、関数 $F(x)$ の導関数を $f(x)$ とします。つまり、

$$F'(x) = f(x) \quad \cdots ①$$

です。このとき

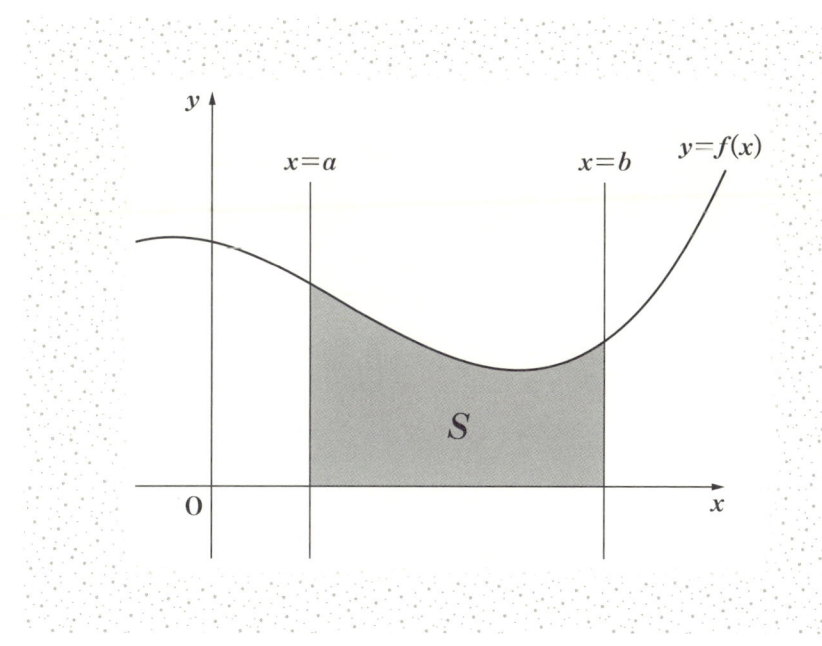

の面積 S が

$$S = F(b) - F(a)$$

になることを示していきます。

$F'(x)$ は $F(x)$ の導関数なので、定義（334頁）に従えば

$$\lim_{h \to 0} \frac{F(x+h) - F(x)}{h} = F'(x)$$

$$\boxed{\lim_{h \to 0} \frac{f(x+h) - f(x)}{h} = f'(x)}$$

です。①より

$$\lim_{h \to 0} \frac{F(x+h) - F(x)}{h} = f(x)$$

この式の左辺は h を限りなく 0 に近づけたときの極限ですが、h を 0 に十分近い数だとすれば、

$$\frac{F(x+h) - F(x)}{h} \fallingdotseq f(x)$$

$$\Leftrightarrow \quad F(x+h) - F(x) \fallingdotseq f(x)h \quad \cdots ②$$

と考えることができます。

ここで②式の x に

$$a, \ a+h, \ a+2h \cdots$$

と順々に代入し、**書き並べて足し合わせた結果は鮮烈です！**

$$F(x+h) \ - F(x) \qquad\qquad \fallingdotseq f(x)h \ \text{より}$$

$F(a+h) \ -F(a)$	$\fallingdotseq f(a)h$	【$x=a$ のとき】
$F(a+2h) -F(a+h)$	$\fallingdotseq f(a+h)h$	【$x=a+h$ のとき】
$F(a+3h) -F(a+2h)$	$\fallingdotseq f(a+2h)h$	【$x=a+2h$ のとき】
$\vdots \qquad \vdots$	$\vdots$	$\vdots$

$$+) \ F(a+nh) - F\{a+(n-1)h\} \fallingdotseq f\{a+(n-1)h\}h \ \text{【$x=a+(n-1)h$ のとき】}$$

$$F(a+nh) - F(a) \fallingdotseq f(a)h + f(a+h)h + f(a+2h)h +$$

$$\cdots + f\{a+(n-1)h\}h \quad \cdots ③$$

左辺は**最初と最後だけが残る**ことになります。

③式こそ、この話の「肝」です！

次に面積 S を次頁の図のようにいくつかの長方形に分けることを考えます。

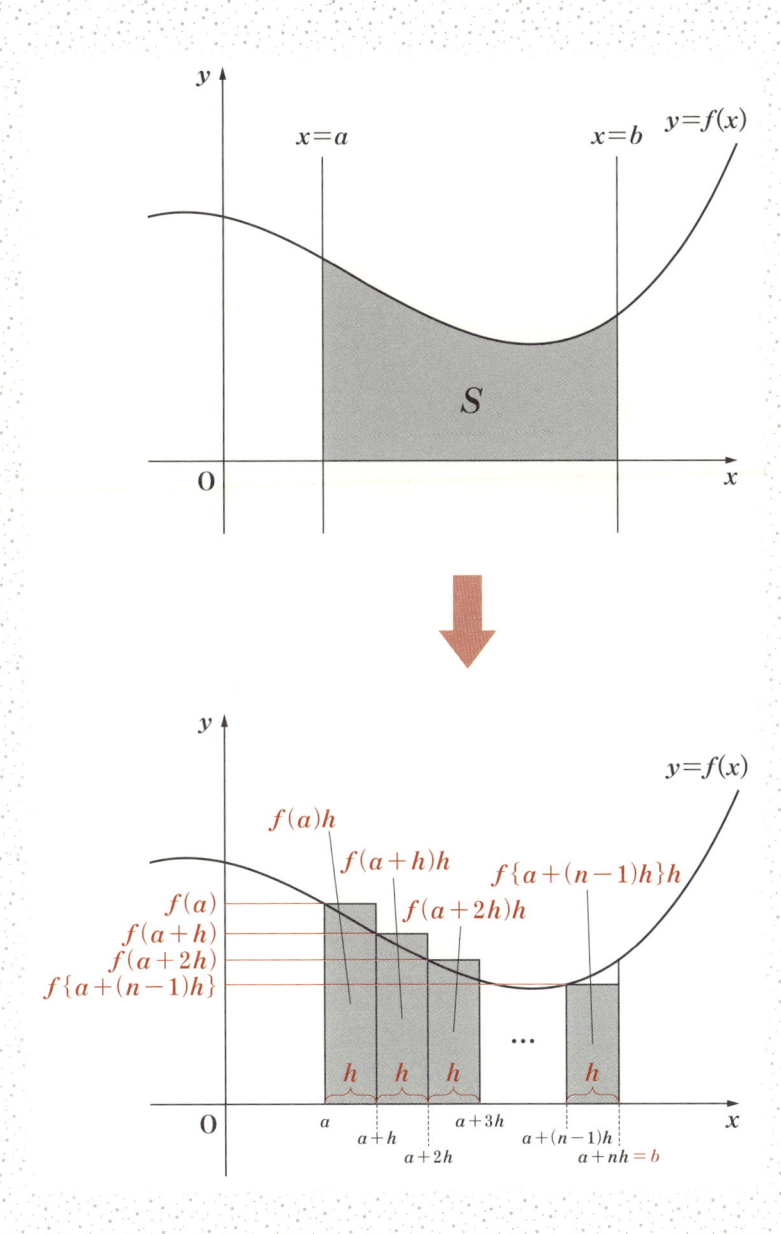

こうすると、各長方形の面積は

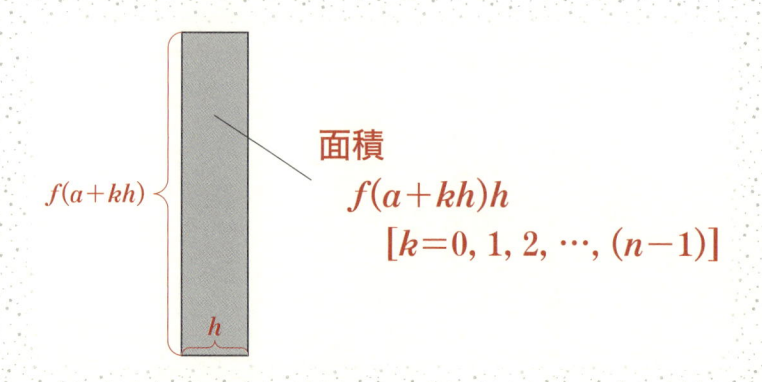

面積
$f(a+kh)h$
$[k=0, 1, 2, \cdots, (n-1)]$

$f(a+kh)$

h

より、

$$f(a+kh)h \ [k = 0, 1, 2, \cdots, (n-1)]$$

であることがわかりますね。

ここで「あっ！」と声をあげたあなたは鋭い人です。そうなんです！
前頁の**長方形の面積の和は③式の右辺**

$$f(a)h+f(a+h)h+f(a+2h)h+\cdots+f\{a+(n-1)h\}h$$

に等しくなっています！！

長方形の面積の和は最初に与えられた面積 S とほぼ等しいので

$$S \fallingdotseq f(a)h+f(a+h)h+f(a+2h)h+$$

$$\cdots+f\{a+(n-1)h\}h \quad \cdots④$$

③、④より

$$F(a+nh)-F(a) \fallingdotseq S \quad \cdots⑤$$

いよいよ仕上げです。

⑤式で

$$a + nh = b \quad \cdots ⑥$$

とおくと、⑤式は

$$F(b) - F(a) \fallingdotseq S \quad \cdots ⑦$$

になります。

> (注) ⑥式は変形すると、
>
> $$h = \frac{b - a}{n}$$
>
> ですね。
> つまり h は「$x = a$」から「$x = b$」までの長さを n 等分した長さです。
> この式は n を大きくすればするほど h が 0 に近づくことを示しています。
> $$n \to \infty \quad \Leftrightarrow \quad h \to 0$$

⑦式の「$\fallingdotseq$」は②式と④式に由来するものですが、どちらも h を限りなく 0 に近づけたり、n を限りなく大きくしたりする極限を考えることで「＝」になります。

以上より、$h \to 0$（すなわち $n \to \infty$）のとき、

$$S = F(b) - F(a) \quad \cdots ⑧$$

です！

ここまでで「微分と積分は互いに逆演算の関係にある」という微積分の基本定理を説明したことになりますが、少し説明を加えておきます。

最初に「$F(x)$ の導関数を $f(x)$ とする」と断ってあるので、

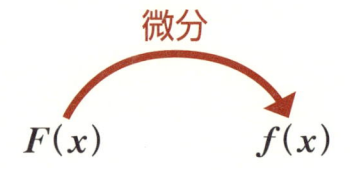

ですね。ここで、$f(x)$ を $F(x)$ に戻す演算を「**逆微分**」とでも名づけておきます。

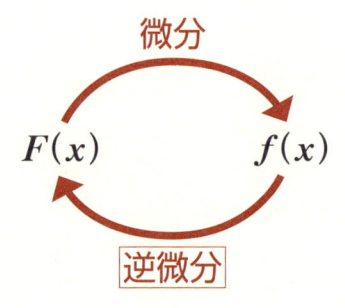

　一方⑧式は、この $f(x)$ を「逆微分」することで得られる $F(x)$ を使って

$$F(b) - F(a)$$

を計算すると、それが曲線「$y = f(x)$」で囲まれた図形を**限りなく細い長方形に分けて足し合わせたもの**に等しくなることを示しています。これはアルキメデス以降人類が研究してきた**求積法（＝積分）**に他なりません。

　逆微分によって得られる関数を使えば面積が求まるということは、**逆微分こそが積分**だということです。すなわち

$$逆微分＝積分$$

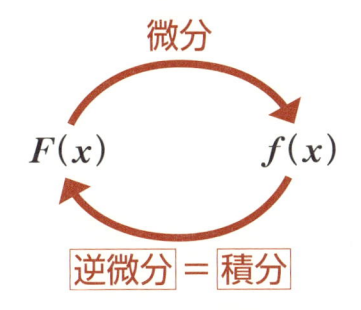

なのです！

　なお、S は $y = f(x)$ と $x = a$、$x = b$（$a < b$）および x 軸で囲まれる図形の面積なので

$$S = \int_a^b f(x)dx$$

と表されるのでしたね。

　これと⑧式より

$$S = \int_a^b f(x)dx = F(b) - F(a)$$

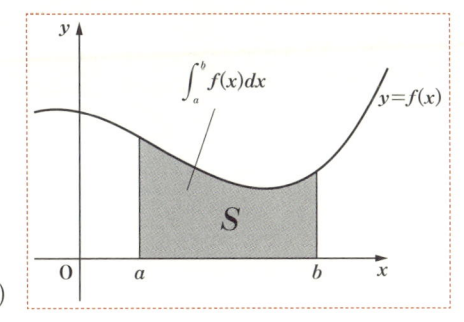

です。

　これは $f(x)$ を積分（逆微分）して得られる $F(x)$ の x に、面積を求める図形の右端の値 b を代入したものから左端の値 a を代入したものを引き算すれば面積 S が求まることを意味しています。

　このような計算を定積分と言います。

　以下に示すのは、高校数学に登場する基本的な関数とその導関数です（導出の詳細は拙書『ふたたびの微分・積分』をご覧ください）。

$$f(x) = x^{\alpha} \quad \overset{\text{積分}}{\longleftarrow} \overset{\text{微分}}{\longrightarrow} \quad f'(x) = \alpha x^{\alpha-1} \quad (\alpha \text{ は実数})$$

$$f(x) = \sin x \quad \overset{\text{積分}}{\longleftarrow} \overset{\text{微分}}{\longrightarrow} \quad f'(x) = \cos x$$

$$f(x) = \cos x \quad \overset{\text{積分}}{\longleftarrow} \overset{\text{微分}}{\longrightarrow} \quad f'(x) = -\sin x$$

$$f(x) = \tan x \quad \overset{\text{積分}}{\longleftarrow} \overset{\text{微分}}{\longrightarrow} \quad f'(x) = \frac{1}{\cos^2 x}$$

$$f(x) = e^x \quad \overset{\text{積分}}{\longleftarrow} \overset{\text{微分}}{\longrightarrow} \quad f'(x) = e^x$$

> e については
> 次のコラム参照

$$f(x) = a^x \quad \overset{\text{積分}}{\longleftarrow} \overset{\text{微分}}{\longrightarrow} \quad f'(x) = a^x \log_e a$$

$$f(x) = \log_e x \quad \overset{\text{積分}}{\longleftarrow} \overset{\text{微分}}{\longrightarrow} \quad f'(x) = \frac{1}{x}$$

$$f(x) = \log_a x \quad \overset{\text{積分}}{\longleftarrow} \overset{\text{微分}}{\longrightarrow} \quad f'(x) = \frac{1}{x \log_e a}$$

　一般に、微分は定義に従って計算をするだけなのでたいてい求まりますが、積分は、微分したときにもとの関数が導関数になるような関数を見つけなければいけないので、難しいことがほとんどです。

　私の数学の先生は**「世の中の 99 ％の関数は積分できません」**とおっしゃっていました。これは決して言い過ぎではありません。

　ただし、微分と積分は互いに逆演算の関係になっているので、上の $f'(x)$ はすべて積分できて、その結果は $f(x)$ になります（積分定数 C は省略します）。

ネイピア数（自然対数の底）e

前節で微分と積分の概論についてお話ししましたが、具体的な計算については一切触れなかったので、ここでは対数関数 $f(x) = \log_a x$ の導関数を求めてみたいと思います。

1 でない正の実数 a に対して

$a > 0$ かつ $a \neq 1$ は底の条件（301頁）

$$f(x) = \log_a x$$

とします。微分の定義より

$$f'(x) = \lim_{h \to 0} \frac{f(x+h) - f(x)}{h}$$

$$= \lim_{h \to 0} \frac{\log_a(x+h) - \log_a x}{h}$$

$$= \lim_{h \to 0} \frac{1}{h} \{\log_a(x+h) - \log_a x\}$$

$\log_a M - \log_a N = \log_a \dfrac{M}{N}$

$$= \lim_{h \to 0} \frac{1}{h} \log_a \frac{x+h}{x}$$

$$= \lim_{h \to 0} \frac{1}{h} \log_a \left(1 + \frac{h}{x}\right)$$

$$= \lim_{h \to 0} \frac{1}{x} \cdot \frac{x}{h} \log_a \left(1 + \frac{h}{x}\right)$$

$r\log_a M = \log_a M^r$

$$= \lim_{h \to 0} \frac{1}{x} \log_a \left(1 + \frac{h}{x}\right)^{\frac{x}{h}} \quad \cdots ①$$

ここで、$\dfrac{h}{x} = k$ とすると

$$\frac{x}{h} = \frac{1}{k}, \quad h \to 0 \text{ のとき } k \to 0$$

なので①は次のように書き換えることができます。

$$f'(x) = \lim_{k \to 0} \frac{1}{x} \log_a (1+k)^{\frac{1}{k}} \quad \cdots ②$$

さて、ここで登場する

$$(1+k)^{\frac{1}{k}}$$

こそ、この節の主役です。

$k \to 0$ のとき

$$(1+k) \to 1, \quad \frac{1}{k} \to \infty$$

なので、k にとても小さい数を代入すると $(1+k)^{\frac{1}{k}}$ は「1に非常に近い数を何度も何度も掛け合わせた数」になります。これは（なんとなくではありますが）一定の値に近づきそうですね。

そこで k に具体的な値をいくつか代入してみましょう。

$$k = 0.1 \quad \Rightarrow \quad (1+k)^{\frac{1}{k}} = 2.59374\cdots$$

$$k = 0.01 \quad \Rightarrow \quad (1+k)^{\frac{1}{k}} = 2.70481\cdots$$

$$k = 0.001 \quad \Rightarrow \quad (1+k)^{\frac{1}{k}} = 2.71692\cdots$$

$$k = 0.0001 \quad \Rightarrow \quad (1+k)^{\frac{1}{k}} = 2.71814\cdots$$

$$k = 0.00001 \quad \Rightarrow \quad (1+k)^{\frac{1}{k}} = 2.71826\cdots$$

こうしてみると $(1+k)^{\frac{1}{k}}$ ははだんだんと「2.718……」という値に近づ

いています。実際、$k \to 0$ のとき $(1+k)^{\frac{1}{k}}$ の極限値は

$$2.718281828459045\cdots\cdots$$

という定数であることがわかっています。そして、これは分数で表すことができない**無理数**です。この数に最初に言及したのは対数の発見者でもあったイギリスの**ジョン・ネイピア**（1550−1617）なので、ネイピア数あるいは自然対数の底と言います（日本では後者が一般的ですが、欧米では前者のほうが通りがよいようです）。ただし**レオンハルト・オイラー**（1707−1783）がこの数に**「e」**という定数記号を使ったため、今ではネイピア数はふつう**「e」**で表します。つまり

$$\lim_{k \to 0}(1+k)^{\frac{1}{k}} = e = 2.718281828459045\cdots\cdots \quad \cdots ③$$

です。これを②に代入すると

$$f'(x) = \lim_{k \to 0}\frac{1}{x}\log_a(1+k)^{\frac{1}{k}} = \frac{1}{x}\log_a e \quad \cdots ④$$

③式で定義されるネイピア数 e を底とする対数 $\log_e x$ を自然対数（natural logarithm）と言います。数学では自然対数は非常によく登場するので、底 e は省略して単に $\log x$ と書くことが多いです。④を自然対数で書けば、$f(x) = \log_a x$ の導関数は

$$f'(x) = \frac{1}{x}\log_a e$$
$$= \frac{1}{x}\cdot\frac{\log_e e}{\log_e a}$$
$$= \frac{1}{x}\cdot\frac{1}{\log_e a}$$

$$\log_a b = \frac{\log_c b}{\log_c a}$$

$$\log_a a = 1$$

です。

特に $f(x) = \log_e x$ のときは非常にシンプルになります。

$$f'(x) = \frac{1}{x} \cdot \frac{1}{\log_e e} = \frac{1}{x}$$

$\log_a a = 1$

以上より前節で紹介した

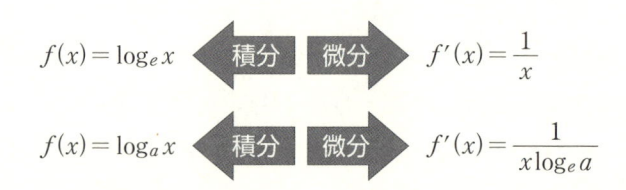

$$f(x) = \log_e x \quad \text{積分} \quad \text{微分} \quad f'(x) = \frac{1}{x}$$

$$f(x) = \log_a x \quad \text{積分} \quad \text{微分} \quad f'(x) = \frac{1}{x\log_e a}$$

を証明できました。

不思議な数 e

本書でもすでに何度かネイピア数 e は顔を出していますが、自然科学を学んでいると、ありとあらゆるとこに e が出てきます。それには（前節で紹介した通り）e を底とする指数関数が e^x が

$$f(x) = e^x \quad \text{積分} \quad \text{微分} \quad f'(x) = e^x$$

という性質を持っていることが大きく関係しています。

指数関数 e^x は何度微分しても積分しても変わりません。 一方、世の中の自然現象の多くは微分方程式で表されます。微分方程式を立てたり、解いたりする際に微分や積分を行うと、他の関数は微分や積分をするたびに形を変えるのに、指数関数 e^x はそのままの形で残り続けます。これが自然現象を説明する「解」や微分方程式の中に e が多く登場する理由です。

また $y = e^x$ のグラフの y 切片（$x = 0$）における接線の傾きは 1 になります（354 頁の注参照）。

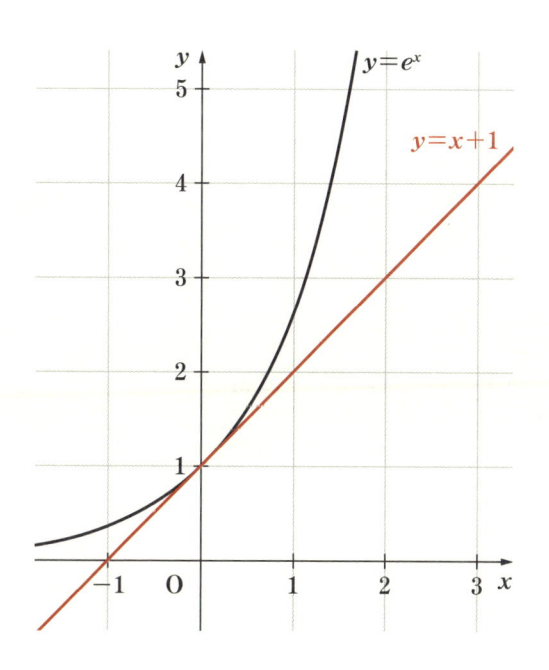

$$f(x) = e^x$$

のとき、$f'(0) = 1$ だから

$$f'(0) = 1 \quad \Rightarrow \quad \lim_{h \to 0} \frac{f(0+h) - f(0)}{h} = 1$$

$$\Rightarrow \quad \lim_{h \to 0} \frac{e^{0+h} - e^0}{h} = 1$$

$$\Rightarrow \quad \lim_{h \to 0} \frac{e^h - 1}{h} = 1 \quad \cdots ⑤$$

> $y = f(x)$ の $x = a$ での
> 接線の傾きは $f'(a)$

> $$f'(a) = \lim_{h \to 0} \frac{f(a+h) - f(a)}{h}$$

> $a^0 = 1$

となります。⑤を e の定義とする流儀もあります。

それから

$$e = \sum_{n=0}^{\infty} \frac{1}{n!} = 1 + \frac{1}{1!} + \frac{1}{2!} + \frac{1}{3!} + \cdots\cdots + \frac{1}{n!} + \cdots\cdots$$

という美しい等式も成立します。このように e は非常に不思議なそして特別な数です。自然科学において、ネイピア数 e は円周率 π と並ぶ最重要定数だと言っていいでしょう。

（注）　ネイピア数 e を底とする指数関数の導関数は、⑤を使って次のように計算できます。

$$f(x) = e^x$$

のとき

$$f'(x) = \lim_{h \to 0} \frac{f(x+h) - f(x)}{h}$$

$$= \lim_{h \to 0} \frac{e^{x+h} - e^x}{h}$$

$$= \lim_{h \to 0} e^x \frac{e^h - 1}{h} = e^x$$

また、⑤は次のようにすれば示すことができます。

$t = e^h - 1$ とすると、$h \to 0$ のとき $t \to 0$

$e^h = 1 + t$ より、$h = \log_e(1+t)$、よって

$$\lim_{h \to 0} \frac{e^h - 1}{h} = \lim_{t \to 0} \frac{t}{\log_e(1+t)} = \lim_{t \to 0} \frac{1}{\frac{1}{t}\log_e(1+t)}$$

$$= \lim_{t \to 0} \frac{1}{\log_e(1+t)^{\frac{1}{t}}} = \frac{1}{\log_e e} = 1$$

$a^0 = 1$ より $h \to 0$ のとき
$t = e^h - 1$
$\to e^0 - 1 = 1 - 1 = 0$

$$\lim_{k \to 0}(1+k)^{\frac{1}{k}} = e$$

第**6**章

確率と統計

～偶然を処理するための数学～

Probability and Statistics

01 場合の数（数A）

「場合の数」は「ある事柄について起こりうるすべての場合を数え上げたときの総数」を意味します。少量のものを指折り数えることは幼児にもできますが、たくさんのものを正しくそして効率よく数えるには、知性とアイディアが必要です。

ものの個数を正確に数えるには、まず、

> ・順序を考えるかどうか
> ・重複を許すかどうか

の 2 つを確認しなければなりません。

たとえばアイスクリーム屋さんで「ダブル」を注文する際の場合の数は、順序は考えず、重複は許さないケースで計算するのがふつうでしょう。でも、抹茶とチョコを選ぶにしても、抹茶が上でチョコが下の場合と抹茶が下でチョコが上の場合は違うと考えるのなら、順序を考える必要がありますし、さらに、上も下も抹茶というケースがありうるのなら、重複を許すことになるので、答えはまったく変わってきます。

➢ ものの数え方、4 つのケース

一般に、ものの個数の数え方には 4 つのケースが考えられ、それぞれには次のように名前が付いています。

［ケース 1］順序を考えて、重複を許さない：順列
［ケース 2］順序を考えず、重複を許さない：組合せ
［ケース 3］順序を考えて、重複を許す：重複順列
［ケース 4］順序を考えず、重複を許す：重複組合せ

下の表は、**A，B，C の 3 文字から 2 文字を選ぶ場合**の 4 つのケースをまとめたものです。

	順序を考える	順序を考えない
重複を許さない	**順列** AA　AB　AC BA　BB　BC CA　CB　CC $_3P_2 = 3 \times 2 = 6$ ［通り］	**組合せ** AA　AB　AC BA　BB　BC CA　CB　CC $_3C_2 = \dfrac{3 \times 2}{2 \times 1} = 3$ ［通り］
重複を許す	**重複順列** AA　AB　AC BA　BB　BC CA　CB　CC $_3\Pi_2 = 3^2 = 9$ ［通り］	**重複組合せ** AA　AB　AC BA　BB　BC CA　CB　CC $_3H_2 = \dfrac{4 \times 3}{2 \times 1} = 6$ ［通り］

記号の意味も含めて順々に説明していきますね。

たとえば、Aさん、Bさん、Cさん、Dさん、Eさんの5人のチームでリーダーと会計と書記を（兼務を認めずに）選ぶ場合を考えます。

まずリーダーの選び方は、5人から選ぶので5通りですね。次に会計を選びますが、リーダーに選ばれた人を外して残りの4人から選びますから4通りです。最後に書記は、リーダーに選ばれた人と会計に選ばれた人を外すので、残り3人から選ぶことになります。よって3通りです。結果として選び方は

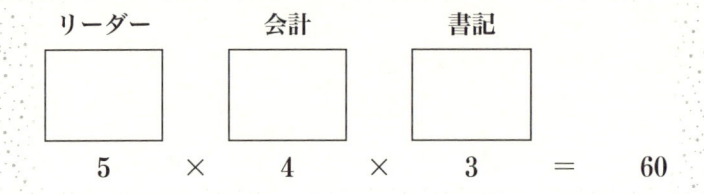

で **60通り**であることがわかります。

このとき、AさんがリーダーでBさんが会計の場合と、BさんがリーダーでAさんが会計の場合とではチームの性格はまるで違ったものになるでしょうから、**選ぶ順序が重要**であることは言うまでもありません。一般に、**順序を考える場合の数を「順列」と言います。**また今回のケースは1人の人が複数の役職を兼務することはないので**重複は許されません。**

異なる5つから重複を許さずに3つ選ぶ順列（**permutation**）は英語の頭文字を取って $_5P_3$ と表します。$_5P_3$ は上でみたように

$$_5P_3 = 5 \times 4 \times 3 = 60 \ [通り]$$

と計算されますが、これは

$$_5P_3 = 5 \times 4 \times 3 = \frac{5 \times 4 \times 3 \times 2 \times 1}{2 \times 1} = \frac{5!}{2!} = \frac{5!}{(5-3)!}$$

と階乗（155頁）を使って表すこともできます。

これを一般化すると次のようになります。

【順列（異なる n 個から r 個選ぶ順列）の一般式】

$$_nP_r = \underbrace{n \times (n-1) \times \cdots\cdots \times (n-r+1)}_{r \text{ 個の積}} = \frac{n!}{(n-r)!}$$

(注)　階乗を使いたいので以下のように無理やり変形しています。

$$n \times (n-1) \times \cdots\cdots \times (n-r+1)$$
$$= \frac{n \times (n-1) \times \cdots\cdots \times (n-r+1) \times (n-r) \times (n-r-1) \times \cdots\cdots \times 3 \times 2 \times 1}{(n-r) \times (n-r-1) \times \cdots\cdots \times 3 \times 2 \times 1}$$
$$= \frac{n!}{(n-r)!}$$

➤ [ケース2] 順序を考えず、重複を許さない：組合せ

今度は A〜E の5人の中からランチの買い出しに行く3人を選ぶ場合を考えてみましょう。この場合、A→B→Cと選んでもC→B→Aと選んでも、買い出しに行く3人が（A，B，C）であることに変わりはないので、**順序を考える必要はありません。**

一般に、順序を考える必要のない場合の数を**「組合せ」**と言います。また今回のケースでは1人が2回選ばれることも当然ないので**重複は許されません。**

ここで A〜E の5人から3人を選ぶ「順列」と「組合せ」を比較してみます。

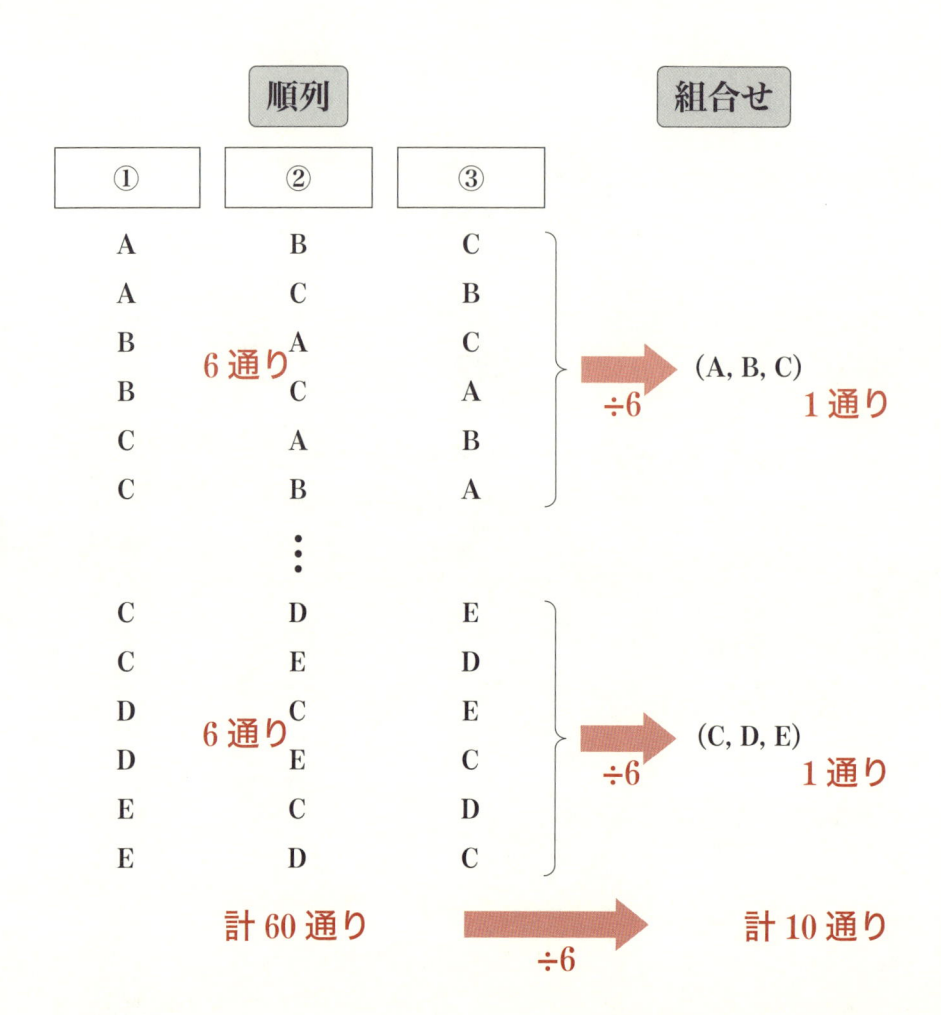

たとえば、A，B，Cの3つを選んで並べる順列は6通りですが、それらは組合せとしては（A，B，C）の1通りになります。他の3文字を選んだ場合も同様なので、どうやら

$$\frac{順列}{6} = 組合せ$$

と考えることができそうです。先ほど5人から3人を選ぶ順列は

$${}_5P_3 = 5 \times 4 \times 3 = 60 \ [通り]$$

でしたから、5人から3人を選ぶ**組合せ**は

$$\frac{{}_5\mathrm{P}_3}{6} = \frac{60}{6} = 10 \ [通り]$$

より、**10通り**と求まります。

　「÷6」の「6」は、選んだ3つを左頁の図の①〜③の箱に入れていく順列です。これは

$$_3\mathrm{P}_3 = 3 \times 2 \times 1 = 3! = 6$$

と計算することができます。

　一般に、異なるn個のものから重複を許さずにr個を選ぶ組合せ**(combination)** は英語の頭文字を取って${}_n\mathrm{C}_r$と表します。この記号を使えば、5人から3人を選ぶ組合せは

$$_5\mathrm{C}_3 = \frac{{}_5\mathrm{P}_3}{3!} = \frac{5 \times 4 \times 3}{3 \times 2 \times 1} = 10 \ [通り]$$

となります。

　組合せも一般化しておきましょう。

　順列の一般式より

$$_n\mathrm{C}_r = \frac{{}_n\mathrm{P}_r}{r!}$$

$$_n\mathrm{P}_r = n \times (n-1) \times \cdots\cdots (n-r+1)$$
$$= \frac{n!}{(n-r)!}$$

$$= \frac{n \times (n-1) \times \cdots\cdots (n-r+1)}{r!}$$

$$= \frac{\dfrac{n!}{(n-r)!}}{r!}$$

$$= \frac{1}{r!} \cdot \frac{n!}{(n-r)!}$$

　ところで、5人の中から買い出しに行く3人を選ぶことと、買い出しに行かない2人を選ぶことは同じことですね。実際、5人の中から2人を選ぶ場合の数は

$$\,_5\mathrm{C}_2 = \frac{\,_5\mathrm{P}_2}{2!} = \frac{5 \times 4}{2 \times 1} = 10 \ [通り]$$

より、$\,_5\mathrm{C}_3$ と同じ10通りになります。つまり

$$\,_5\mathrm{C}_3 = \,_5\mathrm{C}_2$$

です。同様に

$$\,_{10}\mathrm{C}_7 = \,_{10}\mathrm{C}_3$$
$$\,_{100}\mathrm{C}_{99} = \,_{100}\mathrm{C}_1$$

と考えられるので、一般に次の関係が成り立ちます。

$$\,_n\mathrm{C}_r = \,_n\mathrm{C}_{n-r}$$

➤ [ケース3] 順序を考えて、重複を許す：重複順列

　今度は A 〜 E の 5 人がじゃんけんをする場合を考えます。5 人の手の出し方は何通りあるでしょうか？　A さんだけがグーで他の 4 人がチョキの場合と B さんだけがグーで他の 4 人がチョキの場合とでは勝敗が変わってきますから当然区別します。つまり**順序は考えます。**また（これも当たり前ですが）それぞれのメンバーはグー・チョキ・パーの 3 種類の手を自由に出すことができるので**重複を許します。**以上より、場合の数の計算は次のようになります。

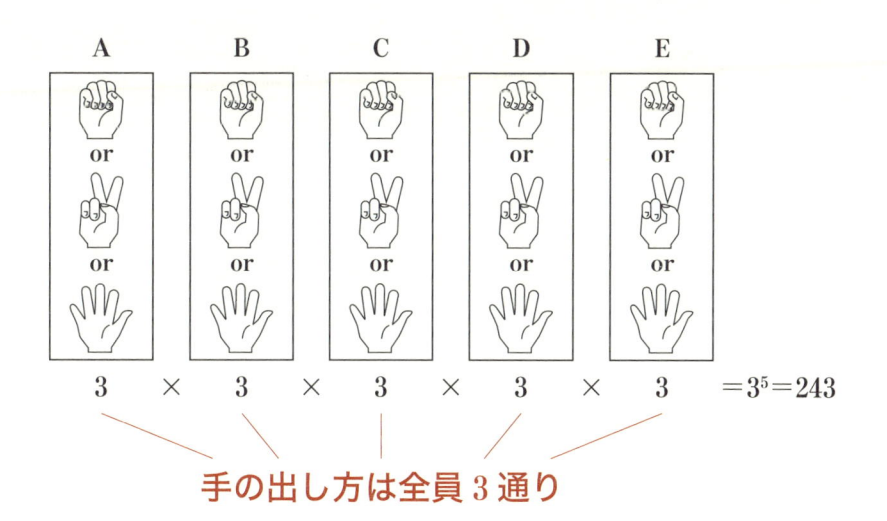

$$3 \times 3 \times 3 \times 3 \times 3 = 3^5 = 243$$

手の出し方は全員 3 通り

　これは異なる 3 個（グー・チョキ・パー）から、重複を許して 5 個を選ぶ順列になっています。

　このような順列を**重複順列**（repeated permutation）と言って、記号では $_3\Pi_5$ と書きます。この記号を使えば上の計算は次のように表せます。

$$_3\Pi_5 = 3^5$$

　一般に、異なる n 個から重複を許して r 個選ぶ重複順列は次のようになります。

➤ [ケース4] 順序を考えず、重複を許す：重複組合せ

　最後は、A〜Eの5人が同じ店から出前を取るとき、注文の仕方に何
通りあるかを考えてみましょう。メニューはラーメン、チャーハン、焼き
そばのいずれかで、1人1品選ぶことにします。

　このケースの場合の数は3つの候補に対して、A〜Eの5人が無記名
投票をする場合の数と同じです。

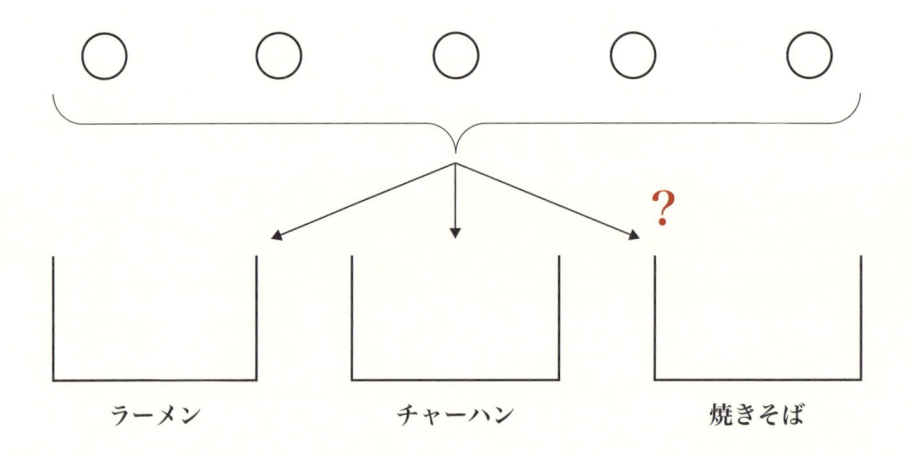

　実は、これを計算するのは簡単ではないのですが、次のように考えれば
解決します。

　候補が3つあるので**仕切り（ ｜ ）**を2本用意して、5個のボールの間に

入れます。すると、5個のボールと2本の仕切りの並び方は、次のように
「得票の仕方」と1対1に対応させることができます。

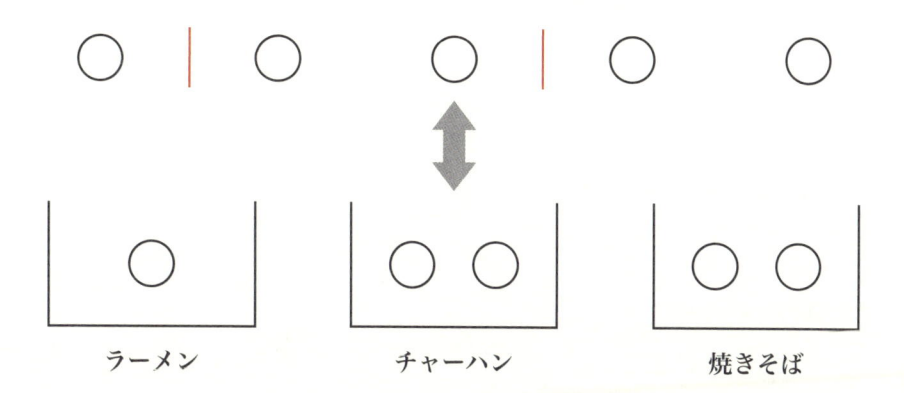

つまり5個のボールと2本の仕切りを並べる場合の数がわかれば、それ
が得票の（注文の）場合の数になるというわけです。5個のボールと2本
の仕切りを並べる場合の数は次のように考えます。下の図のように**7個の**
「空席」を用意し、この中からボールが入る場所を5ヶ所選びましょう。そ
うすると残りの2ヶ所に2本の仕切りが入る入り方は1通りです。

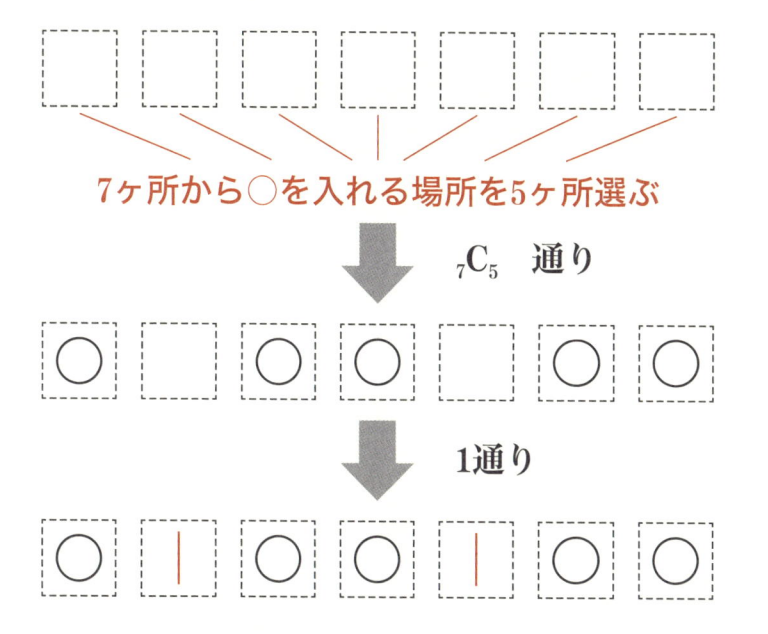

異なる 7 個から 5 個を選ぶのは「組合せ（ケース 2）」ですね。

$$_7C_5 = {}_7C_2 = \frac{{}_7P_2}{2!} = \frac{7 \times 6}{2 \times 1} = 21 \ [通り]$$

以上よりお店への注文の仕方は **21 通り**とわかります。

たとえば、A さん〜 E さんの 5 人が

　　A さん：ラーメン

　　B さん：チャーハン

　　C さん：チャーハン

　　D さん：焼きそば

　　E さん：焼きそば

と注文しても

　　A さん：焼きそば

　　B さん：焼きそば

　　C さん：ラーメン

　　D さん：チャーハン

　　E さん：チャーハン

と注文しても、お店に注文するのがラーメン 1 つ、チャーハン 2 つ、焼きそば 2 つであることに変わりはないので、**順序を考える必要はありません**（「組合せ」の仲間です）。また 5 人は異なる 3 つ（ラーメンとチャーハンと焼きそば）から重複を許して計 5 個を選んでいます。このように異なる 3 個から**重複を許して 5 個を選ぶ組合せを 重複組合せ**（repeated combination）と言って、記号は $_3H_5$ と表します。

　今回の例では異なる 3 個を区別するために仕切りを 2 個用意し、この 2 個の仕切りと 5 個の○を並べるための空席を計 7 個用意して、そこから○を入れる場所を 5 個選んだのでしたね。その結果として

$$_3H_5 = {}_7C_5$$

になりました。

一般に、

異なる n 個から重複を許して r 個選ぶ組合せ

‖

$n-1$ 個の仕切りと r 個のボールを並べる順列

‖

$n-1+r\ (=n+r-1)$ 個の空席から○を入れる場所を r 個選ぶ場合の数

なので、重複組合せは次のように考えることができます。

【重複組合せ（異なる n 個から重複を許して r 個選ぶ組合せ）】

$$_n\mathrm{H}_r = {}_{n+r-1}\mathrm{C}_r$$

(注)　Hの記号の意味は少々難しいのですが、斉次積（Homogeneous product）というものの頭文字から来ています。斉次積は同次積とも言います。これは、たとえば

$$(A+B+C)^5 = A^5 + 5A^4B + 5A^4C + \cdots 30AB^2C^2 + \cdots + C^5$$

という斉次多項式（同次多項式＝すべての項の次数が同じ）の右辺に出てくる項の種類（A^5, A^4B, A^4C, $\cdots$, AB^2C^2, $\cdots$, C^5 など）の数が、異なる3個（A と B と C）から重複を許して5個選ぶ重複組合せの場合の数 $_3\mathrm{H}_5$ と一致することに由来しています。

次の 3 条件を満たす整数の組 $(a_1,\ a_2,\ a_3,\ a_4,\ a_5)$ の個数を求めよ。

(A) $a_1 \geqq 1$ (B) $a_5 \leqq 4$ (C) $a_i \leqq a_{i+1}$ $(i = 1,\ 2,\ 3,\ 4)$

[東京医科歯科大学]

解説 解答

解説

たとえば、

$$(a_1,\ a_2,\ a_3,\ a_4,\ a_5) = (1,\ 1,\ 2,\ 2,\ 4)$$

は 3 つの条件を満たします。

ただし、このような $a_1 \sim a_5$ の選び方を、$a_1 = 1$ のとき、$a_1 = 2$ のとき…と場合分けして考えていくのは相当骨が折れそうです。

そこで、こんなふうに考えます。

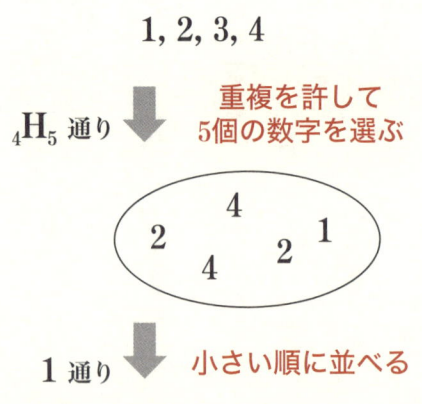

1, 2, 3, 4

$_4\mathrm{H}_5$ 通り ⬇ 重複を許して 5個の数字を選ぶ

2　4　4　2　1

1 通り ⬇ 小さい順に並べる

| 1 | 2 | 2 | 4 | 4 |

a_1　a_2　a_3　a_4　a_5

まず、1, 2, 3, 4 の 4 つの数字から重複を許して 5 個の数字を選びます。次にこれを小さい順に並べて、小さいほうから順に a_1, a_2, a_3, a_4, a_5 と名付けます。すると、条件を満たす $(a_1, a_2, a_3, a_4, a_5)$ が 1 組でき上がります。

　重複を許して選ぶ場合の数は……そうです。**重複組合せ (ケース4)** です。

解答

　1 ～ 4 の 4 つの数字から重複を許して 5 個の数字を選べば、条件を満たす $(a_1, a_2, a_3, a_4, a_5)$ が 1 組でき上がります。異なる 4 個から重複を許して 5 個を選ぶ方法は、$_4H_5$ 通りなので

$$_4H_5 = {}_{4+5-1}C_5$$

$$= {}_8C_5$$

$$= {}_8C_3$$

$$= \frac{{}_8P_3}{3!}$$

$$= \frac{8 \times 7 \times 6}{3 \times 2 \times 1}$$

$$= 56 \ [\text{通り}]$$

$${}_nH_r = {}_{n+r-1}C_r$$

$${}_nC_r = {}_nC_{n-r}$$

$${}_nC_r = \frac{{}_nP_r}{r!}$$

　この節は確率について学んでいきますが、確率の話の前に集合（数 A）について基本的なことを軽くまとめておきます。

➤ 集合とその表し方

　「24 の正の約数」とか「寅年の人」のように範囲のはっきりしたものの集まりを集合（set）と言い、集合に含まれている 1 つ 1 つをその集合の要素（element）と言います。

> （注）　「大きい数」とか「美しいもの」のように範囲のはっきりしないものの集まりは集合ではありません。

　たとえば、「3」は「24 の正の約数」という集合の要素です。

　集合の表し方には大きく分けて**要素を書き並べる**方法と**要素が満たす条件を示す**方法の 2 つがあります。

　「24 の正の約数」の集合を A とすると、要素を書き並べる方法では

$$A = \{1,\ 2,\ 3,\ 4,\ 6,\ 8,\ 12,\ 24\}$$

のように表し、要素が満たす条件を示す方法では

$$A = \{n\,|\,n \text{ は 24 の正の約数}\}$$

のように表します。いずれも中括弧 ｛　｝ を使うのがふつうです。

> （注）　「要素が満たす条件を示す方法」の n は「要素の代表」という意味合いです（使う文字は n でなくても構いません）。また「｜」の右横の条件の書き方にも特に決まりはありません。

　また、

$$A = \{1,\ 2,\ 3,\ 4,\ 6,\ 8,\ 12,\ 24\}$$
$$B = \{6,\ 8,\ 24\}$$

とすると、

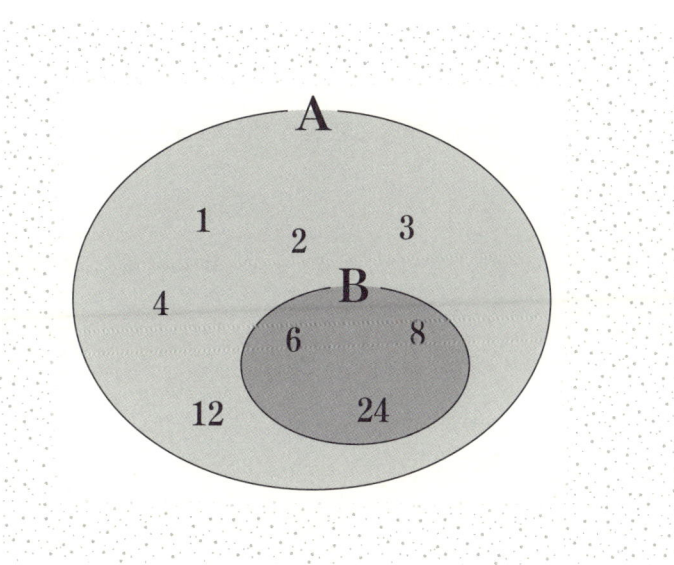

　集合 B の要素はすべて集合 A の要素になっています。このように集合 B が集合 A に完全に含まれるとき、B は A の**部分集合**であると言い、

$$B \subset A$$

という記号で表します。

➤ 確率〜確かさを表す数学的指標〜

　サイコロを振るときに、偶数の目が出るかどうかを前もって確実に知ることはできません。しかし、（いびつな形のサイコロでなければ）どの目が出ることも同じ程度に期待できるので、偶数の目が出る割合は

$$\frac{3}{6} = \frac{1}{2}$$

であることが期待されます。

実際、何度も何度もサイコロを振ってその出た目を記録していけば、

$$\frac{偶数の目が出た回数}{サイコロを振った回数}$$

は、$\frac{1}{2}$ に近づいていきます。

このように、**ある事柄が起きることが期待される程度を表す数値**を確率と言います。

> （注） 実際に何度も繰り返し行った結果における割合が、計算で求めた確率に近づくことを**大数の法則**と言います。

世の中で起きることの多くに「絶対」はありません。広告やセールスマンの文言に

「絶対に合格する」

「絶対に儲かる」

「絶対に痩せる」

などを見つけた際は眉に唾を塗りつつ注意する必要があるでしょう。

でも、100 ％確実ではないものの、ある程度の確かさで予想がつく事柄はたくさんあります。確率というのは、その確かさを表す数学的な指標のことです。

ここで今後の話を進めやすくするために、いくつかの言葉を定義させてください。

試行 （trial）

何度でも繰り返すことができて、しかもその結果が偶然に左右される行為のこと

例）サイコロを振ること、コインを投げること

標本空間（sample space）

ある試行を行った際に起こりうるすべての結果を集めた集合

例）サイコロを振るという試行の標本空間は $\{1,\ 2,\ 3,\ 4,\ 5,\ 6\}$

コインを投げるという試行の標本空間は $\{表、裏\}$

事象（event）

標本空間の一部（標本空間の部分集合）

例）「偶数の目が出る」はサイコロを振るという試行の事象の一つ

「表が出る」はコインを投げるという試行の事象の一つ

これらの言葉を使うと、確率は次のように定義されます。

【確率】

ある試行の標本空間 $U = \{e_1,\ e_2,\ \cdots,\ e_n\}$ において $e_1,\ e_2,\ \cdots,$ e_n の**どれが起こることも同様に確からしい**という前提が成立し、かつ事象 E に含まれる要素の数が m のとき

$$P(E) = \frac{m}{n}$$

を事象 E の確率と言う。

（注） $P(E)$ は "Probability（確率）of E" の略です。

上の定義は次のようにも書けます。

$$P(E) = \frac{m}{n} = \frac{事象\,E\,に含まれる要素の数}{標本空間\,U\,に含まれる要素の数}$$

$$= \frac{事象\,E\,の起こる場合の数}{起こりうるすべての場合の数}$$

なお、標本空間 U に含まれる要素の数（"すべて"の場合の数）を n、事象 E に含まれる要素の数（"部分"の場合の数）を m とすると、$0 \leqq m \leqq n$ であることは明らかなので

$$0 \leqq \frac{m}{n} \leqq 1 \quad \Rightarrow \quad 0 \leqq P(E) \leqq 1$$

です。

　確率を求めようとする際に標本空間に含まれるそれぞれの要素が**同様に確からしいこと（どれが起こることも同じ程度に期待できること）を前提とする**のは大変重要です。

　たとえば 10 本中 3 本の当たりくじが入っているくじ引きを引く試行で、標本空間 U を

$$U = \{\text{当たり, 外れ}\}$$

とし事象 E を

$$E = \{\text{当たり}\}$$

とすると、標本空間 U に含まれる要素の数は 2、事象 E に含まれる要素の数は 1 なので、このくじに当たる確率 $P(E)$ は

$$P(E) = \frac{\text{事象 } E \text{ に含まれる要素の数}}{\text{標本空間 } U \text{ に含まれる要素の数}} = \frac{1}{2}$$

となって明らかにおかしい結果になってしまいます。言うまでもありませんが 10 本中 3 本の当たりくじが入っているくじ引きでは当たりを引く確率と外れを引く確率が同じではありませんので、標本空間の各要素が同様に確からしくなく、このように確率を計算することはナンセンスです。

　これに関連して、次の問題を考えてみてください。

問題 30

2つのサイコロを同時に投げるとき、出る目の和が9になる確率を求めなさい。

最初に誤答例を示します。

誤答例

サイコロの出る目を「組合せ」で考える。

(1, 1)	(1, 2)	(1, 3)	(1, 4)	(1, 5)	(1, 6)
	(2, 2)	(2, 3)	(2, 4)	(2, 5)	(2, 6)
		(3, 3)	(3, 4)	(3, 5)	(3, 6)
			(4, 4)	(4, 5)	(4, 6)
				(5, 5)	(5, 6)
					(6, 6)

以上の表から目の出方は全部で21通り。このうち和が「9」になるのは、(3, 6)、(4, 5) のいずれかで2通り。よって求める確率は $\dfrac{2}{21}$

次に正答を示します。

正答

サイコロの目の出方は全部で

$$6 \times 6 = 36 \ [通り]$$

このうち、出る目の和が「9」になるのは

$$(3,6)、(4,5)、(5,4)、(6,3)$$

のいずれかで4通り。よって求める確率は

$$\frac{4}{36}=\frac{1}{9}$$

なぜ「順列」で考えれば正しいのに、「組合せ」で考えると誤ってしまうのでしょうか？

それは、「組合せ」で考えてしまうと、標本空間の要素の数（起こりうるすべての場合の数）として考えている21通りのうち、(1, 1)、(2, 2)、(3, 3)、(4, 4)、(5, 5)、(6, 6) の**ゾロ目の6通りとゾロ目以外の15通りとが同様に確からしくなくなってしまうからです。**

サイコロの出る目を「順列」で考えた次の表を見てください。

(1, 1)	(1, 2)	(1, 3)	(1, 4)	(1, 5)	(1, 6)
(2, 1)	(2, 2)	(2, 3)	(2, 4)	(2, 5)	(2, 6)
(3, 1)	(3, 2)	(3, 3)	(3, 4)	(3, 5)	(3, 6)
(4, 1)	(4, 2)	(4, 3)	(4, 4)	(4, 5)	(4, 6)
(5, 1)	(5, 2)	(5, 3)	(5, 4)	(5, 5)	(5, 6)
(6, 1)	(6, 2)	(6, 3)	(6, 4)	(6, 5)	(6, 6)

この表の中で組合せとして (1, 1) になるのは36通り中1通りしかありませんが、組合せとして (1, 2) となるのは (1, 2) と (2, 1) の2通りがあります。これは、出る目を「組合せ」で考えてしまうと、ゾロ目が出る確率とゾロ目以外の目が出る確率とが等しくないことを意味します。**「どれが起こることも同様に確からしい」という大前提が崩れるのでサイ**

コロの問題における標本空間を「出る目の組合せ」にすることはできません。

　一方、出る目を「順列」で考えて (1, 2) と (2, 1) を区別すれば (1, 1) も (1, 2) も (2, 1) も 36 通り中 1 通りになって標本空間として考えているすべての目の出方が同様に確からしくなります。

➤ 和事象と積事象〜〝カップ〟と〝キャップ〟〜

　サイコロを振るという試行において、標本空間を U、「奇数の目が出る」という事象を A、「素数の目が出る」という事象を B とすると

$$U = \{1,\ 2,\ 3,\ 4,\ 5,\ 6\}$$
$$A = \{1,\ 3,\ 5\}$$
$$B = \{2,\ 3,\ 5\}$$

> 素数：1 と自分自身しか約数を持たない 2 以上の整数

となります。

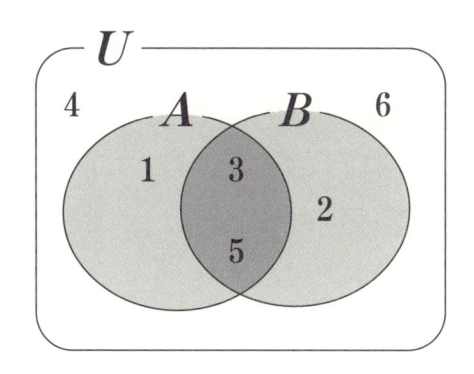

　一般に、ある試行において A と B という 2 つの事象があるとき「A と B のうち少なくとも一方が起こる」という事象を A と B の和事象と呼び、$A \cup B$ という記号で表します。また「A と B の両方が起こる」という事象は積事象と呼んで $A \cap B$ と表します。上の例では

$$\text{和事象}：A \cup B = \{1,\ 2,\ 3,\ 5\}$$
$$\text{積事象}：A \cap B = \{3,\ 5\}$$

です。

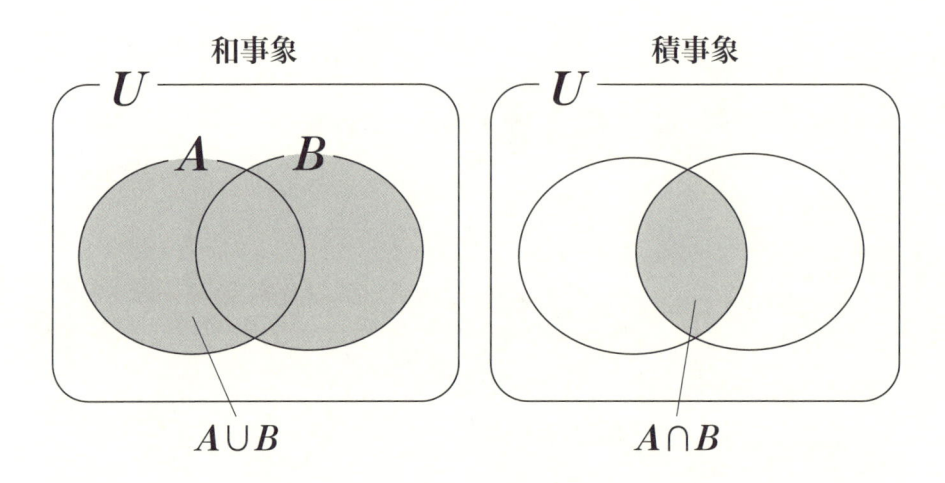

(注) 「∪」は「または」と読んだり、(取っ手を付ければコーヒーカップに見えるので)"cup"と読んだりします。一方「∩」は「かつ」と読んだり、(つばを付けると帽子に見えるので)"cap"と読んだりします。

和事象の確率 $P(A \cup B)$ と積事象の確率 $P(A \cap B)$ の間には次の関係があります。

【和事象と積事象の確率】

$$P(A \cup B) = P(A) + P(B) - P(A \cap B)$$

先ほどの例で確かめてみましょう。

$$U = \{1,\ 2,\ 3,\ 4,\ 5,\ 6\}$$

$$A = \{1,\ 3,\ 5\} \quad \Rightarrow \quad P(A) = \frac{3}{6}$$

$$B = \{2,\ 3,\ 5\} \quad \Rightarrow \quad P(B) = \frac{3}{6}$$

$$A \cup B = \{1,\ 2,\ 3,\ 5\} \quad \Rightarrow \quad P(A \cup B) = \frac{4}{6}$$

$$A \cap B = \{3,\ 5\} \quad \Rightarrow \quad P(A \cap B) = \frac{2}{6}$$

$$\Rightarrow \quad P(A) + P(B) - P(A \cap B) = \frac{3}{6} + \frac{3}{6} - \frac{2}{6} = \frac{4}{6} = P(A \cup B)$$

以上より、確かに $P(A \cup B)$ と $P(A) + P(B) - P(A \cap B)$ は等しくなります。

積事象 $A \cap B$ というのは、要するに A と B のダブリのことですから、**和事象 $A \cup B$ を考える際には A と B を足したものからダブリを引いておく必要がある**のです

また、サイコロを振る試行において、奇数の目が出る事象を A、2 が出る事象を B とすると、A と B は決して同時には起きません。

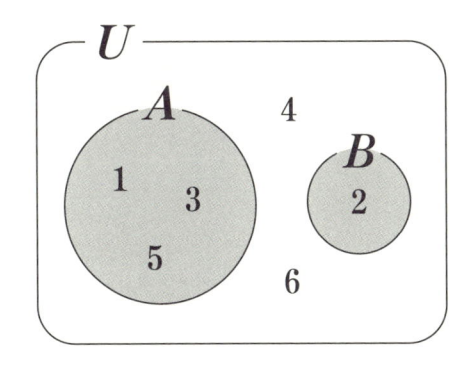

このとき

$$U = \{1,\ 2,\ 3,\ 4,\ 5,\ 6\}$$

$$A = \{1,\ 3,\ 5\} \quad \Rightarrow \quad P(A) = \frac{3}{6}$$

$$B = \{2\} \quad \Rightarrow \quad P(B) = \frac{1}{6}$$

$$A \cup B = \{1,\ 2,\ 3,\ 5\} \quad \Rightarrow \quad P(A \cup B) = \frac{4}{6}$$

なので次式が成立します。

$$P(A \cup B) = P(A) + P(B)$$

　一般に事象 A と事象 B が決して同時には起きないとき、A と B は**互い
に排反**（**mutually exclusive**）であると言い、上式を確率の加法定理と言
います。

【確率の加法定理】

事象 A と事象 B が互いに排反であるとき

$$\boldsymbol{P(A \cup B) = P(A) + P(B)}$$

➤ 余事象〜全体を「1」としてその余りを考える〜

　事象 A に対して、A が起こらないという事象を A の**余事象**
（complementary event）と言い、$\overline{A}$ で表します。

　事象 A とその余事象は互いに排反（同時は起こらない）なので、上の
加法定理が使えます。つまり、

$$P(A \cup \overline{A}) = P(A) + P(\overline{A})$$

です。

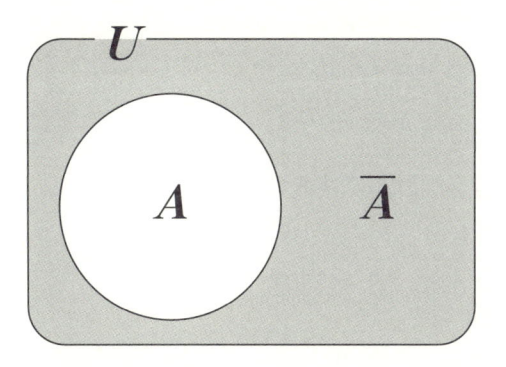

　全事象（標本空間）をUとすると、上の図からもわかるように $A \cup \overline{A} = U$ なので、

$$P(A) + P(\overline{A}) = P(A \cup \overline{A}) = P(U) = 1$$

です。以上より余事象の確率については次式が成立します。

> **【余事象の確率】**
>
> $$P(\overline{A}) = 1 - P(A)$$

　たとえば、4つのサイコロを投げる試行で「少なくとも1個は偶数の目が出る」という事象（Eとしましょう）の確率を求めたい場合、まともにやろうとすると

　　事象A：偶数の目が1個の場合
　　事象B：偶数の目が2個の場合
　　事象C：偶数の目が3個の場合
　　事象D：偶数の目が4個の場合

のそれぞれの確率を考えて、これらが互いに排反であることから

$$P(E) = P(A \cup B \cup C \cup D) = P(A) + P(B) + P(C) + P(D)$$

を計算する必要があります。こんなときは**余事象の「偶数の目が 1 個も出ない」**を考えたほうが計算は**格段に楽**です。

　4 個のサイコロを投げて偶数の目が 1 個も出ないのは、どのサイコロも奇数の目が出るときなので、余事象 $\overline{E}$ の確率は

$$P(\overline{E}) = \left(\frac{3}{6}\right)^4 = \left(\frac{1}{2}\right)^4 = \frac{1}{16}$$

です。これから、「少なくとも 1 個は偶数の目が出る」確率は

$$P(E) = 1 - P(\overline{E}) = 1 - \frac{1}{16} = \frac{15}{16}$$

$P(\overline{E}) = 1 - P(E)$
$\Rightarrow \quad P(E) = 1 - P(\overline{E})$

とすぐに求まります。

➤ 独立な試行〜たとえばサイコロとコイン〜

　たとえば、サイコロを投げる試行とコインを投げる試行において、サイコロのどの目が出るかということと、コインの表と裏のどちらが出るかということとは無関係です。このように、2 つの試行において、一方の試行の結果が他方の試行の結果に影響を及ぼさないとき、これらを**独立な試行**(**independent trial**) と言います。

　今、当たりくじ 2 本を含む 5 本のくじの中から 1 本ずつ 2 回続けてくじを引くとき、2 回とも当たる確率を求めてみましょう。ただし、引いたくじは元に戻すものとします。

　1 回めのくじを引く試行を S、2 回めのくじを引く試行を T とすると、引いたくじは元に戻すので、この 2 つの試行の結果は互いに影響を及ぼしません。1 回めに当たると 2 回めは外れやすいなどということはないわけです。つまり試行 S と試行 T は独立です。

　試行 S（1 回めのくじ）において当たりが出る事象を A、試行 T（2 回めのくじ）において当たりが出る事象を B とすると、

$$S \text{の全事象} = \{\bigcirc, \bigcirc, \times, \times, \times\}, \ A = \{\bigcirc, \bigcirc\}$$
$$T \text{の全事象} = \{\bigcirc, \bigcirc, \times, \times, \times\}, \ B = \{\bigcirc, \bigcirc\}$$

$$[\bigcirc : \text{当たり} \quad \times : \text{外れ}]$$

なので

$$P(A) = \frac{A \text{の要素の数}}{S \text{の全事象の要素の数}} = \frac{2}{5}$$

$$P(B) = \frac{B \text{の要素の数}}{T \text{の全事象の要素の数}} = \frac{2}{5}$$

ですね。

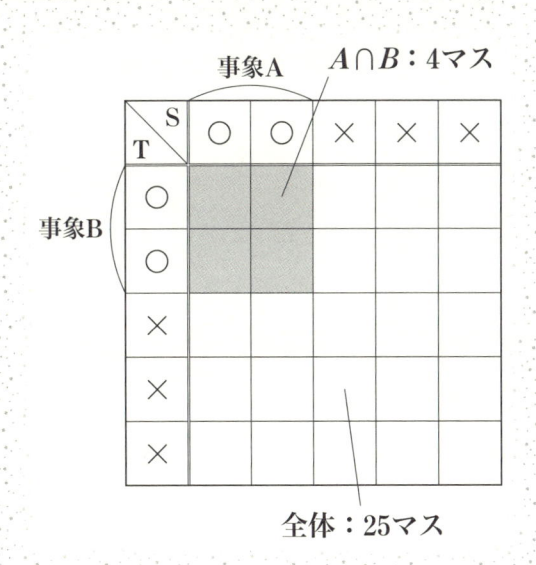

上の図からもわかるように、試行 S と試行 T を行うとき、起こりうるすべての場合の数は

S の全事象の要素の数 × T の全事象の要素の数 = 25

です。また $A \cap B$ は 4 マスです。すべてのマスがどれも同様に確からしいことは明らかなので

$$P(A \cap B) = \frac{A \text{の要素の数} \times B \text{の要素の数}}{S \text{の全事象の要素の数} \times T \text{の全事象の要素の数}} = \frac{4}{25}$$

です。ここで

$$P(A \cap B) = \frac{A \text{の要素の数} \times B \text{の要素の数}}{S \text{の全事象の要素の数} \times T \text{の全事象の要素の数}}$$

$$= \frac{A \text{の要素の数}}{S \text{の全事象の要素の数}} \times \frac{B \text{の要素の数}}{T \text{の全事象の要素の数}}$$

$$= P(A) \times P(B) = \frac{2}{5} \times \frac{2}{5} = \frac{4}{25}$$

と考えることもできるので、

$$P(A \cap B) = P(A) \times P(B)$$

です。

　一般に次のことが成り立ちます。

【独立な試行の確率】

試行 S、T が独立であるとき、S で事象 A が起こりかつ T で事象 B が起こる確率 $P(A \cap B)$ は

$$\boldsymbol{P(A \cap B) = P(A) \times P(B)}$$

➤ 反復試行～たとえばサイコロを n 回～

　今度はサイコロを 4 回続けて振る場合を考えます。このとき 1 の目が 2 回出る確率はいくらになるでしょうか？

　サイコロを何回か続けて振る場合、1 回の試行は他の試行に影響を与え

ないのでそれぞれの試行は独立です。このような独立な試行の繰り返しを反復試行（repeated trials）あるいは独立重複試行と言います。

　サイコロを4回投げるうち1の目が2回出るケースを書き出してみます。下の図では○は1の目、×は1以外の目を表していると考えてください。

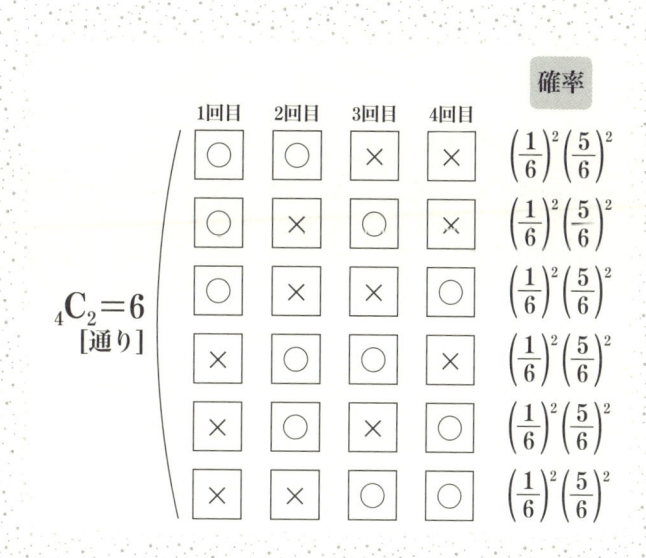

　たとえば1回めと2回めが○で3回めと4回めが×のケースの確率を求めてみましょう。「○」すなわち1の目が出る確率は $\dfrac{1}{6}$ で、「×」すなわち1以外の目が出る確率は $\dfrac{5}{6}$、さらにそれぞれの試行が独立なので

$$\frac{1}{6} \times \frac{1}{6} \times \frac{5}{6} \times \frac{5}{6} = \left(\frac{1}{6}\right)^2 \left(\frac{5}{6}\right)^2$$

ですね。それでは1回めと3回めが○で2回めと4回めが×のケースはどうでしょう？

$$\frac{1}{6} \times \frac{5}{6} \times \frac{1}{6} \times \frac{5}{6} = \left(\frac{1}{6}\right)^2 \left(\frac{5}{6}\right)^2$$

より、結局、同じ $\left(\frac{1}{6}\right)^2 \left(\frac{5}{6}\right)^2$ になります。

また 4 回中○が 2 回になる場合の数は 4 つの□から○が入る□を 2 つ選ぶ場合の数であると考えられるので、全部で

$$_4C_2 = \frac{_4P_2}{2!} = \frac{4 \times 3}{2 \times 1} = 6 \ 〔通り〕 \qquad \boxed{_nC_r = \frac{_nP_r}{r!}}$$

あります。

6 つのケースはそれぞれ排反（同時に起こることはない）ですから、求めるべき確率は $\left(\frac{1}{6}\right)^2 \left(\frac{5}{6}\right)^2$ を 6 回足し合わせたもの、すなわち

$$_4C_2 \times \left(\frac{1}{6}\right)^2 \left(\frac{5}{6}\right)^2 = 6 \times \left(\frac{1}{6}\right)^2 \left(\frac{5}{6}\right)^2$$

$$\boxed{\begin{array}{c} \text{A と B が互いに排反であるとき} \\ P(A \cup B) = P(A) + P(B) \end{array}}$$

$$= \frac{25}{216}$$

です。

反復試行については一般に次の公式が成立します。

【反復試行】

ある試行で事象 A が起こる確率が

$$P(A) = p \ (0 \leqq p \leqq 1)$$

であるとする。この試行を n 回繰り返す反復試行で事象 A がちょうど k 回だけ起こる確率は次の通り。

$$_nC_k p^k (1-p)^{n-k} \ (0 \leqq k \leqq n)$$

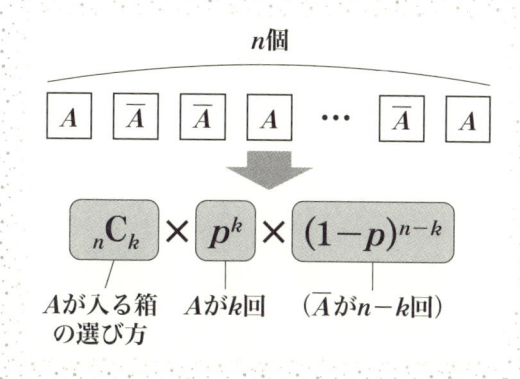

事象 A が k 回起きるとき、余事象 $\overline{A}$ は $n-k$ 回起きて、事象 A が起こる確率が p のとき、余事象の起こる確率 $\overline{A}$ は $1-p$ であることに注意してください。

➤ 条件付き確率〜たとえば太郎も次郎も〜

当たりくじ2本を含む10本のくじの中から、引いたくじを元に戻さずに、太郎、次郎の2人がこの順にくじを引くとき、次郎が当たる確率は、太郎が当たるかどうかで変わってきます。

今、太郎が当たる事象を A、次郎が当たる事象を B とすると、太郎が当たったときの次郎が当たる確率は、

$$P_A(B)$$

と表し、一般にこれを事象 A が起こったときの事象 B が起こる条件付き確率（conditional probability）と言います。

> （注）　上の例では、太郎が当たったとき、残りのくじは9本中1本が当たりなので
> $$P_A(B) = \frac{1}{9}$$
> です。

$P(A \cap B)$ と $P_A(B)$ は混同しやすいので、注意が必要です。下の図を使って違いを理解しておきましょう。

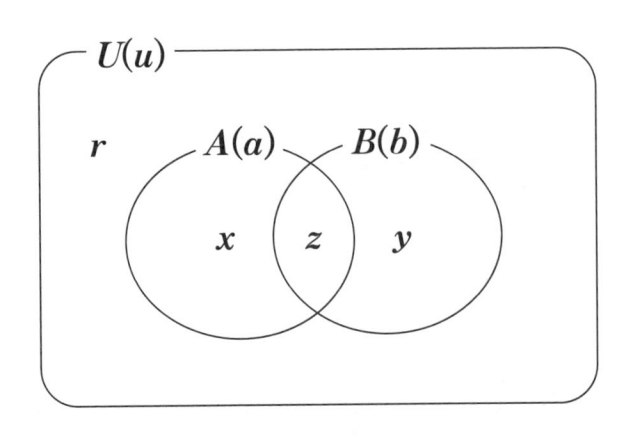

事象 A の要素の数を a

事象 B の要素の数を b

全事象 U の要素の数を u

とします。また上の図のように各領域の要素の数を $x,\ y,\ z,\ r$ と名付けることにします。

$P(A \cap B)$ は、全事象 U に対する $A \cap B$ の確率なので

$$P(A \cap B) = \frac{z}{u} = \frac{z}{x+y+z+r} \quad \cdots ①$$

ですが、$P_A(B)$ は A が起きたという前提の中で B が起きる確率なので、分母の要素の数は $a\ (=x+z)$ になります。すなわち

$$P_A(B) = \frac{z}{a} = \frac{z}{x+z} \quad \cdots ②$$

です。

①と②は、**分子は同じですが分母が違いますね。**

また、$P(A)$ は

$$P(A) = \frac{a}{u} = \frac{x+z}{x+y+z+r} \quad \cdots ③$$

なので、①～③より

$$P(A \cap B) = \frac{z}{x+y+z+r} = \frac{x+z}{x+y+z+r} \times \frac{z}{x+z} = P(A) \times P_A(B)$$

であることがわかります。これを**確率の乗法定理**と言います。

【確率の乗法定理】

2つの事象 A、B がともに起こる確率は

$$P(A \cap B) = P(A) \times P_A(B)$$

➤ 原因の確率（ベイズの定理）

$A \cap B$ と $B \cap A$ は同じことなので、乗法定理を使うと、**形式的に**

$$P(A \cap B) = P(B \cap A) = P(B) \times P_B(A) \quad \cdots ④$$

と書けることになります。

ここで、左頁の図より

$$P(B) = \frac{b}{u} = \frac{z+y}{x+y+z+r}$$

$$= \frac{z}{x+y+z+r} + \frac{y}{x+y+z+r} = P(A \cap B) + P(\overline{A} \cap B) \quad \cdots ⑤$$

であることに注意すると④、⑤より

$$P(B) \times P_B(A) = P(A \cap B)$$

$$P(B) = P(A \cap B) + P(\overline{A} \cap B)$$

$$\Rightarrow \quad P_B(A) = \frac{P(A \cap B)}{P(B)} = \frac{P(A \cap B)}{P(A \cap B) + P(\overline{A} \cap B)}$$

(注) $\overline{A} \cap B$ は「A ではなくかつ B」という意味なので、下の図の y の部分になります。

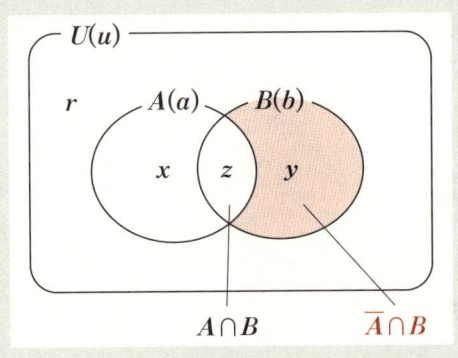

　ここまではあくまで**形式的な式変形**ですが、事象 A と事象 B が $A \rightarrow B$ という順序で起きる場合、左辺の $P_B(A)$ というのは**「B が起こったときの A が起こる確率」**を求めていることになります。**時間軸が逆転**していますね。ここがミソです。さらに A が「原因」で B が「結果」だとすると、

「B が起こったときの A が起こる確率」

↓

「ある結果（B）が起こったときのある原因（A）が起きる確率」

と読み換えられます。

　つまり、$P_B(A)$ を使えば確定した結果に対して、あることが原因である確率を計算できるのです！　これを**原因の確率**、あるいは、その発見者であるトーマス・ベイズ（18 世紀イギリスの牧師で数学者）の名をとって**ベイズの定理**と言います。

【原因の確率（ベイズの定理）】

$$P_B(A) = \frac{P(A \cap B)}{P(B)} = \frac{P(A \cap B)}{P(A \cap B) + P(\overline{A} \cap B)}$$

では、「原因の確率」を使う例題です。

問題 31

　　ある病気 X にかかっている人が 4 ％いる集団 A がある。病気 X を診断する検査で、病気 X にかかっている人が正しく陽性と判定される確率は 80 ％である。また、この検査で病気 X にかかっていない人が誤って陽性と判定される確率は 10 ％である。

　　集団 A のある人がこの検査を受けたところ陽性と判定された。この人が病気 X にかかっている確率はいくらか。

[岐阜薬科大学]

解説 解答

解説

　問題文によると、集団の A の「ある人」は、100 人中 4 人がかかる病気（珍しい病気？）に、80 ％の確率で罹患していると診断されたことになります。なんとなく絶望的な気分になる人は少なくないでしょう。でも、原因の確率を使って計算すれば、この人が本当にこの病気にかかっている

確率は意外と低いことがわかります。

　集団 A の「ある人」が病気 X にかかっている事象を X、検査で陽性と診断される事象を Y としましょう。

　求める確率は、検査で陽性と出たことが前提で病気 X に（本当に）かかっている確率です。これは条件付き確率であり、記号で書けば

$$P_Y(X)$$

と書けます。前頁の原因の確率の公式より

$$P_Y(X) = \frac{P(X \cap Y)}{P(Y)} = \frac{P(X \cap Y)}{P(X \cap Y) + P(\overline{X} \cap Y)} \quad \cdots ①$$

ですね。

　問題文より

$$P(X) = \frac{4}{100}$$ 　病気Xにかかっている人は 4 %

$$P_X(Y) = \frac{80}{100}$$ 　病気Xにかかっている人が正しく陽性と判定される確率は 80 %

$$P_{\overline{X}}(Y) = \frac{10}{100}$$ 　病気Xにかかっていない人が誤って陽性と判定される確率は 10 %

であることがわかります。また X の余事象 $\overline{X}$ の確率は

$$P(\overline{X}) = 1 - P(X) = 1 - \frac{4}{100} = \frac{96}{100}$$ 　$P(\overline{A}) = 1 - P(A)$

です。さらに

$$P(X \cap Y) = P(X) \times P_X(Y) = \frac{4}{100} \times \frac{80}{100} = \frac{320}{10000}$$

$$P(\overline{X} \cap Y) = P(\overline{X}) \times P_{\overline{X}}(Y) = \frac{96}{100} \times \frac{10}{100} = \frac{960}{10000}$$

なので、以上を①に代入すると 　$P(A \cap B) = P(A)P_A(B)$

$$P_Y(X) = \frac{P(X \cap Y)}{P(X \cap Y) + P(\overline{X} \cap Y)} = \frac{\dfrac{320}{10000}}{\dfrac{320}{10000} + \dfrac{960}{10000}} = \frac{32}{32 + 96} = \frac{32}{128}$$

$$= \frac{1}{4}$$

と求まります。

検査を受けた「ある人」が本当に病気 X に罹患している確率は意外と低いですね。なぜこうなるかは下の図を見てもらえばわかるかと思います。

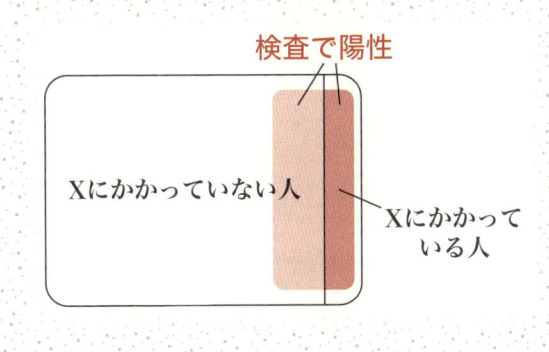

色の付いた部分が検査で陽性になるケースですが、もともと X にかかっている人が少ない（全体の 4 %）ので、かかっている人の 80 %（濃い色）よりも、かかっていない人（全体の 96 %）の 10 %（薄い色）のほうが大きくなります。よって、検査で陽性（色のついた部分）に対する X にかかっている人（濃い色の部分）の割合は小さくなるのです。

直感を裏切る確率

　前頁の例題だけでなく、確率は直感を裏切る結果になることが少なくありません。

　たとえば、

(1)　引いたくじを元に戻さないくじ引きでは、先に引いたほうが有利である。

(2)　40 人が集まった小規模のパーティーで、参加者のうちの誰か 2 人がたまたま同じ誕生日になるのは驚きだ。

(3)　今年の日本シリーズは、セ・パ両チームとも実力が拮抗しているので、最終戦の第 7 戦までもつれるだろう。

などはどれも「そうだそうだ」と思う人の方が多いのではないでしょうか?　しかし、実際は**どれも間違っています。**

　ひとつひとつ検証してみましょう。

(1)　宝くじは初日に買っても最終日に買ってもいっしょ

　当たりくじ 2 本を含む 10 本のくじの中から、引いたくじを元に戻さずに、太郎、次郎の 2 人がこの順にくじを引くとき太郎が当たる確率と次郎が当たる確率を考えてみましょう。

　太郎が当たる事象を A、次郎が当たる事象を B とします。

　太郎が当たる確率は言うまでもなく、

$$P(A) = \frac{2}{10} = \frac{1}{5}$$

ですね。

一方、次郎が当たる確率 $P(B)$ は

$$P(B) = P(A \cap B) + P(\overline{A} \cap B)$$

です。ここで前節（389頁）で見たように

$$P(A \cap B) = P(A) \times P_A(B) = \frac{2}{10} \times \frac{1}{9} = \frac{2}{90}$$

$$P(\overline{A} \cap B) = P(\overline{A}) \times P_{\overline{A}}(B) = \frac{8}{10} \times \frac{2}{9} = \frac{16}{90}$$

> （注）　$P_{\overline{A}}(B)$ は「事象 A が起きないときの事象 B が起きる確率」
> すなわち「太郎がはずれたときの次郎が当たる確率」なので
>
> $$P_{\overline{A}}(B) = \frac{2}{9}$$

なので、

$$P(B) = P(A \cap B) + P(\overline{A} \cap B) = \frac{2}{90} + \frac{16}{90} = \frac{18}{90} = \frac{1}{5}$$

です。

以上より、次郎が当たる確率も太郎と同じ $\frac{1}{5}$ であることがわかります。宝くじは最終日に買っても初日に買っても当たる確率は同じなのです。

⑵　**誕生日のパラドックス**

これは有名な「誕生日のパラドックス」です。ただし「同じ誕生日の人がいる」確率を正攻法で求めようとすると計算が大変なので、381頁で学んだ「余事象の確率」を使います。

早速、計算してみましょう。

　今、グループの人数は 40 人です。

「同じ誕生日の人がいる」の余事象＝「1 人も同じ誕生日の人がいない」の確率を求めます。

　まず無作為に 1 人を選びます。この人の誕生日はいつでもかまいません。

次の人（2 人め）が最初の 1 人と誕生日が違う確率は $\dfrac{364}{365}$

その次の人（3 人め）が前の 2 人と誕生日が違う確率は $\dfrac{363}{365}$

さらにその次の人（4 人め）が前の 3 人と誕生日が違う確率は $\dfrac{362}{365}$

と考えていくと、

最後の 1 人（40 人め）が前の 39 人と誕生日が違う確率は $\dfrac{326}{365}$

なので、余事象の確率（全員の誕生日が違う確率）は、

$$1 \times \frac{364}{365} \times \frac{363}{365} \times \frac{362}{365} \times \cdots\cdots \times \frac{326}{365} = 0.1087\cdots$$

です。よって、求める確率（同じ誕生日の人がいる確率）は

$$1 - 0.1087\cdots = 0.8912\cdots$$

と、**約 89 %**であることがわかります。

　40 人が集まった小規模のパーティーで、参加者のうちの誰か 2 人がたまたま同じ誕生日になるのは、「とてもよくあること」なのです。

　ところで、いったい何人以上のグループになると同じ誕生日の人がいる確率は 50 % を超えるのでしょうか？　実は、上と同様の計算を行うと、

23 人以上のグループでは同じ誕生日の人がいる確率が 50 ％を超えること
がわかります。

　右頁のグラフと表は、グループの人数ごとに同じ誕生日の人がいる確率」を計算してまとめたものです。グループの人数が 60 人を超えると同じ誕生日の人がいる確率は 99 ％を超えることがわかります。

グループの 人数（人）	5	10	15	20	25	30
同じ誕生日の 人がいる確率	2.71 %	11.69 %	25.29 %	41.14 %	56.87 %	70.63 %

35	40	45	50	55	60
81.44 %	89.12 %	94.10 %	97.04 %	98.63 %	99.41 %

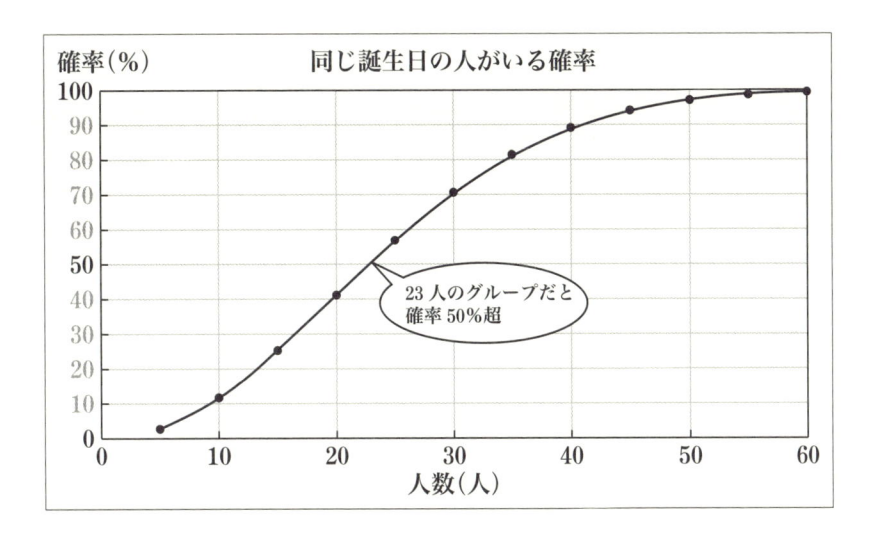

同じ誕生日の人がいる確率

23 人のグループだと
確率 50%超

⑶ 実力拮抗でも決着は早いかも？

　日本シリーズというのは、シーズンの最後にプロ野球の日本一を決める試合のことです。近年は、その前に行われる「クライマックスシリーズ」を勝ち抜いたセ・リーグとパ・リーグの代表チームが戦い、先に4勝したほうが優勝する決まりになっています。つまり日本シリーズは最短で4戦、最長で7戦が行われます。

> （注）　過去に引き分けを挟んで第8戦まで行われたことが一度だけありましたが、今はそういうケースは考えないことにします。

　今、AチームとBチームが戦い、実力が拮抗している前提なので、どちらのチームも1つの試合に勝つ確率は $\frac{1}{2}$、負ける確率も $\frac{1}{2}$ ということにします（引き分けはないものとします）。試合数別に優勝が決まる確率を求めていきましょう。

（i）全4戦（4勝0敗）でどちらかが優勝

　まずAチームが4勝0敗で優勝する確率を求めます。

　すべての試合にAチームが勝つのは

$$\left(\frac{1}{2}\right)^4 = \frac{1}{16} = 0.0625$$

　Bチームが4勝0敗で優勝する確率も同じなので

　4試合で優勝が決まるのは

$$0.0625 \times 2 = 0.125 = \textbf{12.5 \%}$$

(ii) 全5戦（4勝1敗）でどちらかが優勝

まずAチームが4勝1敗で優勝する確率を求めます。

試合は全部で5試合行われます。ただし第5戦は必ずAが勝つことに注意しましょう。最初の4試合は、4回中3回Aが勝つ**反復試行**ですが、最後はAが勝って優勝を決めるので第5戦のAの勝ちは確定です。

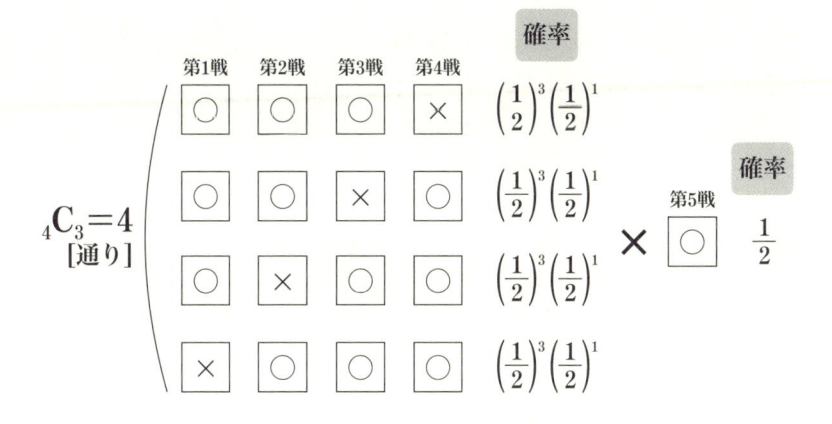

確率 p で起きる事象 A が n 回中 k 回起きる反復試行の確率は

$$_nC_k\, p^k (1-p)^{n-k}$$

でしたね（386頁）。

よって、Aチームが4勝1敗で優勝する確率は

$$_4C_3\left(\frac{1}{2}\right)^3\left(\frac{1}{2}\right)^1 \times \frac{1}{2} = 4 \times \frac{1}{2^5} = \frac{1}{2^3} = \frac{1}{8} = 0.125 \qquad \boxed{_4C_3 = {}_4C_1 = 4}$$

Bチームが4勝1敗で優勝する確率も同じなので
5試合で優勝が決まるのは

$$0.125 \times 2 = 0.25 = \mathbf{25}\ \%$$

(ⅲ) 全6戦（4勝2敗）でどちらかが優勝

まずAが4勝2敗で優勝する確率を求めます。

試合は全部で6試合行われます。(ⅱ)と同じく第6戦は必ずAが勝つことに注意すると、最初の5試合は、5回中3回Aが勝つ反復試行で、第6戦はAが勝ちます。

(ⅱ)と同様に、Aチームが4勝2敗で優勝する確率は

$$_5\mathrm{C}_3\left(\frac{1}{2}\right)^3\left(\frac{1}{2}\right)^2 \times \frac{1}{2} = 10 \times \frac{1}{2^6} = \frac{5}{2^5} = \frac{5}{32}$$
$$= 0.15625$$

$_5\mathrm{C}_3 = {}_5\mathrm{C}_2$
$= \dfrac{5 \times 4}{2 \times 1} = 10$

Bチームが4勝2敗で優勝する確率も同じなので
6試合で優勝が決まるのは

$$0.15625 \times 2 = 0.3125 = \mathbf{31.25}\ \%$$

(ⅳ) 全7戦（4勝3敗）でどちらかが優勝

まずAが4勝3敗で優勝する確率を求めます。

試合は全部で7試合行われます。同じく第7戦は必ずAが勝つことに注意すると、最初の6試合は、6回中3回Aが勝つ反復試行で、7試合目はAが勝ちます。

(ⅱ)、(ⅲ)と同様に、Aチームが4勝3敗で優勝する確率は

$$_6\mathrm{C}_3\left(\frac{1}{2}\right)^3\left(\frac{1}{2}\right)^3 \times \frac{1}{2} = 20 \times \frac{1}{2^7} = \frac{5}{2^5} = \frac{5}{32}$$
$$= 0.15625$$

$_6\mathrm{C}_3 = \dfrac{6 \times 5 \times 4}{3 \times 2 \times 1}$
$= 20$

Bチームが 4 勝 3 敗で優勝する確率も同じなので
7 試合で優勝が決まるのは

$$0.15625 \times 2 = 0.3125 = \mathbf{31.25\,\%}$$

　このように、両チームの勝つ確率が 50 ％の場合、(ⅲ)第 6 戦で決着がつく確率と(ⅳ)最終第 7 戦で決着がつく確率は**まったく同じ**です。
　「実力が拮抗しているのだから、きっと最終戦までもつれるだろう」という直感は裏切られてしまうのです。

［参考：Newton 別冊『統計と確率ケ　ススタディ 30』］

03 データの分析（数Ⅰ）

　一言で言えば、統計とは**データの傾向・性質を数量的に明らかにするこ**とです。これがどういうことかを次の例で考えてみましょう。

　今、N高校ではクラブ活動をしている生徒の成績について調べています。下の表は、高校2年の野球部員10人の1学期期末における数学と英語の点数をまとめたものです（⑩の生徒は英語のテストを欠席）。

【N高校2年　野球部員の数学と英語の成績】

生徒	①	②	③	④	⑤	⑥	⑦	⑧	⑨	⑩
数学（点）	50	60	60	70	50	70	70	60	50	60
英語（点）	50	40	50	20	100	50	60	100	70	／

　「データ（data）」というのは、**計算の基になる「数字の集まり」**のことです。上の表の19個のテストの点数は全体がひとつのデータになっています。また、**計測する対象となる各項目**（今の場合は数学の点数と英語の点数）のことを**「変量（variate）」**あるいは**「変数（variable）」**と言います。

　上の表を見て「数学のほうが点数のばらつきが少ない」と印象を述べるだけでは統計とは言えません。このデータ（19個の数字）が持つ「傾向・性質」を数量的に明らかして、はじめて統計となります。

　手始めに平均値を計算してみましょう。平均値の出し方は、小学校以来お馴染みだと思いますが、念のため確認しておきます。

　変量 x についてのデータの値が、n 個の値

$$x_1,\ x_2,\ x_3,\ \cdots,\ x_n$$

であるとき、これらの合計をデータの個数 n で割ったものが平均です。数学ではふつう**平均値のことを「$\overline{x}$」**と文字の上に横棒（バー）をつけて

表します。380 頁の余事象のところでも同じような表記をしましたが、混同しないようにしましょう。

【平均値】

$$\bar{x} = \frac{x_1 + x_2 + x_3 + \cdots + x_n}{n} = \frac{1}{n}\sum_{k=1}^{n} x_k$$

（注）Σ記号（188頁）を使うとすっきり表せます。

$$\sum_{k=1}^{n} x_k = x_1 + x_2 + x_3 + \cdots + x_n$$

【数学の平均点】

$$\frac{50 + 60 + 60 + 70 + 50 + 70 + 70 + 60 + 50 + 60}{10} = \frac{600}{10} = 60 \ （点）$$

【英語の平均点】

$$\frac{50 + 40 + 50 + 20 + 100 + 50 + 60 + 100 + 70}{9} = \frac{540}{9} = 60 \ （点）$$

数学も英語も平均点は同じです。

➤ **代表値〜 〝メジアン〞と〝モード〞 〜**

平均のようにデータの「傾向・性質」を表す数値のことを代表値と言います。代表値には平均のほかに**中央値**と**最頻値**というものがあります。

中央値 （median）：データを大きさの順に並べたときに中央にくる値。
　　　　　　　　　　メジアンとも言います。求め方の手順は次の通り
　　　　　　　　　　（データの個数が奇数か偶数かで違いますので注
　　　　　　　　　　意してください）。

【中央値の求め方】

（i）　データを大きさの順に並べる

（ii）　[データの個数が奇数の場合]：中央値＝ちょうど真ん中の値

　　　　[データの個数が偶数の場合]：中央値＝真ん中にある

　　　　　　　　　　　　　　　　　　　　　　　　　　2つの値の平均

　　では、先ほどのN高校2年の野球部員のデータで、数学と英語の中央値を計算してみましょう。まず各科目の点数を〝少ない順〟に並べます。

数学：50　50　50　60　60　60　60　70　　70　　70

英語：20　40　50　50　50　60　70　100　100

《データの個数が偶数の場合》

　　数学のデータの個数は偶数（10個）なので、中央値は真ん中にある2つの値の平均になります。

50　　　　50　　　　50　　　　60　　　60　　60　　　60　　　　70　　　　70　　　　70

この2つの値の平均

$$数学の中央値 = \frac{60 + 60}{2} = 60 （点）$$

《データの個数が奇数の場合》

　　英語のデータの個数は奇数（9個）なので、中央値はちょうど真ん中の値です。

20　　　40　　　50　　　50　　　50　　　60　　　70　　　100　　　100

$$英語の中央値 = 50 （点）$$

平均点は数学も英語も同じ 60 点でしたが、中央値は英語のほうが低くなりました。英語には飛び抜けて良い点（100 点）が 2 人いるからです。

　このようにデータに**外れ値**（他に比べて飛び抜けて大きかったり小さかったりする値）**がある場合は、平均値はその外れ値の影響を受けます。**

　厚生労働省が発表した国民生活基礎調査によると、平成 26 年調査の 1 世帯当たり所得金額の平均値は 528 万 9 千円で、中央値は 415 万円でした。中央値よりも平均値が高くなっているのは、一部の高額所得世帯が全体の平均を引き上げているからです。実際、平均所得金額以下の世帯の割合は 61.2 ％と 50 ％を大きく超えています。

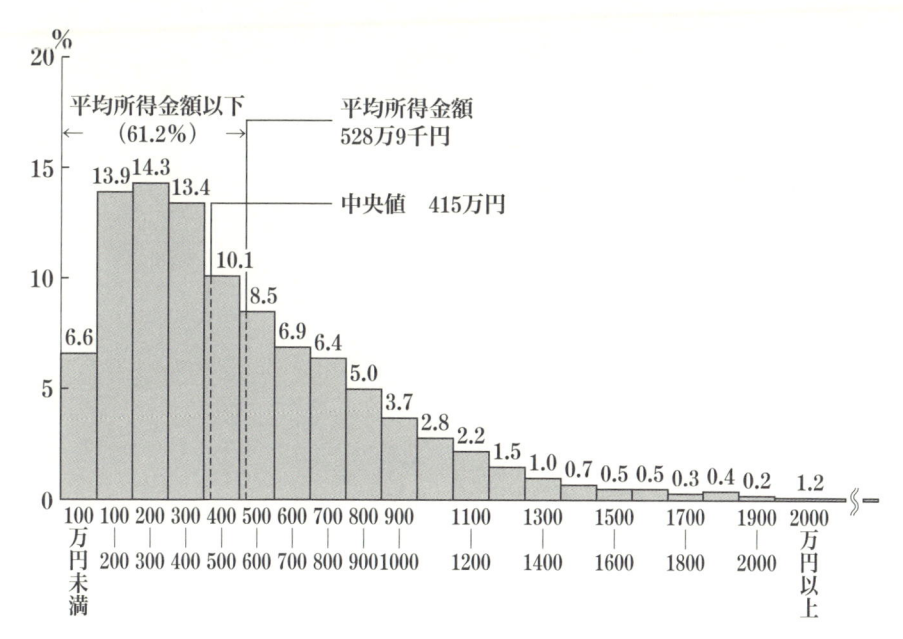

〔厚生労働省：平成 26 年　国民生活基礎調査より〕

　以上が中央値について。続いて最頻値についてみてみましょう。

最頻値（mode）：最も多く出現する値。**モード**とも言います。

今一度、N 高校 2 年の野球部員のデータを並べてみます。

数学：50　50　50　(60　60　60　60)　70　　70　　70
英語：20　40　(50　50　50)　60　70　100　100

数学の最頻値は **60 点**で、英語の最頻値は **50 点**です。

たとえば店舗等で、最も売れ行きのよいサイズや品目を知る必要があるときは、最頻値がよい代表値となります。また最頻値は外れ値の影響を受けません。

➤ データの分布と代表値

データの分布が、ピークを 1 つ持つ単峰性分布のとき、データの分布によって各代表値の大小は次のようになります。

（i）　分布が左右対称　⇒　平均値＝中央値＝最頻値

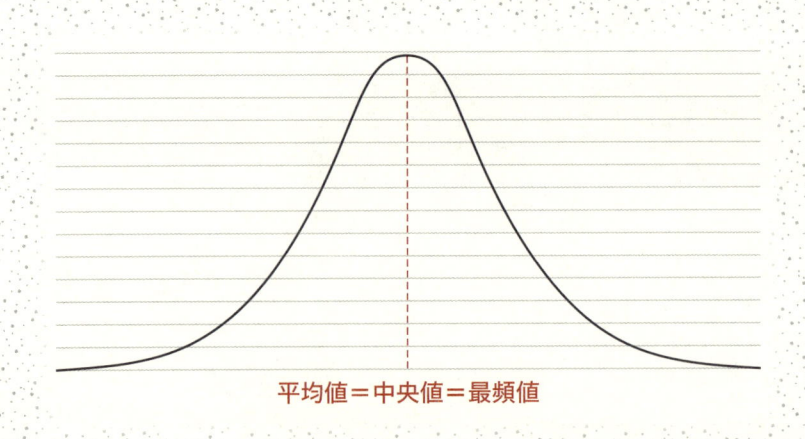

平均値＝中央値＝最頻値

(ii) 分布が右に偏っている　⇒　平均値＜中央値＜最頻値

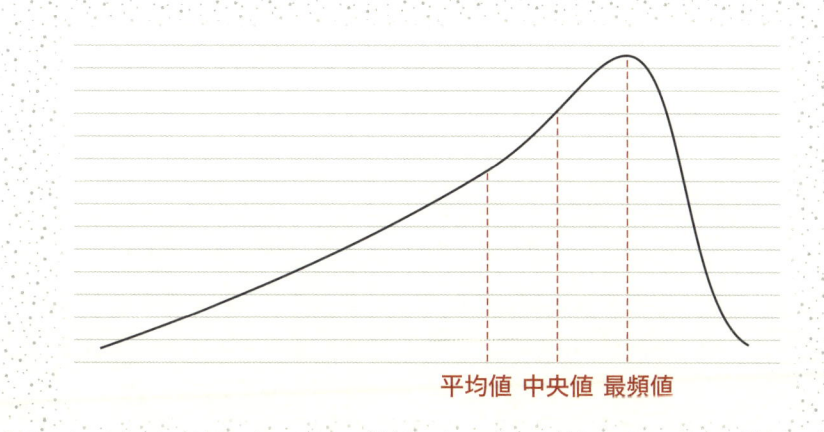

平均値　中央値　最頻値

(iii) 分布が左に偏っている　⇒　最頻値＜中央値＜平均値

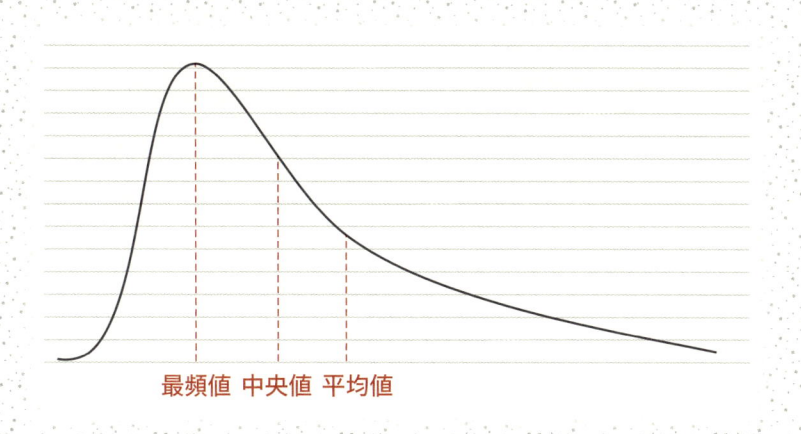

最頻値　中央値　平均値

（注）　ちなみにピークが２つの双峰性分布のときは上のような各代表値の大小の
　　　　傾向は当てはまらなくなります。

３つの代表値（平均値、中央値、最頻値）を調べれば、データの分布についてある程度の推測を立てることはできますが、代表値だけではデータがどれくらいばらついているかはあまり見えてきません。

　そこで次は、**平均値の周りにおけるデータ全体のばらつきの度合いを表す量**として**分散**と**標準偏差**という２つの量を紹介したいと思います。

➤ ばらつき具合を示す尺度その１〜分散〜

　平均を基準としたばらつき具合を調べようとするとき、最初に考えつくのは、平均値からの差（**偏差**と言います）を計算することでしょう。先ほどから使っている N 高校 2 年の野球部員の数学と英語の得点データについて、偏差をまとめると次のようになります。

【N 高校 2 年　野球部員の数学と英語の成績（偏差）】

生徒	①	②	③	④	⑤	⑥	⑦	⑧	⑨	⑩
数学の偏差（点）	−10	0	0	10	−10	10	10	0	−10	0
英語の偏差（点）	−10	−20	−10	−40	40	−10	0	40	10	

　まずは、数学について「偏差の平均値」を計算してみます。

【数学：偏差の平均値】

$$\frac{(-10)+0+0+10+(-10)+10+10+0+(-10)+0}{10} = \frac{0}{10} = 0 \text{（点）}$$

　数学について偏差の平均値は 0 点です。

　偏差の平均値が 0 になるのは偶然ではありません。平均とはそもそも読んで字のごとく**平らに均す**という意味です。「偏差の平均値」とは、いわば、平らに均された地面の高さを 0 とし、次に地面を掘り返して元の凸凹に戻したあと、再び平らにしたときの高さのようなものですから、どんなデータでも必ず 0 になります。

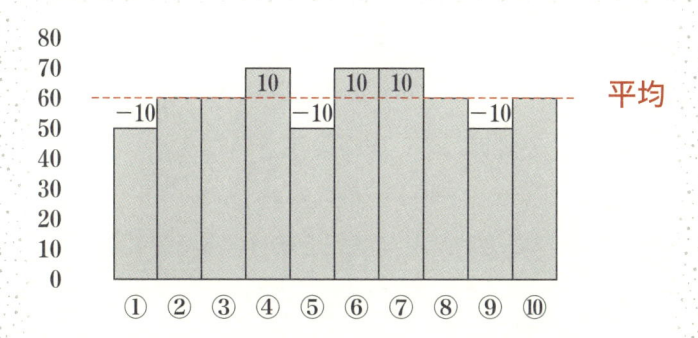

偏差の平均値が 0 になることは、平均値の定義式からも確かめられます。変量 x についてのデータの値が、n 個の値

$$x_1, \ x_2, \ x_3, \ \cdots, \ x_n$$

であるとき、これらの平均値を $\overline{x}$ とすると、

$$\text{偏差の平均値} = \frac{1}{n}\{(x_1-\overline{x})+(x_2-\overline{x})+(x_3-\overline{x})+\cdots\cdots+(x_n-\overline{x})\}$$

$$= \frac{1}{n}\sum_{k=1}^{n}(x_k-\overline{x})$$

$$= \frac{1}{n}\left(\sum_{k=1}^{n}x_k-\sum_{k=1}^{n}\overline{x}\right)$$

$$= \frac{1}{n}\sum_{k=1}^{n}x_k-\frac{1}{n}\sum_{k=1}^{n}\overline{x}$$

$$= \overline{x}-\frac{1}{n}\cdot n\,\overline{x}$$

$$= \overline{x}-\overline{x}$$

$$= 0$$

$$x_1+x_2+x_3+\cdots+x_n=\sum_{k=1}^{n}x_k$$

$$\sum_{k=1}^{n}(pa_k+qb_k)=p\sum_{k=1}^{n}a_k+q\sum_{k=1}^{n}b_k$$

$\dfrac{1}{n}\sum_{k=1}^{n}x_k=\overline{x}$ は定数なので

$$\sum_{k=1}^{n}\overline{x}=n\,\overline{x}$$

偏差の平均値が 0 になるのは、平均からの凸凹（でこぼこ）（偏差）には正の値と負の値とがあって、足し合わせるとこれらが打ち消し合ってしまうからです。でも「偏差の 2 乗の平均値」であれば、偏差の正負に関わらず、平均値からの差が見えるようになって、データのばらつきの度合いを表す値が得られます。N 高校の例で計算してみましょう。

【N 高校 2 年　野球部員の数学と英語の成績（偏差の 2 乗）】

生徒	①	②	③	④	⑤	⑥	⑦	⑧	⑨	⑩
数学の偏差^2（点^2）	100	0	0	100	100	100	100	0	100	0
英語の偏差^2（点^2）	100	400	100	1600	1600	100	0	1600	100	

【数学：偏差の 2 乗の平均値】

$$\frac{100+0+0+100+100+100+100+0+100+0}{10} = \frac{600}{10} = 60 \ （点^2）$$

【英語：偏差の 2 乗の平均値】

$$\frac{100+400+100+1600+1600+100+0+1600+100}{9} = \frac{5600}{9}$$

$$= 622.22\cdots \ （点^2）$$

　今度は数学が 60（点^2）、英語が 622.22…（点^2）としっかり差が出ました。

　偏差の 2 乗の平均値を分散（Variance）と言います。分散も文字式で定義しておきましょう。

　一般に変量 x についてのデータの値が、n 個の値

$$x_1, \ x_2, \ x_3, \ \cdots, \ x_n$$

であるとき、これらの平均値を $\bar{x}$、分散を V_x とすると、分散は次のように表されます。

【分散】

$$V_x = \frac{(x_1 - \overline{x})^2 + (x_2 - \overline{x})^2 + (x_3 - \overline{x})^2 + \cdots + (x_n - \overline{x})^2}{n}$$

$$= \frac{1}{n}\sum_{k=1}^{n}(x_k - \overline{x})^2$$

➤ ばらつき具合を示す尺度その2 〜標準偏差〜

分散は、平均のまわりのばらつき具合を表すには好都合なのですが、少し問題があります。それは次の2点です。

(1) 値が大きくなりすぎる

(2) 単位が［本来の単位^2］になる

N高校のデータでは、数学の分散は 60（点^2）、英語の分散は 622.22…（点^2）でした。このように数学と英語の分散を並べて書けば数学のほうが平均のまわりのばらつき具合が小さいことはわかりますが、英語という比較対象がなければ、数学の平均からのズレも（実際より）ずいぶん大きい印象になってしまいます。さらに「点^2」という単位も不可解です。

でも、上の2つの欠点は簡単に解決します。$\sqrt{}$ をつければいいのです。$\sqrt{分散}$ を標準偏差（Standard Deviation）と言います。

さっそく、数学と英語の標準偏差を求めてみましょう。

$$数学の標準偏差 = \sqrt{60\,[点^2]} = 7.7459\cdots \qquad [点]$$

$$英語の標準偏差 = \sqrt{622.22\cdots[点^2]} = 24.9443\cdots\,[点]$$

数学が約 8 点で、英語が約 25 点ですから、標準偏差なら、それぞれの科目のばらつき具合をよく表現できていると言えるでしょう。また標準偏差なら単位ももとの変量と同じ「点」になります。

　一般に変量 x についてのデータの値が、n 個の値

$$x_1, \quad x_2, \quad x_3, \quad \cdots, \quad x_n$$

であるとき、これらの平均値を $\overline{x}$、**標準偏差を** s_x とすると、標準偏差は次のように表されます（分散に $\sqrt{}$ をつけるだけです）。

$$
\boxed{
\begin{array}{l}
\text{【標準偏差】} \\[6pt]
\begin{aligned}
s_x &= \sqrt{V_x} \\[4pt]
&= \sqrt{\dfrac{(x_1-\overline{x})^2+(x_2-\overline{x})^2+(x_3-\overline{x})^2+\cdots+(x_n-\overline{x})^2}{n}} \\[4pt]
&= \sqrt{\dfrac{1}{n}\sum_{k=1}^{n}(x_k-\overline{x})^2}
\end{aligned}
\end{array}
}
$$

平均値の定義式と分散の定義式から、次の計算公式が導かれます。

$$V_x = \frac{1}{n}\sum_{k=1}^{n}(x_k - \overline{x})^2$$

$$= \frac{1}{n}\sum_{k=1}^{n}\{x_k{}^2 - 2x_k\overline{x} + (\overline{x})^2\}$$

$$= \frac{1}{n}\left\{\sum_{k=1}^{n}x_k{}^2 - 2\overline{x}\sum_{k=1}^{n}x_k + \sum_{k=1}^{n}(\overline{x})^2\right\}$$

$$= \frac{1}{n}\sum_{k=1}^{n}x_k{}^2 - 2\overline{x}\cdot\frac{1}{n}\sum_{k=1}^{n}x_k + \frac{1}{n}\cdot n(\overline{x})^2$$

$$= \frac{1}{n}\sum_{k=1}^{n}x_k{}^2 - 2\overline{x}\cdot\overline{x} + (\overline{x})^2$$

$$= \overline{x^2} - 2(\overline{x})^2 + (\overline{x})^2$$

$$= \overline{x^2} - (\overline{x})^2$$

$$(x-a)^2 = x^2 - 2ax + a^2$$

$$\sum_{k=1}^{n}(pa_k + qb_k) = p\sum_{k=1}^{n}a_k + q\sum_{k=1}^{n}b_k$$

$$\overline{x}\,(平均) = \frac{1}{n}\sum_{k=1}^{n}x_k \text{ は定数}$$

$$\overline{x^2}\,(2乗の平均) = \frac{x_1{}^2 + x_2{}^2 + x_3{}^2 + \cdots + x_n{}^2}{n}$$

$$= \frac{1}{n}\sum_{k=1}^{n}x_k{}^2$$

$$(\overline{x})^2\,(平均の2乗) = \overline{x}\cdot\overline{x}$$

(注) 平均の2乗「$(\overline{x})^2$」と2乗の平均「$\overline{x^2}$」を混同しないように注意しましょう。たとえば、

x_1	x_2	x_3
1	2	3

というデータがあるとすると、平均「$\overline{x}$」、平均の2乗「$(\overline{x})^2$」、2乗の平均「$\overline{x^2}$」はそれぞれ次のようになります。

$$\overline{x} = \frac{1+2+3}{3} = \frac{6}{3} = 2$$

$$(\overline{x})^2 = 2^2 = 4$$

$$\overline{x^2} = \frac{1^2 + 2^2 + 3^3}{3} = \frac{1+4+9}{3} = \frac{14}{3} = 4.66\cdots$$

もちろん、この公式を使えば標準偏差 s_x も次のように簡単に表せます。

$$s_x = \sqrt{V_x} = \sqrt{\overline{x^2} - (\overline{x})^2}$$

ここまでを踏まえて入試問題にチャレンジしてみましょう。

問題 32

変量 x の値 x_1, x_2, ……, x_n はいずれも 0 または 1 とする。0 が r 個、1 が $n-r$ 個あるとき、x_1, x_2, ……, x_n の平均値を $m(r)$、分散を $V(r)$ とおく。$m(r)$、$V(r)$ を求めよ。

[筑波大学]

解説 解答

解説

変量 x の n 個の値のうち、0 が r 個、1 が $n-r$ 個なので、x_1, x_2, ……, x_n の合計は

$$x_1 + x_2 + \cdots\cdots + x_n = 0 \times r + 1 \times (n-r) = n-r$$

です。また、それぞれ 2 乗の合計は

$$x_1{}^2 + x_2{}^2 + \cdots\cdots + x_n{}^2 = 0^2 \times r + 1^2 \times (n-r) = n-r$$

となります。

あとは、上の「分散の簡単な計算公式」を使えば解決します。

$$m(r) = \frac{x_1 + x_2 + \cdots\cdots + x_n}{n} = \frac{0 \times r + 1 \times (n-r)}{n} = \frac{n-r}{n}$$

$$V(r) = \overline{x^2} - (\overline{x})^2$$

分散＝2乗の平均－平均の2乗

$$= \frac{x_1{}^2 + x_2{}^2 + \cdots\cdots + x_n{}^2}{n} - \{m(r)\}^2$$

$$= \frac{0^2 \times r + 1^2 \times (n-r)}{n} - \left(\frac{n-r}{n}\right)^2$$

$$= \frac{n-r}{n} - \left(\frac{n-r}{n}\right)^2$$

$A - A^2 = A(1-A)$

$$= \frac{n-r}{n}\left(1 - \frac{n-r}{n}\right)$$

$$= \frac{n-r}{n} \cdot \frac{n-(n-r)}{n}$$

$$= \frac{n-r}{n} \cdot \frac{r}{n}$$

$$= \frac{r(n-r)}{n^2}$$

➤ 2変数の関係が目に見えてわかる「散布図」

この節で繰り返し使っている N 高校のデータは、数学の点数と英語の点数という 2 つの変量を持つ、**2 変量データ**です。

ここからは 2 つの変量の間の関係を調べる手法について学んでいきたいと思います。

2 変量データを整理して傾向をつかむためのグラフを「**散布図**（あるいは**相関図**）」と言います。

散布図では 2 つの変数の値を座標として扱い、それを座標軸上にプロット（点を書き入れること）していきます。N 高校のデータで実際にやってみましょう（ただし、⑩の生徒は英語のテストを未受験なので省きます）。

【N 高校 2 年　野球部員の数学と英語の成績】

生徒	①	②	③	④	⑤	⑥	⑦	⑧	⑨
数学（点）	50	60	60	70	50	70	70	60	50
英語（点）	50	40	50	20	100	50	60	100	70

ここでは、**横軸に数学の点数、縦軸に英語の点数**をとった座標軸を考え、数学と英語の点数を

（数学の点数，英語の点数）

と座標で表すことにします。たとえば①の生徒を表す点は（50，50）です。こうして①〜⑨の生徒を表す点を書き入れると散布図は次頁のようになります。

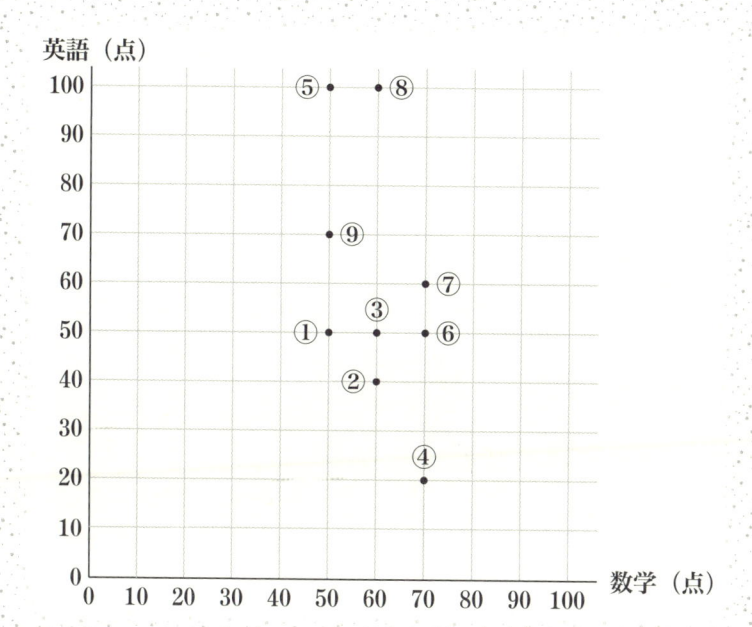

　2変量データにおいて、一方が増えると他方も増える傾向が見られるとき、2つの変量の間に正の相関関係があると言います。逆に一方が増えると他方が減る傾向が見られるとき、2つの変量の間に負の相関関係があると言います。どちらの傾向も見られないときは相関関係がないと言います。

　散布図は大きく分けて次頁の5種類に分類されます。2変量データを整理して散布図をつくれば、（大雑把ではありますが）2つの変量の間の相関関係の有無やその強弱を知ることができます。

　データの分布が全体として右肩上がりであれば正の相関、右肩下がりであれば負の相関です。また分布が直線に近い楕円なら強い相関、真円に近ければ弱い相関（あるいは相関なし）だということになります。

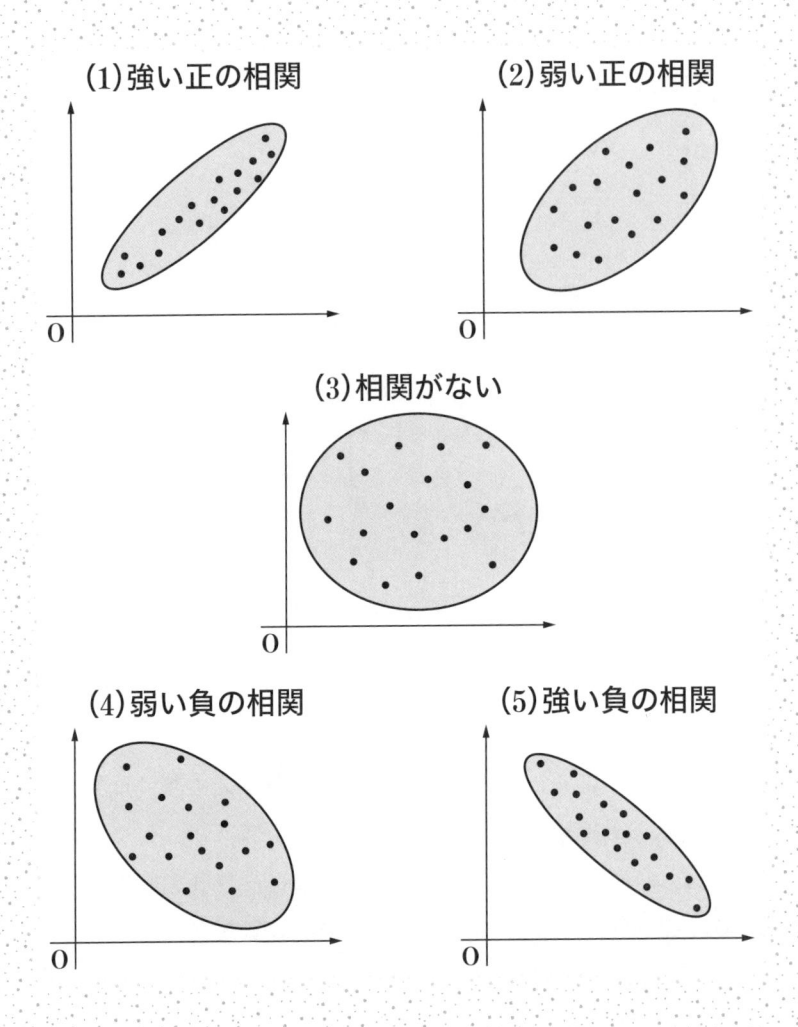

先ほどつくった N 高校 2 年の野球部員のデータの場合、散布図は（4）に一番近いでしょうか。数学の点数と英語の点数の間には「弱い負の相関がある」と言えそうです。

なお、たとえば N 高校 2 年のサッカー部員の数学の点数と英語の点数が右頁上の表にようになっているとき、散布図は右頁の図のようになります。この場合は「強い正の相関」があると言えるでしょう。

【N高校2年　サッカー部員の数学と英語の成績】

生徒	①	②	③	④	⑤	⑥	⑦	⑧	⑨
数学（点）	40	50	50	60	60	60	70	70	80
英語（点）	30	40	50	50	50	60	70	90	100

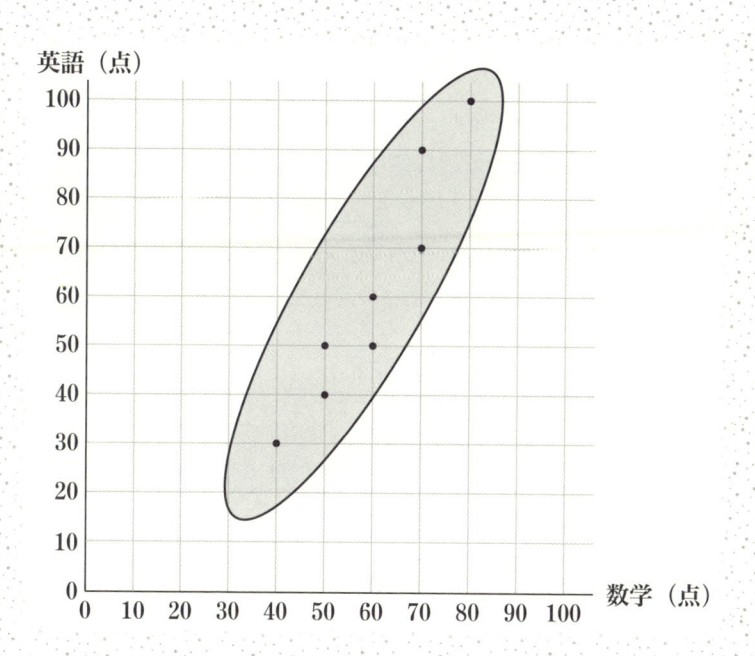

> ➤ 相関関係の強弱を数値化する「相関係数」の求め方

　散布図によって、2変量データの大まかな相関関係はつかめるものの、その強弱の判断は多分に感覚的であり、同じ散布図を見てある人は「強い相関がある」と感じ、別の人は「弱い相関がある」と感じることもありえます。またどこから「相関がない」と判断するかも曖昧です。そこで統計では相関関係の正負や強弱を表す数値が用意されています。それが**相関係数**（correlation coefficient）です。

今、以下のような x と y という 2 つの変量をもつデータ（2 変量データ）があるとします。

データ番号	①	②	③	⋯	ⓝ
x	x_1	x_2	x_3	⋯	x_n
y	y_1	y_2	y_3	⋯	y_n

　相関係数を求めるために必要な値は 3 つあります。それは x と y それぞれの標準偏差（412 頁）と次の式で定義される**共分散（covariance）**です。

【共分散】

x と y の共分散を c_{xy} とすると

$$c_{xy} = \frac{(x_1 - \overline{x})(y_1 - \overline{y}) + (x_2 - \overline{x})(y_2 - \overline{y}) + \cdots + (x_n - \overline{x})(y_n - \overline{y})}{n}$$

$$= \frac{1}{n} \sum_{k=1}^{n} (x_k - \overline{x})(y_k - \overline{y})$$

$[\overline{x},\ \overline{y}$ はそれぞれ x と y の平均$]$

---

　x と y の標準偏差をそれぞれ s_x、s_y とすると、相関係数は次のように表されます。

【相関係数】

x と y の相関係数を r とすると、

$$r = \frac{c_{xy}}{s_x \cdot s_y}$$

(注)　標準偏差は次のように表されるのでしたね（412頁）

$$s_x = \sqrt{V_x} = \sqrt{\frac{(x_1 - \overline{x})^2 + (x_2 - \overline{x})^2 + (x_3 - \overline{x})^2 + \cdots + (x_n - \overline{x})^2}{n}}$$

$$= \sqrt{\frac{1}{n} \sum_{k=1}^{n} (x_k - \overline{x})^2}$$

$$s_y = \sqrt{V_y} = \sqrt{\frac{(y_1 - \overline{y})^2 + (y_2 - \overline{y})^2 + (y_3 - \overline{y})^2 + \cdots + (y_n - \overline{y})^2}{n}}$$

$$= \sqrt{\frac{1}{n} \sum_{k=1}^{n} (y_k - \overline{y})^2}$$

$[V_x,\ V_y$ はそれぞれ x と y の分散$]$

　ちなみに x と y の相関係数 r は、r_{xy} と添え字 x, y をつけて書くのが本来ですが、自明なときにはしばしば省略されます。

以上より、相関係数 r は Σ を使って次のように表すことができます。

$$r = \frac{c_{xy}}{s_x \cdot s_y} = \frac{\dfrac{1}{n} \sum_{k=1}^{n} (x_k - \overline{x})(y_k - \overline{y})}{\sqrt{\dfrac{1}{n} \sum_{k=1}^{n} (x_k - \overline{x})^2} \cdot \sqrt{\dfrac{1}{n} \sum_{k=1}^{n} (y_k - \overline{y})^2}}$$

$$= \frac{\dfrac{1}{n} \sum_{k=1}^{n} (x_k - \overline{x})(y_k - \overline{y})}{\sqrt{\dfrac{1}{n}} \cdot \sqrt{\sum_{k=1}^{n} (x_k - \overline{x})^2} \cdot \sqrt{\dfrac{1}{n}} \cdot \sqrt{\sum_{k=1}^{n} (y_k - \overline{y})^2}}$$

$$= \frac{\sum_{k=1}^{n} (x_k - \overline{x})(y_k - \overline{y})}{\sqrt{\sum_{k=1}^{n} (x_k - \overline{x})^2} \cdot \sqrt{\sum_{k=1}^{n} (y_k - \overline{y})^2}}$$

N高校2年の野球部のデータを使って相関係数を計算してみましょう。相関係数を求める際は次のような**表にまとめる**のがおすすめです。下の表で変量xは数学の点数、変量yは英語の点数を表しています。

生徒	x	y	$\dfrac{x - \overline{x}}{(x - \overline{x})^2}$	$\dfrac{y - \overline{y}}{(y - \overline{y})^2}$	$(x - \overline{x})(y - \overline{y})$
①	50	50	-10 / 100	-10 / 100	100
②	60	40	0 / 0	-20 / 400	0
③	60	50	0 / 0	-10 / 100	0
④	70	20	10 / 100	-40 / 1600	-400
⑤	50	100	-10 / 100	40 / 1600	-400
⑥	70	50	10 / 100	-10 / 100	-100
⑦	70	60	10 / 100	0 / 0	0
⑧	60	100	0 / 0	40 / 1600	0
⑨	50	70	-10 / 100	10 / 100	-100
合計	540	540	600	5600	-900
平均	60 $\overline{x}$	60 $\overline{y}$	$\displaystyle\sum_{k=1}^{n}(x_k - \overline{x})^2$	$\displaystyle\sum_{k=1}^{n}(y_k - \overline{y})^2$	$\displaystyle\sum_{k=1}^{n}(x_k - \overline{x})(y_k - \overline{y})$

$$\sqrt{\sum_{k=1}^{n}(x_k - \overline{x})^2} = \sqrt{600} \fallingdotseq 24.495 \qquad \sqrt{\sum_{k=1}^{n}(y_k - \overline{y})^2} = \sqrt{5600} \fallingdotseq 74.833$$

相関係数の計算に使うのは、3つの赤い数字です。

$$r = \frac{\sum_{k=1}^{n}(x_k - \overline{x})(y_k - \overline{y})}{\sqrt{\sum_{k=1}^{b}(x_k - \overline{x})^2} \cdot \sqrt{\sum_{k=1}^{n}(y_k - \overline{y})^2}} \fallingdotseq \frac{-900}{24.495 \times 74.833} \fallingdotseq -0.49$$

➤「−1〜+1」の数直線で相関係数を解釈する

相関係数 r は**必ず $-1 \leqq r \leqq 1$ の範囲にあります**（理由は後述します）。相関関係の強弱は r の値からおよそ次のように判断するのがふつうです。

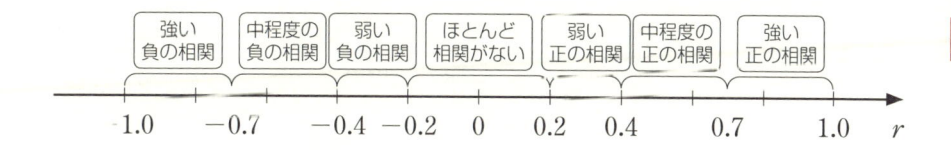

N 高校 2 年野球部の場合、数学と英語の点数についての相関係数は−0.49 だったので、「中程度の負の相関がある」と言えます。

417 頁でつくった散布図は人によっては「相関がない」と判断することもありうるでしょう。でも、相関係数を使えば、相関関係の有無や強弱を客観的に判断できます。

ちなみに、419 頁の N 高校 2 年サッカー部のデータで同様に相関係数を求めると、

$$r \fallingdotseq 0.94$$

となります（余力のある人は是非確かめてください）。こちらはかなり 1に近い値なので、はっきりと「強い正の相関がある」と言えます。

➤ 相関係数の理論的背景について（範囲外）

相関係数の理論的背景は複雑なので、高校数学ではふつうその計算公式だけを学びます。ただし、本書では腕に覚えのある方向けに、相関係数 r

が必ず$-1 \leqq r \leqq 1$の範囲の値をとることを証明し、その後で相関係数が1や-1のとき散布図が直線になる理由に言及したいと思います（先を急ぎたい方はここから430頁のコラムに飛んでもかまいません）。

【$-1 \leqq r \leqq 1$の証明】

相関係数rは

$$r = \frac{c_{xy}}{s_x \cdot s_y} = \frac{\displaystyle\sum_{k=1}^{n}(x_k - \overline{x})(y_k - \overline{y})}{\sqrt{\displaystyle\sum_{k=1}^{n}(x_k - \overline{x})^2} \cdot \sqrt{\displaystyle\sum_{k=1}^{n}(y_k - \overline{y})^2}} \quad \cdots①$$

でした（421頁）。①式は複雑なので

$$X_1 = x_1 - \overline{x}, \ X_2 = x_2 - \overline{x}, \ \cdots\cdots, \ X_n = x_n - \overline{x}$$
$$Y_1 = y_1 - \overline{y}, \ Y_2 = y_2 - \overline{y}, \ \cdots\cdots, \ Y_n = y_n - \overline{y}$$

と置き換えます。すると①は

$$r = \frac{c_{xy}}{s_x \cdot s_y} = \frac{\displaystyle\sum_{k=1}^{n}X_k \cdot Y_k}{\sqrt{\displaystyle\sum_{k=1}^{n}X_k^{\,2}} \cdot \sqrt{\displaystyle\sum_{k=1}^{n}Y_k^{\,2}}}$$

となります。「$-1 \leqq r \leqq 1$」を証明するにあたり

$$-1 \leqq r \leqq 1 \ \Leftrightarrow \ r^2 \leqq 1$$

$$\Leftrightarrow \left(\frac{\displaystyle\sum_{k=1}^{n}X_k \cdot Y_k}{\sqrt{\displaystyle\sum_{k=1}^{n}X_k^{\,2}} \cdot \sqrt{\displaystyle\sum_{k=1}^{n}Y_k^{\,2}}} \right)^2 \leqq 1$$

$$\Leftrightarrow \frac{\left(\displaystyle\sum_{k=1}^{n}X_k \cdot Y_k\right)^2}{\displaystyle\sum_{k=1}^{n}X_k^{\,2} \cdot \sum_{k=1}^{n}Y_k^{\,2}} \leqq 1$$

$$\Leftrightarrow \left(\sum_{k=1}^{n}X_k \cdot Y_k\right)^2 \leqq \sum_{k=1}^{n}X_k^{\,2} \cdot \sum_{k=1}^{n}Y_k^{\,2} \quad \cdots②$$

なので、当面は②を示すことを目標とします。

　ここで（突然ですが）、任意の実数 t について次の不等式が常に成立することに注目します。

$$(X_1t - Y_1)^2 + (X_2t - Y_2)^2 + \cdots\cdots + (X_nt - Y_n)^2 \geqq 0$$

$$\Leftrightarrow \ \sum_{k=1}^{n}(X_kt - Y_k)^2 \geqq 0 \quad \cdots ③$$

（注）　X_k, Y_k, t は実数なので「$X_kt - Y_k$」も実数。実数は 2 乗すれば必ず 0 以上になるので、③式の左辺は 0 以上の数の和になっています。よって③式は常に成立します。

③式を変形すると

$$\sum_{k=1}^{n}(X_kt - Y_k)^2 \geqq 0$$

$$\Leftrightarrow \ \sum_{k=1}^{n}(X_k^2t^2 - 2X_kY_kt + Y_k^2) \geqq 0$$

$$\Leftrightarrow \ \left(\sum_{k=1}^{n}X_k^2\right) \cdot t^2 - 2\left(\sum_{k=1}^{n}X_kY_k\right) \cdot t + \sum_{k=1}^{n}Y_k^2 \geqq 0 \quad \cdots ④$$

$(x-a)^2 = x^2 - 2ax + a^2$

$$\sum_{k=1}^{n}(pa_k + qb_k) = p\sum_{k=1}^{n}a_k + q\sum_{k=1}^{n}b_k$$

式を見やすくするために

$$\sum_{k=1}^{n}X_k^2 = A, \ \ \sum_{k=1}^{n}X_kY_k = B, \ \ \sum_{k=1}^{n}Y_k^2 = C \quad \cdots ⑤$$

とすると、④式より

$$At^2 - 2Bt + C \geqq 0 \quad \cdots ④'$$

$$\Leftrightarrow \ A\left(t^2 - \frac{2B}{A}t\right) + C \geqq 0$$

$$\Leftrightarrow \ A\left\{\left(t - \frac{B}{A}\right)^2 - \frac{B^2}{A^2}\right\} + C \geqq 0$$

平方完成の素（68 頁）
$x^2 - 2px = (x-p)^2 - p^2$

$$\Leftrightarrow \quad A\left(t - \frac{B}{A}\right)^2 - \frac{B^2}{A} + C \geqq 0 \quad \cdots ⑥$$

ここで、左辺は t の 2 次関数になっているので

$$y = A\left(t - \frac{B}{A}\right)^2 - \frac{B^2}{A} + C \quad \cdots ⑥'$$

とすると、グラフは次のようになります。

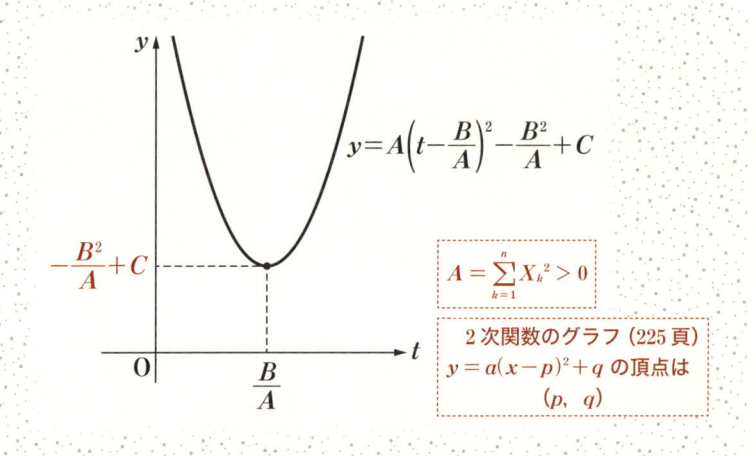

$$y = A\left(t - \frac{B}{A}\right)^2 - \frac{B^2}{A} + C$$

$$A = \sum_{k=1}^{n} X_k{}^2 > 0$$

2 次関数のグラフ（225 頁）
$y = a(x - p)^2 + q$ の頂点は
$(p, \ q)$

⑥式が t の値によらず常に成立するということは、⑥′ の y が t の値によらず常に 0 以上であることを意味します。このとき、グラフの頂点の y 座標は 0 以上なので

$$-\frac{B^2}{A} + C \geqq 0$$

（注）　$X_1 = X_2 = \cdots = X_n = 0$ のとき

すなわち

　$x_1 = x_2 = \cdots = x_n = \overline{x}$ のとき

$A = 0$ ですが、ここではそういうケースは考えないことにします。

$$\Leftrightarrow \quad -\frac{B^2}{A} + C \geqq 0$$

$$\Leftrightarrow \quad -B^2 + AC \geqq 0$$

$$\Leftrightarrow \quad B^2 \leqq AC$$

> $A = \sum_{k=1}^{n} X_k{}^2 > 0$
> より両辺に A を掛けても不等号の向きは変わりません

⑤の置き換えを元に戻すと

$$\left(\sum_{k=1}^{n} X_k \cdot Y_k\right)^2 \leqq \sum_{k=1}^{n} X_k{}^2 \cdot \sum_{k=1}^{n} Y_k{}^2 \quad \cdots②$$

これはまさに私たちが目標とした②式そのものです。

②を同値変形すれば（424頁の下段の変形を逆にたどれば）

$$-1 \leqq r \leqq 1$$

を得ます。

$\boxed{\text{証明終}}$

【相関係数が最大値や最小値をとるとき】

425頁の③式で等号が成立するとき、

$$\sum_{k=1}^{n}(X_k t - Y_k)^2 = 0 \quad \cdots③'$$

$$\Leftrightarrow \quad (X_1 t - Y_1)^2 + (X_2 t - Y_2)^2 + \cdots\cdots + (X_n t - Y_n)^2 = 0$$

$$\Leftrightarrow \quad (X_1 t - Y_1) = (X_2 t - Y_2) = \cdots\cdots = (X_n t - Y_n) = 0$$

（注）　0位上の数を足し合わせて0になることから、すべて0であることがわかります。

なので、

$$t = \frac{Y_1}{X_1} = \frac{Y_2}{X_2} = \cdots\cdots = \frac{Y_n}{X_n} \quad \cdots ⑦$$

です。ここで⑦式から、424 頁の大文字 X と Y の置き換えを元に戻せば

$$\frac{y_1 - \overline{y}}{x_1 - \overline{x}} = \frac{y_2 - \overline{y}}{x_2 - \overline{x}} = \cdots\cdots = \frac{y_n - \overline{y}}{x_n - \overline{x}}$$

ですね。⑦式の値を a（定数）とすると

$$\frac{y_k - \overline{y}}{x_k - \overline{x}} = a \quad [k = 1, 2, \cdots\cdots n]$$

と書けます。これより

$$y_k - \overline{y} = a(x_k - \overline{x})$$
$$\Leftrightarrow \quad y_k = a(x_k - \overline{x}) + \overline{y} \quad \cdots ⑧$$

です。⑧式は n 個の点

$$(x_1, \ y_1), \ (x_2, \ y_2), \ (x_3, \ y_3), \ \cdots, \ (x_n, \ y_n)$$

がすべて

> $y_k = f(x_k)$ が成立
> $\Leftrightarrow$ 点 $(x_k, \ y_k)$ が $y = f(x)$ 上

$$y = a(x - \overline{x}) + \overline{y} \quad \cdots ⑨$$

で表されるグラフ上にあることを示しています。

　⑨式は傾きが a で点 $(\overline{x}, \ \overline{y})$ を通る直線を表すのでしたね（117 頁）。

> 点 $(p, \ q)$ を通り、傾きが m の直線の方程式
> $y = m(x - p) + q$

　ところで、425 頁の③式の等号が成立するとき（③′ のとき）、④′ 式の等号も成立するので

$$At^2 - 2Bt + C = 0 \quad \cdots ☆$$

2 次方程式の解の公式（64 頁）より

> $ax^2 + bx + c = 0$ のとき
> $x = \dfrac{-b \pm \sqrt{b^2 - 4ac}}{2a}$

$$t = \frac{-(2B) \pm \sqrt{(-2B)^2 - 4AC}}{2A}$$

$$= \frac{-2B \pm \sqrt{4B^2 - 4AC}}{2A} = \frac{B \pm \sqrt{B^2 - AC}}{A} \quad \cdots ⑩$$

③式の等号が成立するとき（③′ のとき）、⑦式より $\dfrac{Y_1}{X_1}$、$\dfrac{Y_2}{X_2}$、$\cdots\cdots$

$\dfrac{Y_n}{X_n}$ の値がすべて等しくそれが t に等しいので、③′ 式の同値変形である

☆式の t はただ 1 つの実数解（重解）を持つはずです。

　一方、⑩は☆の解を表すので、☆がただ 1 つの実数解（重解）を持つとき⑩の $\sqrt{}$ の中は 0。よって、

$$B^2 - AC = 0$$

$$\Leftrightarrow \quad B^2 = AC$$

⑤の置き換え（425 頁）より

$$\Leftrightarrow \left(\sum_{k=1}^{n} X_k \cdot Y_k \right)^2 = \sum_{k=1}^{n} X_k{}^2 \cdot \sum_{k=1}^{n} Y_k{}^2$$

$$\Leftrightarrow \frac{\left(\sum_{k=1}^{n} X_k \cdot Y_k \right)^2}{\sum_{k=1}^{n} X_k{}^2 \cdot \sum_{k=1}^{n} Y_k{}^2} = 1$$

$$\Leftrightarrow r^2 = 1$$

$$\Leftrightarrow r = \pm 1$$

以上のロジックをまとめると

③式の等号が成立 ⇔ $(x_1,\ y_1),\ (x_2,\ y_2),\ (x_3,\ y_3),\ \cdots,\ (x_n,\ y_n)$
がすべて⑨式の直線上

③式の等号が成立 ⇔ ③′式を満たす t はただ 1 つ
⇔ ☆式を満たす t はただ 1 つ
⇔ $r=\pm 1$

つまり**散布図ですべてのデータが点 $(\bar{x},\ \bar{y})$ を通る直線上に乗っているとき、相関係数 r は最大値の 1 や最小値の -1 になることがわかります。**

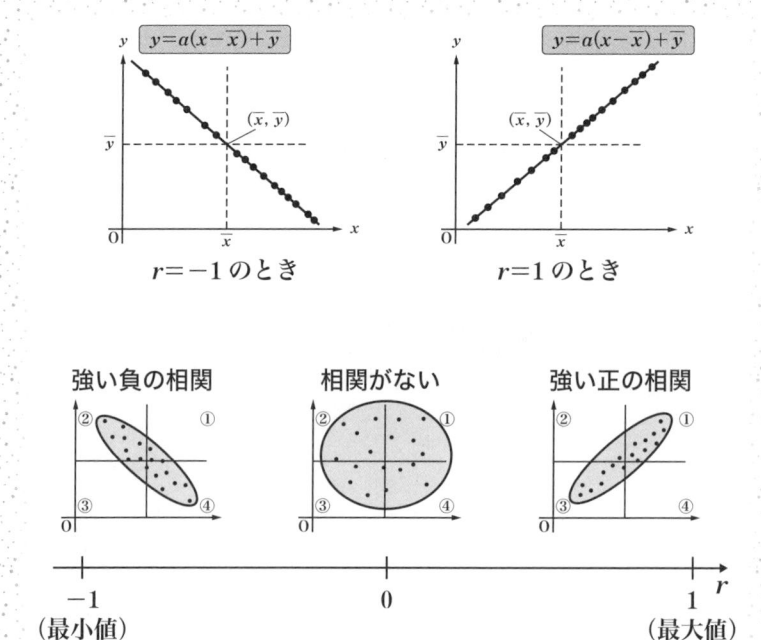

$r=-1$ のとき　　　　　$r=1$ のとき

強い負の相関　　　相関がない　　　強い正の相関

相関関係についての注意点

　2015年3月以降に高校を卒業する（した）いわゆる「脱ゆとり世代」が学んでいる（あるいは学んできた）新課程の中で、数学に関する最も大きな変更点は、統計の基礎的内容を扱う「データの分析」という単元が全高校生の学ぶ「数I」に組み込まれたことでしょう。

　統計の計算は一般に面倒で、手計算には向いていません。このことは高校教育において統計がなかなか必須単元にならなかった大きな要因だと私は思います。

　しかし昨今は、ITの急速な成長のおかげで、ビッグデータから有用な情報を見つけ出す**データマイニング（Data mining）**の技術を持った統計家があらゆる分野で目覚ましい成果を上げるようになりました。統計が持つ力に誰もが気付かされる時代になったのです。

　当然、統計の能力を持った人材が強く求められるようにもなっています。計算が面倒だから、などという理由で統計を（ほとんどの高校生が選択しない）選択単元にしておくことはできなくなりました。

　最近は、大統領選挙から迷惑メールの振り分けに至るまで、統計による画期的なデータマイニングを紹介する本や記事が巷に溢れています。少し検索すればすぐにいくつもの例を見つけることができるでしょう。本書はこれまで、高校数学で学ぶ各単元がどのように役に立つのかをお伝えしてきましたが、統計の有用性に関しては改めて申し上げる必要はないと思います。

　私たちが統計を学ぶのは、**データを的確に分析して、生活に役立つ情報を導き出す力を養うため**ですが、その手法にばかり目が行くと、せっかく

きちんと統計量の計算ができたのに、判断を誤ってしまい、本来の「情報」が見つけられなくなってしまうことがあります。そこで、本コラムでは、初学者は特に注意が必要な相関関係について、注意すべき点をまとめておきます。

安易な結びつけは危険

前節の後半で学んだ散布図や相関係数を通して、2つの変量の間に思いもよらなかった相関関係が見つかることは珍しいことではありません。しかしそのインパクトが大きいからでしょうか、見つかった相関関係について、誤った判断を下してしまうケースがとても多いようです。中でも次の2点は注意してください。

相関関係について注意すべきこと
(1) 得られた傾向が一般的であるとは限らない
(2) 相関関係があっても因果関係があるとは限らない

---

(1)について

他の統計量（平均、分散、標準偏差）についても言えることですが、母集団のすべてのデータを用いる場合を除いて、得られた相関関係はあくまでもその調査対象についての結果であって、それをもってただちに「一般的な関係」だと考えることは、ふつうできません。

たとえば、前節のN高校2年の野球部員のデータでは数学の点数と英語の点数の間に弱いながらも負の相関が見つかりました。しかし、（もちろん）このデータから

「数学ができる子は英語ができない傾向にある」
などと結論づけるのはナンセンスでしょう。他のサンプル（標本）データ
を使えば、正の相関が得られたり、相関がないと判断できたりするケース
は十分考えられます。

　母集団から抽出した一部のサンプルについて得られた結果が、一般的で
ある（母集団の傾向を正しく反映している）と考えられるかどうかを調べ
るには**「推測統計」**と呼ばれる手法をきちんと学ぶ必要があります。

(2)について

　たとえば X と Y の 2 つの変量の間に、相関関係が見つかったとき、次
のいずれかであるかを判別することはできません。

(i)　**X（原因）→ Y（結果）の関係がある**
　（例）X：気温　　Y：風邪をひく人の数
　　データを取れば大抵の場合、気温と風邪をひく人の数の間には負の相
　関（気温が低ければ風邪をひく人の数は増える傾向にある）を見つける
　ことができるでしょう。この場合、気温が低いことが、風邪をひく人の
　数を増やす原因であると考えるのは妥当です。

(ii)　**Y（原因）→ X（結果）の関係がある**
　（例）X：商品の値段　　Y：商品の品質
　　例外は少なくないかもしれませんが、一般に商品の値段と商品の品質
　の間には正の相関関係（値段が高い商品は品質がよい傾向にある）が成
　立するはずです。でもこの場合、「値段が高いから、品質が良い」と考
　えるのはおかしいですね。やはり高い品質を実現するためのコストが高
　い価格の原因になっていると考えるべきでしょう。

(iii) **X と Y がともに共通の原因 Z の結果である（Z → X かつ Z → Y）**

(例) X：東京ディスニーランド（TDL）の入場者数

　　　Y：ユニバーサル・スタジオ・ジャパン（USJ）の入場者数

　日別のデータを取れば、TDL の入場者数と USJ の入場者数の間には正の相関関係（TDL の入場数が多い日は USJ の入場者数も多い）が成立するはずです。しかし、両者の間に直接の因果関係が成立すると考えるのは無理があります。TDL も USJ も日本を代表するレジャー施設なので、休日は特に混雑するはずです。また天気の良い日のほうが悪い日より入場者は多くなるでしょう。この場合、TDL の入場者数の増減と USJ の入場者数の増減は、どちらも暦や天気などの別の原因の結果であると考えるのが合理的です。

(iv) **偶然の一致**

(例) X：CD の国内総売上　Y：交通事故死者数

　CD の国内総売上も交通事故死者数も 2000 年頃から減少の傾向にあるので、両者には正の相関関係が成立します。ただし、この場合はたま・・たま同じ傾向があるだけで、両者に何かしらの因果関係が成立することは考えづらいでしょう。

(v) **より複雑な関係がある**

　相関関係にある 2 つの変量の間に、(i)〜(iv)のいずれのケースでもない、より複雑な関係が成立することもあります。

　いずれにしても、**相関関係を因果関係と安易に結びつけることは、かなり危険です。くれぐれも注意してください。**

第 **7** 章

大学への数学

～線形代数と複素数平面～

Linear Algebra
and
Complex Plane

ベクトルの使いみち〜その2つの顔〜

「矢印」を数学的に扱えるメリットとは

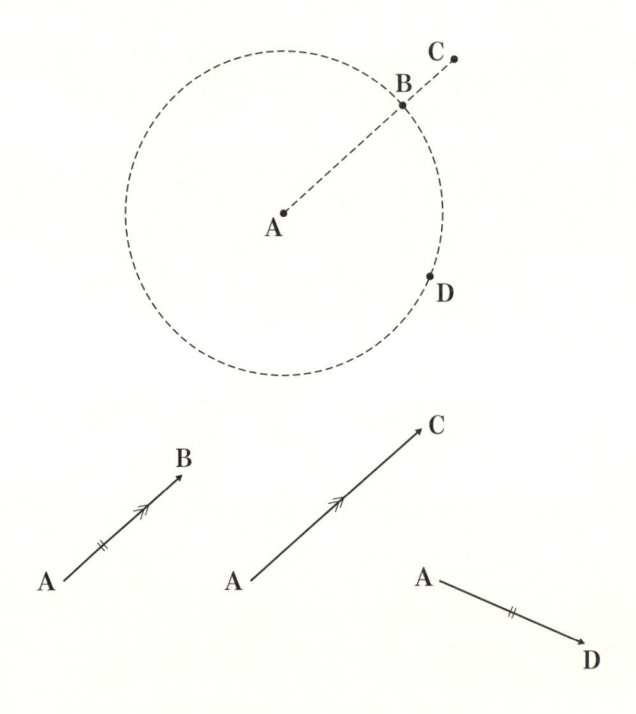

　たとえば上の図で点 A から点 B、点 C、点 D へ移動することを考えます。A からみて B と C は同じ方向にあり、また B と D は A からの長さが同じですが、どの移動も「同じ」ではありません（当たり前です）。移動を一意的に定めるには方向と長さを同時に示す必要がありますから、これを矢印で表そうと考えるのは自然なことでしょう。

移動のように「矢印で表せるもの」、すなわち**方向と大きさ（長さ）を持つ量**のことを**ベクトル（vector）**と言います。

　そもそも vector は「運ぶ者」を意味するラテン語（vector）が語源です。ニュートン以後の天体力学が発展していく中で、星の移動や星々の間に働く力を表現するための〝道具〟が必要になったことが、ベクトル誕生の契機になりました。

　ただし、ベクトルの現代的な記法をはじめて使ったのは、19 世紀のアメリカの物理学者であり「ベクトル解析の父」とも呼ばれる、**ジョサイア・ギブズ**（1839－1903）だと言われています。

　ちなみに、方向と大きさを持つ量を vector と言うのに対して、長さや面積、質量、温度など、**大きさだけを持つ量**のことは scalar と言います。scalar の語源は、スケール（scale）と同じで、梯子を意味するラテン語（scalaris）です。

　ベクトルが生まれるきっかけになった物理学には、「矢印」を数学的に扱えることの恩恵を感じる場面がたくさんあります。

> **vector**：方向と大きさ（長さ）を持つ量
> **scalar**：大きさだけを持つ量

物理学におけるベクトル

(ⅰ) 速度の合成

たとえば、流れのある川をボートが横断しようとするとき、岸に立っている人から見たボートの速度は、下の図のような**「ベクトルの足し算」**（後述：446頁）によって求めることができます。

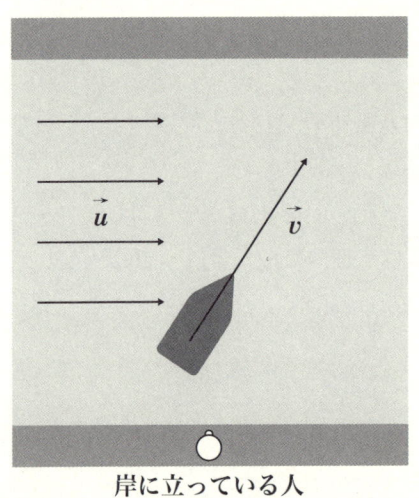

岸に立っている人

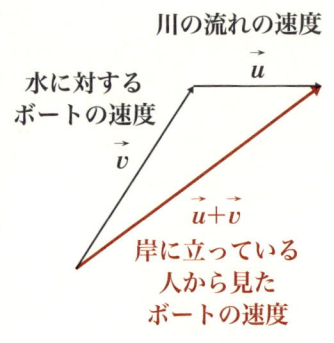

川の流れの速度 $\vec{u}$

水に対するボートの速度 $\vec{v}$

$\vec{u}+\vec{v}$
岸に立っている人から見たボートの速度

> （注）　ベクトルは、$\vec{u}$ や $\vec{v}$ のようにアルファベットの上に矢印を付けて表します。他にも $\overrightarrow{AB}$ のように始点と終点を明示する表し方もあります（ベクトルの表記については次節で改めて確認します）。

(ⅱ) 仕事

物理では、エネルギーを増減させるものを**「仕事」**と言います。

ある物体に大きさ F の力を加えて、物体が力の方向に距離 r だけ移動した場合、力が物体にした仕事（物体に与えたエネルギー）W は力の大きさと移動距離の積で表されます。

$$W = F \cdot r$$

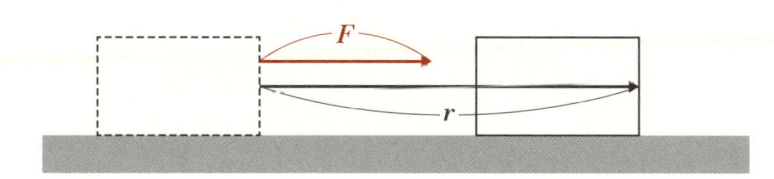

一方、次頁の図のように、移動方向に対して角度 θ を成す方向に大きさ F の力を加えて、物体が距離 r だけ移動した場合は、力が物体にした仕事（物体に与えたエネルギー）W は、力の移動方向成分と移動距離の積で

$$W = F\cos\theta \cdot r$$

で与えられます。

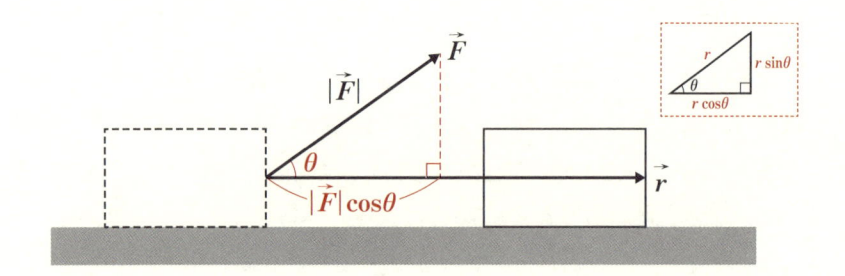

一般にベクトル $\vec{a}$ の大きさは $|\vec{a}|$ で表します（後述：444頁）ので

$$F = |\vec{F}|\ 、r = |\vec{r}|$$

です。これらを使って W を表すと

$$W = F\cos\theta \cdot r = |\vec{F}|\cos\theta \cdot |\vec{r}| = |\vec{F}||\vec{r}|\cos\theta$$

となりますが、ここに出てくる一番右の式は、ベクトルの掛け算に似た演算の1つである**内積**の定義式です（後述：465頁）。ベクトル $\vec{F}$ とベクトル $\vec{r}$ の内積は $\vec{F} \cdot \vec{r}$ と表記するので、

$$\vec{F} \cdot \vec{r} = |\vec{F}||\vec{r}|\cos\theta$$

であり、

$$W = \vec{F} \cdot \vec{r}$$

です。

電荷を持った粒子が磁場の中を通過すると、**ローレンツ力**という力を
受けます。いわゆる **「フレミングの左手の法則」** から、左手の中指、人差
し指、親指を下の図のように立てたとき、中指が荷電粒子の運動方向、人
差し指が磁場の方向、親指がローレンツ力の方向です。

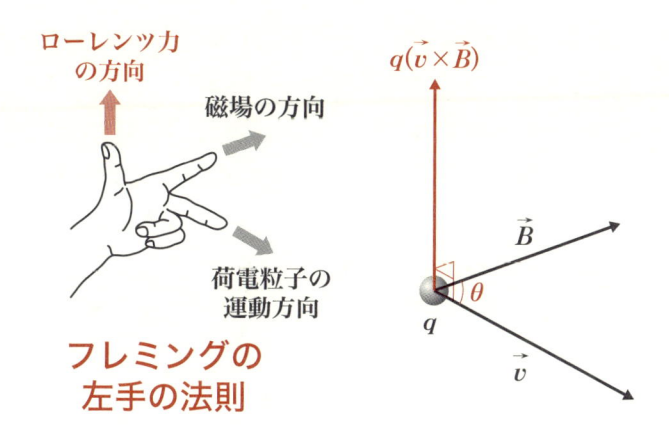

荷電粒子の電荷を q、速度を $\vec{v}$、磁場の方向と大きさを $\vec{B}$ で表すと、
ローレンツ力 $\vec{F}$ は、

$$\vec{F} = q(\vec{v} \times \vec{B})$$

と表されます。

右辺の「$\vec{v} \times \vec{B}$」をベクトル $\vec{v}$ とベクトル $\vec{B}$ の **外積** と言います。先ほ
どの内積は方向を持たないスカラー量ですが、外積は方向を持つベクトル
量です。$\vec{v} \times \vec{B}$ の方向はベクトル $\vec{v}$ とベクトル $\vec{B}$ の両方に垂直な上の図
の向きで、大きさはそれぞれのベクトルの大きさとなす角 θ を使って

$$|\vec{v} \times \vec{B}| = |\vec{v}||\vec{B}|\sin\theta$$

で定義されます。外積は高校数学の範囲外ですが、本書では軽く触れたいと思います（476頁）。

多次元量としてのベクトル

運動や力を記述するためには、大きさだけでなく方向も必要であることから、ベクトルが物理学に多く登場するのは当然のことと言えるでしょう。

私は、このコラムの冒頭に「矢印で表せるもの（方向と大きさを持つ量）」をベクトルと言う、と書きました。高校数学でも同様に習うと思います。しかし、**ベクトルには矢印以外のもう1つの顔があります**。それは、2つ以上の数の組で表される**多次元量**としての顔です。

これも後で詳述する通り、平面上のベクトルは始点を座標軸の原点に置いたときの終点の座標を使って

$$\vec{a} = (x_a,\ y_a)$$

のように表すことができます。これをベクトルの**成分表示**と言います（458頁）。高校数学では、ベクトルの成分はあくまで座標ですが、大学数学以降は必ずしもそうではありません。

たとえば、身長 [cm]、休重 [kg]、体脂肪率 [%] を並べて書いて

$$(175、65、15)$$

と3つの数字を組にして書いたものは、立派な3次元のベクトルです。同様に、英語、数学、国語、理科、社会の点数をまとめて書いた

$$(80、70、60、90、50)$$

は5次元のベクトルだと考えることができます。

　高校数学では平面（2次元）のベクトルを学んだ後、空間（3次元）の
ベクトルを学びますが、平面のベクトルをよく理解した人は、空間ベクト
ルについては、成分が一つ増えるだけで、新しく学ぶことがほとんどない
と感じることでしょう。この**次元を増やす際の容易さ**こそベクトルの醍醐
味であると私は思っています。

　高校数学で学ぶベクトルは、矢印としての側面が強調されていますので
特に物理を学ばない学生からは「なんでベクトルなんて必要なんだ」と思
われがちです。

　しかし、多次元量としてのベクトルの性質や演算方法を理解しておくこ
とは、**複数のベクトルを並べた数のまとまり**である**行列**を学ぶ上で欠くこ
とはできません。さらに、ベクトルと行列に関する理論をまとめた**線形代
数**は、現代数学には欠くことのできない基礎であると同時に、社会の中で
驚くほど広範囲に応用されています（線形代数については行列の節で説明
します）。

01 ベクトル（数B）

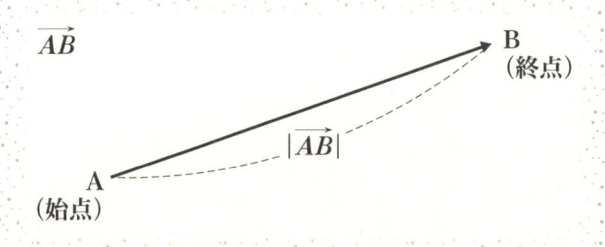

上の図のように、**点 A を始点、点 B を終点とする矢印で表されるベクトル**を、$\overrightarrow{AB}$ と表します。ベクトルは 1 つの文字と矢印を用いて、$\vec{a}$ のように表すこともあります。

また、$\overrightarrow{AB}$ を絶対値のような記号ではさんだ $\left|\overrightarrow{AB}\right|$ は $\overrightarrow{AB}$ の大きさを表します。もし線分 AB の長さが 3 なら、$\left|\overrightarrow{AB}\right| = 3$ です。

なお特に大きさが 1 であるベクトルのことを**単位ベクトル**と言います。

➤ ベクトルの相等〜向きも長さもぴったり重なる〜

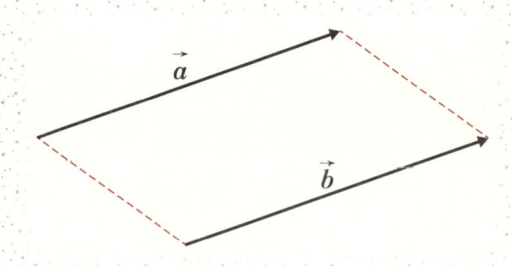

上の図のように、$\vec{a}$ と $\vec{b}$ の方向と大きさが同じであるとき、2 つのベクトルは**等しい**と言い、

$$\vec{a} = \vec{b}$$

と表します。「$\vec{a} = \vec{b}$」であることは、$\vec{a}$ と $\vec{b}$ が平行移動によってぴったり重なることを意味します。

　たとえば、1 つの教室にいる 40 人の生徒が黒板の方向に向けて（黒板と垂直になるように）長さ 3cm の矢印を手元のノートに書いたとすると、それぞれのノートに書かれた 40 本のベクトルは数学的にはすべて「等しい」と言えます。

➤ 逆ベクトルと零ベクトル

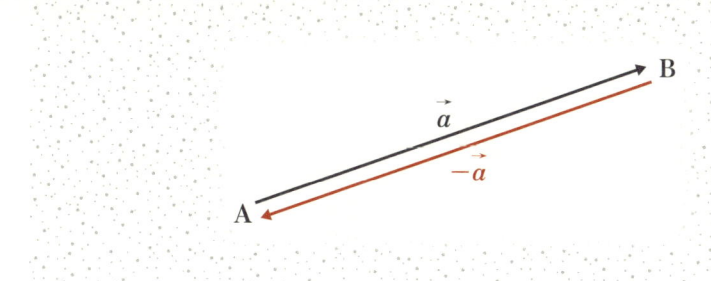

　ベクトル $\vec{a}$ と大きさが等しく、**向きが反対のベクトルを逆ベクトル**と言い、$-\vec{a}$ で表します。$\vec{a} = \overrightarrow{AB}$ なら $-\vec{a} = \overrightarrow{BA}$ です。

　また、始点と終点が一致するベクトルは**大きさ（長さ）が 0 のベクトル**と考えて、**零ベクトル**と言い、$\vec{0}$ と表します。$\overrightarrow{AA} = \vec{0}$ です。

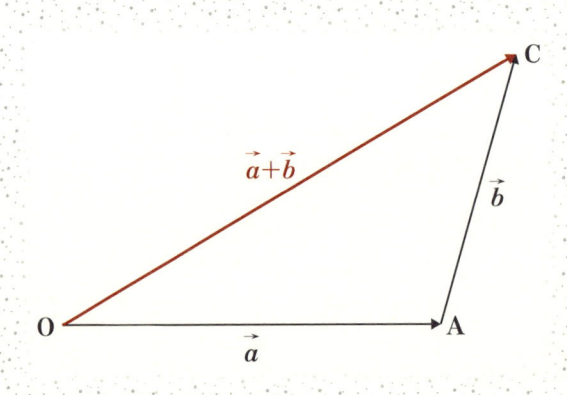

上の図のように、$\vec{a} = \overrightarrow{OA}$、$\vec{b} = \overrightarrow{AC}$ であるとき、$\vec{a}$ と $\vec{b}$ の和は、$\vec{a} + \vec{b} = \overrightarrow{OC}$ と定義します。すなわち

$$\overrightarrow{OA} + \overrightarrow{AC} = \overrightarrow{OC} \quad \cdots ☆$$

です。

> (注) ☆の定義で文字を入れ替えれば、たとえば「$\overrightarrow{PQ} + \overrightarrow{QR} = \overrightarrow{PR}$」なども成立します。この計算は（内容を理解した上で）
>
> $$\overrightarrow{PQ} + \overrightarrow{QR} = \overrightarrow{PR}$$
>
> のように、機械的に行えるようにしておくと便利です。

OからAへの移動とAからCへの移動を「足す」とOからCへの移動になると考えるのはごく自然なことなので、改めて言うまでもない、と感じる人もいるかもしれませんが、☆式は今後ベクトルを扱っていく上で大変重要なので留意しておいてください。

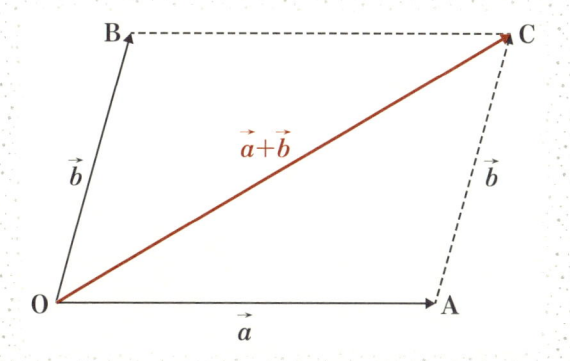

　また、上の図の平行四辺形 OACB において、$\overrightarrow{AC}$ と $\overrightarrow{OB}$ は平行移動によってぴったり重ねられる（平行四辺形の対辺は平行かつ長さが等しい）ので、

$$\overrightarrow{AC} = \overrightarrow{OB}$$

です。すなわち □OACB が平行四辺形であるとき、☆式より

$$\overrightarrow{OA} + \overrightarrow{OB} = \overrightarrow{OC}$$

です。このように $\vec{a}$ と $\vec{b}$ の和は、$\vec{a}$ と $\vec{b}$ の始点をそろえてできる平行四辺形の対角線と捉えることもできます。

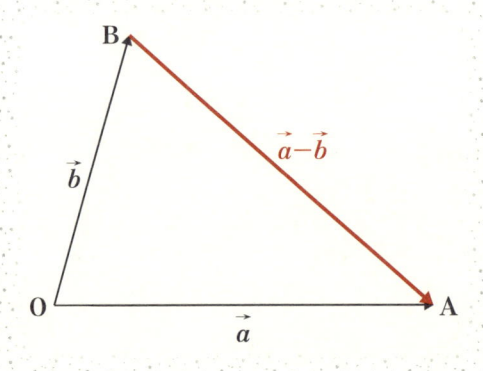

上の図のように、$\vec{a} = \overrightarrow{OA}$、$\vec{b} = \overrightarrow{OB}$ であるとき、ベクトルの加法の定義（☆式）より

$$\overrightarrow{OB} + \overrightarrow{BA} = \overrightarrow{OA} \qquad \boxed{\overrightarrow{OB} + \overrightarrow{BA} = \overrightarrow{OA}}$$
$$\Rightarrow \quad \vec{b} + \overrightarrow{BA} = \vec{a}$$

です。そこで（自然な成り行きとして）$\vec{a}$ と $\vec{b}$ の差は、$\vec{a} - \vec{b} = \overrightarrow{BA}$ と定義します。すなわち

$$\overrightarrow{OA} - \overrightarrow{OB} = \overrightarrow{BA} \quad \cdots ◎$$

です。

また、点 B の O に関する対称点を B′ とすると、逆ベクトルの定義より $-\vec{b} = \overrightarrow{OB'}$ なので、右頁の図より、

$$\vec{a} + (-\vec{b}) = \vec{a} - \vec{b}$$

が成り立つ〔$\vec{a} + (-\vec{b})$ と $\vec{a} - \vec{b}$ は平行移動するとぴったり重なる〕ことがわかります。

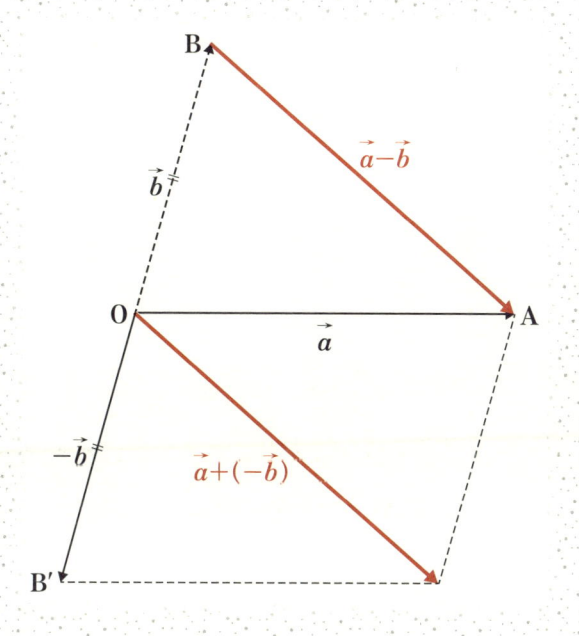

（注）　$\vec{a}$ と $-\vec{b}$ でつくられる平行四辺形の対角線が $\vec{a}+(-\vec{b})$

なお、前頁の◎式より

$$\overrightarrow{BA} = \overrightarrow{OA} - \overrightarrow{OB}$$
$$\Rightarrow \quad \overrightarrow{AB} = -\overrightarrow{BA}$$
$$= -(\overrightarrow{OA} - \overrightarrow{OB})$$
$$= \overrightarrow{OB} - \overrightarrow{OA}$$

O を X にすると

$$\overrightarrow{AB} = \overrightarrow{XB} - \overrightarrow{XA}$$

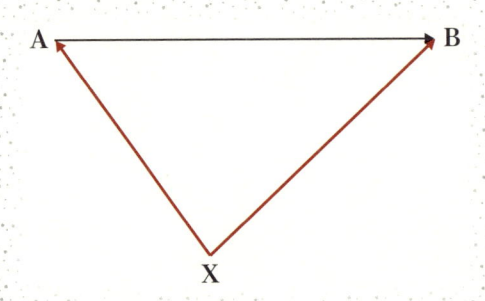

となります。

　実は、この式は A を始点とするベクトル（$\overrightarrow{AB}$）を始点が X の 2 つの ベクトル（$\overrightarrow{XA}$ と $\overrightarrow{XB}$）で表すための変換公式になっています。

　前に、「対数の計算をするときの一番大事なコツは底をそろえることです」と書きました（305 頁）が、ベクトルの計算における最大のコツは「始点をそろえること」です。この式はそのたの重要公式です。

【始点を変換する公式】

$$\overrightarrow{AB} = \overrightarrow{XB} - \overrightarrow{XA}$$

（注）　この変換も機械的に行えるようにしておきましょう。

$$\overrightarrow{AB} = \overrightarrow{XB} - \overrightarrow{XA}$$

任意の始点

例

$$\overrightarrow{PQ} = \overrightarrow{AQ} - \overrightarrow{AP}$$
$$\overrightarrow{ST} = \overrightarrow{OT} - \overrightarrow{OS}$$
$$\overrightarrow{MN} = \overrightarrow{ON} - \overrightarrow{OM}$$

➤ ベクトルの実数倍と平行条件

$\vec{0}$ でないベクトル $\vec{a}$ と実数 k に対して、$\vec{a}$ の k 倍 $k\vec{a}$ を次のように定めます。

（i）$k > 0$ の場合

$\vec{a}$ と向きが同じで、大きさが $|\vec{a}|$ の k 倍のベクトル

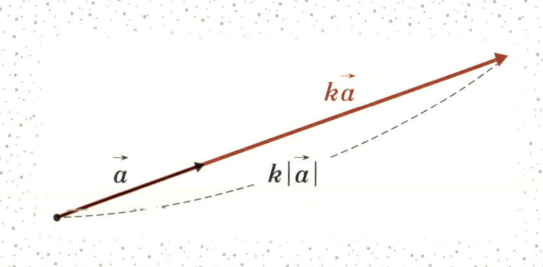

（ii）$k < 0$ の場合

$\vec{a}$ と向きが反対で、大きさが $|\vec{a}|$ の $|k|$ 倍のベクトル

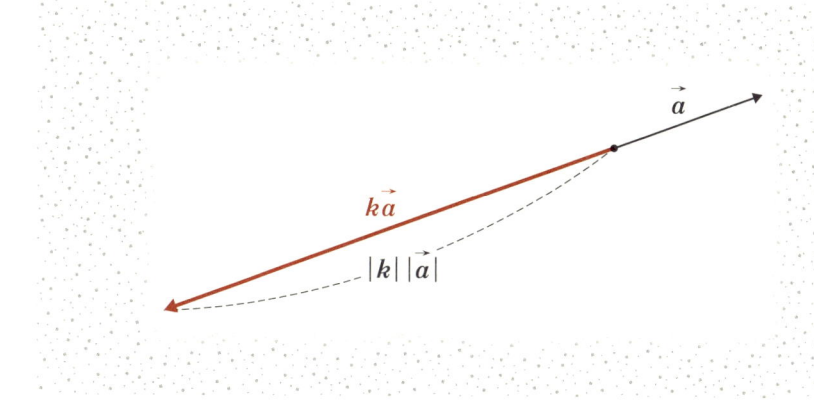

（iii）$k = 0$ の場合

零ベクトル

$$0\vec{a} = \vec{0}$$

（i）、（ii）よりベクトルの平行条件がわかります。

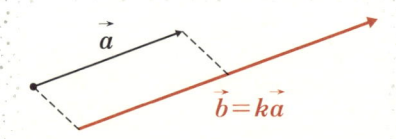

$\vec{0}$ でないベクトル $\vec{a}$ とベクトル $\vec{b}$ の間に

$$\vec{b} = k\vec{a} \ [k \neq 0]$$

が成り立つとき、$\vec{a}$ と $\vec{b}$ は同じ向きか、あるいは反対向きかのいずれか
になりますね。このとき、$\vec{a}$ と $\vec{b}$ は平行であると言い、

$$\vec{a} \mathbin{/\!/} \vec{b}$$

と書きます。

> **【ベクトルの平行条件】**
>
> $\vec{a} \neq 0$、$\vec{b} \neq 0$ のとき、0 でない実数 k に対して
> $$\vec{a} \mathbin{/\!/} \vec{b} \ \Leftrightarrow \ \vec{b} = k\vec{a}$$

➤ 最重要ポイントは、ベクトルの分解

　高校数学におけるベクトルの内容を大学で学ぶ数学につなげるという意味において、最も重要なのは、次の「ベクトルの分解」をしっかりと理解しておくことです。

【ベクトルの分解】

ベクトル $\vec{a}$ とベクトル $\vec{b}$ がともに $\vec{0}$ でなく、また互いに平行でないとき（$\vec{a} = \overrightarrow{OA}$、$\vec{b} = \overrightarrow{OB}$ とすると 3 点 OAB で三角形がつくれるとき）

平面上の任意のベクトル $\vec{p}$ は実数 s、t を用いて

$$\vec{p} = s\vec{a} + t\vec{b}$$

とただ 1 通りに表すことができる。

証明

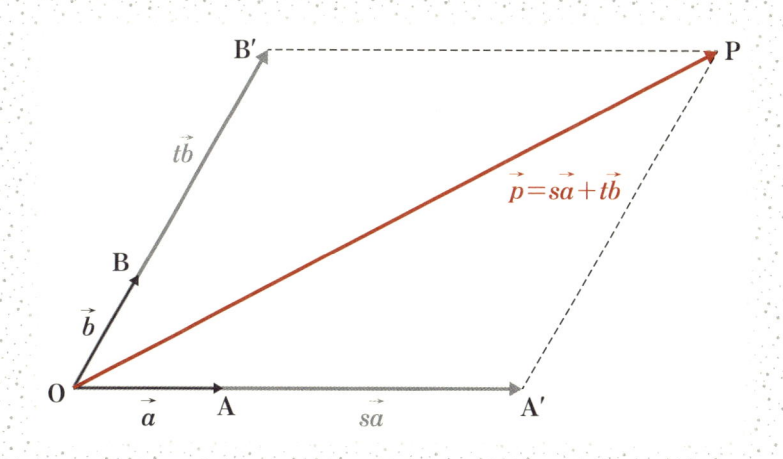

$\vec{a}$ と $\vec{b}$ がともに $\vec{0}$ でなく、また互いに平行でないとき、$\vec{a} = \overrightarrow{OA}$、$\vec{b} = \overrightarrow{OB}$、$\vec{p} = \overrightarrow{OP}$ とします。

点 P を通り直線 OA、OB と平行な直線と直線 OB、OA との交点をそれぞれ B′、A′ とすると OP は平行四辺形 OA′PB′ の対角線で

$$\overrightarrow{OP} = \overrightarrow{OA'} + \overrightarrow{OB'} \quad \cdots ①$$

です。また、O、A、A′ は一直線上にあり、同様に O、B、B′ も一直線上にあるので

$$\overrightarrow{OA'} = s\overrightarrow{OA} = s\vec{a} \quad \cdots ②$$
$$\overrightarrow{OB'} = t\overrightarrow{OB} = t\vec{b} \quad \cdots ③$$

を満たす実数 s、t がただ 1 組存在します。②、③ を ① に代入すれば

$$\overrightarrow{OP} = s\vec{a} + t\vec{b}$$

$\boxed{\text{証明終}}$

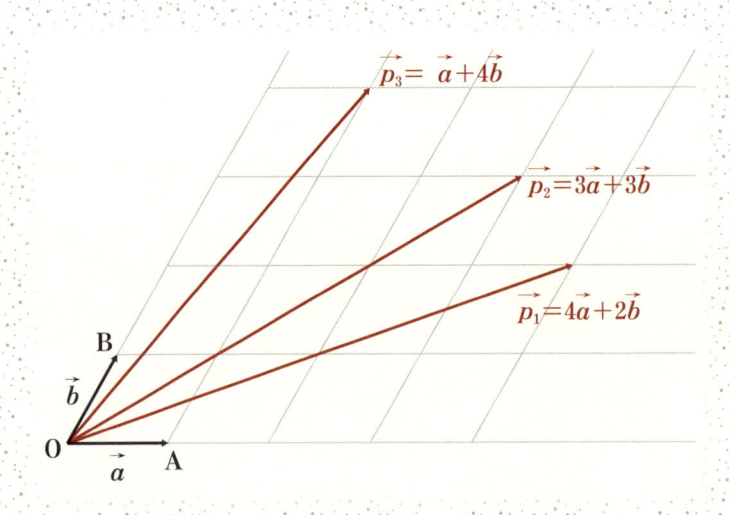

ベクトルの分解がどのように大学数学とつながるのかは、次節のコラム⑰で書きたいと思います。

　　ここでは、以上の理解を使って問題に挑戦してみましょう。

問題 33

> 　　三角形 OAB の内部に点 P があり、直線 AP と辺 OB の交点 Q は、辺 OB を $3:2$ に内分し、直線 BP と辺 OA の交点 R は、辺 OA を $4:3$ に内分する。このとき $\overrightarrow{OP}$ を $\overrightarrow{OA}$ と $\overrightarrow{OB}$ で表わせ。
>
> ［早稲田大学］

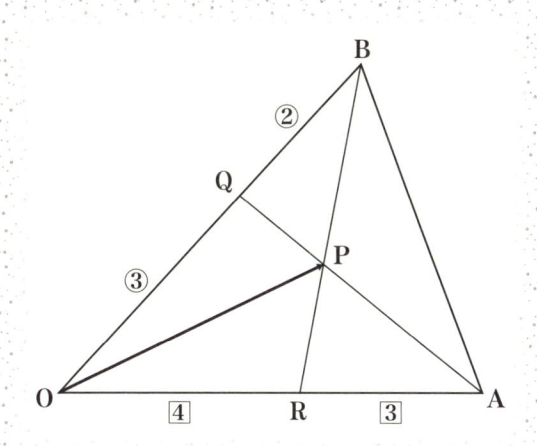

解説

　Pは AQ 上にあるので実数 k を用いて

$$\overrightarrow{AP} = k\overrightarrow{AQ}$$

と表せます。また Pは BR 上にもあるので実数 l を用いて

$$\overrightarrow{BP} = l\overrightarrow{BR}$$

となります。

　次にそれぞれの式で、始点を O にそろえます。

　$\overrightarrow{OA}$ と $\overrightarrow{OB}$ がともに $\overrightarrow{0}$ でなく、また互いに平行でないとき、任意の $\overrightarrow{OP}$ は $\overrightarrow{OA}$ と $\overrightarrow{OB}$ を使って1通りに表せることを使えば、k と l についての連立方程式が得られるので、これを解けば本問は解決です。

解答

　Pは AQ 上にあるので実数 k を用いて

$$\overrightarrow{AP} = k\overrightarrow{AQ} \quad \cdots ①$$

と表せます。また Pは BR 上にもあるので実数 l を用いて

$$\overrightarrow{BP} = l\overrightarrow{BR} \quad \cdots ②$$

です。

　始点を O にすると①より

$$\overrightarrow{AP} = k\overrightarrow{AQ}$$

> 始点を変換する公式 (450 頁)
> $$\overrightarrow{AB} = \overrightarrow{XB} - \overrightarrow{XA}$$

$$\Rightarrow \quad \overrightarrow{OP} - \overrightarrow{OA} = k(\overrightarrow{OQ} - \overrightarrow{OA})$$

$$\Rightarrow \quad \overrightarrow{OP} = \overrightarrow{OA} + k\overrightarrow{OQ} - k\overrightarrow{OA}$$

$$\Rightarrow \quad \overrightarrow{OP} = (1-k)\overrightarrow{OA} + k\overrightarrow{OQ}$$

$$\Rightarrow \quad \overrightarrow{OP} = (1-k)\overrightarrow{OA} + \frac{3}{5}k\overrightarrow{OB} \quad \cdots ③$$

> O、Q、B は一直線上で
> OQ:OB = 3:5
> $$\Rightarrow \quad \overrightarrow{OQ} = \frac{3}{5}\overrightarrow{OB}$$

同様に②より

$$\vec{BP} = l\vec{BR}$$

$$\Rightarrow \quad \vec{OP} - \vec{OB} = l(\vec{OR} - \vec{OB})$$

$$\Rightarrow \quad \vec{OP} = \vec{OB} + l\vec{OR} - l\vec{OB}$$

$$\Rightarrow \quad \vec{OP} = l\vec{OR} + (1-l)\vec{OB}$$

$$\Rightarrow \quad \vec{OP} = \frac{4}{7}l\vec{OA} + (1-l)\vec{OB} \quad \cdots④$$

O、R、A は一直線上で
OR : OA = 4 : 7
$\Rightarrow \quad \vec{OR} = \frac{4}{7}\vec{OA}$

今、$\vec{OA}$ と $\vec{OB}$ はともに $\vec{0}$ でなく、また互いに平行でもないので $\vec{OP}$ は $\vec{OA}$ と $\vec{OB}$ を使って1通りに表せます。よって、③と④より

$$1 - k = \frac{4}{7}l \quad \cdots⑤ \qquad \frac{3}{5}k = 1 - l \quad \cdots⑥$$

⑤より

$$k = 1 - \frac{4}{7}l$$

⑥に代入して

$$\frac{3}{5}\left(1 - \frac{4}{7}l\right) = 1 - l \quad \Rightarrow \quad \frac{3}{5} - \frac{12}{35}l = 1 - l$$

$$\Rightarrow \quad \left(1 - \frac{12}{35}\right)l = 1 - \frac{3}{5}$$

$$\Rightarrow \quad \frac{23}{35}l = \frac{2}{5}$$

$$\Rightarrow \quad l = \frac{2}{5} \times \frac{35}{23} = \frac{14}{23}$$

$\vec{OP}$ を求めるのが目的なので k と l のどちらかが求まれば十分です。

④に代入して

$$\vec{OP} = \frac{4}{7} \times \frac{14}{23}\vec{OA} + \left(1 - \frac{14}{23}\right)\vec{OB}$$

$$\Rightarrow \quad \vec{OP} = \frac{8}{23}\vec{OA} + \frac{9}{23}\vec{OB}$$

➤ ベクトルの成分〜始点を原点に重ねたときの座標〜

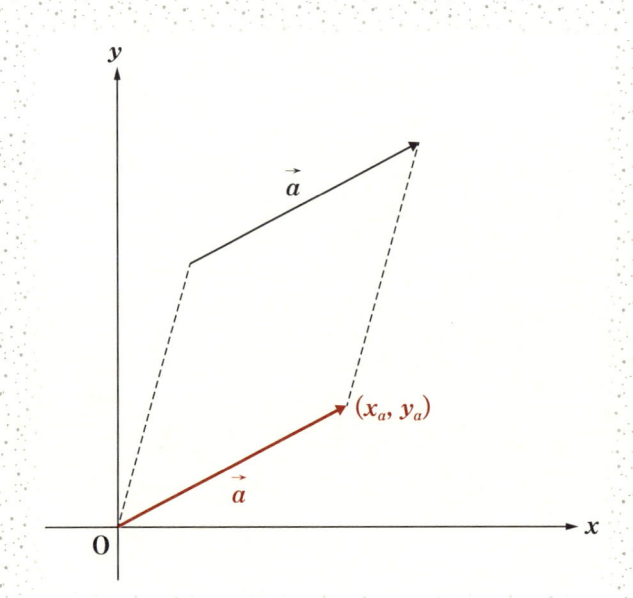

　座標平面上で、$\vec{a}$ を原点 0 に始点が重なるように平行移動したとき、その終点の座標を **$\vec{a}$ の成分**（x **座標が** x **成分**、y **座標が** y **成分**）と言い、

$$\vec{a} = (x_a,\ y_a)$$

のように表すことを、ベクトルの**成分表示**と言います。

> （注）　ベクトルの成分については次節のコラム⑰でもう少し詳しく触れたいと思います。

➤ 成分によるベクトルの演算

ベクトルの加法、減法、実数倍などの演算を、成分を用いて表してみましょう。

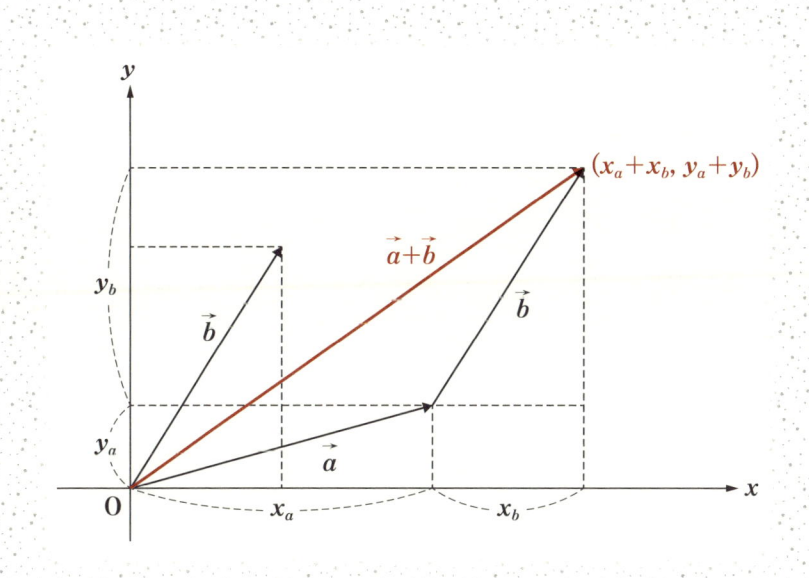

$$\vec{a} = (x_a, \ y_a), \ \ \vec{b} = (x_b, \ y_b)$$

とすると、上の図より

$$\vec{a} + \vec{b} = (x_a + x_b, \ y_a + y_b)$$

であることは明らか。よって、

$$\vec{a} + \vec{b} = (x_a, \ y_a) + (x_b, \ y_b) = (x_a + x_b, \ y_a + y_b) \quad \cdots ①$$

が成立します。

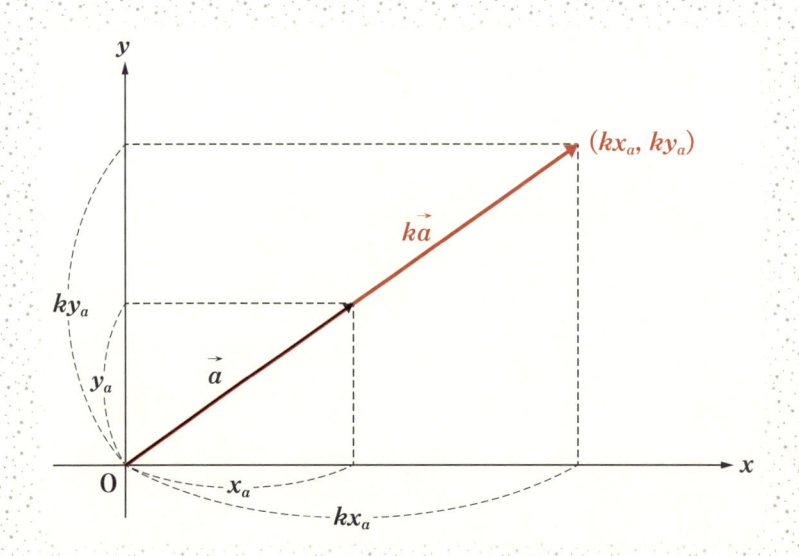

また実数 k に対して、

$$\vec{a} = (x_a, \ y_a)$$

であるとき、上の図から

$$k\vec{a} = (kx_a, \ ky_a)$$

となることは明らかなので

$$k\vec{a} = k(x_a, \ y_a) = (kx_a, \ ky_a) \quad \cdots ②$$

が成立します。

①と②をまとめておきましょう。

【成分によるベクトルの演算】

$\vec{a} = (x_a, y_a)$, $\vec{b} = (x_b, y_b)$ のとき、実数 k, l に対して次式が成立する。

$$k\vec{a} + l\vec{b} = k(x_a, y_a) + l(x_b, y_b)$$
$$= (kx_a + lx_b, ky_a + ly_b)$$

この式で $k = 1$, $l = -1$ とすれば、

$$\vec{a} - \vec{b} = (x_a,\ y_a) - (x_b,\ y_b) = (x_a - x_b,\ y_a - y_b)$$

が成立することもすぐに確かめられます。

恋のベクトルは
私におまかせ

➤ ベクトルの成分からその大きさ（長さ）を表す

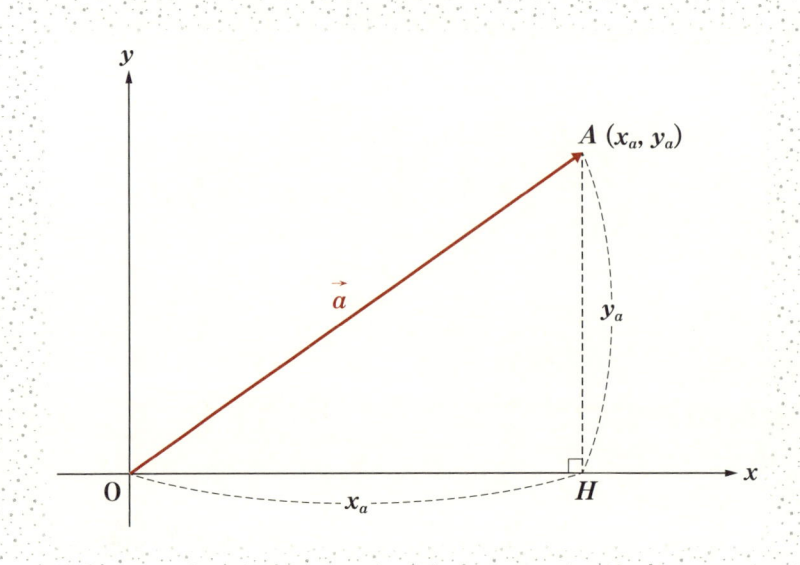

$$\vec{a} = (x_a,\ y_a)$$

であるとき、上の図から、三角 OAH は直角三角形なので三平方の定理
（115頁）より

$$OA^2 = OH^2 + AH^2 \ \Rightarrow\ |a|^2 = x_a{}^2 + y_a{}^2$$
$$\Rightarrow\ |\vec{a}| = \sqrt{x_a{}^2 + y_a{}^2}$$

> $|\vec{a}|$ は $\vec{a}$ の大きさ
> を表す

これを用いると

$$A\ (x_a,\ y_a),\ B\ (x_b,\ y_b)$$

であるとき、

$$\vec{AB} = \vec{OB} - \vec{OA}$$
$$= (x_b,\ y_b) - (x_a,\ y_a)$$
$$= (x_b - x_a,\ y_b - y_a)$$

$$\boxed{\vec{AB} = \vec{XB} - \vec{XA}}$$

なので、

$$\left|\vec{AB}\right| = \sqrt{(x_b - x_a)^2 + (y_b - y_a)^2}$$

となります。これは（もちろん）図形と方程式（114頁）で学んだ2点間の距離を求める公式と一致します。

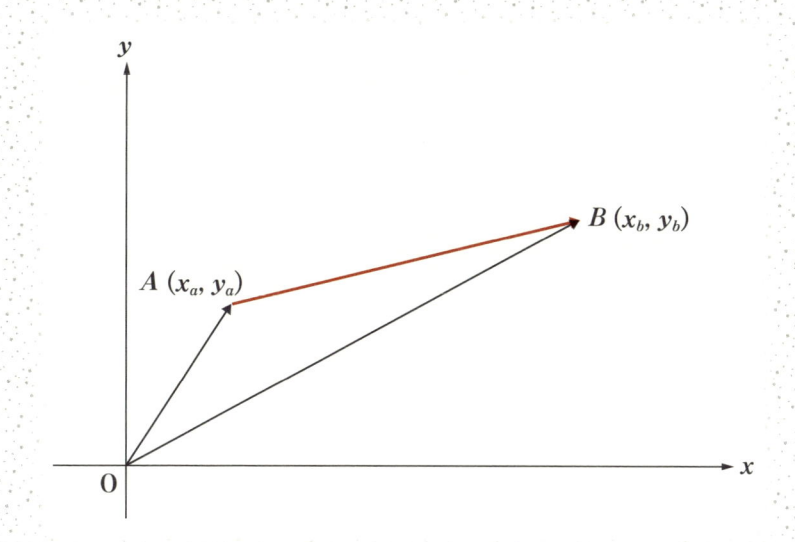

　ここからは、ベクトルの掛け算に似た演算を考えていきます。ただし、その定義は「直感的」ではありません。大きさだけでなく方向も持つ量どうしの「掛け算」をどう考えるかは、移動などを利用して理解することが難しいからです。

> （注）「掛け算」ではなく「掛け算に似た演算」とわざわざ呼ぶのは、後述（473頁）のように、一般の掛け算（乗法）では成立する「結合法則」が内積では成り立たないからです。

　ベクトルの掛け算に似た演算には2種類あります。ひとつを内積、もうひとつを外積と言います。高校で学ぶのは内積だけですが、本書では外積についてもあとで簡単に触れたいと思います。

　$\vec{a} = (x_a, y_a),\ \vec{b} = (x_b, y_b)$ のとき、各成分どうしの積すなわち

$$x_a x_b + y_a y_b$$

を、$\vec{a}$ と $\vec{b}$ の**内積**と言い、記号では

$$\vec{a} \cdot \vec{b}$$

と表します。

　たとえば、$\vec{a} = (1, 2),\ \vec{b} = (3, 4)$ ならば、

$$\vec{a} \cdot \vec{b} = 1 \times 3 + 2 \times 4 = 11$$

です。

　ベクトルの内積は、方向を持たない単なる数（スカラー）になります。つまりベクトルの内積はベクトルではありません。なお、ベクトルの内積における「・」は、「×」の省略記号ではないので注意してください。

あとで紹介しますが、$\vec{a} \times \vec{b}$ は外積を意味します。また、$\vec{a} \cdot \vec{b}$ を「$\vec{a}\vec{b}$」と表したり、$\vec{a} \cdot \vec{a}$ を「$\vec{a}^2$」と表したりすることは、（外積との区別がなくなってしまうので）許されません。

【内積の定義】

$\vec{a} = (x_a, y_a)$, $\vec{b} = (x_b, y_b)$ のとき、

$$\vec{a} \cdot \vec{b} = x_a x_b + y_a y_b$$

を $\vec{a}$ と $\vec{b}$ の内積と言う。

次に内積の図形的な意味を考えておきましょう。

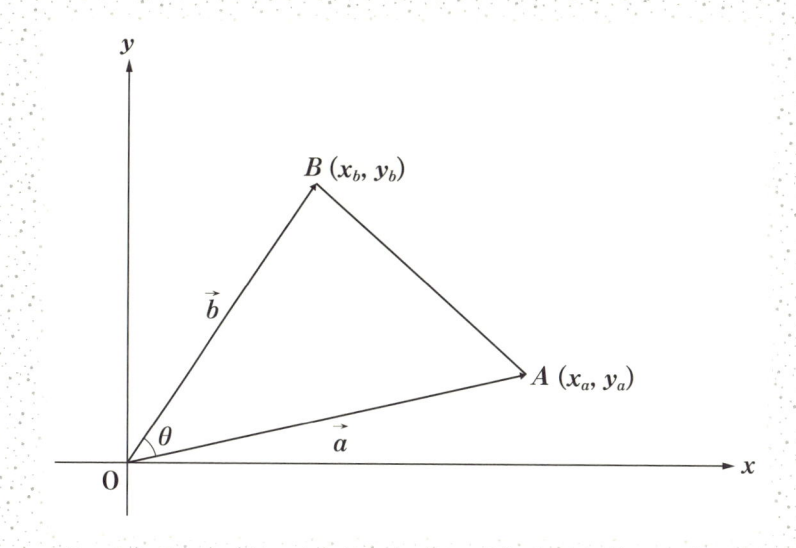

前頁図の三角形 OAB について、$\angle \text{AOB} = \theta$ とすると、余弦定理（51頁）より、

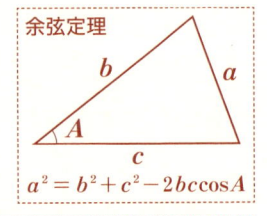

余弦定理

$$a^2 = b^2 + c^2 - 2bc\cos A$$

2点 A $(x_a, \ y_a)$、B $(x_b, \ y_b)$ 間の距離 AB
$$AB = \sqrt{(x_b - x_a)^2 + (y_b - y_a)^2}$$
原点 O と A $(x_a, \ y_a)$ の距離
$$OA = \sqrt{x_a{}^2 + y_a{}^2}$$

$$AB^2 = OA^2 + OB^2 - 2 \cdot OA \cdot OB\cos\theta$$

$$\Rightarrow \quad (x_b - x_a)^2 + (y_b - y_a)^2$$
$$= (x_a{}^2 + y_a{}^2) + (x_b{}^2 + y_b{}^2) - 2\sqrt{x_a{}^2 + y_a{}^2}\sqrt{x_b{}^2 + y_b{}^2}\cos\theta$$

$$\Rightarrow \quad x_b{}^2 - 2x_b x_a + x_a{}^2 + y_b{}^2 - 2y_b y_a + y_a{}^2$$
$$= x_a{}^2 + y_a{}^2 + x_b{}^2 + y_b{}^2 - 2\sqrt{x_a{}^2 + y_a{}^2}\sqrt{x_b{}^2 + y_b{}^2}\cos\theta$$

$$\Rightarrow \quad -2x_a x_b - 2y_a y_b = -2\sqrt{x_a{}^2 + y_a{}^2}\sqrt{x_b{}^2 + y_b{}^2}\cos\theta$$

$$\Rightarrow \quad x_a x_b + y_a y_b = \sqrt{x_a{}^2 + y_a{}^2}\sqrt{x_b{}^2 + y_b{}^2}\cos\theta$$

$$\Rightarrow \quad \vec{a} \cdot \vec{b} = |\vec{a}||\vec{b}|\cos\theta$$

$$x_a x_b + y_a y_b = \vec{a} \cdot \vec{b}$$
$$\sqrt{x_a{}^2 + y_a{}^2} = |\vec{a}|$$
$$\sqrt{x_b{}^2 + y_b{}^2} = |\vec{b}|$$

【内積の別表現】

$\vec{0}$ でない2つのベクトル $\vec{a}$ とベクトル $\vec{b}$ に対して、$\vec{a}$ と $\vec{b}$ のなす角を θ とすると、

$$\vec{a} \cdot \vec{b} = |\vec{a}||\vec{b}|\cos\theta$$

下の図のように、$\vec{0}$ でないベクトル $\vec{a}$ とベクトル $\vec{b}$ の始点を合わせて、$\vec{a}$ と $\vec{b}$ のなす角を θ とすると、

$$|\vec{b}|\cos\theta$$

は $\vec{a}$ の真上から光をあてたときの $\vec{b}$ の影の長さになっています。

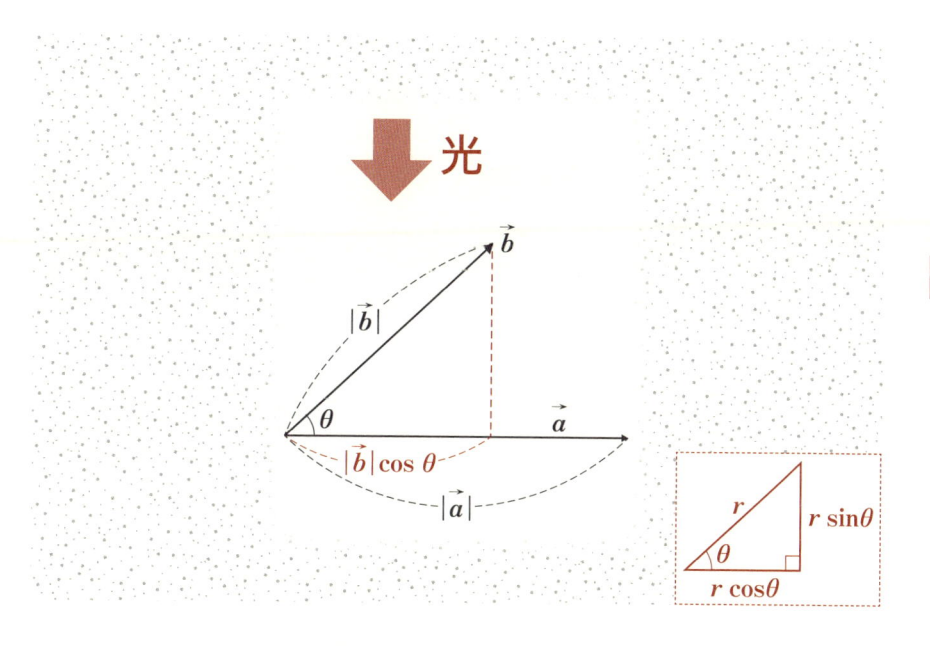

　一般に、物体に光をあてたときにできる影を**射影**と言い、スクリーンに垂直な光線による射影を**正射影**と言います。「$|\vec{b}|\cos\theta$」は $\vec{b}$ の $\vec{a}$ への正射影の長さです。

　すなわち、$\vec{a}$ と $\vec{b}$ の**内積**とは、「**$\vec{a}$ の長さ（$|\vec{a}|$）と $\vec{b}$ の $\vec{a}$ への正射影の長さ（$|\vec{b}|\cos\theta$）を掛け合わせたもの**」と捉えることができます。

特に、$\vec{a}$ と $\vec{b}$ のなす角 θ が $90°$ のとき、$\vec{a}$ と $\vec{b}$ は **垂直** であると言い、

$$\vec{a} \perp \vec{b}$$

と書きます。$\vec{a}$ と $\vec{b}$ が垂直であれば

$$\vec{a} \cdot \vec{b} = |\vec{a}||\vec{b}|\cos 90° = |\vec{a}| \times |\vec{b}| \times 0 = 0 \qquad \boxed{\cos 90° = 0}$$

なので、$\vec{a}$ と $\vec{b}$ の **内積は 0** です。この結果は、$\vec{a}$ と $\vec{b}$ のなす角が $90°$ の
とき、$\vec{b}$ の $\vec{a}$ への正射影の長さが 0 になることからもイメージがしやす
いでしょう。

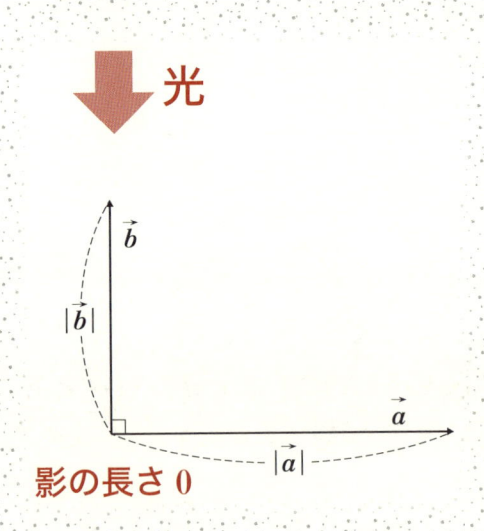

逆に、$|\vec{a}| \neq 0,\ |\vec{b}| \neq 0$ のとき

$$\vec{a} \cdot \vec{b} = 0 \quad \Rightarrow \quad |\vec{a}||\vec{b}|\cos\theta = 0 \quad \Rightarrow \quad \cos\theta = 0 \quad \Rightarrow \quad \theta = 90°$$

なので、$\vec{a}$ と $\vec{b}$ の内積が 0 であれば、$\vec{a}$ と $\vec{b}$ のなす角は $90°$。よって**内積が 0 であることと垂直であることは同値**です。

【ベクトルの垂直条件】

ベクトル $\vec{a}$ とベクトル $\vec{b}$ が $\vec{0}$ でないとき、

$$\vec{a} \perp \vec{b} \iff \vec{a} \cdot \vec{b} = 0$$

➤ n 次元ベクトルの大きさ、内積、なす角の定義（範囲外）

本書では大学以降の数学とのつながりを意識して、

$$\vec{a} = (x_a,\ y_a),\ \vec{b} = (x_b,\ y_b)$$

のとき成分どうしの積の和

$$\vec{a} \cdot \vec{b} = x_a x_b + y_a y_b$$

を内積の定義とし、余弦定理を使うことで

$$\vec{a} \cdot \vec{b} = |\vec{a}||\vec{b}|\cos\theta$$

を導きましたが、高校数学ではあべこべに「$\vec{a} \cdot \vec{b} = |\vec{a}||\vec{b}|\cos\theta$」を内積の定義とし、余弦定理を使って「$\vec{a} \cdot \vec{b} = x_a x_b + y_a y_b$」を導きます。なぜなら、「$\vec{a} \cdot \vec{b} = |\vec{a}||\vec{b}|\cos\theta$」のほうが、図的で理解がしやすいからです。

しかし、4 次元、5 次元、……、n 次元といった具体的な図を思いうかべることが困難な世界のベクトルを考える大学以降の数学では、2 つのベクトルの「なす角 θ」は見ることができません。そこで、大学以降の数学では**最初にベクトルの大きさと内積を成分で定義し、次に内積を使って角度を定義します**。

n 次元のベクトルについては高校数学の範囲外ですが、参考のために簡単に紹介しておきましょう。

$$\vec{a} = (a_1,\ a_2,\ a_3,\ \cdots,\ a_n),\ \vec{b} = (b_1,\ b_2,\ b_3,\ \cdots,\ b_n)$$

に対して、大きさ（長さ）と内積は次のように定義されます。

$$|\vec{a}| = \sqrt{a_1{}^2 + a_2{}^2 + a_3{}^2 + \cdots + a_n{}^2},\ |\vec{b}| = \sqrt{b_1{}^2 + b_2{}^2 + b_3{}^2 + \cdots + b_n{}^2}$$

$$\vec{a} \cdot \vec{b} = a_1 b_1 + a_2 b_2 + a_3 b_3 + \cdots + a_n b_n$$

そして、$\vec{a}$ と $\vec{b}$ が $\vec{0}$ でないとき、

$$\cos\theta = \frac{\vec{a} \cdot \vec{b}}{|\vec{a}||\vec{b}|}\ \ [0 \le \theta \le \pi]$$

で定められる角度 θ を「$\vec{a}$ と $\vec{b}$ のなす角」として定めます。

n 次元のベクトルに対しても、

$$\vec{a} \perp \vec{b}\ \ \Leftrightarrow\ \ \vec{a} \cdot \vec{b} = 0$$

は変わりません。

たとえば、

$$\vec{a} = (1,\ 0,\ 1,\ 0),\ \vec{b} = (0,\ 1,\ 0,\ 1)$$

のとき、

$$\vec{a} \cdot \vec{b} = 1 \times 0 + 0 \times 1 + 1 \times 0 + 0 \times 1 = 0$$

なので、$\vec{a} \perp \vec{b}$ です。

4次元のベクトルである $\vec{a}$ と $\vec{b}$ を図示することは容易ではありませんが、それらが「垂直」であることはこのように簡単にわかります。**高次元のベクトルであっても、その「なす角」を計算したり、「垂直」であるかどうかを調べたりするのは内積を使えば簡単**であることを覚えておいてください。

➤ **内積の性質とその証明**

ベクトルの内積については、次のことが成り立ちます。

【内積の性質】

(i) $\vec{a} \cdot \vec{b} = \vec{b} \cdot \vec{a}$

(ii) $(\vec{a} + \vec{b}) \cdot \vec{c} = \vec{a} \cdot \vec{c} + \vec{b} \cdot \vec{c}$

(iii) $(k\vec{a}) \cdot \vec{b} = \vec{a} \cdot (k\vec{b}) = k(\vec{a} \cdot \vec{b})$ [k は実数]

(iv) $\vec{a} \cdot \vec{a} = |\vec{a}|^2$

証明

以下、

$$\vec{a} = (x_a,\ y_a),\ \vec{b} = (x_b,\ y_b),\ \vec{c} = (x_c,\ y_c)$$

とします。

(i) 定義より

$$\vec{a} \cdot \vec{b} = x_a x_b + y_a y_b$$
$$\vec{b} \cdot \vec{a} = x_b x_a + y_b y_a = x_a x_b + y_a y_b$$
$$\Rightarrow\ \vec{a} \cdot \vec{b} = \vec{b} \cdot \vec{a}$$

> **内積の定義**
> $\vec{a} = (x_a,\ y_a),\ \vec{b} = (x_b,\ y_b)$ のとき、
> $\vec{a} \cdot \vec{b} = x_a x_b + y_a y_b$

(ii) 定義より

$$(\vec{a} + \vec{b}) \cdot \vec{c} = (x_a + x_b,\ y_a + y_b) \cdot (x_c,\ y_c)$$
$$= (x_a + x_b)x_c + (y_a + y_b)y_c$$
$$= x_a x_c + x_b x_c + y_a y_c + y_b y_c$$
$$\vec{a} \cdot \vec{c} + \vec{b} \cdot \vec{c} = (x_a,\ y_a) \cdot (x_c,\ y_c) + (x_b,\ y_b) \cdot (x_c,\ y_c)$$
$$= x_a x_c + y_a y_c + x_b x_c + y_b y_c$$

$$= x_a x_c + x_b x_c + y_a y_c + y_b y_c$$

$$\Rightarrow \quad (\vec{a}+\vec{b})\cdot\vec{c} = \vec{a}\cdot\vec{c} + \vec{b}\cdot\vec{c}$$

(iii) 定義より

$$(k\vec{a})\cdot\vec{b} = (kx_a,\ ky_a)\cdot(x_b,\ y_b)$$
$$= kx_a x_b + ky_a y_b$$
$$\vec{a}\cdot(k\vec{b}) = (x_a,\ y_a)\cdot(kx_b,\ ky_b)$$
$$= x_a kx_b + y_a ky_b$$
$$= kx_a x_b + ky_a y_b$$
$$k(\vec{a}\cdot\vec{b}) = k\{(x_a,\ y_a)\cdot(x_b,\ y_b)\}$$
$$= k(x_a x_b + y_a y_b)$$
$$= kx_a x_b + ky_a y_b$$

$$\Rightarrow \quad (k\vec{a})\cdot\vec{b} = \vec{a}\cdot(k\vec{b}) = k(\vec{a}\cdot\vec{b})$$

(iv) 定義より

$$\vec{a}\cdot\vec{a} = x_a x_a + y_a y_a$$
$$= x_a^2 + y_a^2$$
$$|\vec{a}|^2 = (\sqrt{x_a^2 + y_a^2})^2$$
$$= x_a^2 + y_a^2$$

$$\Rightarrow \quad \vec{a}\cdot\vec{a} = |\vec{a}|^2$$

$$\boxed{|\vec{a}| = \sqrt{x_a^2 + y_a^2}}$$

(注) (iii)より、$k(\vec{a}\cdot\vec{b})$ を単に $k\vec{a}\cdot\vec{b}$ と書きます。

(iv)$\vec{a}\cdot\vec{a}$ は、$\vec{a}$ と $\vec{a}$ の内積（同じベクトルどうしの内積）なので、なす角は $0°$ です。$\vec{a}\cdot\vec{b} = |\vec{a}||\vec{b}|\cos\theta$ より、

$$\vec{a}\cdot\vec{a} = |\vec{a}||\vec{a}|\cos 0° = |\vec{a}|\times|\vec{a}|\times 1 = |\vec{a}|^2 \qquad \boxed{\cos 0° = 1}$$

と考えることもできます。

一般の乗法（掛け算）においては

・$a \times b = b \times a$：交換法則

・$(a + b) \times c = a \times c + b \times c$：分配法則

・$a \times b \times c = a \times (b \times c) = (a \times b) \times c$：結合法則

が成立します。

　ベクトルの内積においても交換法則(i)と分配法則(ii)は成立しますが、**結合法則は成立しません**。なぜなら、464 頁でも述べた通り、2 つのベクトルの内積はスカラー（実数）で、$\vec{a} \cdot (\vec{b} \cdot \vec{c})$ や $(\vec{a} \cdot \vec{b}) \cdot \vec{c}$ は、ベクトルとスカラーの積を意味するため、これらを 3 つのベクトル量 $\vec{a}, \vec{b}, \vec{c}$ の内積と考えることはできないからです。

　ここまでを踏まえて問題に挑戦してみましょう。

問題 34

> 　$\triangle ABC$ において、$AB = 5$, $AC = 4$, $\angle BAC = 60°$ とする。頂点 A から辺 BC に下ろした垂線と BC との交点を H とするとき、$\overrightarrow{AH}$ を $\overrightarrow{AB}$ と $\overrightarrow{AC}$ で表わせ。
>
> 　　　　　　　　　　　　　　　　　　　　　[東京理科大学]

解説

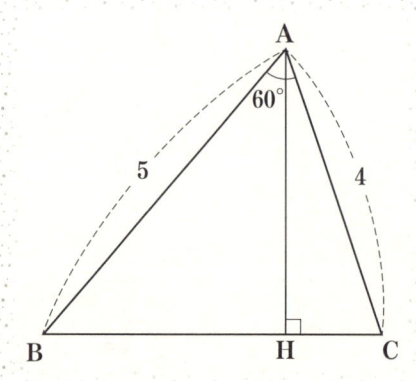

$\overrightarrow{AH} \perp \overrightarrow{BC}$ であることから、$\overrightarrow{AH} \cdot \overrightarrow{BC} = 0$ です。

また、H は BC 上にあるので実数 k を用いて

$$\overrightarrow{BH} = k\overrightarrow{BC}$$

と表せます。あとは始点を A にそろえれば解決です。

解答

$\overrightarrow{AH} \perp \overrightarrow{BC}$ なので、

$$\overrightarrow{AH} \cdot \overrightarrow{BC} = 0$$

始点を A にそろえて

$$\overrightarrow{AH} \cdot (\overrightarrow{AC} - \overrightarrow{AB}) = 0 \quad \cdots ①$$

また、H は BC 上にあるので

$$\overrightarrow{BH} = k\overrightarrow{BC}$$

こちらも始点を A にそろえると

$$\vec{a} \perp \vec{b} \iff \vec{a} \cdot \vec{b} = 0$$

$$\overrightarrow{AB} = \overrightarrow{XB} - \overrightarrow{XA}$$

$$\vec{a} /\!/ \vec{b} \iff \vec{b} = k\vec{a}$$

$$\overrightarrow{BH} = k\overrightarrow{BC}$$

$$\Rightarrow \quad \overrightarrow{AH} - \overrightarrow{AB} = k(\overrightarrow{AC} - \overrightarrow{AB})$$

$$\Rightarrow \quad \overrightarrow{AH} = \overrightarrow{AB} + k\overrightarrow{AC} - k\overrightarrow{AB}$$

$$\Rightarrow \quad \overrightarrow{AH} = (1-k)\overrightarrow{AB} + k\overrightarrow{AC} \quad \cdots ②$$

$$\boxed{\overrightarrow{AB} = \overrightarrow{XB} - \overrightarrow{XA}}$$

②を①に代入します。

$$\overrightarrow{AH} \cdot (\overrightarrow{AC} - \overrightarrow{AB}) = 0$$

$$\Rightarrow \quad \{(1-k)\overrightarrow{AB} + k\overrightarrow{AC}\} \cdot (\overrightarrow{AC} - \overrightarrow{AB}) = 0$$

(注) $(\vec{a}+\vec{b}) \cdot (\vec{c}+\vec{d})$ は以下のように考えられるので、文字式の $(a+b)(c+d)$ と同じように計算できます。

$$(\vec{a}+\vec{b}) \cdot (\vec{c}+\vec{d}) = \vec{a} \cdot (\vec{c}+\vec{d}) + \vec{b} \cdot (\vec{c}+\vec{d})$$

$$= (\vec{c}+\vec{d}) \cdot \vec{a} + (\vec{c}+\vec{d}) \cdot \vec{b}$$

$$= \vec{c} \cdot \vec{a} + \vec{d} \cdot \vec{a} + \vec{c} \cdot \vec{b} + \vec{d} \cdot \vec{b}$$

$$= \vec{a} \cdot \vec{c} + \vec{a} \cdot \vec{d} + \vec{b} \cdot \vec{c} + \vec{b} \cdot \vec{d}$$

$$\boxed{\begin{array}{l}(\vec{a}+\vec{b}) \cdot \vec{c} \\ = \vec{a} \cdot \vec{c} + \vec{b} \cdot \vec{c}\end{array}}$$

$$\boxed{\vec{a} \cdot \vec{b} = \vec{b} \cdot \vec{a}}$$

$$\Rightarrow \quad (1-k)\overrightarrow{AB} \cdot \overrightarrow{AC} + k\overrightarrow{AC} \cdot \overrightarrow{AC} - (1-k)\overrightarrow{AB} \cdot \overrightarrow{AB} - k\overrightarrow{AB} \cdot \overrightarrow{AC} = 0$$

$$\Rightarrow \quad (1-2k)\overrightarrow{AB} \cdot \overrightarrow{AC} + k\overrightarrow{AC} \cdot \overrightarrow{AC} - (1-k)\overrightarrow{AB} \cdot \overrightarrow{AB} = 0$$

$$\boxed{\vec{a} \cdot \vec{b} = |\vec{a}||\vec{b}|\cos\theta, \quad \vec{a} \cdot \vec{a} = |\vec{a}|^2}$$

$$\Rightarrow \quad (1-2k)|\overrightarrow{AB}||\overrightarrow{AC}|\cos 60° + k|\overrightarrow{AC}|^2 - (1-k)|\overrightarrow{AB}|^2 = 0$$

$$\Rightarrow \quad (1-2k) \times 5 \times 4 \times \frac{1}{2} + k \times 4^2 - (1-k) \times 5^2 = 0 \qquad \boxed{\cos 60° = \frac{1}{2}}$$

$$\Rightarrow \quad (1-2k) \times 10 + k \times 16 - (1-k) \times 25 = 0$$

$$\Rightarrow \quad 10 - 20k + 16k - 25 + 25k = 0$$

$$\Rightarrow \quad 21k - 15 = 0$$

$$\Rightarrow \quad k = \frac{15}{21} = \frac{5}{7}$$

②に代入して

$$\overrightarrow{AH} = \left(1 - \frac{5}{7}\right)\overrightarrow{AB} + \frac{5}{7}\overrightarrow{AC}$$

$$\Rightarrow \quad \overrightarrow{AH} = \frac{2}{7}\overrightarrow{AB} + \frac{5}{7}\overrightarrow{AC}$$

➤ ベクトルの外積（範囲外ながら、ざっくり紹介）

最後に、ベクトルのもう1つの掛け算に似た演算「**外積**」を紹介しておきます。

外積は基本的に3次元のベクトル（3つの成分を持つベクトル：空間ベクトル）どうしで行う演算です。

$$\vec{a} = (a_1,\ a_2,\ a_3),\ \ \vec{b} = (b_1,\ b_2,\ b_3)$$

のとき、外積は「$\vec{a} \times \vec{b}$」と表し

$$\vec{a} \times \vec{b} = (a_2 b_3 - a_3 b_2,\ a_3 b_1 - a_1 b_3,\ a_1 b_2 - a_2 b_1)$$

で定義されます。

外積 $\vec{a} \times \vec{b}$ の計算結果はベクトル量で次の方向と大きさを持ちます。

（i）$\vec{a} \times \vec{b}$ の方向：$\vec{a}$ と $\vec{b}$ の両方に垂直な方向

（ii）$\vec{a} \times \vec{b}$ の大きさ：$\vec{a}$ と $\vec{b}$ で作られる平行四辺形の面積

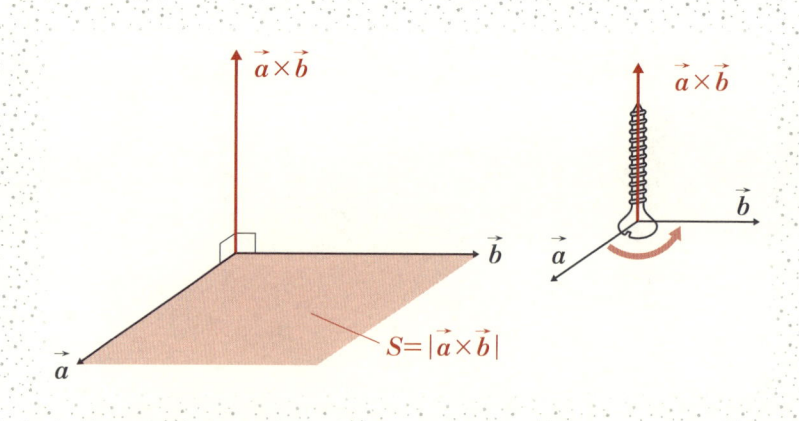

（注）「$\vec{a}$ と $\vec{b}$ の両方に垂直な方法」には2種類ありますが、$\vec{a} \times \vec{b}$ の方向は、$\vec{a}$ から $\vec{b}$ に向けて右ネジを回したときのネジの進む向きです。

内積と違って、外積の定義式は大変覚えづらいので、次のように書いて覚えましょう。

　まず、2 つのベクトルの成分を縦に並べて書きます。

$$\vec{a} = \begin{pmatrix} a_1 \\ a_2 \\ a_3 \end{pmatrix}, \ \vec{b} = \begin{pmatrix} b_1 \\ b_2 \\ b_3 \end{pmatrix}$$

　次に、一番上の行を一番下に加えてから、「たすき掛け」を繰り返していきます。

> （注）　成分を横に並べて書いたベクトルを**行ベクトル**、成分を縦に並べて書いたベクトルを**列ベクトル**と言います。大学以降ではベクトルは列ベクトルで表すのが一般的です。

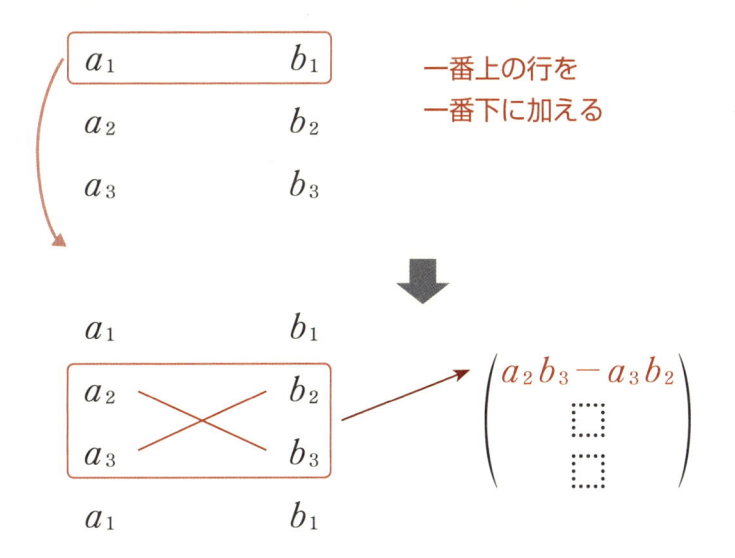

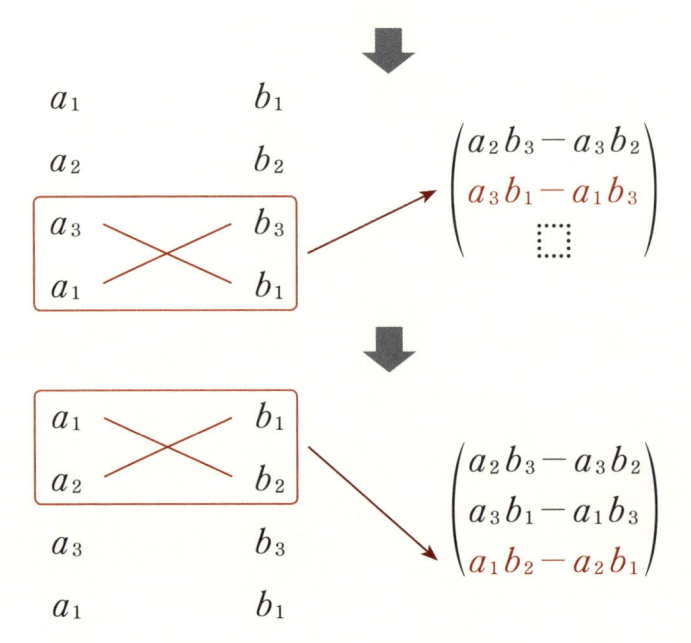

$$\vec{a} = \begin{pmatrix} 1 \\ 2 \\ 3 \end{pmatrix}, \ \vec{b} = \begin{pmatrix} 3 \\ 2 \\ 1 \end{pmatrix}$$

のとき、

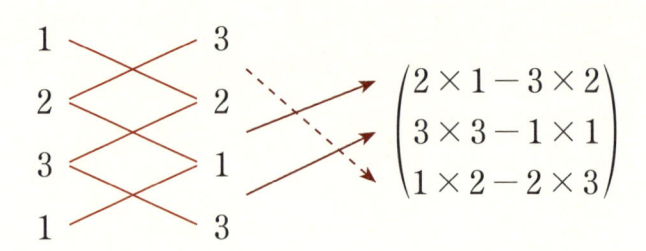

$$\begin{pmatrix} 2 \times 1 - 3 \times 2 \\ 3 \times 3 - 1 \times 1 \\ 1 \times 2 - 2 \times 3 \end{pmatrix}$$

このように計算して

$$\vec{a} \times \vec{b} = \begin{pmatrix} 2\times1-3\times2 \\ 3\times3-1\times1 \\ 1\times2-2\times3 \end{pmatrix} = \begin{pmatrix} -4 \\ 8 \\ -4 \end{pmatrix} \quad \cdots ①$$

と求まります。

　この結果が476頁の2つの性質

(ⅰ) $\vec{a} \times \vec{b}$ の方向：$\vec{a}$ と $\vec{b}$ の両方に垂直な方向

(ⅱ) $\vec{a} \times \vec{b}$ の大きさ：$\vec{a}$ と $\vec{b}$ で作られる平行四辺形の面積

を満たすかどうか確かめておきましょう。

(ⅰ)　内積を計算します（470頁）。

$$\vec{a} \cdot (\vec{a} \times \vec{b}) = \begin{pmatrix} 1 \\ 2 \\ 3 \end{pmatrix} \cdot \begin{pmatrix} -4 \\ 8 \\ -4 \end{pmatrix}$$

$$= 1\times(-4)+2\times8+3\times(-4)$$

$$= -4+16-12$$

$$= 0$$

$$\vec{b} \cdot (\vec{a} \times \vec{b}) = \begin{pmatrix} 3 \\ 2 \\ 1 \end{pmatrix} \cdot \begin{pmatrix} -4 \\ 8 \\ -4 \end{pmatrix}$$

$$= 3\times(-4)+2\times8+1\times(-4)$$

$$= -12+16-4$$

$$= 0$$

$$\vec{a} = \begin{pmatrix} a_1 \\ a_2 \\ a_3 \end{pmatrix}, \quad \vec{b} = \begin{pmatrix} b_1 \\ b_2 \\ b_3 \end{pmatrix}$$

のとき

$$\vec{a} \cdot \vec{b} = \begin{pmatrix} a_1 \\ a_2 \\ a_3 \end{pmatrix} \cdot \begin{pmatrix} b_1 \\ b_2 \\ b_3 \end{pmatrix}$$

$$= a_1 b_1 + a_2 b_2 + a_3 b_3$$

$$\vec{a} \cdot \vec{b} = 0 \quad \Leftrightarrow \quad \vec{a} \perp \vec{b}$$

　$\vec{a}$ との内積も $\vec{b}$ との内積も0になるので、$\vec{a} \times \vec{b}$ は $\vec{a}$ とも $\vec{b}$ とも垂直です。

(ii)

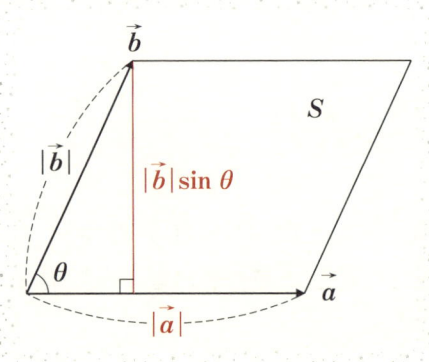

　一般に、$\vec{a}$ と $\vec{b}$ で作られる平行四辺形の面積 S は上の図から

$$S = |\vec{a}||\vec{b}|\sin\theta \quad \cdots ②$$

で求められます。

　今、

$$\vec{a} = \begin{pmatrix} 1 \\ 2 \\ 3 \end{pmatrix}, \quad \vec{b} = \begin{pmatrix} 3 \\ 2 \\ 1 \end{pmatrix}$$

なので、

$$|\vec{a}| = \sqrt{1^2 + 2^2 + 3^2} = \sqrt{14} \qquad \cdots ③$$

$$|\vec{b}| = \sqrt{3^2 + 2^2 + 1^2} = \sqrt{14} \qquad \cdots ④$$

$$\vec{a} \cdot \vec{b} = 1 \times 3 + 2 \times 2 + 3 \times 1 = 10 \quad \cdots ⑤$$

470頁より

$$\cos\theta = \frac{\vec{a} \cdot \vec{b}}{|\vec{a}||\vec{b}|}$$

　③、④、⑤を代入して

$$\vec{a} = \begin{pmatrix} a_1 \\ a_2 \\ a_3 \end{pmatrix} \text{のとき}$$

$$|\vec{a}| = \sqrt{a_1{}^2 + a_2{}^2 + a_3{}^2}$$

$$\cos\theta = \frac{\vec{a} \cdot \vec{b}}{|\vec{a}||\vec{b}|}$$

$$= \frac{10}{\sqrt{14} \times \sqrt{14}} = \frac{10}{14} = \frac{5}{7}$$

$$\sin\theta = \sqrt{1 - \cos^2\theta}$$

$$= \sqrt{1 - \left(\frac{5}{7}\right)^2}$$

$$= \sqrt{1 - \frac{25}{49}} = \sqrt{\frac{24}{49}} = \frac{2\sqrt{6}}{7} \quad \cdots ⑥$$

$\cos^2\theta + \sin^2\theta = 1$

$\Rightarrow \quad \sin^2\theta = 1 - \cos^2\theta$

$0 \leq \theta \leq 180°$ のとき

$\sin \geq 0$ なので

$\sin\theta = \sqrt{1 - \cos^2\theta}$

③、④、⑥を②に代入します。

$$S = |\vec{a}||\vec{b}|\sin\theta = \sqrt{14} \times \sqrt{14} \times \frac{2\sqrt{6}}{7} = 14 \times \frac{2\sqrt{6}}{7} = 4\sqrt{6}$$

ところで、①より

$$\vec{a} \times \vec{b} = \begin{pmatrix} -4 \\ 8 \\ -4 \end{pmatrix}$$

でしたから、

$$|\vec{a} \times \vec{b}| = \sqrt{(-4)^2 + 8^2 + (-4)^2} = \sqrt{16 + 64 + 16} = \sqrt{96} = 4\sqrt{6}$$

です。確かに

$$|\vec{a} \times \vec{b}| = S = |\vec{a}||\vec{b}|\sin\theta$$

が成立しています（S は $\vec{a}$ と $\vec{b}$ でつくられる平行四辺形の面積）。

（注）　外積は 3 次元以外のベクトルでも計算できる場合がありますが、かなり複雑になります。ご興味のある方は、「外積」と「四元数」で調べてみてください。

ベクトルの「成分」と基底の取り換え

前節で、2 次元（平面）のベクトルについて、「$\vec{a}$ を原点 0 に始点が重なるように平行移動したとき、その終点の座標を $\vec{a}$ の成分と言い、

$$\vec{a} = (x_a, \ y_a)$$

のように表す」と説明しました（458 頁）。

3 次元（空間）のベクトルについても、下の図のように空間の点 A を通り、x 軸、y 軸、z 軸に垂直な 3 つの平面が、それぞれの軸と交わる点の座標を $x_a, \ y_a, \ z_a$ とすれば、原点 O を始点とし点 A を終点とするベクトルの成分を

$$\vec{a} = (x_a, \ y_a, \ z_a)$$

と定めることができます。

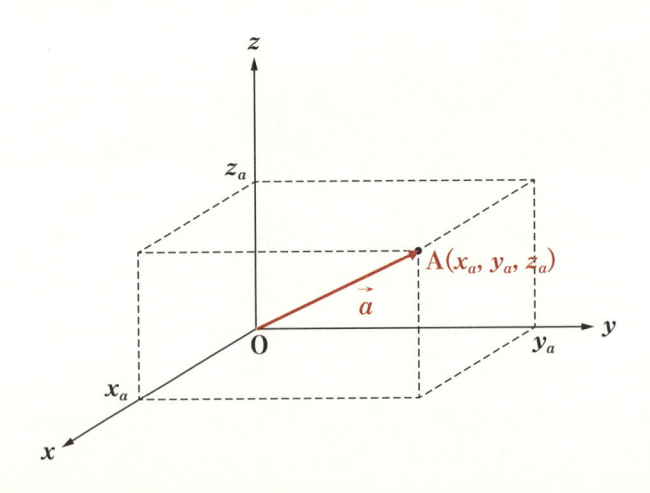

成分についての理解は、高校数学の範囲ではこれで問題ないのですが、前コラム⑯でお話ししたように、矢印ではなく**多次元量としてベクトルを捉える**には、もう少し丁寧な定義を与えておく必要があります。

　話を 2 次元に戻しましょう。

　今、xy 平面上の原点を O とし、$\vec{a} = \overrightarrow{OA}$ になるような任意の点 A の座標を $(x_a,\ y_a)$ とします。また、x 軸上に点 $E_1\ (1,\ 0)$、y 軸上に $E_2\ (0,\ 1)$ をとり、$\vec{e_1} = \overrightarrow{OE_1}$、$\vec{e_2} = \overrightarrow{OE_2}$ とします（この $\vec{e_1}$、$\vec{e_2}$ を**基本ベクトル**と言います）。

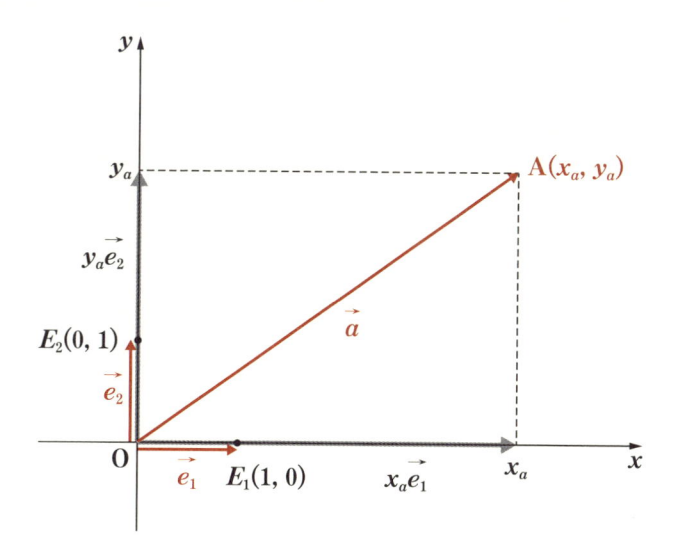

　すると、上の図から $\vec{a}$ は、$\vec{e_1}$ と $\vec{e_2}$ を使って

$$\vec{a} = x_a\,\vec{e_1} + y_a\,\vec{e_2}$$

と「分解」することができます。

(注) 「ベクトルの分解」については 453 頁を参照してください。

このとき、

$$x_a \text{ を } \vec{a} \text{ の } \vec{e_1} \text{ 成分 } (x \text{ 成分})$$
$$y_a \text{ を } \vec{a} \text{ の } \vec{e_2} \text{ 成分 } (y \text{ 成分})$$

と言い、この成分を並べて書いた

$$\vec{a} = \begin{pmatrix} x_a \\ y_a \end{pmatrix}$$

を、$\vec{a}$ の**成分表示**と言うことにします。

特に、

$$\vec{e_1} = \mathbf{1} \cdot \vec{e_1} + \mathbf{0} \cdot \vec{e_2}$$
$$\vec{e_2} = \mathbf{0} \cdot \vec{e_1} + \mathbf{1} \cdot \vec{e_2}$$

なので、2 次元の基本ベクトルを成分表示すれば

$$\vec{e_1} = \begin{pmatrix} 1 \\ 0 \end{pmatrix}, \quad \vec{e_2} = \begin{pmatrix} 0 \\ 1 \end{pmatrix}$$

です。

(注) ここで、$\vec{a}$ や $\vec{e_1}$, $\vec{e_2}$ を列ベクトル（成分を縦に並べた形）で表しているのは、大学数学以降の雰囲気を出すためで、それ以上の意味はありません。

ベクトルの成分表示とは結局、任意のベクトルを基本ベクトルで分解（483 頁）したときの、各基本ベクトルの前の係数の組合せです。

同様に、3次元の場合は、x軸上に点 E_1 $(1, 0, 0)$、y軸上に E_2 $(0, 1, 0)$、z軸上に E_2 $(0, 0, 1)$ をとり、$\vec{e_1} = \overrightarrow{OE_1}$、$\vec{e_2} = \overrightarrow{OE_2}$、$\vec{e_3} = \overrightarrow{OE_3}$ とすれば、原点 O を始点とし A (x_a, y_a, z_a) を終点とするベクトル $\vec{a}$ は、

$$\vec{a} = x_a \vec{e_1} + y_a \vec{e_2} + z_a \vec{e_3}$$

と表すことができますから、$\vec{a}$ の成分表示は

$$\vec{a} = \begin{pmatrix} x_a \\ y_a \\ z_a \end{pmatrix}$$

となります。このとき

$$\vec{e_1} = \begin{pmatrix} 1 \\ 0 \\ 0 \end{pmatrix}, \quad \vec{e_2} = \begin{pmatrix} 0 \\ 1 \\ 0 \end{pmatrix}, \quad \vec{e_3} = \begin{pmatrix} 0 \\ 0 \\ 1 \end{pmatrix}$$

です。

　すぐにわかるように、2次元のベクトルは2つの成分、3次元のベクトルは3つの成分を持ちます。同じように考えて、4次元のベクトルは（座標軸を使って書くことはできませんが）4つの成分を持つと考えるのは自然なことでしょう。そこで、

n 次元のベクトル＝ n 個の成分を持つベクトル

と定義することにします。

　すなわち、$\vec{a}$ が n 次元のベクトルであれば

$$\vec{a} = \begin{pmatrix} a_1 \\ a_2 \\ \vdots \\ a_n \end{pmatrix}$$

です。このとき、$\vec{a}$ は n 個の基本ベクトル

$$\overrightarrow{e_1}=\begin{pmatrix}1\\0\\\vdots\\0\end{pmatrix},\ \ \overrightarrow{e_2}=\begin{pmatrix}0\\1\\\vdots\\0\end{pmatrix},\ \ \cdots\cdots\ \overrightarrow{e_n}=\begin{pmatrix}0\\\vdots\\0\\1\end{pmatrix}$$

を使って、

$$\overrightarrow{a}=a_1\overrightarrow{e_1}+a_2\overrightarrow{e_2}+\cdots\cdots+a_n\overrightarrow{e_n}$$

と表せます。

基底の取り換えと斜交座標系

ところで、たとえば

$$\overrightarrow{p}=\begin{pmatrix}7\\8\end{pmatrix}$$

のとき、

$$\begin{pmatrix}7\\8\end{pmatrix}=7\begin{pmatrix}1\\0\end{pmatrix}+8\begin{pmatrix}0\\1\end{pmatrix}\ \Rightarrow\ \overrightarrow{p}=7\overrightarrow{e_1}+8\overrightarrow{e_2}$$

ですが、

$$\overrightarrow{a}=\begin{pmatrix}2\\1\end{pmatrix},\ \ \overrightarrow{b}=\begin{pmatrix}1\\2\end{pmatrix}$$

とすれば、

$$\begin{pmatrix}7\\8\end{pmatrix}=2\begin{pmatrix}2\\1\end{pmatrix}+3\begin{pmatrix}1\\2\end{pmatrix}\ \Rightarrow\ \overrightarrow{p}=2\overrightarrow{a}+3\overrightarrow{b}$$

と書くこともできます。

　これは、$\overrightarrow{e_1}$ と $\overrightarrow{e_2}$ を基準とする座標系の代わりに、$\overrightarrow{a}$ と $\overrightarrow{b}$ を基準とする座標系でも $\overrightarrow{p}$ が表せることを意味します。一般に、基準となるベクトルを差し替えることを「基底の取り換え」と言います。

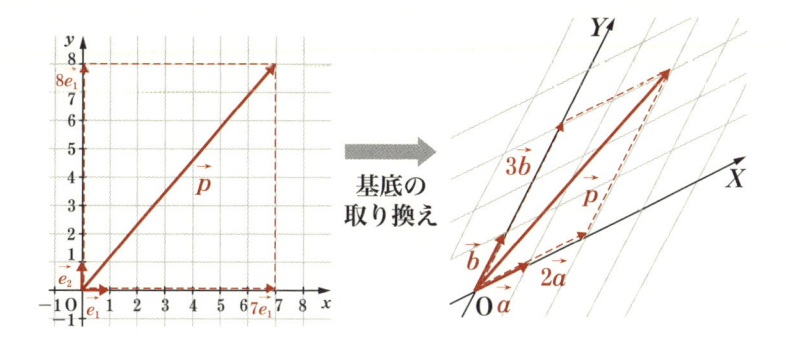

　中学以来、お馴染みの直交座標系（デカルト座標系）は、$\vec{e_1}$ と $\vec{e_2}$ を基準とする座標系です。一方、上の $\vec{a}$ と $\vec{b}$ のようになす角が $90°$ でないベクトルを基準とする座標系を**斜交座標系**と言います。

02 行列 (旧課程・数C)

　現行の指導要領の内容が発表されたとき、私にとって（「統計」が必須単元に加わったこと以上に）一番驚きだったのは「行列」が高校数学から消えたことです。代わりに複素数平面が入ったことで一応の納得はしたものの、高校数学から線形代数 (linear algebra) の香りがほとんどなくなってしまったことは残念でした（本書「はじめに」のあとの図（ⅴ頁）にも示した通り、行列は線形代数のベースになります）。

　大学以降の数学において線形代数は、礎石を担うという意味でも、また汎用性の高さから言っても、微分積分と双璧をなしています。特に多変数を扱う分野は、線形代数なしに論を進めることはできないと言っても過言ではないでしょう。

　線形代数の「線形」は "linear" の訳語で、平たく言えば**「直線の」**という意味です。一方、「代数（学）」というのは、「数の代わりに文字を使って『方程式』を解くための方法、およびそこから発展した数学全般」のことでしたね（60頁）。よって、線形代数は**「直線の方程式を扱う数学」**と言い換えることができます。

➤ 行列の導入〜その表記法から〜

　xy 平面上において直線の方程式は、

$$ax + by = c \quad (a,\ b,\ c \text{は定数})$$

という x と y についての1次式で表されることから、**「1次方程式を扱う数学」**全般が線形代数の範疇に入ります。

　たとえば、

$$\begin{cases} x + 2y = 5 \\ 3x + 4y = 11 \end{cases}$$

という連立方程式を線形代数では係数（1, 2, 3, 4）と未知数（$x,\ y$）を

分離して

$$\begin{pmatrix} 1 & 2 \\ 3 & 4 \end{pmatrix}\begin{pmatrix} x \\ y \end{pmatrix} = \begin{pmatrix} 5 \\ 11 \end{pmatrix}$$

と書きます。

$$\begin{cases} 3x + 4y + 5z = 8 \\ 2x + \ y - \ z = 1 \\ \qquad 3y + \ z = 1 \end{cases}$$

なら、

$$\begin{pmatrix} 3 & 4 & 5 \\ 2 & 1 & -1 \\ 0 & 3 & 1 \end{pmatrix}\begin{pmatrix} x \\ y \\ z \end{pmatrix} = \begin{pmatrix} 8 \\ 1 \\ 1 \end{pmatrix}$$

です。

$$\begin{pmatrix} 1 & 2 \\ 3 & 4 \end{pmatrix} や \begin{pmatrix} x \\ y \end{pmatrix} や \begin{pmatrix} 3 & 4 & 5 \\ 2 & 1 & -1 \\ 0 & 3 & 1 \end{pmatrix} や \begin{pmatrix} 8 \\ 1 \\ 1 \end{pmatrix}$$

のように、数を長方形状に並べたものを行列（**matrix**）と言います。

> （注）"matrix" は本来、鋳物を鋳造するときに、溶かした金属を注ぎ入れる型
> （鋳型）を意味します。数を決まった「型」に入れていくと行列になること
> からこの名が付いたのでしょう。

　一般に、自然数 m、n に対して m 個の行と n 個の列からなる行列を **m 行 n 列の行列**、あるいは単に **$m \times n$（の）行列** と言います（本書では後者を使います）。

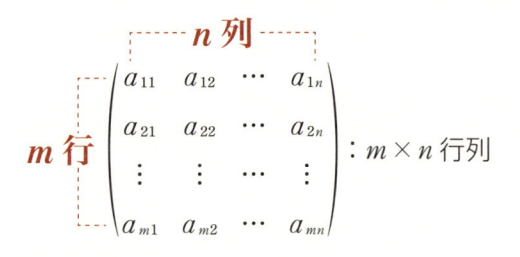

$$\begin{pmatrix} a_{11} & a_{12} & \cdots & a_{1n} \\ a_{21} & a_{22} & \cdots & a_{2n} \\ \vdots & \vdots & \cdots & \vdots \\ a_{m1} & a_{m2} & \cdots & a_{mn} \end{pmatrix} : m \times n \text{ 行列}$$

例

$$\begin{pmatrix} 1 & 2 \\ 3 & 4 \end{pmatrix} : 2 \times 2 \text{ 行列、} \quad \begin{pmatrix} x \\ y \end{pmatrix} : 2 \times 1 \text{ 行列、} \quad \begin{pmatrix} 3 & 4 & 5 \\ 2 & 1 & -1 \\ 0 & 3 & 1 \end{pmatrix} : 3 \times 3 \text{ 行列}$$

（注）　m 個の成分を縦に並べた列ベクトル（477 頁）は、$m \times 1$ 行列、n 個の成分を横に並べて書いた行ベクトル（477 頁）は $1 \times n$ 行列です。

$$\text{例）} \quad \vec{a} = \begin{pmatrix} 1 \\ 2 \\ 3 \end{pmatrix} : 3 \times 1 \text{ 行列、} \quad \vec{b} = (5 \quad 6) : 1 \times 2 \text{ 行列}$$

　並べられた数のそれぞれを**成分**と言い、第 i 行の第 j 列にある成分を $(i,\ j)$ **成分**と言います。

例

$\begin{pmatrix} a & b \\ c & d \end{pmatrix}$ の場合

$$a : (1,\ 1) \text{ 成分} \qquad b : (1,\ 2) \text{ 成分}$$
$$c : (2,\ 1) \text{ 成分} \qquad d : (2,\ 2) \text{ 成分}$$

　高校数学の旧課程では主に 2×2 行列を扱っていたので、本書でもこのあとは、特に断らない限り、行列と言えば 2×2 行列を指すものとします。

　行列は A、B、C などの大文字を使って表すのが慣例です。

先ほど例としてあげた

$$\begin{pmatrix} 1 & 2 \\ 3 & 4 \end{pmatrix}\begin{pmatrix} x \\ y \end{pmatrix} = \begin{pmatrix} 5 \\ 11 \end{pmatrix}$$

は、$A = \begin{pmatrix} 1 & 2 \\ 3 & 4 \end{pmatrix}$ とすれば、

$$A\begin{pmatrix} x \\ y \end{pmatrix} = \begin{pmatrix} 5 \\ 11 \end{pmatrix}$$

です。

また、2×1 行列を 2 次の列ベクトルと考えれば、$\vec{x} = \begin{pmatrix} x \\ y \end{pmatrix}$, $\vec{p} = \begin{pmatrix} 5 \\ 11 \end{pmatrix}$ として、

$$A\vec{x} = \vec{p}$$

と書くこともできます。

➤ 行列とベクトルの積

連立方程式を

$$\begin{cases} x + 2y = 5 \\ 3x + 4y = 1 \end{cases} \Rightarrow \begin{pmatrix} 1 & 2 \\ 3 & 4 \end{pmatrix}\begin{pmatrix} x \\ y \end{pmatrix} = \begin{pmatrix} 5 \\ 11 \end{pmatrix}$$

と表現することは、行列 $A = \begin{pmatrix} a & b \\ c & d \end{pmatrix}$ とベクトル $\vec{x} = \begin{pmatrix} x \\ y \end{pmatrix}$ の積を

$$A\vec{x} = \begin{pmatrix} a & b \\ c & d \end{pmatrix}\begin{pmatrix} x \\ y \end{pmatrix} = \begin{pmatrix} ax + by \\ cx + dy \end{pmatrix}$$

と定義することを意味します。

図解すると、

$$\vec{a}=(x_a,\ y_a),\ \vec{b}=(x_b,\ y_b)\text{ のとき}$$
$$\vec{a}\cdot\vec{b}=x_ax_b+y_ay_b$$

$\vec{u}=(a,\ b)\quad\vec{x}=(x,\ y)\quad\vec{u}\cdot\vec{x}=ax+by$

$$\begin{pmatrix} a & b \\ c & d \end{pmatrix}\begin{pmatrix} x \\ y \end{pmatrix}=\begin{pmatrix} ax+by \\ cx+dy \end{pmatrix} \qquad \begin{pmatrix} a & b \\ c & d \end{pmatrix}\begin{pmatrix} x \\ y \end{pmatrix}=\begin{pmatrix} ax+by \\ cx+dy \end{pmatrix}$$

$\vec{v}=(c,\ d)\quad\vec{x}=(x,\ y)\quad\vec{v}\cdot\vec{x}=cx+dy$

となるので、行列 A の第 1 行 $(a\ \ b)$ と第 2 行 $(c\ \ d)$ をそれぞれベクトル

$$\vec{u}=(a,\ b)\qquad\vec{v}=(c,\ d)$$

と思えば、$A\vec{x}$ は内積（465頁）$\vec{u}\cdot\vec{x}$ と $\vec{v}\cdot\vec{x}$ を縦に並べたものになることがわかります。

例

$$\begin{pmatrix} 1 & 2 \\ 3 & 4 \end{pmatrix}\begin{pmatrix} 5 \\ 6 \end{pmatrix}=\begin{pmatrix} 1\times5+2\times6 \\ 3\times5+4\times6 \end{pmatrix}=\begin{pmatrix} 17 \\ 39 \end{pmatrix}$$

【行列とベクトルの積】

$A=\begin{pmatrix} a & b \\ c & d \end{pmatrix}$ と $\vec{x}=\begin{pmatrix} x \\ y \end{pmatrix}$ の積を次のように定める

$$A\vec{x}=\begin{pmatrix} a & b \\ c & d \end{pmatrix}\begin{pmatrix} x \\ y \end{pmatrix}=\begin{pmatrix} ax+by \\ cx+dy \end{pmatrix}$$

$$A = \begin{pmatrix} a & b \\ c & d \end{pmatrix}, \ B = \begin{pmatrix} p & q \\ r & s \end{pmatrix}$$

であるとき、A と B の和は次のように定義します。

$$A + B = \begin{pmatrix} a & b \\ c & d \end{pmatrix} + \begin{pmatrix} p & q \\ r & s \end{pmatrix} = \begin{pmatrix} a+p & b+q \\ c+r & d+s \end{pmatrix}$$

また、行列を k 倍（k は実数）すると、各成分は k 倍になるものとします。

$$kA = k \begin{pmatrix} a & b \\ c & d \end{pmatrix} = \begin{pmatrix} ka & kb \\ kc & kd \end{pmatrix}$$

行列の和と実数倍について上のように定めているのは、実数 k, l と行列 $A = \begin{pmatrix} a & b \\ c & d \end{pmatrix}$, $B = \begin{pmatrix} p & q \\ r & s \end{pmatrix}$、ベクトル $\vec{x} = \begin{pmatrix} x \\ y \end{pmatrix}$ について

$$(kA + lB)\vec{x} = kA\vec{x} + lB\vec{x}$$

を成立させるためです。

> （注） この性質が持つ意味については、この節の後半で詳しくお話ししたいと思います。

証明

$$A = \begin{pmatrix} a & b \\ c & d \end{pmatrix}, \ B = \begin{pmatrix} p & q \\ r & s \end{pmatrix} \text{であるとき、}$$

$$kA + lB = k\begin{pmatrix} a & b \\ c & d \end{pmatrix} + l\begin{pmatrix} p & q \\ r & s \end{pmatrix}$$

$$= \begin{pmatrix} ka & kb \\ kc & kd \end{pmatrix} + \begin{pmatrix} lp & lq \\ lr & ls \end{pmatrix}$$

$$= \begin{pmatrix} ka+lp & kb+lq \\ kc+lr & kd+ls \end{pmatrix}$$

$$k\begin{pmatrix} a & b \\ c & d \end{pmatrix} = \begin{pmatrix} ka & kb \\ kc & kd \end{pmatrix}$$

$$\begin{pmatrix} a & b \\ c & d \end{pmatrix} + \begin{pmatrix} p & q \\ r & s \end{pmatrix} = \begin{pmatrix} a+p & b+q \\ c+r & d+s \end{pmatrix}$$

よって

$$(kA + lB)\vec{x} = \begin{pmatrix} ka+lp & kb+lq \\ kc+lr & kd+ls \end{pmatrix}\begin{pmatrix} x \\ y \end{pmatrix}$$

$$= \begin{pmatrix} (ka+lp)x+(kb+lq)y \\ (kc+lr)x+(kd+ls)y \end{pmatrix}$$

$$= \begin{pmatrix} kax+lpx+kby+lqy \\ kcx+lrx+kdy+lsy \end{pmatrix}$$

$$\begin{pmatrix} a & b \\ c & d \end{pmatrix}\begin{pmatrix} x \\ y \end{pmatrix} = \begin{pmatrix} ax+by \\ cx+dy \end{pmatrix}$$

また、

$$kA\vec{x} + lB\vec{x} = k\begin{pmatrix} a & b \\ c & d \end{pmatrix}\begin{pmatrix} x \\ y \end{pmatrix} + l\begin{pmatrix} p & q \\ r & s \end{pmatrix}\begin{pmatrix} x \\ y \end{pmatrix}$$

$$= \begin{pmatrix} ka & kb \\ kc & kd \end{pmatrix}\begin{pmatrix} x \\ y \end{pmatrix} + \begin{pmatrix} lp & lq \\ lr & ls \end{pmatrix}\begin{pmatrix} x \\ y \end{pmatrix}$$

$$= \begin{pmatrix} kax+kby \\ kcx+kdy \end{pmatrix} + \begin{pmatrix} lpx+lqy \\ lrx+lsy \end{pmatrix}$$

$$= \begin{pmatrix} kax+kby+lpx+lqy \\ kcx+kdy+lrx+lsy \end{pmatrix}$$

$$= \begin{pmatrix} kax+lpx+kby+lqy \\ kcx+lrx+kdy+lsy \end{pmatrix}$$

$$k\begin{pmatrix} a & b \\ c & d \end{pmatrix} = \begin{pmatrix} ka & kb \\ kc & kd \end{pmatrix}$$

$$\begin{pmatrix} a & b \\ c & d \end{pmatrix}\begin{pmatrix} x \\ y \end{pmatrix} = \begin{pmatrix} ax+by \\ cx+dy \end{pmatrix}$$

$$\begin{pmatrix} a & b \\ c & d \end{pmatrix} + \begin{pmatrix} p & q \\ r & s \end{pmatrix} = \begin{pmatrix} a+p & b+q \\ c+r & d+s \end{pmatrix}$$

以上より、

$$(kA + lB)\vec{x} = kA\vec{x} + lB\vec{x}$$

証明終

なお、行列の差 $A-B$ は和と実数倍の定義を使って

$$A-B = A+(-1)B$$

$$= \begin{pmatrix} a & b \\ c & d \end{pmatrix} + (-1)\begin{pmatrix} p & q \\ r & s \end{pmatrix}$$

$$= \begin{pmatrix} a & b \\ c & d \end{pmatrix} + \begin{pmatrix} -p & -q \\ -r & -s \end{pmatrix}$$

$$= \begin{pmatrix} a-p & b-q \\ c-r & d-s \end{pmatrix}$$

$$k\begin{pmatrix} a & b \\ c & d \end{pmatrix} = \begin{pmatrix} ka & kb \\ kc & kd \end{pmatrix}$$

$$\begin{pmatrix} a & b \\ c & d \end{pmatrix} + \begin{pmatrix} p & q \\ r & s \end{pmatrix} = \begin{pmatrix} a+p & b+q \\ c+r & d+s \end{pmatrix}$$

と計算できます。

➤ 行列の演算②〜積とその非変換性について〜

行列の積の定義は次の通りです。

$$AB = \begin{pmatrix} a & b \\ c & d \end{pmatrix}\begin{pmatrix} p & q \\ r & s \end{pmatrix} = \begin{pmatrix} ap+br & aq+bs \\ cp+dr & cq+ds \end{pmatrix}$$

これは、

$$\vec{p} = \begin{pmatrix} p \\ r \end{pmatrix}, \ \vec{q} = \begin{pmatrix} q \\ s \end{pmatrix}$$

として、先ほどの「行列とベクトルの積」（492 頁）から

$$A\vec{p} = \begin{pmatrix} a & b \\ c & d \end{pmatrix}\begin{pmatrix} p \\ r \end{pmatrix} = \begin{pmatrix} ap+br \\ cp+dr \end{pmatrix}, \ A\vec{q} = \begin{pmatrix} a & b \\ c & d \end{pmatrix}\begin{pmatrix} q \\ s \end{pmatrix} = \begin{pmatrix} aq+bs \\ cq+ds \end{pmatrix}$$

と計算したものを、横に並べたような形になっていますね。

$$\overset{A}{\begin{pmatrix} a & b \\ c & d \end{pmatrix}} \overset{\vec{p} \quad \vec{q}}{\begin{pmatrix} p & q \\ r & s \end{pmatrix}} = \begin{pmatrix} \overset{A\vec{p}}{ap+br} & \overset{A\vec{q}}{aq+bs} \\ cp+dr & cq+ds \end{pmatrix}$$

さらに図解しておきましょう。行列の積の計算では左から掛けるほうは行ベクトル（成分を横に並べたベクトル）が縦に並んだもの、右から掛けるほうは列ベクトル（成分を縦に並べたベクトル）が横に並んだものと考えて（ややこしいですね…）、それぞれ下のように内積を計算すれば求まります。

　例として、

$$A = \begin{pmatrix} 1 & 2 \\ 3 & 4 \end{pmatrix}, \ B = \begin{pmatrix} 4 & 3 \\ 2 & 1 \end{pmatrix}$$ であるとき、AB と BA を計算してみましょう。

$$AB = \begin{pmatrix} 1 & 2 \\ 3 & 4 \end{pmatrix}\begin{pmatrix} 4 & 3 \\ 2 & 1 \end{pmatrix}$$

$$\vec{a} = (x_a, \ y_a), \ \vec{b} = (x_b, \ y_b)$$
$$\downarrow$$
$$\vec{a} \cdot \vec{b} = x_a x_b + y_a y_b$$

$$= \begin{pmatrix} 1 \times 4 + 2 \times 2 & 1 \times 3 + 2 \times 1 \\ 3 \times 4 + 4 \times 2 & 3 \times 3 + 4 \times 1 \end{pmatrix}$$

$$= \begin{pmatrix} 8 & 5 \\ 20 & 13 \end{pmatrix}$$

$$BA = \begin{pmatrix} 4 & 3 \\ 2 & 1 \end{pmatrix} \begin{pmatrix} 1 & 2 \\ 3 & 4 \end{pmatrix}$$

$$= \begin{pmatrix} 4 \times 1 + 3 \times 3 & 4 \times 2 + 3 \times 4 \\ 2 \times 1 + 1 \times 3 & 2 \times 2 + 1 \times 4 \end{pmatrix}$$

$$= \begin{pmatrix} 13 & 20 \\ 5 & 8 \end{pmatrix}$$

以上から

$$AB \neq BA$$

であることがわかります。

　$AB \neq BA$ は行列の演算で最も気をつけなければいけない点です。

　数どうしの積も、ベクトルの内積も、掛ける順序に関係なく結果は同じですが、一般に行列の積は、掛ける順序が違うと結果も違います。これを**「行列の積は非可換である」**と言います。

　ただし、必ず $AB \neq BA$ になるわけではなく、たまたま AB と BA が同じ結果になる組合せもあります。

　たとえば

$$A = \begin{pmatrix} 1 & 2 \\ 3 & 4 \end{pmatrix}, \ B = \begin{pmatrix} 2 & 2 \\ 3 & 5 \end{pmatrix}$$

の場合は、

$$AB = BA = \begin{pmatrix} 8 & 12 \\ 18 & 26 \end{pmatrix}$$

となり、$AB = BA$ です（余力のある人は確かめてみてください）。

$A = \begin{pmatrix} a & b \\ c & d \end{pmatrix}$、$B = \begin{pmatrix} p & q \\ r & s \end{pmatrix}$ であるとき

$$A + B = \begin{pmatrix} a & b \\ c & d \end{pmatrix} + \begin{pmatrix} p & q \\ r & s \end{pmatrix} = \begin{pmatrix} a+p & b+q \\ c+r & d+s \end{pmatrix}$$

$$kA = k\begin{pmatrix} a & b \\ c & d \end{pmatrix} = \begin{pmatrix} ka & kb \\ kc & kd \end{pmatrix} \quad [k \text{ は実数}]$$

$$AB = \begin{pmatrix} a & b \\ c & d \end{pmatrix}\begin{pmatrix} p & q \\ r & s \end{pmatrix} = \begin{pmatrix} ap+br & aq+bs \\ cp+dr & cq+ds \end{pmatrix}$$

➤ 行列の積の定義が複雑な理由

　行列の演算における積の定義を複雑に感じる人は少なくないと思います。でも、もちろん、だてや酔狂で奇異な定義になっているわけではありません。和と実数倍は、$(kA + lB)\vec{x} = kA\vec{x} + lB\vec{x}$ が成立する定義になっていることはすでに書きました。一方、積については

$$A(B\vec{x}) = (AB)\vec{x}$$

が成立するように定義されています。

　確かめてみましょう。

証明

$A = \begin{pmatrix} a & b \\ c & d \end{pmatrix}$、$B = \begin{pmatrix} p & q \\ r & s \end{pmatrix}$、$\vec{x} = \begin{pmatrix} x \\ y \end{pmatrix}$ であるとき

行列とベクトルの積の定義（492頁）から

$$B\vec{x} = \begin{pmatrix} p & q \\ r & s \end{pmatrix}\begin{pmatrix} x \\ y \end{pmatrix} = \begin{pmatrix} px + qy \\ rx + sy \end{pmatrix}$$

$$\begin{pmatrix} a & b \\ c & d \end{pmatrix}\begin{pmatrix} x \\ y \end{pmatrix} = \begin{pmatrix} ax + by \\ cx + dy \end{pmatrix}$$

ここで、$B\vec{x} = \vec{t}$ として

$$\vec{t} = \begin{pmatrix} s \\ t \end{pmatrix} = \begin{pmatrix} px + qy \\ rx + sy \end{pmatrix}$$

とすると、再び行列とベクトルの積の定義を使って

$$A(B\vec{x}) = A\vec{t}$$

$$= \begin{pmatrix} a & b \\ c & d \end{pmatrix}\begin{pmatrix} s \\ t \end{pmatrix}$$

$$= \begin{pmatrix} as + bt \\ cs + dt \end{pmatrix}$$

$$\begin{pmatrix} a & b \\ c & d \end{pmatrix}\begin{pmatrix} x \\ y \end{pmatrix} = \begin{pmatrix} ax + by \\ cx + dy \end{pmatrix}$$

$$= \begin{pmatrix} a(px + qy) + b(rx + sy) \\ c(px + qy) + d(rx + sy) \end{pmatrix}$$

$$s = px + qy$$
$$t = rx + sy$$

$$= \begin{pmatrix} apx + aqy + brx + bsy \\ cpx + cqy + drx + dsy \end{pmatrix}$$

$$= \begin{pmatrix} (ap + br)x + (aq + bs)y \\ (cp + dr)x + (cq + ds)y \end{pmatrix}$$

$$= \begin{pmatrix} ap + br & aq + bs \\ cp + dr & cq + ds \end{pmatrix}\begin{pmatrix} x \\ y \end{pmatrix}$$

$$\begin{pmatrix} ax + by \\ cx + dy \end{pmatrix} = \begin{pmatrix} a & b \\ c & d \end{pmatrix}\begin{pmatrix} x \\ y \end{pmatrix}$$

以上より

$$A(B\vec{x}) = \begin{pmatrix} ap + br & aq + bs \\ cp + dr & cq + ds \end{pmatrix}\begin{pmatrix} x \\ y \end{pmatrix}$$

なので $A(B\vec{x}) = (AB)\vec{x}$ であるためには

$$\begin{pmatrix} ap+br & aq+bs \\ cp+dr & cq+ds \end{pmatrix}\begin{pmatrix} x \\ y \end{pmatrix} = (AB)\vec{x}$$

すなわち

$$AB = \begin{pmatrix} ap+br & aq+bs \\ cp+dr & cq+ds \end{pmatrix}$$

であればよいことがわかります。

$$\boxed{\text{証明終}}$$

ではなぜ

$$A(B\vec{x}) = (AB)\vec{x}$$

を成立させる必要があるのでしょうか？　それは、この節の後半で学ぶ「1次変換」および「合成変換」と強い関係があります。後ほど詳述します。

➤ **特殊な行列～零行列 O と単位行列 E～**

すべての成分が 0 である行列

$$O = \begin{pmatrix} 0 & 0 \\ 0 & 0 \end{pmatrix}$$

を**零行列**と言い、

左上から右下に向かう対角線上の成分がすべて 1 で他の成分が 0 である行列

$$E = \begin{pmatrix} 1 & 0 \\ 0 & 1 \end{pmatrix}$$

を**単位行列**と言います。

> (注)　単位行列は「単位」を表すドイツ語の "Einheit"（アインハイト）の頭文字をとって E と
> 書くのがふつうです。

零行列と単位行列については、次の性質が成り立ちます。

【零行列と単位行列の性質】

任意の行列 A について

(i) $AO = OA = O$

(ii) $AE = EA = A$

(注)　零行列、単位行列は、数の計算における 0、1 にそれぞれ相当します。

証明

$A = \begin{pmatrix} a & b \\ c & d \end{pmatrix}$ のとき、

$$\begin{pmatrix} a & b \\ c & d \end{pmatrix}\begin{pmatrix} p & q \\ r & s \end{pmatrix} = \begin{pmatrix} ap+br & aq+bs \\ cp+dr & cq+ds \end{pmatrix}$$

(i)

$$AO = \begin{pmatrix} a & b \\ c & d \end{pmatrix}\begin{pmatrix} 0 & 0 \\ 0 & 0 \end{pmatrix} = \begin{pmatrix} a\times 0+b\times 0 & a\times 0+b\times 0 \\ c\times 0+d\times 0 & c\times 0+d\times 0 \end{pmatrix} = \begin{pmatrix} 0 & 0 \\ 0 & 0 \end{pmatrix} = O$$

$$OA = \begin{pmatrix} 0 & 0 \\ 0 & 0 \end{pmatrix}\begin{pmatrix} a & b \\ c & d \end{pmatrix} = \begin{pmatrix} 0\times a+0\times c & 0\times b+0\times d \\ 0\times a+0\times c & 0\times b+0\times d \end{pmatrix} = \begin{pmatrix} 0 & 0 \\ 0 & 0 \end{pmatrix} = O$$

$\Rightarrow \quad AO = OA = O$

(ii)

$$AE = \begin{pmatrix} a & b \\ c & d \end{pmatrix}\begin{pmatrix} 1 & 0 \\ 0 & 1 \end{pmatrix} = \begin{pmatrix} a\times 1+b\times 0 & a\times 0+b\times 1 \\ c\times 1+d\times 0 & c\times 0+d\times 1 \end{pmatrix} = \begin{pmatrix} a & b \\ c & d \end{pmatrix} = A$$

$$EA = \begin{pmatrix} 1 & 0 \\ 0 & 1 \end{pmatrix}\begin{pmatrix} a & b \\ c & d \end{pmatrix} = \begin{pmatrix} 1\times a+0\times c & 1\times b+0\times d \\ 0\times a+1\times c & 0\times b+1\times d \end{pmatrix} = \begin{pmatrix} a & b \\ c & d \end{pmatrix} = A$$

$\Rightarrow \quad AE = EA = A$

証明終

ところで

$$A = \begin{pmatrix} 1 & 2 \\ 2 & 4 \end{pmatrix}, \ B = \begin{pmatrix} -2 & -2 \\ 1 & 1 \end{pmatrix} \text{のとき}$$

$$AB = \begin{pmatrix} 1 & 2 \\ 2 & 4 \end{pmatrix}\begin{pmatrix} -2 & -2 \\ 1 & 1 \end{pmatrix} = \begin{pmatrix} 1\times(-2)+2\times1 & 1\times(-2)+2\times1 \\ 2\times(-2)+4\times1 & 2\times(-2)+4\times1 \end{pmatrix}$$

$$= \begin{pmatrix} 0 & 0 \\ 0 & 0 \end{pmatrix}$$

です。このように行列では $A \neq 0$、$B \neq 0$ でも $AB = 0$ となることがあります。このとき A を B の**左零因子**、B を A の**右零因子**と言います。

➤ 逆行列の定義とその性質

数の計算の場合、0 でない数 a にその逆数 a^{-1} を掛けると 1 になりますね。

$$a \cdot a^{-1} = a^{-1} \cdot a = 1$$

> 負の指数の拡張（280 頁）
> $$a^{-1} = \frac{1}{a}$$

行列の場合、逆数に相当するものを**逆行列**（Inverse matrix）と言います。すなわち行列 A、X が

$$AX = XA = E$$

を満たすとき、X は A の逆行列です。A の逆行列は

$$A^{-1}$$

と表します（A インバースと読みます）。

$$A = \begin{pmatrix} a & b \\ c & d \end{pmatrix} \text{のとき、}$$

$$AX = XA = E$$

を満たす X を求めてみましょう。

$$X = \begin{pmatrix} x & y \\ z & w \end{pmatrix} \text{ とします。}$$

$AX = E$ より、

$$\begin{pmatrix} a & b \\ c & d \end{pmatrix}\begin{pmatrix} x & y \\ z & w \end{pmatrix} = \begin{pmatrix} 1 & 0 \\ 0 & 1 \end{pmatrix}$$

$$\Rightarrow \begin{pmatrix} ax+bz & ay+bw \\ cx+dz & cy+dw \end{pmatrix} = \begin{pmatrix} 1 & 0 \\ 0 & 1 \end{pmatrix}$$

各成分を見比べて

$$ax + bz = 1 \quad \cdots① \qquad ay + bw = 0 \quad \cdots②$$
$$cx + dz = 0 \quad \cdots③ \qquad cy + dw = 1 \quad \cdots④$$

　文字が多くて面倒に感じますが、a、b、c、d は A の成分として与えられる数なので、未知数は x、y、z、w の4つです。しかも①と③は x と z についての連立方程式、②と④は y と w についての連立方程式になっています。

　①と③から z を消去すると

　①$× d -$③$× b$ より

$$(ax+bz) \times d - (cx+dz) \times b = 1 \times d - 0 \times b$$
$$\Rightarrow \quad adx + bdz - bcx - bdz = d$$
$$\Rightarrow \quad (ad-bc)x = d \quad \cdots⑤$$

　①と③から x を消去すると

　①$× c -$③$× a$ より

$$(ax+bz) \times c - (cx+dz) \times a = 1 \times c - 0 \times a$$
$$\Rightarrow \quad acx + bcz - acx - adz = c$$
$$\Rightarrow \quad -(ad-bc)z = c$$

$$\Rightarrow \quad (ad-bc)z = -c \quad \cdots ⑥$$

②と④からも、同様にして w を消去すれば

$$(ad-bc)y = -b \quad \cdots ⑦$$

y を消去すれば

$$(ad-bc)w = a \quad \cdots ⑧$$

が得られます。

(ⅰ) $ad-bc \neq 0$ のとき⑤、⑥、⑦、⑧より

$$x = \frac{d}{ad-bc}、\ z = \frac{-c}{ad-bc}、\ y = \frac{-b}{ad-bc}、\ w = \frac{a}{ad-bc}$$

すなわち、

$$X = \begin{pmatrix} x & y \\ z & w \end{pmatrix} = \begin{pmatrix} \dfrac{d}{ad-bc} & \dfrac{-b}{ad-bc} \\ \dfrac{-c}{ad-bc} & \dfrac{a}{ad-bc} \end{pmatrix} = \frac{1}{ad-bc}\begin{pmatrix} d & -b \\ -c & a \end{pmatrix}$$

(ⅱ) $ad-bc = 0$ のとき⑤、⑥、⑦、⑧より

$$d = c = b = a = 0 \quad \Rightarrow \quad A = \begin{pmatrix} 0 & 0 \\ 0 & 0 \end{pmatrix} = O$$

でない限り、⑤、⑥、⑦、⑧を満たす $x,\ y,\ z,\ w$ は存在しません。

　しかし、A が零行列であるとき、

$$AX = OX = O$$

なので、

$$AX = E \neq O$$

と矛盾。

　よって、$ad - bc = 0$ のときは $AX = E$ となる行列 X は存在しないことがわかります。また、

$$X = \frac{1}{ad - bc}\begin{pmatrix} d & -b \\ -c & a \end{pmatrix}$$

のとき

$$XA = \frac{1}{ad - bc}\begin{pmatrix} d & -b \\ -c & a \end{pmatrix}\begin{pmatrix} a & b \\ c & d \end{pmatrix}$$

$$= \frac{1}{ad - bc}\begin{pmatrix} ad - bc & bd - bd \\ -ac + ac & -bc + ad \end{pmatrix}$$

$$= \frac{1}{ad - bc}\begin{pmatrix} ad - bc & 0 \\ 0 & ad - bc \end{pmatrix}$$

$$= \begin{pmatrix} 1 & 0 \\ 0 & 1 \end{pmatrix} = E$$

となり、$XA = E$ を満たします。

【逆行列】

$A = \begin{pmatrix} a & b \\ c & d \end{pmatrix}$ のとき

$$ad - bc \neq 0 \quad \Rightarrow \quad A^{-1} = \frac{1}{ad - bc}\begin{pmatrix} d & -b \\ -c & a \end{pmatrix}$$

$$ad - bc = 0 \quad \Rightarrow \quad A^{-1} \text{ は存在しない}$$

A^{-1} は次の性質を持つ

$$AA^{-1} = A^{-1}A = E$$

$A = \begin{pmatrix} a & b \\ c & d \end{pmatrix}$ のとき、逆行列が存在するかどうかを決める $ad - bc$ を A

の**行列式** (determinant) と呼び、**det$A$** または **$|A|$** という記号で表します。すなわち

$$\mathbf{det}A = |A| = ad - bc$$

です。

なぜ行列式 $ad - bc$ が、逆行列が存在するかどうかの鍵を握っているのかについては、行列を使って連立方程式を解いてみればわかります。

この節の最初に出した

$$\begin{cases} x + 2y = 5 \\ 3x + 4y = 11 \end{cases}$$

を行列で表すと

$$\begin{pmatrix} 1 & 2 \\ 3 & 4 \end{pmatrix} \begin{pmatrix} x \\ y \end{pmatrix} = \begin{pmatrix} 5 \\ 11 \end{pmatrix}$$

でしたね。

今、$A = \begin{pmatrix} 1 & 2 \\ 3 & 4 \end{pmatrix}$ とすると

$$A \begin{pmatrix} x \\ y \end{pmatrix} = \begin{pmatrix} 5 \\ 11 \end{pmatrix}$$

両辺に左から A^{-1} を掛けます。

$$A^{-1} A \begin{pmatrix} x \\ y \end{pmatrix} = A^{-1} \begin{pmatrix} 5 \\ 11 \end{pmatrix}$$

$$\Rightarrow \quad E\begin{pmatrix} x \\ y \end{pmatrix} = A^{-1}\begin{pmatrix} 5 \\ 11 \end{pmatrix}$$

$$\Rightarrow \quad \begin{pmatrix} x \\ y \end{pmatrix} = A^{-1}\begin{pmatrix} 5 \\ 11 \end{pmatrix}$$

$$E\begin{pmatrix} x \\ y \end{pmatrix}$$
$$= \begin{pmatrix} 1 & 0 \\ 0 & 1 \end{pmatrix}\begin{pmatrix} x \\ y \end{pmatrix}$$
$$= \begin{pmatrix} 1 \times x + 0 \times y \\ 0 \times x + 1 \times y \end{pmatrix}$$
$$= \begin{pmatrix} x \\ y \end{pmatrix}$$

ここで、A^{-1} を計算します。

$A = \begin{pmatrix} 1 & 2 \\ 3 & 4 \end{pmatrix}$ より

$$A^{-1} = \frac{1}{1 \times 4 - 2 \times 3}\begin{pmatrix} 4 & -2 \\ -3 & 1 \end{pmatrix} = \frac{1}{-2}\begin{pmatrix} 4 & -2 \\ -3 & 1 \end{pmatrix}$$

$$\Rightarrow \quad \begin{pmatrix} x \\ y \end{pmatrix} = A^{-1}\begin{pmatrix} 5 \\ 11 \end{pmatrix}$$

$A = \begin{pmatrix} a & b \\ c & d \end{pmatrix}$ のとき
$$A^{-1} = \frac{1}{ad - bc}\begin{pmatrix} d & -b \\ -c & a \end{pmatrix}$$

$$= \frac{1}{-2}\begin{pmatrix} 4 & -2 \\ -3 & 1 \end{pmatrix}\begin{pmatrix} 5 \\ 11 \end{pmatrix}$$

$$= \frac{1}{-2}\begin{pmatrix} 4 \times 5 - 2 \times 11 \\ -3 \times 5 + 1 \times 11 \end{pmatrix}$$

$$= \frac{1}{-2}\begin{pmatrix} -2 \\ -4 \end{pmatrix} = \begin{pmatrix} 1 \\ 2 \end{pmatrix}$$

よって、

$$\begin{pmatrix} x \\ y \end{pmatrix} = \begin{pmatrix} 1 \\ 2 \end{pmatrix}$$

と求まります。

一般に、x と y の連立方程式

$$\begin{cases} ax + by = p \\ cx + dy = q \end{cases}$$

に対して、

$$A = \begin{pmatrix} a & b \\ c & d \end{pmatrix} とおいて、$$

$$A \begin{pmatrix} x \\ y \end{pmatrix} = \begin{pmatrix} p \\ q \end{pmatrix}$$

と表したとき、**A^{-1} が存在すれば**

$$A^{-1}A \begin{pmatrix} x \\ y \end{pmatrix} = A^{-1} \begin{pmatrix} p \\ q \end{pmatrix}$$

$$\Rightarrow \quad E \begin{pmatrix} x \\ y \end{pmatrix} = A^{-1} \begin{pmatrix} p \\ q \end{pmatrix}$$

$$\Rightarrow \quad \begin{pmatrix} x \\ y \end{pmatrix} = A^{-1} \begin{pmatrix} p \\ q \end{pmatrix}$$

を計算することで、$\begin{pmatrix} x \\ y \end{pmatrix}$ を満たす解が 1 つ求まります。

しかし、連立方程式は常に解が 1 つ求まるとは限りません。

たとえば、

$$\begin{cases} x + 2y = 2 \\ 2x + 4y = 8 \end{cases}$$

のとき、2 つの方程式が表す 2 本の直線は平行です。交点がないので解を持ちません。このような連立方程式を**不能**と言います。

あるいは、

$$\begin{cases} x + 2y = 2 \\ 2x + 4y = 4 \end{cases}$$

のときは、下の方程式の両辺を 2 で割ると上と同じ式になるので、2 本の

直線は完全に重なり、交点は無数にあることになります。このときは直線
上のすべての点の座標が解となり、連立方程式の解を 1 つに定めることが
できまん。このような連立方程式を**不定**と言います。

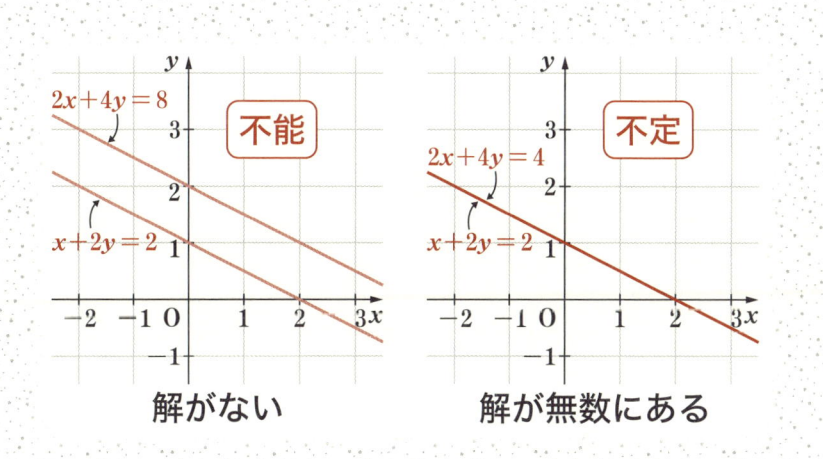

不能の場合も不定の場合も、2 本の直線の傾きは同じです。

$$ax + by = p$$
$$cx + dy = q$$

という 2 本の直線の傾きが同じとき、

$$a : b = c : d$$

外項の積＝内項の積より

$$ad = bc \quad \Leftrightarrow \quad ad - bc = 0$$

$ax + by = p$
$\Rightarrow \ y = -\dfrac{a}{b}x + \dfrac{q}{b}$
$cx + dy = q$
$\Rightarrow \ y = -\dfrac{c}{d}x + \dfrac{q}{d}$
傾きが同じとき、
$\dfrac{a}{b} = \dfrac{c}{d} \quad \Leftrightarrow \quad a : b = c : d$

です。もうおわかりですね。

$ad - bc \neq 0$ であれば、連立方程式が表す2本の直線の傾きは異なるので、

2本の直線は必ず1点で交わり、その交点の座標（連立方程式の解）は

$$\begin{pmatrix} x \\ y \end{pmatrix} = A^{-1} \begin{pmatrix} p \\ q \end{pmatrix}$$

で定めることができます。

　しかし、$ad - bc = 0$ のときは、連立方程式が表す2本の直線は交点を持たない（不能）か、無数に持つ（不能）かのいずれかになり、解を1つに定めることはできません。

　$ad - bc = 0$ であること、すなわち A^{-1} が存在しないことは、連立方程式の解を1つに定めることができないことを意味します。

　では、ここで旧課程時代の大学入試問題を解いてみましょう。

問題 35

　　行列 $A = \begin{pmatrix} 9 & -2 \\ -2 & 6 \end{pmatrix}$ について

(1)　$A - kE$ が逆行列をもたない実数 k の値をすべて求めよ。
　　ただし、E は単位行列である。

(2)　(1)で得られた k のそれぞれの値について、

$$A\begin{pmatrix} x \\ y \end{pmatrix} = k\begin{pmatrix} x \\ y \end{pmatrix}$$

を満たす零ベクトルでないベクトル $\vec{v} = (x,\ y)$ を求めよ。

[大分大学]

解説 解答

解説

(1) 「逆行列をもたないとき、行列式が 0」を使えば、k についての 2 次方程式が得られます。

(2)

$$
k\begin{pmatrix} x \\ y \end{pmatrix} = \begin{pmatrix} kx \\ ky \end{pmatrix} = \begin{pmatrix} kx + 0 \cdot y \\ 0 \cdot x + ky \end{pmatrix}
$$

$$
= \begin{pmatrix} k & 0 \\ 0 & k \end{pmatrix}\begin{pmatrix} x \\ y \end{pmatrix}
$$

$$
= k\begin{pmatrix} 1 & 0 \\ 0 & 1 \end{pmatrix}\begin{pmatrix} x \\ y \end{pmatrix}
$$

$$
= kE\begin{pmatrix} x \\ y \end{pmatrix}
$$

$$
\begin{pmatrix} ax+by \\ cx+dy \end{pmatrix} = \begin{pmatrix} a & b \\ c & d \end{pmatrix}\begin{pmatrix} x \\ y \end{pmatrix}
$$

$$
\begin{pmatrix} ka & kb \\ kc & kd \end{pmatrix} = k\begin{pmatrix} a & b \\ c & d \end{pmatrix}
$$

$$
\begin{pmatrix} 1 & 0 \\ 0 & 1 \end{pmatrix} = E
$$

と変形できます。また A と k の値を代入して得られる連立方程式は 1 つの式にまとめられるので「不定」です（解が無数にあります）。そこで、$\vec{v}$ は文字を使って表します。

解答

(1)

$$
A - kE = \begin{pmatrix} 9 & -2 \\ -2 & 6 \end{pmatrix} - k\begin{pmatrix} 1 & 0 \\ 0 & 1 \end{pmatrix}
$$

$$
= \begin{pmatrix} 9 & -2 \\ -2 & 6 \end{pmatrix} - \begin{pmatrix} k & 0 \\ 0 & k \end{pmatrix}
$$

$$
= \begin{pmatrix} 9-k & -2 \\ -2 & 6-k \end{pmatrix} \quad \cdots ①
$$

$A - kE$ が逆行列をもたないので

$$
\det(A - kE) = 0
$$

$$
\Rightarrow \quad (9-k)(6-k) - (-2)(-2) = 0
$$

$A = \begin{pmatrix} a & b \\ c & d \end{pmatrix}$ のとき、
行列式（506頁）は
$\det A = ad - bc$

$$\Rightarrow \quad 54 - 6k - 9k + k^2 - 4 = 0$$

$$\Rightarrow \quad k^2 - 15k + 50 = 0 \qquad \boxed{x^2 - (a+b)x + ab = (x-a)(x-b)}$$

$$\Rightarrow \quad (k-5)(k-10) = 0 \qquad \boxed{\begin{aligned}&(x-a)(x-b) = 0\\ \Rightarrow \quad &x - a = 0 \ \text{or} \ x - b = 0\\ \Rightarrow \quad &x = a \ \text{or} \ b\end{aligned}}$$

$$\Rightarrow \quad \boldsymbol{k = 5 \ \text{or} \ 10}$$

(2)

$$k\begin{pmatrix} x \\ y \end{pmatrix} = kE\begin{pmatrix} x \\ y \end{pmatrix}$$

より

$$A\begin{pmatrix} x \\ y \end{pmatrix} = k\begin{pmatrix} x \\ y \end{pmatrix}$$

$$\Rightarrow \quad A\begin{pmatrix} x \\ y \end{pmatrix} = kE\begin{pmatrix} x \\ y \end{pmatrix}$$

$$\Rightarrow \quad A\begin{pmatrix} x \\ y \end{pmatrix} - kE\begin{pmatrix} x \\ y \end{pmatrix} = 0$$

$$\boxed{k A\vec{x} + l B\vec{x} = (kA + lB)\vec{x}}$$

$$\Rightarrow \quad (A - kE)\begin{pmatrix} x \\ y \end{pmatrix} = 0$$

$$\boxed{①より}$$

$$\Rightarrow \quad \begin{pmatrix} 9-k & -2 \\ -2 & 6-k \end{pmatrix}\begin{pmatrix} x \\ y \end{pmatrix} = 0$$

(i) $k = 5$ のとき

$$\begin{pmatrix} 9-k & -2 \\ -2 & 6-k \end{pmatrix}\begin{pmatrix} x \\ y \end{pmatrix} = 0$$

$$\Rightarrow \quad \begin{pmatrix} 9-5 & -2 \\ -2 & 6-5 \end{pmatrix}\begin{pmatrix} x \\ y \end{pmatrix} = 0$$

$$\Rightarrow \quad \begin{pmatrix} 4 & -2 \\ -2 & 1 \end{pmatrix}\begin{pmatrix} x \\ y \end{pmatrix} = 0$$

$$\Rightarrow \quad \begin{cases} 4x - 2y = 0 \\ -2x + y = 0 \end{cases} \qquad \boxed{\text{この連立方程式は1つの式にまとめられます。(不定)}}$$

$$\Rightarrow \quad y = 2x$$

よって、

$$\vec{v} = \begin{pmatrix} x \\ y \end{pmatrix} = \begin{pmatrix} x \\ 2x \end{pmatrix} = x \begin{pmatrix} 1 \\ 2 \end{pmatrix} \; [x \neq 0]$$

(ii)　$k = 10$ のとき

$$\begin{pmatrix} 9-k & -2 \\ -2 & 6-k \end{pmatrix} \begin{pmatrix} x \\ y \end{pmatrix} = 0$$

$$\Rightarrow \begin{pmatrix} 9-10 & -2 \\ -2 & 6-10 \end{pmatrix} \begin{pmatrix} x \\ y \end{pmatrix} = 0$$

$$\Rightarrow \begin{pmatrix} -1 & -2 \\ -2 & -4 \end{pmatrix} \begin{pmatrix} x \\ y \end{pmatrix} = 0$$

$$\Rightarrow \begin{cases} -x - 2y = 0 \\ -2x - 4y = 0 \end{cases}$$

> この連立方程式も 1 つの式にまとめられます。（不定）

$$\Rightarrow \quad x = -2y$$

よって、

$$\vec{v} = \begin{pmatrix} x \\ y \end{pmatrix} = \begin{pmatrix} -2y \\ y \end{pmatrix} = y \begin{pmatrix} -2 \\ 1 \end{pmatrix} \; [y \neq 0]$$

(注)　(ii)のケースは y を消去して

$y = -\dfrac{1}{2}x$ から

$$\vec{v} = \begin{pmatrix} x \\ y \end{pmatrix} = \begin{pmatrix} x \\ -\dfrac{1}{2}x \end{pmatrix} = x \begin{pmatrix} 1 \\ -\dfrac{1}{2} \end{pmatrix} \; [x \neq 0]$$

としてもかまいません。

一般に、

行列 A に対してベクトル $\vec{x}$ とある実数 k が存在して

$$\begin{cases} A\vec{x} = k\vec{x} \\ \vec{x} \neq \vec{0} \end{cases}$$

を満たすとき、$\vec{x}$ を A の**固有ベクトル** (characteristic vector)、k を A の**固有値** (characteristic value) と言います。

問題 35 で求めた

$$k = 5 \text{ or } 10$$

は、行列 $A = \begin{pmatrix} 9 & -2 \\ -2 & 6 \end{pmatrix}$ の固有値、

$$\vec{v} = x\begin{pmatrix} 1 \\ 2 \end{pmatrix}, \quad y\begin{pmatrix} -2 \\ 1 \end{pmatrix} \quad [x,\ y \neq 0]$$

は、行列 $A = \begin{pmatrix} 9 & -2 \\ -2 & 6 \end{pmatrix}$ の固有ベクトルです。

一般に、行列 A の固有ベクトルが

$$\vec{x_1} = \begin{pmatrix} x_1 \\ y_1 \end{pmatrix}, \quad \vec{x_2} = \begin{pmatrix} x_2 \\ y_2 \end{pmatrix}$$

で、それぞれに対応する固有値が k_1, k_2 であるとき

$$A\vec{x_1} = k_1\vec{x_1} \quad \Rightarrow \quad A\begin{pmatrix} x_1 \\ y_1 \end{pmatrix} = k_1\begin{pmatrix} x_1 \\ y_1 \end{pmatrix} = \begin{pmatrix} k_1 x_1 \\ k_1 y_1 \end{pmatrix}$$

$$A\vec{x_2} = k_2\vec{x_2} \quad \Rightarrow \quad A\begin{pmatrix} x_2 \\ y_2 \end{pmatrix} = k_2\begin{pmatrix} x_2 \\ y_2 \end{pmatrix} = \begin{pmatrix} k_2 x_2 \\ k_2 y_2 \end{pmatrix}$$

これらは、行列の積の定義から

$$A\begin{pmatrix} x_1 & x_2 \\ y_1 & y_2 \end{pmatrix} = \begin{pmatrix} k_1 x_1 & k_2 x_2 \\ k_1 y_1 & k_2 y_2 \end{pmatrix}$$

$$A\begin{pmatrix} x_1 & x_2 \\ y_1 & y_2 \end{pmatrix} = \begin{pmatrix} x_1 & x_2 \\ y_1 & y_2 \end{pmatrix}\begin{pmatrix} k_1 & 0 \\ 0 & k_2 \end{pmatrix}$$

ここで、

$$P = \begin{pmatrix} x_1 & x_2 \\ y_1 & y_2 \end{pmatrix}$$

とすると、

$$AP = P\begin{pmatrix} k_1 & 0 \\ 0 & k_2 \end{pmatrix}$$

です。これに左から P^{-1} を掛けると

$$P^{-1}AP = P^{-1}P\begin{pmatrix} k_1 & 0 \\ 0 & k_2 \end{pmatrix}$$

$$\Rightarrow \quad P^{-1}AP = E\begin{pmatrix} k_1 & 0 \\ 0 & k_2 \end{pmatrix}$$

$$\Rightarrow \quad \boldsymbol{P^{-1}AP} = \begin{pmatrix} \boldsymbol{k_1} & \boldsymbol{0} \\ \boldsymbol{0} & \boldsymbol{k_2} \end{pmatrix}$$

となります。

　固有ベクトルと固有値を使ったこの一連の作業を、**行列の対角化**と言います。なお、ここでは 2×2 行列の対角化の方法を説明しましたが、$n \times n$ 行列の対角化の方法を学ぶことは、大学で学ぶ線形代数の大きな目標の 1 つです。

旧課程においても、固有ベクトルや固有値は高校の範囲外でした。しかし、これらは行列を特徴づける値として、非常に重要な値です。

さて、このあとは行列とベクトルの積が移動を表すという観点から、1次変換という話題に触れていきます。そして行列の演算を定義する際、どうして

$$(kA + lB)\vec{x} = kA\vec{x} + lB\vec{x}$$

や

$$A(B\vec{x}) = (AB)\vec{x}$$

を成立させる必要があったのかも、明らかにします。

➤ 1次変換（線形変換）

座標平面上で、点 $\mathrm{P}(x, y)$ が点 $\mathrm{P}'(x', y')$ に移るとき、

P' の座標が行列 $A = \begin{pmatrix} a & b \\ c & d \end{pmatrix}$ を使って

$$\begin{pmatrix} x' \\ y' \end{pmatrix} = A\begin{pmatrix} x \\ y \end{pmatrix}$$

$$A\begin{pmatrix} x \\ y \end{pmatrix} = \begin{pmatrix} a & b \\ c & d \end{pmatrix}\begin{pmatrix} x \\ y \end{pmatrix} = \begin{pmatrix} ax + by \\ cx + dy \end{pmatrix}$$

と表せるならば、すなわち

$$\begin{cases} x' = ax + by \\ y' = cx + dy \end{cases}$$

が常に成り立つのであれば、この移動を、行列 A の表す 1 次変換あるいは線形変換（linear transformation）と言います。

> （注）　高校数学の旧課程では「1 次変換」と言っていましたが、大学以降は「線形変換」という言葉を使うことのほうが多いです。

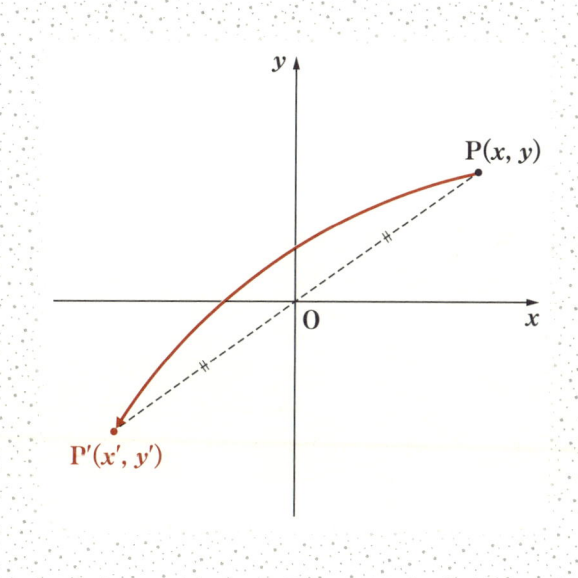

上のように座標平面上で、原点に関する対称移動によって、点 $P(x, y)$ が点 $P'(x', y')$ に移ったとするとき、

$$\begin{cases} x' = -x \\ y' = -y \end{cases}$$

の関係があります。これは

$$\begin{cases} x' = (-1) \cdot x + 0 \cdot y \\ y' = 0 \cdot x + (-1) \cdot y \end{cases}$$

と書き換えることができるので、

$$\begin{pmatrix} x' \\ y' \end{pmatrix} = \begin{pmatrix} -1 & 0 \\ 0 & -1 \end{pmatrix} \begin{pmatrix} x \\ y \end{pmatrix}$$

です。すなわち、原点に関する対称移動は行列

$$A = \begin{pmatrix} -1 & 0 \\ 0 & -1 \end{pmatrix}$$

が表す 1 次変換です。

例 2 　原点のまわりの回転移動

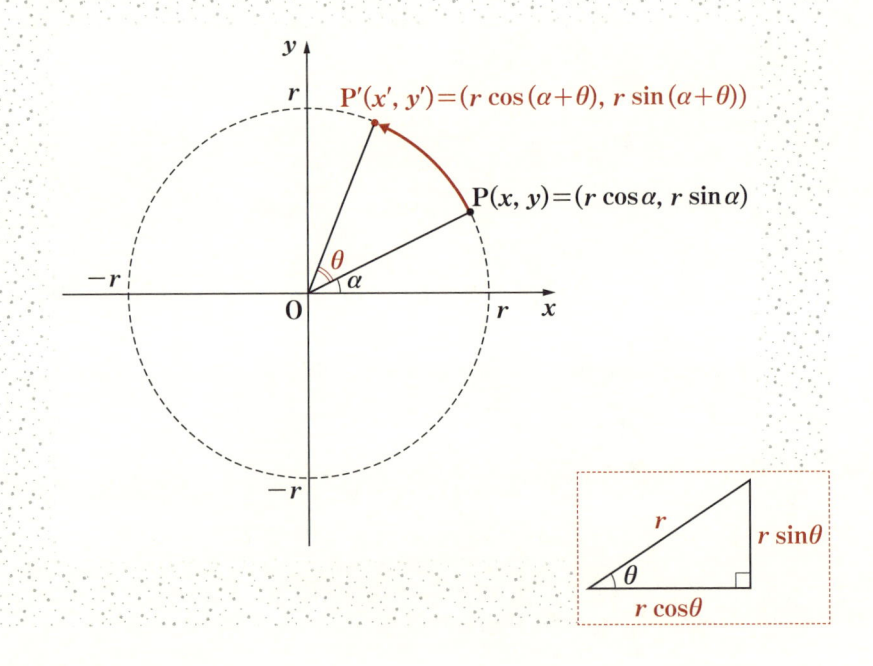

平面上の任意の点 $P(x, y)$ を角度 θ だけ原点のまわりに回転させた点 $P'(x', y')$ を考えます。P が原点を中心とする半径 r の円上にあって、OP と x 軸の正方向のなす角が α のとき、三角関数の定義（240 頁）より

$$\begin{cases} x = r\cos\alpha \\ y = r\sin\alpha \end{cases}$$

です。一方、P を原点のまわりに角度 θ 回転させると、OP' と x 軸の正方向のなす角は $\alpha + \theta$ になるので

$$
\begin{aligned}
x' &= r\cos(\alpha + \theta) \\
&= r(\cos\alpha\cos\theta - \sin\alpha\sin\theta) \\
&= \cos\theta \cdot r\cos\alpha - \sin\theta \cdot r\sin\alpha \\
y' &= r\sin(\alpha + \theta) \\
&= r(\sin\alpha\cos\theta + \cos\alpha\sin\theta) \\
&= \sin\theta \cdot r\cos\alpha + \cos\theta \cdot r\sin\alpha
\end{aligned}
$$

> 加法定理（253 頁）
> $\cos(\alpha + \beta) = \cos\alpha\cos\beta - \sin\alpha\sin\beta$
> $\sin(\alpha + \beta) = \sin\alpha\cos\beta + \cos\alpha\sin\beta$

これより

$$
\begin{cases}
x' = \cos\theta \cdot r\cos\alpha - \sin\theta \cdot r\sin\alpha = \cos\theta \cdot x - \sin\theta \cdot y \\
y' = \sin\theta \cdot r\cos\alpha + \cos\theta \cdot r\sin\alpha = \sin\theta \cdot x + \cos\theta \cdot y
\end{cases}
$$

と書き換えることができるので

$$
\begin{pmatrix} x' \\ y' \end{pmatrix} = \begin{pmatrix} \cos\theta & -\sin\theta \\ \sin\theta & \cos\theta \end{pmatrix} \begin{pmatrix} x \\ y \end{pmatrix}
$$

です。すなわち、原点を中心とする角度 θ の回転移動は行列

$$
A = \begin{pmatrix} \cos\theta & -\sin\theta \\ \sin\theta & \cos\theta \end{pmatrix}
$$

が表す 1 次変換です。

【原点を中心とする角度 θ の回転移動を表す行列】

$$
\begin{pmatrix} \cos\theta & -\sin\theta \\ \sin\theta & \cos\theta \end{pmatrix}
$$

➤ **線形性について**

　ある変換 f によって $\vec{p}$ が $\vec{p'}$ に移ることを

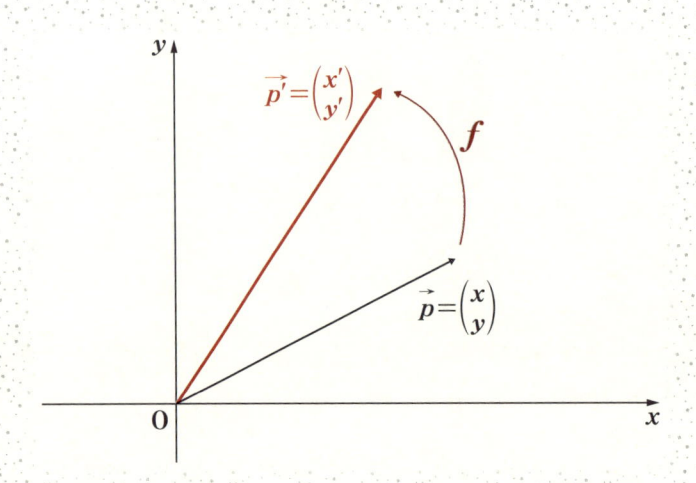

$$\vec{p'} = f(\vec{p})$$

と表すことにすると、f が 1 次変換であるとき、任意のベクトル $\vec{p}$、$\vec{q}$ と任意の実数 α、β について

$$f(\alpha\vec{p} + \beta\vec{q}) = \alpha f(\vec{p}) + \beta f(\vec{q})$$

が成り立ちます。この性質を**線形性** (linearity) と言います。

　線形性を表す上の式は、文字式で分配法則が成立しているだけのように見えるので、ごく当たり前に感じてしまうかもしれませんが、実は全然当たり前ではありません。

　このことを、関数を使って説明しておきましょう。

$y = f(x)$ のとき（y が x の関数であるとき）、f によって x が y に変換されている、と考えます。

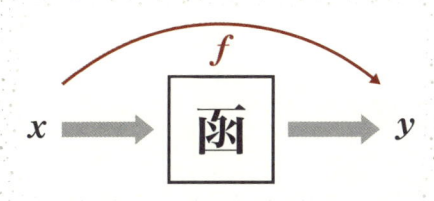

ここで $f(x)$ が

$$f(x) = kx$$

の場合は

$$f(\alpha p + \beta q) = k(\alpha p + \beta q) = k\alpha p + k\beta q = \alpha kp + \beta kq = \alpha f(p) + \beta f(q)$$

より線形性がありますが

$$f(x) = kx^2$$

の場合は

$$f(\alpha p + \beta q) = k(\alpha p + \beta q)^2 = k\alpha^2 p^2 + 2k\alpha\beta pq + k\beta^2 q^2$$

$$\alpha f(p) + \beta f(q) = \alpha kp^2 + \beta kq^2$$

$$\Rightarrow \quad f(\alpha p + \beta q) \neq \alpha f(p) + \beta f(q)$$

となり、線形性はありません。

今、行列 A が表す 1 次変換を f、行列 B が表す 1 次変換を g とします。つまり、

$$f(\vec{p}) = A\vec{p}$$
$$g(\vec{p}) = B\vec{p}$$

です。ここでそれぞれを実数倍したものの足し算

$$(kf + lg)(\vec{p}) = kf(\vec{p}) + lg(\vec{p}) \quad \cdots ①$$

で定義される変換 $kf + lg$ を考えてみましょう（k と l は実数）。

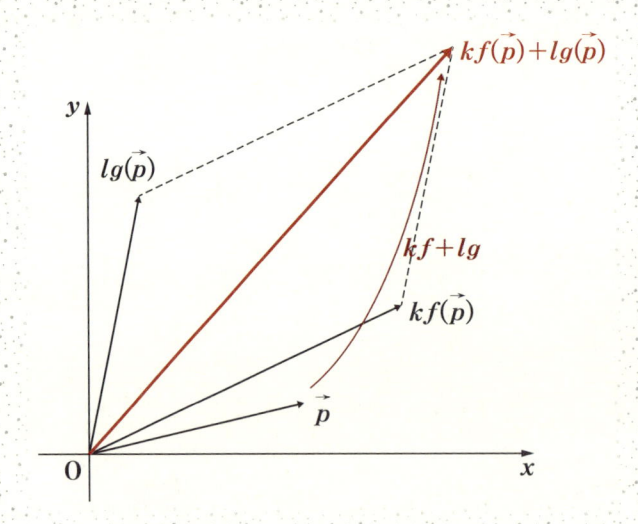

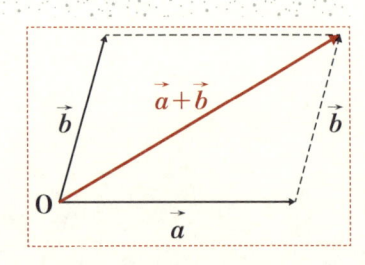

まずはこの変換が線形性を持つことを確認します。

$$(kf+lg)(\alpha\vec{p}+\beta\vec{q})$$
$$= kf(\alpha\vec{p}+\beta\vec{q}) + lg(\alpha\vec{p}+\beta\vec{q})$$
$$= k\{\alpha f(\vec{p})+\beta f(\vec{q})\} + l\{\alpha g(\vec{p})+\beta g(\vec{q})\}$$
$$= \alpha kf(\vec{p})+\beta kf(\vec{q})+\alpha lg(\vec{p})+\beta lg(\vec{q})$$
$$= \alpha\{kf(\vec{p})+lg(\vec{p})\} + \beta\{kf(\vec{q})+lg(\vec{q})\}$$
$$= \alpha(kf+lg)(\vec{p}) + \beta(kf+lg)(\vec{q})$$

①の定義より

f と g の線形性より

①の定義より

となるので、**変換 $kf+lg$ は線形性を持ちます**。

線形性
$$f(\alpha\vec{p}+\beta\vec{q})$$
$$= \alpha f(\vec{p})+\beta f(\vec{q})$$

ところで、行列の和と実数倍の定義から

$$(kA+lB)\vec{x} = kA\vec{x} + lB\vec{x}$$

が成り立つことはすでに確認しました（493 〜 494 頁）。

これを使うと、①より

$$(kf+lg)(\vec{p}) = kf(\vec{p})+lg(\vec{p}) = kA\vec{p}+lB\vec{p} = (kA+lB)\vec{p}$$

なので、変換 $kf+lg$ は $kA+lB$ で表せる変換であることがわかります。

つまり、493 頁で学んだ行列の和と実数倍に関する定義は、**線形性を持つ変換 $kf+lg$ を $kA+lB$ という行列で表せるようにするための**ものだったのです。

➤ 合成変換と行列の積

今度は、以下のように g によって $\vec{p}$ が $\vec{q}$ に変換され、f によって $\vec{q}$ が $\vec{r}$ に変換される場合を考えましょう。式で表すと

$$\vec{q} = g(\vec{p}) \quad \cdots ①$$
$$\vec{r} = f(\vec{q}) \quad \cdots ②$$

となります。

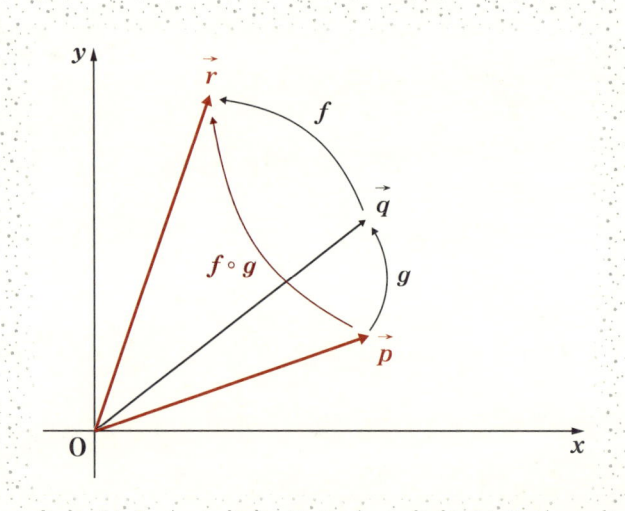

ここで①を②に代入してみましょう。

$$\vec{r} = f(\vec{q}) = f(g(\vec{p}))$$

$\vec{r}$ は $\vec{p}$ を、g と f によって（$\vec{q}$ をはさんで）変換したものなので、$\vec{p}$ を $\vec{r}$ に対応させる変換を g と f の**合成変換**と言い、$f(g(\vec{p}))$ を $f \circ g(\vec{p})$ と書きます。すなわち

$$\vec{r} = f \circ g(\vec{p})$$

です。

変換 g を表す行列が B、変換 f を表す行列が A だとすると、

$$\vec{q} = g(\vec{p}) = B\vec{p}$$
$$\vec{r} = f(\vec{q}) = A\vec{q}$$

なので

$$f \circ g(\vec{p}) = f(g(\vec{p}))$$
$$= f(\vec{q})$$
$$= A\vec{q}$$
$$= A(B\vec{p})$$

$g(\vec{p}) = \vec{q}$

$f(\vec{q}) = A\vec{q}$

$\vec{q} = B\vec{p}$

となります。ところで、行列の積は

$$A(B\vec{x}) = (AB)\vec{x}$$

が成立するように定義されているのでしたね（498 頁）。

よって、

$$f \circ g(\vec{p}) = A(B\vec{p}) = (AB)\vec{p}$$

です。

結局、複雑に思われた行列の積の定義は、行列 B で表される変換 g と行列 A で表される変換 f の**合成変換 $f \circ g$ を表す行列が AB になるように**考えられているのです。

行列の使いみち
〜マルコフ連鎖とシェア分析〜

　線形代数の守備範囲は多岐にわたりますが、その一例として、経済理論におけるいわゆる**マルコフ連鎖**（**Markov Chain**）を取り上げてみたいと思います。詳しい話は割愛しますが、一般に、同じようなことを繰り返すプロセスにおいて、各現象の起きる確率がその直前の状態だけで決まるケースを**マルコフ過程**と言い、マルコフ過程のうち、とりうる状態が「1日おき」とか「1年おき」のように離散的なものを特にマルコフ連鎖と言います。

　たとえば、ある製品の市場をS社とT社の2社で競っているとしましょう。この製品の寿命は1年で、1年ごとに全ユーザーが商品を買い換えます。

　S社の製品を使っているユーザーは買い換えを検討するたびに、その0.9（90％）はそのままS社の製品を使い、0.1（10％）はT社の製品にスイッチすることがわかっています。また、T社の製品を使っているユーザーは買い換え検討のたびに0.7（70％）はそのままT社の製品を使い、0.3（30％）はS社の製品にスイッチします。

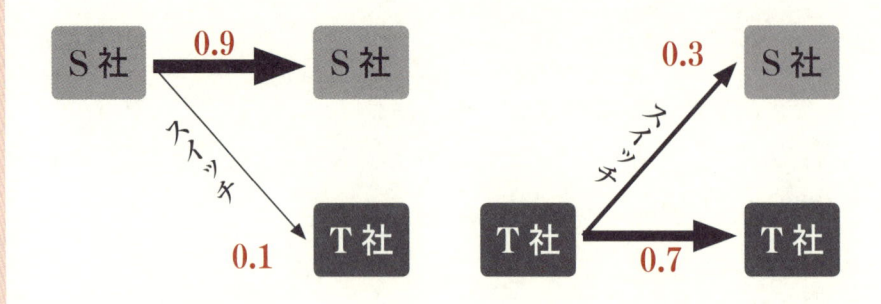

この4つの数字を取り出してつくった行列

$$A = \begin{pmatrix} 0.9 & 0.3 \\ 0.1 & 0.7 \end{pmatrix}$$

を、**推移確率行列**と言います。

　さて、仮に現在のS社とT社のシェアがちょうど半分ずつ（0.5ずつ）の場合、1年後のシェアがどう変わるか計算してみましょう。

　1年後にS社→S社とそのまま使い続けるユーザーは

$$0.5 \times 0.9 = 0.45$$

　また、1年後にT社→S社とスイッチするユーザーは

$$0.5 \times 0.3 = 0.15$$

なので、結局1年後のS社のシェアは

$$0.45 + 0.15 = 0.60$$

　同様に、1年後にT社→T社とそのまま使い続けるユーザーは

$$0.5 \times 0.7 = 0.35$$

　1年後にS社→T社とスイッチするユーザーは

$$0.5 \times 0.1 = 0.05$$

なので、結局1年後のT社のシェアは

$$0.35 + 0.05 = 0.40$$

です。すなわちS社とT社のシェアは1年後に

$$
\begin{array}{ccc}
0.5 & & 0.6 \\
& \rightarrow & \\
0.5 & & 0.4
\end{array}
$$

と変化することがわかりました。これを列ベクトル（成分を縦に並べたベクトルで書けば）

$$
\vec{x_0} = \begin{pmatrix} 0.5 \\ 0.5 \end{pmatrix} \rightarrow \vec{x_1} = \begin{pmatrix} 0.6 \\ 0.4 \end{pmatrix}
$$

ですね。

　こうすると上の計算は行列とベクトルを使って

$$
\begin{pmatrix} 0.9 & 0.3 \\ 0.1 & 0.7 \end{pmatrix} \begin{pmatrix} 0.5 \\ 0.5 \end{pmatrix} = \begin{pmatrix} 0.9 \times 0.5 + 0.3 \times 0.5 \\ 0.1 \times 0.5 + 0.7 \times 0.5 \end{pmatrix} = \begin{pmatrix} 0.6 \\ 0.4 \end{pmatrix}
$$

と書くことができます。

　推移確率行列を A、現在のシェアを $\vec{x_0}$、1年後のシェアを $\vec{x_1}$ とすれば、

$$
A\vec{x_0} = \vec{x_1} \quad \cdots \text{①}
$$

です。

　同じように考えれば、2年後のシェア $\vec{x_2}$ は

$$
A\vec{x_1} = \vec{x_2} \quad \cdots \text{②}
$$

となります。①を②に代入すると

$$
A\vec{x_1} = A(A\vec{x_0}) = \vec{x_2} \quad \Rightarrow \quad A^2\vec{x_0} = \vec{x_2}
$$

ですね。

　結局、n 年後のシェア $\vec{x_n}$ は

$$A^n \vec{x_0} = \vec{x_n}$$

で計算できます。

　さて、ここで n を限りなく大きくしたとき、$\vec{x_n}$ の極限（330頁）が $\vec{x_\infty}$ であるならば、すなわち

$$\lim_{n \to \infty} A^n \vec{x_0} = \vec{x_\infty} \quad \cdots ③$$

ならば、

$$\lim_{n \to \infty} A^{n+1} \vec{x_0} = \vec{x_\infty} \quad \cdots ④$$

と考えるのは自然なことでしょう。

（注）　たとえば $\dfrac{1}{2}$ は掛ければ掛けるほど 0 に近づいていくので

$$\lim_{n \to \infty} \left(\frac{1}{2}\right)^n = 0$$

であり、

$$\lim_{n \to \infty} \left(\frac{1}{2}\right)^{n+1} = 0$$

です。一般に、n を限りなく大きくしたときの n 乗の極限と $n+1$ 乗の極限は同じ値になります（n が大きくなればなるほど、n と $n+1$ の違いは考える必要がなくなるわけです）。

④より

$$\lim_{n \to \infty} A^{n+1} \vec{x_0} = \vec{x_\infty}$$

$$\Rightarrow \quad \lim_{n \to \infty} A A^n \vec{x_0} = \vec{x_\infty}$$

$$\Rightarrow \quad A \lim_{n \to \infty} A^n \vec{x_0} = \vec{x_\infty}$$

③を代入して

$$A\overrightarrow{x_\infty} = \overrightarrow{x_\infty} \quad \cdots ⑤$$

です。

$$\overrightarrow{x_\infty} = \begin{pmatrix} s \\ t \end{pmatrix} \; [0 \leq s, \; t \leq 1]$$

とすると、全シェアを 2 社で競っているので

$$s+t = 1$$

です。よって、

$$\overrightarrow{x_\infty} = \begin{pmatrix} s \\ 1-s \end{pmatrix} \; [0 \leq s \leq 1]$$

これを⑤に代入すると

$$\begin{pmatrix} 0.9 & 0.3 \\ 0.1 & 0.7 \end{pmatrix}\begin{pmatrix} s \\ 1-s \end{pmatrix} = \begin{pmatrix} s \\ 1-s \end{pmatrix} \; \Rightarrow \; \begin{pmatrix} 0.9s+0.3(1-s) \\ 0.1s+0.7(1-s) \end{pmatrix} = \begin{pmatrix} s \\ 1-s \end{pmatrix}$$

$$\Rightarrow \; \begin{cases} 0.9s+0.3-0.3s = s \\ 0.1s+0.7-0.7s = 1-s \end{cases}$$

この 2 つの式はどちらも

$$0.4s = 0.3$$

とまとめられるので、

$$s = \frac{0.3}{0.4} = 0.75$$

と求まり、結局 S 社と T 社のシェア争奪戦は

$$\vec{x}_\infty = \begin{pmatrix} 0.75 \\ 0.25 \end{pmatrix}$$

に落ち着くことがわかります。

　この最終的なシェアを**均衡シェア**と言います。実は、**均衡シェアは現在のシェア $\vec{x_0}$ に関係なく、推移確率行列 A だけで決まります。**

　なぜなら、⑤式より A は固有値 1 を持つことがわかり、均衡シェア $\vec{x_\infty}$ はその固有値 1 に対する固有ベクトルだからです（514 頁）。

> $A\vec{x} = k\vec{x}$ かつ $\vec{x} \neq \vec{0}$ のとき、
> $\vec{x}$：A の固有ベクトル
> k：A の固有値（⑤式は $k=1$ のケース）

　なお、一般に推移確率行列が

$$A = \begin{pmatrix} a & b \\ c & d \end{pmatrix} \quad [a,\ b,\ c,\ d \geqq 0,\ \ a+c=1,\ \ b+d=1]$$

のとき、

$$a+c=1、b+d=1$$

から、a と d を消去して、510 頁の問題 35 と同じように計算すれば A の固有値 1 に対する固有ベクトル、すなわち均衡シェア $\vec{x_\infty}$ は

$$\vec{x}_\infty = \begin{pmatrix} \dfrac{b}{b+c} \\[2mm] \dfrac{c}{b+c} \end{pmatrix}$$

になることがわかります。

　余裕のある方は是非、確かめてみてください。

［参考：『なっとくする行列・ベクトル』（講談社）］

複素数平面（数Ⅲ）

　複素数についてはすでに学びました（第2章「02」節）が、ここでは2乗すると負になるという虚数（imaginary number）を座標平面上の点に対応させることを学びます。そうすることで虚数は決して、現実離れした「想像上の数」ではなく、実に応用範囲の広い強力な道具であることがわかってきます。

　また、複素数を通じて平面上の図形を扱えば、特に**図形の回転**を考える際には、簡便になる点にも注目してください。

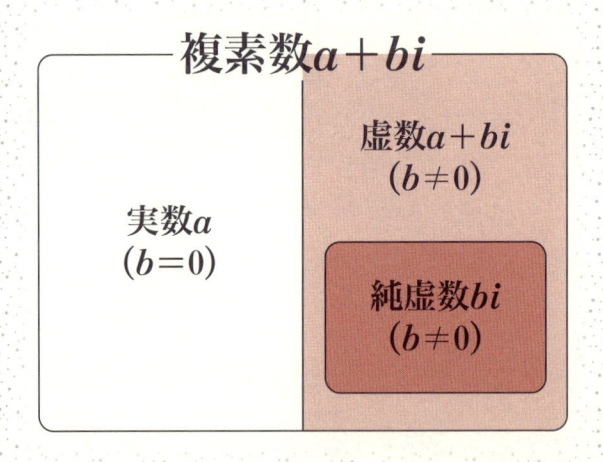

　デカルトは、一対の数字と座標系の点が1対1に対応することを使って、方程式を図形として捉えたり、図形を方程式で表したりするという革命を起こしたのでしたね（110頁）。

　複素数も次頁に示すような方法で座標系の点と1対1に対応させられるので、複素数を図形として捉えたり、図形を複素数で表したりすることができるようになります。

➤ 複素数平面〜虚実が交わる座標平面〜

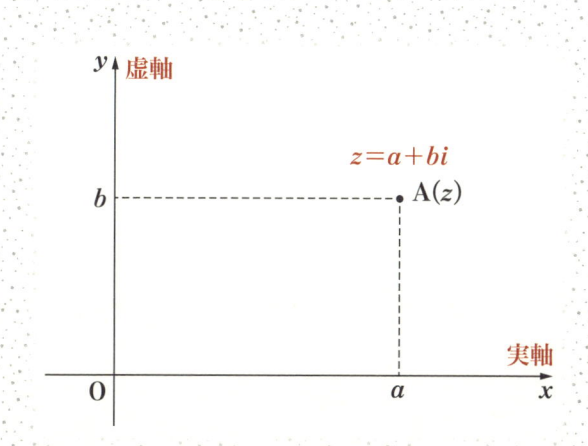

複素数 $z = a + bi$ を座標平面上の点 (a, b) で表すと、**複素数と平面上の点が1対1に対応**します。一般に、2つの集合の各要素が1対1に対応することは、2つの集合が一致することを意味するので、**座標平面（＝点の集合）を複素数の集合とみなす**ことができます。このとき、座標平面を**複素数平面**または**複素平面**と言います。

> （注）　実数を表現する直線を数直線と呼ぶように、複素数を表す平面を「複素数平面」と呼ぶのは合理的ですが、大学以上ではこの平面を表す "complex plane" の訳語から「複素平面」のほうが一般的です。
>
> 　また、複素数を平面上に表すという画期的なアイディアを深く掘り下げた**ガウス**（1777−1855）に敬意を表して**ガウス平面**（Gaussian plane）と言うこともあります。

複素数平面上では、x 軸は**実軸**、y 軸は**虚軸**と言います。実軸上の点は実数を、虚軸上の点は（原点を除いて）純虚数を表します。

　また、複素数平面上で点 A が複素数 z を表すとき、**A(z)** と書きます。点 A を単に**点 z** と呼ぶこともあります。

複素数 $z = a + bi$ に対して（a, b は実数）

$$\overline{z} = a - bi$$

を z の**共役複素数**（conjugate complex number）と言います。

> （注）「共役」を表す "conjugate" には、「一対の」とか「同源の」などの意味があります。数学では類型的で特殊な関係にある2つのものを対として考える場合、両者の関係を「共役」と言います。

例

$$z = 3 + 2i \;\Rightarrow\; \overline{z} = 3 - 2i$$

$$z = 3 \;\Rightarrow\; \overline{z} = 3$$

$$z = 2i \;\Rightarrow\; \overline{z} = -2i$$

z と $\overline{z}$ の和や積は実数になります。

$$z + \overline{z} = (a + bi) + (a - bi) = 2a$$

$$z\overline{z} = (a + bi)(a - bi)$$
$$= a^2 - (bi)^2 = a^2 - b^2 i^2 = a^2 + b^2$$

> $(p + q)(p - q) = p^2 - q^2$
>
> 虚数単位 i（81頁）
> $i^2 = -1$

また、複素数平面上では

　点 $\overline{z}$ は点 z と実軸に関して対称

　点 $-\overline{z}$ は点 z と虚軸に関して対称

　点 $-z$ は点 z と原点に関して対称

です。

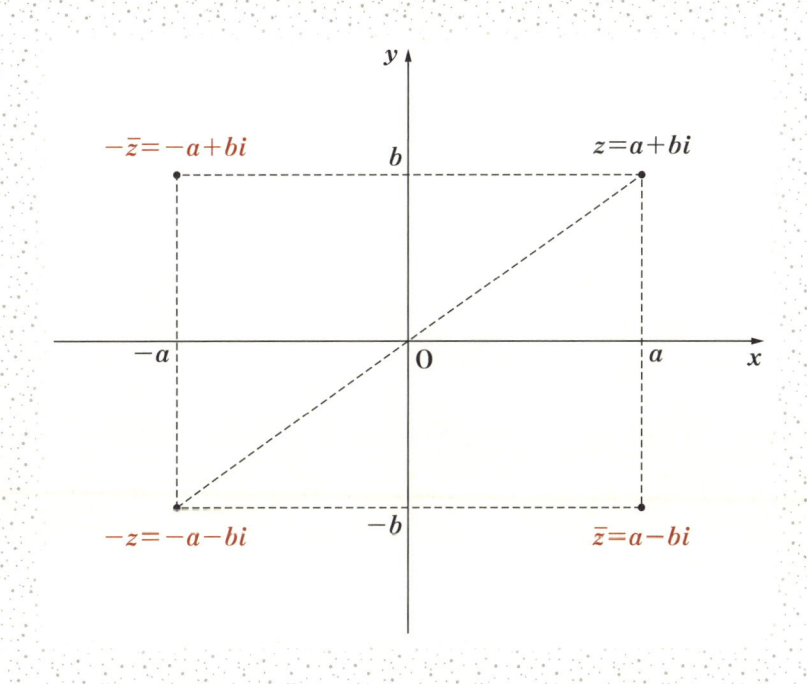

　特に z が実数のとき、点 z は実軸上にあるので、点 z と実軸に対して対称な点 $\bar{z}$ は重なります。また z が純虚数のとき、点 z は虚軸上にあるので、点 z と実軸に対して対称な点 $\bar{z}$ は虚軸上の原点をはさんで反対側にあります。

　このことから次のことがわかります。

> z が実数 $\Leftrightarrow$ $\bar{z}=z$
>
> z が純虚数 $\Leftrightarrow$ $\bar{z}=-z$ かつ $z \neq 0$

さらに複素数 α、β の和・差・積・商の共役複素数について次のことが成立します。

(i) $\overline{\alpha + \beta} = \overline{\alpha} + \overline{\beta}$ （和）

(ii) $\overline{\alpha - \beta} = \overline{\alpha} - \overline{\beta}$ （差）

(iii) $\overline{\alpha\beta} = \overline{\alpha} \cdot \overline{\beta}$ （積）

(iv) $\overline{\left(\dfrac{\beta}{\alpha}\right)} = \dfrac{\overline{\beta}}{\overline{\alpha}}$ （商）

証明

$$\alpha = a + bi, \quad \beta = c + di$$

とします $(a,\ b,\ c,\ d$ は実数$)$

(i)

$$\alpha + \beta = (a + bi) + (c + di)$$
$$= (a + c) + (b + d)i$$

なので

$$\overline{\alpha + \beta} = (a + c) - (b + d)i$$

また

$$\overline{\alpha} + \overline{\beta} = (a - bi) + (c - di)$$
$$= (a + c) - (b + d)i$$

よって、

$$\overline{\alpha + \beta} = \overline{\alpha} + \overline{\beta}$$

> $\alpha = a + bi$ のとき
> $\overline{\alpha} = a - bi$

(ii)

$$\alpha - \beta = (a+bi)-(c+di)$$
$$= (a-c)+(b-d)i$$

なので

$$\overline{\alpha - \beta} = (a-c)-(b-d)i$$

また

$$\overline{\alpha} - \overline{\beta} = (a-bi)-(c-di)$$
$$= a-c-bi+di$$
$$= (a-c)-(b-d)i$$

よって、

$$\overline{\alpha - \beta} = \overline{\alpha} - \overline{\beta}$$

(iii)

$$\alpha\beta = (a+bi)(c+di)$$
$$= ac+adi+bci+bdi^2 \qquad \boxed{i^2=-1}$$
$$= ac+adi+bci-bd$$
$$= (ac-bd)+(ad+bc)i$$

なので

$$\overline{\alpha\beta} = (ac-bd)-(ad+bc)i$$

また

$$\overline{\alpha} \cdot \overline{\beta} = (a-bi)(c-di)$$
$$= ac-adi-bci+bdi^2 \qquad \boxed{i^2=-1}$$
$$= ac-adi-bci-bd$$
$$= (ac-bd)-(ad+bc)i$$

よって、

$$\overline{\alpha\beta} = \overline{\alpha} \cdot \overline{\beta}$$

(iv)

$$\frac{\beta}{\alpha} = \frac{c+di}{a+bi} = \frac{c+di}{a+bi} \times \frac{a-bi}{a-bi}$$

$$= \frac{(c+di)(a-bi)}{(a+bi)(a-bi)}$$

$$= \frac{ac+adi-bci-bdi^2}{a^2-b^2i^2}$$

$$= \frac{ac+adi-bci+bd}{a^2+b^2}$$

$$= \frac{(ac+bd)}{a^2+b^2} + \frac{(ad-bc)}{a^2+b^2}i$$

←分母の実数化
（参考）分母の有理化

$$\frac{5}{2+\sqrt{3}} = \frac{5}{2+\sqrt{3}} \times \frac{2-\sqrt{3}}{2-\sqrt{3}}$$

$$= \frac{5(2-\sqrt{3})}{2^2-\sqrt{3}^2}$$

$$= \frac{10-5\sqrt{3}}{4-3}$$

$$= 10-5\sqrt{3}$$

なので

$$\overline{\left(\frac{\beta}{\alpha}\right)} = \frac{(ac+bd)}{a^2+b^2} - \frac{(ad-bc)}{a^2+b^2}i$$

また

$$\frac{\overline{\beta}}{\overline{\alpha}} = \frac{c-di}{a-bi} = \frac{c-di}{a-bi} \times \frac{a+bi}{a+bi}$$

←分母の実数化

$$= \frac{(c-di)(a+bi)}{(a-bi)(a+bi)}$$

$$= \frac{ac-adi+bci-bdi^2}{a^2-b^2i^2}$$

$$= \frac{ac-adi+bci+bd}{a^2+b^2}$$

$$= \frac{(ac+bd)}{a^2+b^2} - \frac{(ad-bc)}{a^2+b^2}i$$

よって、

$$\overline{\left(\frac{\beta}{\alpha}\right)} = \frac{\overline{\beta}}{\overline{\alpha}}$$

証明終

➤ 複素数の絶対値

複素数 $z = a + bi$ に対して

$$\sqrt{z\bar{z}} = \sqrt{a^2 + b^2}$$

$$z\bar{z} = (a + bi)(a - bi) \\ = a^2 - (bi)^2 = a^2 - b^2 i^2 = a^2 + b^2$$

を**複素数 z の絶対値**と言い、記号 $|z|$ あるいは $|a + bi|$ で表します。

> **【複素数の絶対値】**
>
> $z = a + bi$ のとき
>
> $$|z| = |a + bi| = \sqrt{a^2 + b^2}$$
> $$|z|^2 = z\bar{z} = a^2 + b^2$$

複素数平面上においては、複素数 z の絶対値は**原点 O と点 z の距離**を意味します。

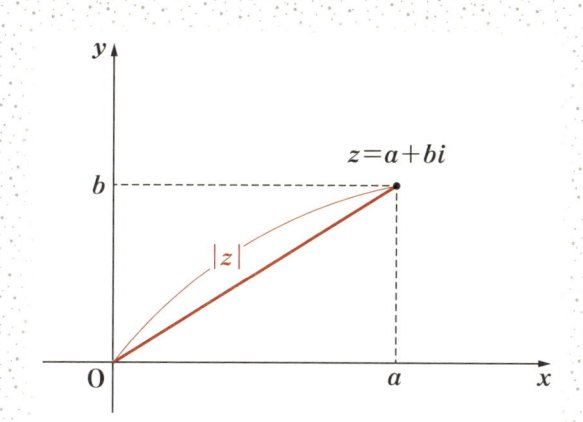

　平面上の 1 点を定めるには、2 本の座標軸と座標を使う以外にも方法があります。

　複素数 $z = a + bi$ に対して、$z \neq 0$ のとき、

$$r = |z| = \sqrt{a^2 + b^2}$$

とすると、z を表す点 A の位置は x 軸（実軸）の正の部分からの回転角 θ と原点 O からの距離 r で表すことができます。

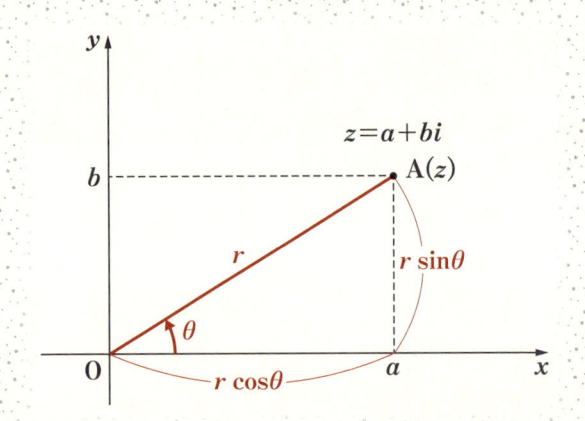

　このとき

$$\begin{cases} a = r\cos\theta \\ b = r\sin\theta \end{cases}$$

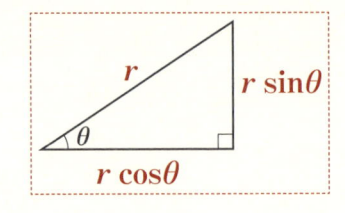

なので、

$$z = a + bi = r\cos\theta + r\sin\theta \cdot i = r(\cos\theta + i\sin\theta)$$

です。

最右辺の形を複素数 z の極 形式（polar form）と言います。

極形式における角度 θ を偏角（argument）と言い、複素数 z の偏角は

$$\arg z$$

と表します。

偏角は弧度法（239 頁）で表し、負の角度や 2π より大きい角度もありえます。一般に、複素数 z の偏角の一つが θ_0 であるとき

$$\arg z = \theta_0 + 2n\pi$$

です。

［弧度法］

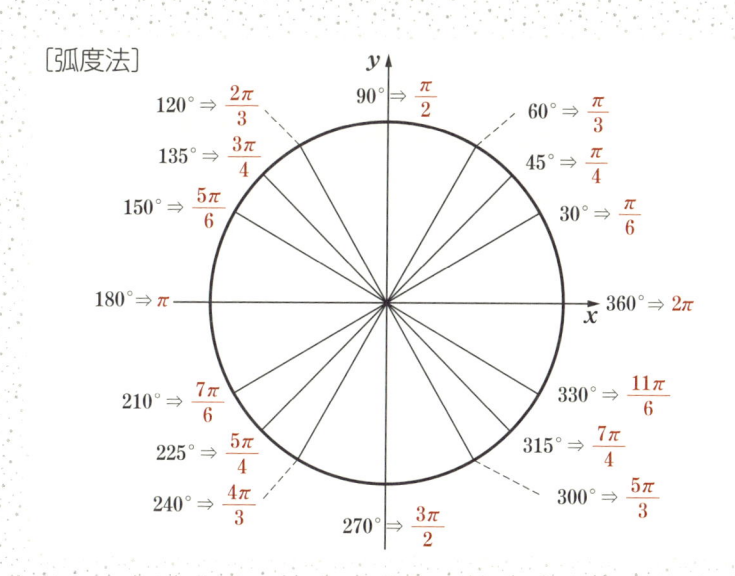

【複素数の極形式】

0 でない複素数 z に対して

$$z = r(\cos\theta + i\sin\theta)$$

のように表すことを複素数 z の極形式と言う。このとき

$$r = |z|, \quad \theta = \arg z$$

で、θ を偏角と言う。

(注)　極形式においてはふつう

$$z = r(\cos\theta + \sin\theta i)$$

とは書きません。「$\sin\theta i$」と書いてしまうと、「$\sin(\theta i)$」なのか「$(\sin\theta)i$」なのかがわかりづらいからでしょう。

例

$z = \sqrt{3} + i$ のとき、z の絶対値を r とすると

$$r = |z| = \sqrt{(\sqrt{3})^2 + 1^2} = \sqrt{3+1} = \sqrt{4} = 2$$

$$\Rightarrow \quad z = \sqrt{3} + i = 2\left(\frac{\sqrt{3}}{2} + i\cdot\frac{1}{2}\right)$$

> $z = r(\cos\theta + i\sin\theta)$ の形に変形

偏角を θ とすると

$$\cos\theta = \frac{\sqrt{3}}{2}, \quad \sin\theta = \frac{1}{2}$$

$$\Rightarrow \quad \theta = \frac{\pi}{6} + 2n\pi \quad (n \text{ は整数})$$

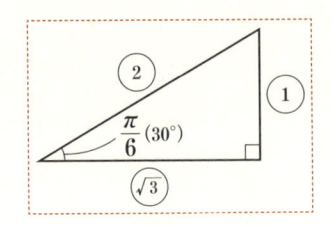

偏角を $0 \leqq \theta < 2\pi$ の範囲で表せば

$$z = \sqrt{3} + i = 2\left(\frac{\sqrt{3}}{2} + i\cdot\frac{1}{2}\right) = 2\left(\cos\frac{\pi}{6} + i\sin\frac{\pi}{6}\right)$$

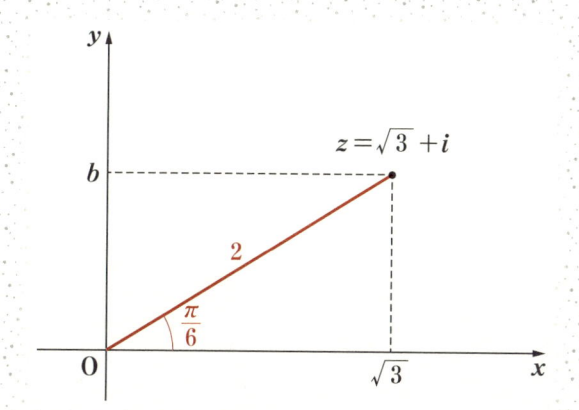

（注）　偏角は、$0 \leqq \theta < 2\pi$ とは限らないので

$$\theta = \frac{\pi}{6} + 2n\pi = \frac{\pi}{6} \text{ or } \frac{13\pi}{6} \text{ or } \frac{25\pi}{6} \cdots$$

と幾通りにも表せます。よって

$$z = 2\left(\cos\frac{\pi}{6} + i\sin\frac{\pi}{6}\right) = 2\left(\cos\frac{13\pi}{6} + i\sin\frac{13\pi}{6}\right)$$

$$= 2\left(\cos\frac{25\pi}{6} + i\sin\frac{25\pi}{6}\right) = \cdots$$

です。

　ところで、なぜこのような形で複素数を表すのでしょうか？　それは**複素数を極形式で表すと、積や商の計算がうんと楽になる**（後述；545頁）からです。また、複素数平面上では、ある複素数に絶対値が1の複素数

$$w = \cos\theta + i\sin\theta$$

を掛けることが**角度 θ の「回転」を意味する**（後述；548頁）ことにも是非注目してください。

$$z_1 = r_1(\cos\theta_1 + i\sin\theta_1)$$
$$z_2 = r_2(\cos\theta_2 + i\sin\theta_2)$$

であるとき、積を計算します。

$$z_1 z_2 = r_1(\cos\theta_1 + i\sin\theta_1)\cdot r_2(\cos\theta_2 + i\sin\theta_2)$$
$$= r_1 r_2(\cos\theta_1 + i\sin\theta_1)(\cos\theta_2 + i\sin\theta_2)$$
$$= r_1 r_2(\cos\theta_1\cos\theta_2 + i\cos\theta_1\sin\theta_2 + i\sin\theta_1\cos\theta_2 + i^2\sin\theta_1\sin\theta_2)$$
$$= r_1 r_2(\cos\theta_1\cos\theta_2 + i\cos\theta_1\sin\theta_2 + i\sin\theta_1\cos\theta_2 - \sin\theta_1\sin\theta_2)$$
$$= r_1 r_2\{(\cos\theta_1\cos\theta_2 - \sin\theta_1\sin\theta_2) + i(\sin\theta_1\cos\theta_2 + \cos\theta_1\sin\theta_2)\}$$

$$\boxed{i^2 = -1}$$

ここで三角関数の加法定理（253頁）を思い出してください。

$$\cos(\alpha + \beta) = \cos\alpha\cos\beta - \sin\alpha\sin\beta$$
$$\sin(\alpha + \beta) = \sin\alpha\cos\beta + \cos\alpha\sin\beta$$

でしたね。これより

$$z_1 z_2 = r_1 r_2\{(\cos\theta_1\cos\theta_2 - \sin\theta_1\sin\theta_2) + i(\sin\theta_1\cos_2 + \cos\theta_1\sin\theta_2)\}$$
$$= r_1 r_2\{\cos(\theta_1 + \theta_2) + i\sin(\theta_1 + \theta_2)\}$$

なので、

$$|z_1 z_2| = r_1 r_2 = |z_1||z_2|$$
$$\arg z_1 z_2 = \theta_1 + \theta_2 = \arg z_1 + \arg z_2$$

がわかります。

特に偏角が足し算になるところは極形式で積を考える醍醐味です。

【複素数の積と絶対値、偏角】

$$z_1 = r_1(\cos\theta_1 + i\sin\theta_1), \ z_2 = r_2(\cos\theta_2 + i\sin\theta_2)$$

のとき

（ⅰ） $z_1z_2 = r_1r_2\{\cos(\theta_1 + \theta_2) + i\sin(\theta_1 + \theta_2)\}$

（ⅱ） $|z_1z_2| = |z_1||z_2|$

（ⅲ） $\arg z_1z_2 = \arg z_1 + \arg z_2$

➤ 極形式における除法

同じように

$$z_1 = r_1(\cos\theta_1 + i\sin\theta_1)$$
$$z_2 = r_2(\cos\theta_2 + i\sin\theta_2)$$

であるとき、商を計算してみましょう。

$$\frac{z_2}{z_1} = \frac{r_2(\cos\theta_2 + i\sin\theta_2)}{r_1(\cos\theta_1 + i\sin\theta_1)}$$

$$= \frac{r_2(\cos\theta_2 + i\sin\theta_2)}{r_1(\cos\theta_1 + i\sin\theta_1)} \times \frac{(\cos\theta_1 - i\sin\theta_1)}{(\cos\theta_1 - i\sin\theta_1)}$$

←分母の実数化

$$= \frac{r_2(\cos\theta_2\cos\theta_1 + i\sin\theta_2\cos\theta_1 - i\cos\theta_2\sin\theta_1 - i^2\sin\theta_2\sin\theta_1)}{r_1(\cos^2\theta_1 - i^2\sin^2\theta_1)}$$

$i^2 = -1$

$$= \frac{r_2(\cos\theta_2\cos\theta_1 + i\sin\theta_2\cos\theta_1 - i\cos\theta_2\sin\theta_1 + \sin\theta_2\sin\theta_1)}{r_1(\cos^2\theta_1 + \sin^2\theta_1)}$$

$\cos^2\theta + \sin^2\theta = 1$

$$= \frac{r_2\{(\cos\theta_2\cos\theta_1 + \sin\theta_2\sin\theta_1) + i(\sin\theta_2\cos\theta_1 - \cos\theta_2\sin\theta_1)\}}{r_1}$$

ここで再び加法定理を使います。

$$\cos(\alpha - \beta) = \cos\alpha\cos\beta + \sin\alpha\sin\beta$$

$$\sin(\alpha - \beta) = \sin\alpha\cos\beta - \cos\alpha\sin\beta$$

これより

$$\frac{z_2}{z_1} = \frac{r_2\{(\cos\theta_2\cos\theta_1 + \sin\theta_2\sin\theta_1) + i(\sin\theta_2\cos\theta_1 - \cos\theta_2\sin\theta_1)\}}{r_1}$$

$$= \frac{r_2}{r_1}\{\cos(\theta_2 - \theta_1) + i\sin(\theta_2 - \theta_1)\}$$

なので、

$$\left|\frac{z_2}{z_1}\right| = \frac{r_2}{r_1} = \frac{|z_2|}{|z_1|}$$

$$\arg\frac{z_2}{z_1} = \theta_2 - \theta_1 = \arg z_2 - \arg z_1$$

です。

極形式を使って計算すると、商の偏角は引き算になります。

【複素数の商と絶対値、偏角】

$$z_1 = r_1(\cos\theta_1 + i\sin\theta_1), \ z_2 = r_2(\cos\theta_2 + i\sin\theta_2)$$

のとき

(i) $\quad \dfrac{z_2}{z_1} = \dfrac{r_2}{r_1}\{\cos(\theta_2 - \theta_1) + i\sin(\theta_2 - \theta_1)\}$

(ii) $\quad \left|\dfrac{z_2}{z_1}\right| = \dfrac{r_2}{r_1} = \dfrac{|z_2|}{|z_1|}$

(iii) $\quad \arg\dfrac{z_2}{z_1} = \arg z_2 - \arg z_1$

➤ 回転を表す複素数

$$z_1 = r_1(\cos\theta_1 + i\sin\theta_1), \quad z_2 = r_2(\cos\theta_2 + i\sin\theta_2)$$

のとき

$$z_1 z_2 = r_1 r_2\{\cos(\theta_1 + \theta_2) + i\sin(\theta_1 + \theta_2)\}$$

であることから、

$$z = r(\cos\theta + i\sin\theta), \quad w = \cos\varphi + i\sin\varphi$$

> （注） φ は「ファイ」と読むギリシャ文字です。角度を表すときによく使います。

とすると、

$$zw = r\{\cos(\theta + \varphi) + i\sin(\theta + \varphi)\}$$

です。ここで、複素数平面上で z を表す点を P、zw を表す点を Q とします。

$$|zw| = r = |z|$$

$$\arg(zw) = \theta + \varphi$$

であることから、Q(zw) は P(z) を原点のまわりに角度 φ だけ、反時計まわりに回転した点になることがわかります（下図参照）。

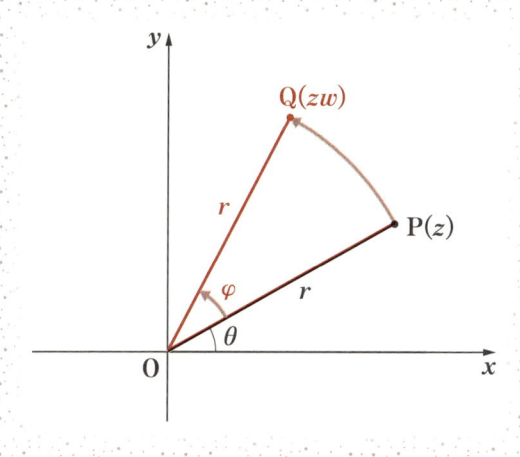

一般に、0 でない複素数に対して

$$w = \cos\varphi + i\sin\varphi$$

を掛けることは、複素数平面上における**角度 φ の回転移動**を意味します。

以上を踏まえて次の問題に挑戦してみましょう。

問題 36

> 点 $(a,\ b)$ は、a と b がともに有理数のとき有理点と呼ばれる。3 つの頂点がすべて有理点である正三角形は存在しないことを示せ。ただし、必要ならば $\sqrt{3}$ が無理数であることを証明せずに用いてもよい。
>
> [大阪大学]

解説 解答

解説

有理数というのは、分数で表せる数のことでしたね。

三角形 OAB が正三角形であるとき、B は A を原点のまわりに角度 $\pm\dfrac{\pi}{3}$ だけ回転移動した点です。そこで各点を複素数平面上の点と考え、A を表す複素数に

$$w = \cos\left(\pm\frac{\pi}{3}\right) + i\sin\left(\pm\frac{\pi}{3}\right)$$

を掛けて B を表す複素数を計算します。

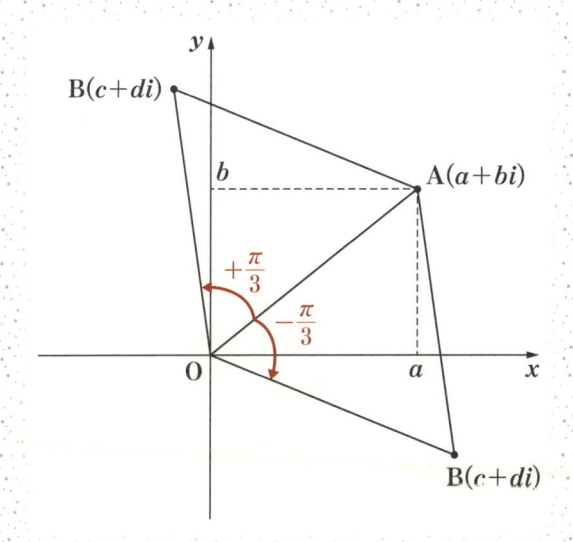

　証明自体は、最初に3点すべてが有理点だと仮定して矛盾を導く**背理法**（14頁）を使います。

（14頁）を使います。

解答

　複素数平面上で3頂点がすべて有理点である正三角形があるとすると、そのうちの1つの点が原点Oに重なるように平行移動しても、残りの2つの頂点は有理点になります（有理数±有理数＝有理数です）。

　よって、正三角形として△OABを考えても一般性を失うことはありません。

　今、複素数平面上で

$$O(0)、A(a+bi)、B(c+di)$$

とします。ここで、$a+bi$ や $c+di$ は0でない複素数で、a、b、c、d は有理数であると仮定します。

第7章 大学への数学

03 複素数平面（数Ⅲ）

点Bが点Aを原点のまわりに角度 $+\dfrac{\pi}{3}$ だけ回転移動した点であるとき、

$$c+di = (a+bi)\left(\cos\frac{\pi}{3} + i\sin\frac{\pi}{3}\right)$$

三角関数の特別な値（246頁）
$$\cos\frac{\pi}{3} = \frac{1}{2},\ \ \sin\frac{\pi}{3} = \frac{\sqrt{3}}{2}$$

$$= (a+bi)\left(\frac{1}{2} + \frac{\sqrt{3}}{2}i\right)$$

$$= \frac{1}{2}a + \frac{\sqrt{3}}{2}ai + \frac{1}{2}bi + \frac{\sqrt{3}}{2}bi^2$$

$$= \frac{1}{2}a + \frac{\sqrt{3}}{2}ai + \frac{1}{2}bi - \frac{\sqrt{3}}{2}b$$

$$= \left(\frac{1}{2}a - \frac{\sqrt{3}}{2}b\right) + \left(\frac{\sqrt{3}}{2}a + \frac{1}{2}b\right)i$$

$$c+di = \left(\frac{1}{2}a - \frac{\sqrt{3}}{2}b\right) + \left(\frac{\sqrt{3}}{2}a + \frac{1}{2}b\right)i$$

より、

複素数の相等（83頁）
$$a+bi = p+qi$$
$$\Leftrightarrow \ \ a=p \ \ かつ \ \ b=q$$

$$\begin{cases} c = \dfrac{1}{2}a - \dfrac{\sqrt{3}}{2}b & \cdots① \\[2mm] d = \dfrac{\sqrt{3}}{2}a + \dfrac{1}{2}b & \cdots② \end{cases}$$

①より

$$2c = a - \sqrt{3}\,b \ \ \Rightarrow \ \ \sqrt{3}\,b = a - 2c \ \ \cdots③$$

(i) ③より $b \neq 0$ のとき

$$\sqrt{3} = \frac{a-2c}{b} \ \ \cdots④$$

a、b、c は有理数なので、$\dfrac{a-2c}{b}$ も有理数。一方 $\sqrt{3}$ は無理数なので

④式は「無理数＝有理数」となり矛盾。

(ii) ③より $b=0$ のとき

$$a=2c \quad \cdots ⑤$$

$a+bi$ は 0 でない複素数なので、a と b が同時に 0 になることはなく、$a \neq 0$。よって⑤より $c \neq 0$。

このとき、②より

$$\boxed{a = 2c}$$

$$2d = \sqrt{3}\,a + b \quad \Rightarrow \quad 2d = 2\sqrt{3}\,c + b \quad \Rightarrow \quad 2\sqrt{3}\,c = 2d - b$$

ここで、$c \neq 0$ なので

$$\sqrt{3} = \frac{2d-b}{2c} \quad \cdots ⑥$$

b、c、d は有理数なので、$\dfrac{2d-b}{2c}$ も有理数。一方 $\sqrt{3}$ は無理数なので⑥式も「無理数＝有理数」となりやはり矛盾。

また、点 B が点 A を原点のまわりに角度 $-\dfrac{\pi}{3}$ だけ回転移動した点であるときは

$$c+di = (a+bi)\left\{\cos\left(-\frac{\pi}{3}\right) + i\sin\left(-\frac{\pi}{3}\right)\right\}$$

$$\boxed{\begin{array}{l}\cos\left(-\dfrac{\pi}{3}\right) = \dfrac{1}{2} \\[2mm] \sin\left(-\dfrac{\pi}{3}\right) = -\dfrac{\sqrt{3}}{2}\end{array}}$$

$$= (a+bi)\left(\frac{1}{2} - \frac{\sqrt{3}}{2}i\right)$$

となります。あとは前半とまったく同じようにして
$b \neq 0$ のときは

$$\sqrt{3} = \frac{2c-a}{b}$$

$b = 0$ のときは

$$\sqrt{3} = \frac{b-2d}{2c}$$

が導けるので、やはり矛盾します。

以上より、3 つの頂点が有理点である正三角形は存在しません。　　（終）

➤ ド・モアブルの定理

極形式で複素数の積を考えることから得られる「**ド・モアブルの定理**」は応用範囲の広い重要な定理です。

$$z_1 = r_1(\cos\theta_1 + i\sin\theta_1), \quad z_2 = r_2(\cos\theta_2 + i\sin\theta_2)$$

のとき

$$z_1 z_2 = r_1 r_2\{\cos(\theta_1 + \theta_2) + i\sin(\theta_1 + \theta_2)\}$$

であることから、

絶対値が 1 の複素数

$$z = \cos\theta + i\sin\theta$$

に対して

$$z^2 = z\cdot z = 1\cdot 1\{\cos(\theta + \theta) + i\sin(\theta + \theta)\} = \cos2\theta + i\sin2\theta$$
$$\Rightarrow \quad z^2 = (\cos\theta + i\sin\theta)^2 = \cos2\theta + i\sin2\theta$$

同様に

$$z^2 = \cos2\theta + i\sin2\theta, \quad z = \cos\theta + i\sin\theta$$

より

$$z^3 = z^2\cdot z = 1\cdot 1\{\cos(2\theta + \theta) + i\sin(2\theta + \theta)\} = \cos3\theta + i\sin3\theta$$
$$\Rightarrow \quad z^3 = (\cos\theta + i\sin\theta)^3 = \cos3\theta + i\sin3\theta$$

やはり同じく

$$z^3 = \cos3\theta + i\sin3\theta, \quad z = \cos\theta + i\sin\theta$$

より

$$z^4 = z^3 \cdot z = 1 \cdot 1 \{\cos(3\theta + \theta) + i\sin(3\theta + \theta)\} = \cos 4\theta + i\sin 4\theta$$

$$\Rightarrow \quad z^4 = (\cos\theta + i\sin\theta)^4 = \cos 4\theta + i\sin 4\theta$$

ここまでくれば

$$\Rightarrow \quad z^5 = (\cos\theta + i\sin\theta)^5 = \cos 5\theta + i\sin 5\theta$$

となることも明らかです。

これらを複素数平面上に表すと

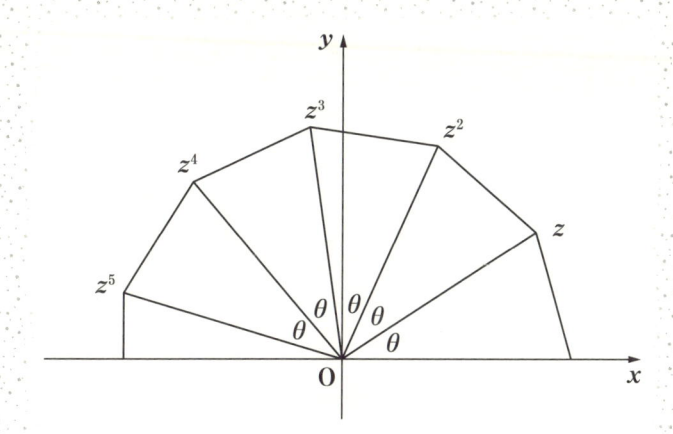

以上より、次の定理が成り立ちます。

【ド・モアブルの定理】

n が整数のとき

$$(\cos\theta + i\sin\theta)^n = \cos n\theta + i\sin n\theta$$

$$z = 1 + \sqrt{3}\, i$$

のとき、z^9 を求めてみましょう。

まず、z を極形式で表します。

$$|z| = \sqrt{1^2 + (\sqrt{3}\,)^2} = \sqrt{1+3} = \sqrt{4} = 2$$

$z = a + bi$ のとき、
$|z| = \sqrt{a^2 + b^2}$

より、

$$z = 1 + \sqrt{3}\, i = 2\left(\frac{1}{2} + \frac{\sqrt{3}}{2}i\right) = 2\left(\cos\frac{\pi}{3} + i\sin\frac{\pi}{3}\right)$$

$$z^9 = \left\{2\left(\cos\frac{\pi}{3} + i\sin\frac{\pi}{3}\right)\right\}^9$$

$$= 2^9 \cdot \left(\cos\frac{\pi}{3} + i\sin\frac{\pi}{3}\right)^9$$

$$= 2^9 \cdot \left\{\cos\left(9 \times \frac{\pi}{3}\right) + i\sin\left(9 \times \frac{\pi}{3}\right)\right\}$$

$(\cos\theta + i\sin\theta)^n$
$= \cos n\theta + i\sin n\theta$

$2^9 = 512$

$$= 512 \cdot (\cos 3\pi + i\sin 3\pi)$$

$$= 512 \cdot (-1 + i \cdot 0)$$

$$= -512$$

x座標：
  $\cos 3\pi = -1$

y座標：
  $\sin 3\pi = 0$

$2\pi = 360°$ なので
$3\pi = 2\pi + \pi$
は $\pi(180°)$ と同じ位置
$\cos\pi = -1$、$\sin\pi = 0$

➤ 1 の n 乗根

最後に、ド・モアブルの定理を使って、次の方程式の解を求めておきたいと思います。n は自然数です。

$$z^n = 1 \quad \cdots ①$$

一般に、2 つの複素数 z_1 と z_2 について

$$|z_1 z_2| = |z_1||z_2|$$

が成り立つことはすでに確認しました（545 頁）。

これより

$$|z^2| = |z \cdot z| = |z||z| = |z|^2$$

ですね。同様に

$$|z^3| = |z^2 \cdot z| = |z^2||z| = |z|^2|z| = |z|^3$$

なので、これを繰り返すと

$$|z^n| = |z|^n \quad \cdots ②$$

が得られます。①より

$$|z^n| = 1$$

②より

$$|z|^n = 1$$

$|z|$ は複素数 z の絶対値なので正の実数です。よって

$$|z|^n = 1 \quad \Rightarrow \quad |z| = 1$$

ここで

$$z = \cos\theta + i\sin\theta \quad [0 \leq \theta < 2\pi] \quad \cdots ③$$

とおくと、①より

$z^n = 1$

$\Rightarrow \quad (\cos\theta + i\sin\theta)^n = 1$

$\Rightarrow \quad \cos n\theta + i\sin n\theta = 1$

$\boxed{\begin{array}{l}(\cos\theta + i\sin\theta)^n \\ = \cos n\theta + i\sin n\theta\end{array}}$

$\Rightarrow \quad \cos n\theta + i\sin n\theta = 1 + 0 \cdot i$

よって

$\boxed{\begin{array}{l}a + bi = p + qi \\ \Leftrightarrow \quad a = p \ \ \text{かつ} \ \ b = q\end{array}}$

$\cos n\theta = 1, \ \sin n\theta = 0$

$\therefore \quad n\theta = 2k\pi$

$\Rightarrow \quad \theta = \dfrac{2k\pi}{n} \ [k \ \text{は整数}] \ \cdots④$

$0 \leqq \theta < 2\pi$ より

$0 \leqq \dfrac{2k\pi}{n} < 2\pi$

$\Rightarrow \quad 0 \leqq 2k\pi < 2n\pi$

$\Rightarrow \quad 0 \leqq k < n$

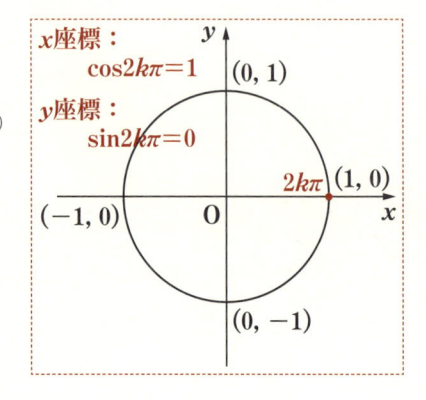

k は整数なので、

$$k = 0, \ 1, \ 2, \ \cdots\cdots, \ n-1 \ \cdots⑤$$

です。

結局、「$z^n = 1$」の解は、③、④、⑤より次のように表せます。

$$z = \cos\frac{2k\pi}{n} + i\sin\frac{2k\pi}{n} \ [k = 0, \ 1, \ 2, \ \cdots\cdots, \ n-1]$$

（注）　$z^n = 1$ の解を **1 の n 乗根**と言います。

　　　　1 の n 乗根は複素数の範囲に n 個存在します。

オイラーの公式を導く

　さて、いよいよ本書も大詰めです。最後に、82 頁で紹介した「世界で最も美しい数式」オイラーの公式を証明しておきましょう。

【オイラーの公式】 $e^{i\theta} = \cos\theta + i\sin\theta$

　オイラーの公式の証明方法はいろいろありますが、本コラムでは、

(1)　三角関数の重要な極限

(2)　ネイピア数の虚数乗

(3)　ド・モアブルの定理を使った証明

と進めて、オイラーの公式を証明したいと思います。

(1)　三角関数の重要な極限

　下の図のような**半径 1 の扇型 OAB** に内接する**直角三角形 OPB** と外接する**直角三角形 OAQ** を考えます（θ は弧度法：239 頁）

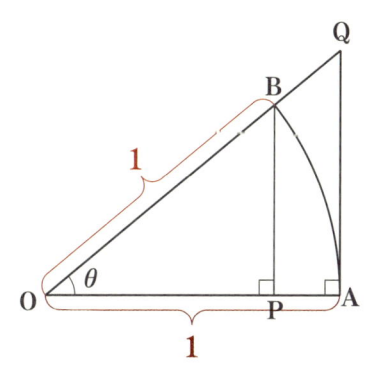

この 3 つの図形の面積を考えると明らかに

$$\triangle \text{OPB} \leqq \text{扇型 OAB} \leqq \triangle \text{OAQ}$$

です。

扇型 OAB の面積は

$$1^2 \pi \times \frac{\theta}{2\pi} = \frac{1}{2} \cdot 1^2 \cdot \theta$$

$1^2\pi$：半径 1 の円の面積
2π：$360°$

であり、三角比の定義（43 頁）より

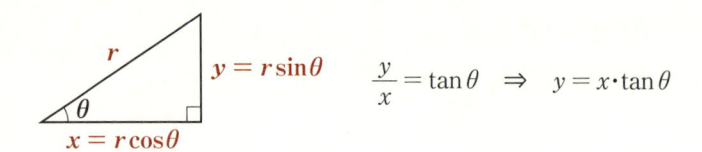

$$\frac{y}{x} = \tan\theta \quad \Rightarrow \quad y = x \cdot \tan\theta$$

なので、

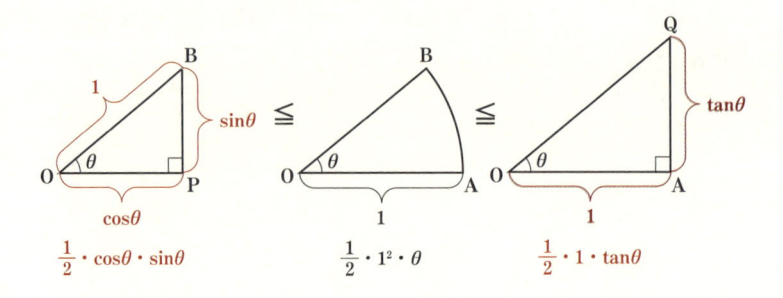

から

$$\frac{1}{2}\cdot\cos\theta\cdot\sin\theta \leqq \frac{1}{2}\cdot 1^2\cdot\theta \leqq \frac{1}{2}\cdot 1\cdot\tan\theta$$

$$\Rightarrow \quad \cos\theta\sin\theta \leqq \theta \leqq \tan\theta$$

$$\Rightarrow \quad \cos\theta\sin\theta \leqq \theta \leqq \frac{\sin\theta}{\cos\theta}$$

$$\tan\theta = \frac{\sin\theta}{\cos\theta}$$

$$\Rightarrow \quad \cos\theta \leqq \frac{\theta}{\sin\theta} \leqq \frac{1}{\cos\theta}$$

$$\div\sin\theta \qquad 0 < \theta < \frac{\pi}{2} \ \text{より}$$

$$\sin\theta > 0$$

ここで θ を限りなく 0 に近づけてみましょう。

三角関数の定義（240頁）より、$\theta = 0$ のとき P は $(1,\ 0)$ に重なるので、

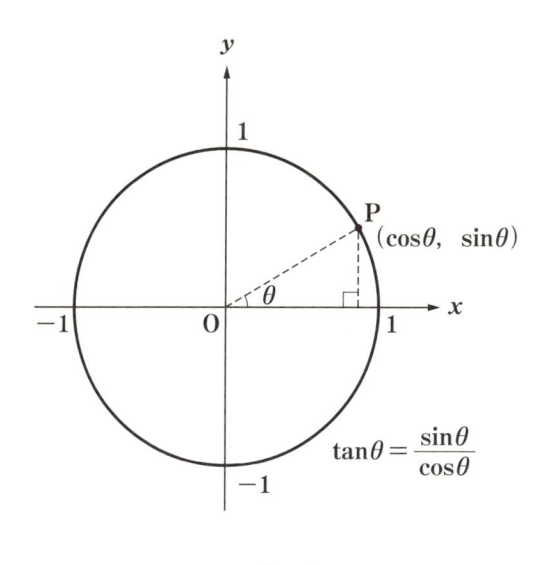

$$\tan\theta = \frac{\sin\theta}{\cos\theta}$$

$$\cos 0 = 1$$

$$\sin 0 = 0$$

よって、$\theta \to 0$ における $\cos\theta$ の極限値（330頁）は1なので

$$\lim_{\theta \to 0} \cos\theta = 1$$

これを使うと

$$\cos\theta \leqq \frac{\theta}{\sin\theta} \leqq \frac{1}{\cos\theta}$$

$$\Rightarrow \quad \lim_{\theta \to 0} \cos\theta \leqq \lim_{\theta \to 0} \frac{\theta}{\sin\theta} \leqq \lim_{\theta \to 0} \frac{1}{\cos\theta}$$

$$\Rightarrow \quad 1 \leqq \lim_{\theta \to 0} \frac{\theta}{\sin\theta} \leqq 1$$

こうすると、$\lim_{\theta \to 0} \dfrac{\theta}{\sin\theta}$ は1位上で1以下だということなりますね。

つまり

$$\lim_{\theta \to 0} \frac{\theta}{\sin\theta} = 1$$

です！　このままでも良いのですが、この極限は θ が分母の形で表すのがふつうです。

$$\lim_{\theta \to 0} \frac{\sin\theta}{\theta} = 1$$

とすると、$n \to \infty$ のとき $k \to 0$ なので

$$\lim_{n \to \infty}\left(1+\frac{x}{n}\right)^{n} = \lim_{k \to 0}(1+k)^{\frac{x}{k}} \qquad \boxed{\frac{x}{n}=k \ \Rightarrow \ n=\frac{x}{k}}$$

$$= \lim_{k \to 0}\left\{(1+k)^{\frac{1}{k}}\right\}^{x}$$

$$= \left\{\lim_{k \to 0}(1+k)^{\frac{1}{k}}\right\}^{x}$$

ここで、ネイピア数 e の定義（351頁）に戻ります。

$$e = \lim_{k \to 0}(1+k)^{\frac{1}{k}}$$

でしたね。

よって

$$\lim_{n \to \infty}\left(1+\frac{x}{n}\right)^{n} = \left\{\lim_{k \to 0}(1+k)^{\frac{1}{k}}\right\}^{x} = e^{x}$$

以上より、

$$e^{x} = \lim_{n \to \infty}\left(1+\frac{x}{n}\right)^{n}$$

ここで、i を虚数単位（81頁）、θ を任意の実数として

$$x = i\theta$$

を上の式に代入すると

$$e^{i\theta} = \lim_{n \to \infty}\left(1+\frac{i\theta}{n}\right)^{n}$$

となります。これを**ネイピア数 e の虚数乗の定義式**とします。

(注) $\lim\limits_{x \to a} g(x) = p$、$\lim\limits_{x \to a} h(x) = p$ のとき

$$g(x) \leqq f(x) \leqq h(x)$$

ならば

$$\lim_{x \to a} g(x) \leqq \lim_{x \to a} f(x) \leqq \lim_{x \to a} h(x)$$

$$\Rightarrow \quad p \leqq \lim_{x \to a} f(x) \leqq p$$

より

$$\lim_{x \to a} f(x) = p$$

と考えることを**「はさみ打ちの原理」**と言います。

三角関数で弧度法を使うのは、236 頁で述べた通り、入力値として無次元数を用意したいという目論見もありますが、実は、上で求めた

$$\lim_{\theta \to 0} \frac{\sin \theta}{\theta} = 1$$

の極限を成立させることが最大の理由です。

⑵ **ネイピア数 e の虚数乗**

今、

$$\lim_{n \to \infty} \left(1 + \frac{x}{n}\right)^n$$

の極限を考えます。

$$\frac{x}{n} = k$$

⑶　ド・モアブルの定理を使った証明

n が十分に大きいとき、$\dfrac{\theta}{n}$ は 0 に近い数になります。

⑴より

$$\lim_{\theta \to 0} \frac{\sin \theta}{\theta} = 1$$

なので、$\dfrac{\theta}{n}$ が 0 に近い数のとき

$$\frac{\sin \dfrac{\theta}{n}}{\dfrac{\theta}{n}} \fallingdotseq 1 \quad \Rightarrow \quad \sin \frac{\theta}{n} \fallingdotseq \frac{\theta}{n} \quad \cdots ①$$

また、$\cos 0 = 1$ より

$$\cos \frac{\theta}{n} \fallingdotseq 1 \quad \cdots ②$$

①、②より

$$\left(1 + \frac{i\theta}{n}\right)^n = \left(1 + i \cdot \frac{\theta}{n}\right)^n \fallingdotseq \left(\cos \frac{\theta}{n} + i \sin \frac{\theta}{n}\right)^n \quad \cdots ③$$

ド・モアブルの定理より

$$\left(\cos \frac{\theta}{n} + i \sin \frac{\theta}{n}\right)^n$$

$$= \left\{\cos\left(n \cdot \frac{\theta}{n}\right) + i \sin\left(n \cdot \frac{\theta}{n}\right)\right\}$$

> **ド・モアブルの定理（553頁）**
> $(\cos\theta + i\sin\theta)^n = \cos n\theta + i\sin n\theta$

$$= (\cos\theta + i\sin\theta)$$

③より

$$\left(1 + \frac{i\theta}{n}\right)^n \fallingdotseq (\cos\theta + i\sin\theta) \quad \cdots④$$

$n \to \infty$ のとき、(2)より

$$\left(1 + \frac{i\theta}{n}\right)^n \to e^{i\theta}$$

です。また $n \to \infty$ のとき①、②より

$$\sin\frac{\theta}{n} \to \frac{\theta}{n}、\ \cos\frac{\theta}{n} \to 1$$

なので、④の誤差は 0 に収束します（注）。

よって、④より

$$e^{i\theta} = \cos\theta + i\sin\theta$$

（終）

なお、$\theta = \pi$ とすると

$$e^{i\pi} = \cos\pi + \sin\pi = -1 + 0$$

$$\Rightarrow \quad e^{i\pi} + 1 = 0$$

> （注）　$n \to \infty$ のとき④の誤差が 0 に収束することを厳密に示すには、大学で学ぶ「テイラーの定理」を用いて①と②の誤差を評価する必要があります。

おわりに

　まずは、この分厚い本を最後まで読み通していただいたことに、心から感謝と敬意を表したいと思います。ありがとうございました。そして、本当におつかれさまでした。

　正直なことを申し上げると、私はこの本を書き始めたとき、まさかこれほどのボリュームになるとは想像していませんでした。もっと簡単にざっと概観することで、「高校数学とは何だったのか」をお伝えできると思っていたのです。しかし、書き進めていくうちに、どうしてもお伝えしたいこと、説明を端折れないことが次から次へと湧いてきて、どんどん分量が膨れ上がってしまいました。

　書籍の執筆を行う際には、頁数の上限があって、原稿をカットせざるを得ないということが珍しくありません。でも、すばる舎の編集部の方から「分量のことは気にせず、徹底的にやってください」という有り難い励ましの言葉を頂戴し、本書には私の書きたいことをすべて書かせてもらうことができました。

　ただ、とは言っても、高校3年間で学ぶ数学の内容を一冊にまとめるにあたって、取り上げる内容を取捨選択する必要があったのは事実です。そこで、高校数学のすべてを知りたい、もっといろいろな応用・発展を知りたい、という方のために、最後に「参考書籍」を紹介しておきます。

　教科書をはじめとするこれらは（自著はともかく）私がいつも手元に置いている良書ばかりです。本書全体でお伝えしてきた（つもりの）「数学を学ぶ姿勢」で取り組んでいただければ、さらなる数学の世界を堪能していただけることは間違いありません。

　私のライフワークは、数学を学ぶ意味と意義を一人でも多くの方にお伝えすることです。あなたが数学の勉強をこれからも続けてくれることを、

そしていつの日かまたどこかでお会いできることを心から期待して、筆を置きます。

　本書を手にとっていただき、本当にありがとうございました。

永 野 裕 之

【参考書籍】

文部科学省検定済教科書「数学 I」（数研出版）

文部科学省検定済教科書「数学 II」（数研出版）

文部科学省検定済教科書「数学 III」（数研出版）

文部科学省検定済教科書「数学 A」（数研出版）

文部科学省検定済教科書「数学 B」（数研出版）

長岡亮介著　総合的研究 数学 I ＋ A（旺文社）

長岡亮介著　総合的研究 数学 II ＋ B（旺文社）

長岡亮介著　総合的研究 数学 III（旺文社）

笹部貞市郎編　数学要項 定理公式証明辞典（聖文社）

吉田洋一・赤攝也著　数学序説（ちくま学芸文庫）

上垣渉著　はじめて読む数学の歴史（ベレ出版）

中村滋・室井和男著　数学史（共立出版）

仲田紀夫原作・佐々木ケン漫画　マンガおはなし数学史（講談社ブルーバックス）

岩沢宏和著　世界を変えた確率と統計のからくり 134 話（SB Creative）

石村園子著　やさしく学べる線形代数（共立出版）

石井俊全著　意味がわかる線形代数（ベレ出版）

ニュートン別冊　こんなに便利な指数・対数・ベクトル

ニュートン別冊　"魔法の数"「虚数」

ニュートン別冊　統計と確率ケーススタディ 30

ニュートン別冊　サイン，コサイン，タンジェント

数学セミナー編集部　数学ガイダンス 2016（日本評論社）

永野裕之著　ふたたびの微分・積分（すばる舎）

永野裕之著　統計学のための数学教室（ダイヤモンド社）

永野裕之著　問題解決に役立つ数学（PHP 研究所）

さ く い ん

あ 行

アーギュメント→偏角

アーベル ……………………………………… 107

i（虚数単位）→虚数

余りの定理 ……………………………………… 99

アルキメデス ………………………………… 339

『アルス・マグナ』 …………………… 78, 106

e→ネイピア数

1 次関数 ………………………………………… 217

1 次変換→線形変換

1 の n 乗根 ………………………………… 556

1 対 1 対応 …………………………………… 113

一般角 …………………………… 236, 242, 244

一般項 ………………………………………… 178

因数定理 ……………………………………… 100

因数分解 ……………………………… 63, 71, 73

因数分解の公式（2 次式） …………………… 73

因数分解の公式（3 次式） …………………… 86

$\int$（インテグラル） ……………………… 337

ウェーバー …………………………………… 318

ウェーバーの法則 …………………………… 318

ウェーバー比 ………………………………… 318

上に凸（の放物線） ………………………… 221

裏（命題） …………………………………… 11

演繹 …………………………………………… 210

円周角の定理 …………………………… 35, 49, 52

円の方程式 ………………………… 125, 129, 133

オイラー ……………………… 80, 145, 351, 557

オイラーの公式 …………………………… 82, 557

オイラー図（ベン図） ……………………… 145

大きさだけを持つ量→スカラー

置き換え（高次方程式の解法） ……………… 91

か 行

階差数列 ……………………………………… 196

外心 ……………………………………… 26, 31

外積→ベクトルの外積

解析幾何学 …………………………………… 111

解の公式（2 次方程式） ……………………… 64

解の公式（3 次方程式） …………………… 105

ガウス ………………………… 104, 151, 533

ガウス平面 …………………………………… 533

確率 ……………………………………… 370, 373

確率の加法定理 ……………………………… 380

確率の乗法定理 ……………………………… 389

加法定理（三角関数） ……………………… 252

カルダノ ………………………… 78, 105, 108

ガロア ………………………………………… 107

函数 …………………………………………… 214

関数であるための条件 ………… 215, 235, 276

完全数 ………………………………………… 176

基底の取り換え ……………………………… 486

帰納 …………………………………………… 210

ギブズ ………………………………………… 437

基本ベクトル ………………………………… 483

逆（命題） …………………………………… 11

逆演算 ………………………………………… 340

逆関数 ………………………………………… 313

逆行列（Inverse matrix） ………………… 502

逆フーリエ変換 ……………………………… 275

逆ベクトル …………………………………… 445

求積法→積分

共分散（covariance） ……………………… 420

行ベクトル ………………………… 477, 490, 496

共役（複素数） ……………………………… 534

行列（matrix） ……………………………… 489

行列式（determinant） …………………… 506

行列とベクトルの積 ………………………… 492

行列の演算 …………………………………… 498

行列の積 ……………………………………… 498

行列の積は非可換 …………………………… 497

行列の対角化 ······························· 515
極端な例を考える ····························· 9
虚数（虚数単位 i）········ 78, 81, 532, 557
虚部（複素数）······························· 83
虚軸 ··· 533
均衡シェア ··································· 531
偶然の一致 ··································· 434
組合せ ···························· 356, 359, 362
クロネッカー ······························· 150
原因の確率 ···························· 389, 391
『原論』 ······························· 20, 168
公差 ··· 179
合成変換 ····································· 524
恒等式 ································· 60, 99
公倍数 ······································· 158
公比 ··· 180
公約数 ······································· 157
コサイン（余弦）························· 42
互除法→ユークリッドの互除法
弧度法（ラジアン）········ 236, 238, 239, 541
固有値（characteristic value）·············· 514
固有ベクトル（characteristic vector）··· 514

さ 行

最小公倍数 ···························· 158, 160
最大公約数 ······················ 158, 160, 162
最頻値（モード）························· 406
サイン（正弦）··························· 42
座標系 ···························· 112, 486, 532
三角関数 ····································· 236
三角関数の合成 ··························· 261
三角関数の次数を下げる ··············· 260
三角関数の相互関係 ················ 44, 241
三角関数の定義 ··························· 240
三角比 ································· 42, 234
散布図 ································· 416, 418

三平方の定理 ············ 44, 52, 115, 245, 462
シェア分析 ··································· 526
四角数 ······································· 178
閾値（しきいち）························· 319
Σ（シグマ）···················· 188, 337, 403
次元を増やす ······························· 443
試行（trial）······························· 372
仕事［物理学］····························· 439
事象（event）······························· 373
指数関数 ······························ 276, 291
指数法則 ······························ 278, 291
始線 ··· 242
自然対数 ····································· 351
自然対数の底→ネイピア数
下に凸（の放物線）······················· 221
実数の分類 ··································· 277
実部（複素数）······························· 83
実軸 ··· 533
射影 ··· 467
斜交座標系 ··································· 486
集合（set）··································· 370
重心 ··· 26
従属変数 ···················· 222, 236, 291, 310
重複→ちょうふく
十分条件 ···························· 4, 5, 141, 144
純虚数 ······························ 83, 532, 535
順列 ···································· 356, 358
条件付き確率 ······················ 387, 389
乗法公式 ····································· 72
常用対数 ······························ 315, 321
剰余の定理 ··································· 99
初項 ··· 178
真数 ···································· 301, 313
推移確率行列 ······························· 527
垂心 ······································ 26, 32
垂直条件（2 直線の）····················· 121

垂直二等分線 ……………………………… 29

数学的帰納法 ……………………… 200, 210

数列 ……………………………………… 178

スカラー ……………… 437, 441, 464, 473

正弦→サイン

正弦定理 …………………… 47, 48, 52

整式 ……………………………………… 95

正射影 …………………………………… 467

正接→タンジェント

成分（ベクトルの）……… 458, 461, 482, 490

積事象 …………………………………… 377

積分 ……………………………………… 334

零因子 …………………………………… 502

零行列 O ……………………………… 500

零ベクトル …………………………… 445

線形計画法 ……………………………… 136

線形性（linearity）…………… 520, 523

線形代数 …………… 443, 488, 515, 526

線形変換（linear transformation）……… 516

素因数分解 ……………………………… 153

相関関係 ………………………… 417, 431

相関係数 ………………………… 419, 421

相関図→散布図

増減表 …………………………………… 333

相反方程式（高次方程式の解法）………… 92

速度の合成 ［物理学］……………… 438

素数 ……………………………………… 152

た 行

対角 ……………………………………… 22

対角化→行列の対角化

対偶 ……………………… 4, 11, 17, 147

対数 …………………………………… 301

代数学の基本定理 …………………… 100

対数関数 ………………………… 308, 349

大数の法則 ……………………………… 372

対数の性質 …………………………… 302

対数の定義 …………………………… 301

対数法則 ……………………………… 303

代表値 ………………………………… 403

対辺 ……………………………………… 22

互いに素 …………… 161, 170, 205, 303

互いに排反 …………………………… 380

多項式 …………………………………… 95

多次元量としてのベクトル ………… 442, 483

たすき掛け ……………………………… 73

タルタリア ……………………………… 106

単位行列 E …………………………… 500

単項式 …………………………………… 95

タンジェント（正接）………………… 42

値域 ……………………… 222, 249, 250

中央値（メジアン）…………………… 403

中線 ……………………………………… 26

中点連結定理 ………………………… 23

重複組合せ ………………… 356, 364, 367

重複順列 …………………… 356, 363, 364

直線の方程式 …………………… 117, 119

直交座標系 …………………………… 112

底 ………………………………………… 301

ディオファントスの 1 次不定方程式 ……… 168

定義域 ……………………………… 215, 222

定積分 ………………………………… 347

底の変換公式 …………………………… 305

データ（data）……………………… 402

データマイニング …………………… 431

デカルト …………………… 80, 110, 532

デカルト座標系→直交座標系

導関数 ………………………………… 333

動径 ……………………………… 242, 262

等差数列 ……………………………… 179

等差数列の和 ………………………… 184

等差中項 ……………………………… 181

同値 …………………………… 6, 29, 120, 469
等比数列 …………………………………… 180
等比数列の和 ……………………………… 186
等比中項 …………………………………… 182
独立な試行 ………………………………… 382
独立重複試行 ……………………………… 385
独立変数 ……………… 222, 236, 291, 310
度数法 ………………………………… 236, 239
ド・モアブルの定理 ………………… 552, 563
トレミーの定理 ……………………………… 39

な 行

内心 ………………………………………… 26
内積→ベクトルの内積
2 次関数 …………………………………… 218
2 点間の距離 ……………………………… 115
2 倍角の公式 ……………………………… 258
2 変量データ ……………………………… 416
ニュートン ………………………………… 339
ネイピア …………………………………… 351
ネイピア数（e, 自然対数の底）……… 349, 562

は 行

場合の数 ……………………………… 151, 356
バースカラ 2 世 …………………………… 339
倍数 …………………………………… 154, 158
背理法 ……………… 4, 14, 17, 264, 302, 549
はさみ打ちの原理 ………………………… 561
パスカル …………………………………… 21
Pa（パスカル；圧力の単位）…………… 322
ばらつき（データの）…………………… 408
半角の公式 ………………………………… 260
反比例→分数関数
反復試行 ……………………………… 385, 399
微積分の基本定理 …………………… 339, 341
ピタゴラス ……………………………… 3, 115

ピタゴラスの定理→三平方の定理
左零因子 …………………………………… 502
必要条件 ……………………… 4, 5, 141, 144
必要十分条件 ……………………………… 6
微分 …………………………………… 326, 334
微分係数 …………………………………… 330
標準基底 …………………………………… 487
標準偏差 …………………………………… 411
標本空間（sample space）……………… 373
フーリエ …………………………………… 269
フーリエ係数 ……………………………… 274
フーリエ展開 ………………………… 272, 274
フーリエ変換 ……………………………… 275
フェヒナー ………………………………… 319
フェヒナーの法則 ………………………… 320
フェラーリ ………………………………… 106
フェルマー …………………………… 150, 209
フェルマーの定理 ………………………… 150
フェロ ……………………………………… 105
フォンタナ ………………………………… 105
負角の公式 ………………………………… 251
複素数 …………………… 83, 277, 488, 532
複素数の極形式 …………………………… 541
複素数の絶対値 ……………… 539, 545, 546
複素数平面（複素平面）………………… 533
複 2 次式（高次方程式の解法）………… 91
物理学におけるベクトル ………………… 438
不定 …………………………… 112, 168, 509
プトレマイオス（トレミー）…………… 39
不能 ………………………………………… 508
部分集合 …………………………………… 371
フレミングの左手の法則［物理学］……… 441
分散 …………………………………… 410, 414
分数関数（反比例）……………………… 218
分布（データの）………………………… 406
平均値 ……………………………………… 402

平均変化率 …………………………… 326

平行四辺形 ………………… 22, 447, 476, 479

平行条件（2直線の）……………………… 121

ベイズの定理→原因の確率

平方完成 ………………………………… 67

ベクトル ……………………………… 437, 444

ベクトルの外積 ………………… 441, 464, 476

ベクトルの加法 …………………………… 438, 446

ベクトルの減法 ………………………… 448

ベクトルの垂直条件 …………………… 468

ベクトルの成分表示 ………… 442, 458, 482

ベクトルの相等 ………………………… 444

ベクトルの内積 ………………… 464, 471, 492

ベクトルの分解 ………………………… 453

ベクトルの平行条件 …………………… 452

ヘロンの公式 …………………………… 55

偏角（argument）……………… 541, 545, 546

偏差 …………………………………… 408

ベン図→オイラー図

変数 …………………………………… 112

変数（variable）［統計］→変量

偏微分 ………………………………… 136

変量（variate）………………………… 402

傍心 ……………………………………… 26

方程式 …………………………………… 60

放物線 …………………………… 220, 272

ま 行

マルコフ過程 …………………………… 526

マルコフ連鎖 …………………………… 526

右零因子 ……………………………… 502

無限降下法 …………………………… 209

無次元数 ……………………………… 235, 238

無名数 ………………………………… 235

無理数 ………… 15, 264, 278, 289, 302

命題 ………………………… 4, 144, 200

メジアン→中央値

メルセンヌ数 …………………………… 177

モード→最頻値

や 行

約数 …………………………… 152, 157

友愛数 ………………………………… 175

ユークリッド ………………… 20, 162, 177

ユークリッドの互除法 ………………… 162

有理数 ………………… 263, 277, 287

要素（element）……………………… 370

余角 …………………………………… 252

余角の公式 …………………………… 251

余弦→コサイン

余弦定理 ………………………… 47, 51

余事象 ……………………… 380, 395

ら 行

ライプニッツ …………………………… 339

ラジアン→弧度法

リーマン ……………………………… 152

リーマン予想 ………………………… 152

離散数学 ……………………………… 151

領域 ……………… 6, 130, 132, 135, 141, 144

『リンド・パピルス』…………………… 60, 62

累乗 …………………………………… 276

累乗根 ………………………………… 281

累乗根の性質 ………………………… 284

累乗根の定義 ………………………… 283

列ベクトル ………………… 477, 490, 496

ローレンツ力［物理学］………………… 441

y切片 ………………………………… 228

わ 行

和事象 ………………………………… 377

【著者紹介】

永野裕之 （ながの・ひろゆき）

- 「永野数学塾」塾長。
- 1974年、東京生まれ。暁星小学校から暁星中学校、暁星高等学校を経て、東京大学理学部地球惑星物理学科卒業。同大学院宇宙科学研究所（現JAXA）中退。
- 高校時代に数学オリンピック出場。また、広中平祐氏が主催する「第12回 数理の翼セミナー」に東京都代表として参加。
- 数学と物理学をこよなく愛する傍ら、レストラン経営に参画。日本ソムリエ協会公認のワインエキスパートの資格取得。さらにウィーン国立音楽大学指揮科に留学するなど、多方面にその活動の場を拡げる一方、プロの家庭教師として100人以上の生徒にかかわる。その経験を生かして、神奈川県大和市に個別指導塾「永野数学塾」を開塾。分かりやすく熱のこもった指導ぶりがメディアでも紹介され、話題を呼んでいる。
- 主な著書に『大人のための数学勉強法』（ダイヤモンド社刊）、『ふたたびの微分・積分』『ビジネス × 数学 ＝ 最強』（ともに、すばる舎刊）、近著に『中学生からの 頭がよくなる勉強法』（PHP研究所刊）がある。

- カバーデザイン　　　原田恵都子（ハラダ+ハラダ）
- 本文イラスト　　　　ムロイコウ
- 本文組版　　　　　　有限会社クリィーク

ふたたびの 高校数学

2016年　8月 25日　　第1刷発行
2021年　5月 20日　　第6刷発行

著　者————永野裕之
発行者————徳留慶太郎
発行所————株式会社 すばる舎
　　　　　　　東京都豊島区東池袋3-9-7 東池袋織本ビル　〒170-0013
　　　　　　　TEL　03-3981-8651（代表）　03-3981-0767（営業部）
　　　　　　　振替　00140-7-116563
　　　　　　　http://www.subarusya.jp/
印　刷————株式会社 シナノ

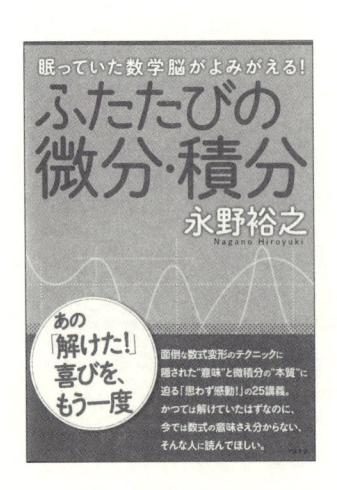
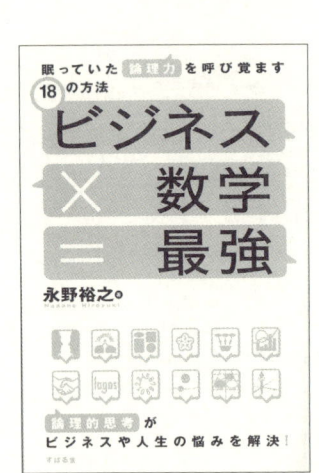